高职高专规划教材

U0389569

高等数学

于红霞　李先记　李庆芳　主编

化学工业出版社

·北京·

本书共分十二章，主要内容包括函数、极限、连续，导数与微分，导数的应用，不定积分，定积分，定积分的应用，向量代数与空间解析几何，多元函数微分学，二重积分，曲线积分与曲面积分，无穷级数、微分方程。书后附有习题答案与提示。本书特别注重培养学生用数学概念、思想、方法消化吸收各种典型的习题和证明题。

本书内容全面，由浅入深，循序渐进，语言叙述简练，例题选择精准，章节后习题的份量较大，每章后面配有总复习题，以保证对基本知识点的训练、掌握、延伸。为加强读者对内容知识点的掌握，每章后面还对本章的基本概念、基本定理、疑点解答、基本题型四个方面进行了小结。

本书可作为高职高专院校理工类高等数学通用教材，也可供工科类相关专业专升本辅导教材。

图书在版编目（CIP）数据

高等数学/于红霞，李先记，李庆芳主编. —北京：化学
工业出版社，2015.9（2019.8 重印）
高职高专规划教材
ISBN 978-7-122-24657-8

Ⅰ.①高… Ⅱ.①于…②李…③李… Ⅲ.①高等数学-
高等职业教育-教材 Ⅳ.①O13

中国版本图书馆 CIP 数据核字（2015）第 162092 号

责任编辑：高　钰　　　　　　　　　文字编辑：李　曦
责任校对：边　涛　　　　　　　　　装帧设计：刘丽华

出版发行：化学工业出版社（北京市东城区青年湖南街 13 号　邮政编码 100011）
印　　装：大厂聚鑫印刷有限责任公司
787mm×1092mm　1/16　印张 20¾　字数 513 千字　　2019 年 8 月北京第 1 版第 5 次印刷

购书咨询：010-64518888　　　　　　售后服务：010-64518899
网　　址：http://www.cip.com.cn
凡购买本书，如有缺损质量问题，本社销售中心负责调换。

定　　价：39.00 元　　　　　　　　　　　　　　　　版权所有　违者必究

前　言

　　本书是根据专科教学大纲以及最新专升本考试基本内容与要求，由教学经验丰富的教师结合教学体会编写完成的，其宗旨是使在校工科大学生能较快、较好地掌握高等数学这门课程，另外，通过该书的学习能够强化基本概念的掌握、扩大课程信息量，延伸运算与证明问题的处理技巧，增强数学科学能力的培养，为想深入学习并参加专升本的同学提供一本系统精练的入门资料。

　　本书共十二章。内容有函数、极限、连续，导数与微分，导数的应用，不定积分，定积分，定积分的应用，向量代数与空间解析几何，多元函数微分学，二重积分，曲线积分，无穷级数和微分方程。每章内容后面有本章小结、复习题。每节的内容有基本概念、基本定理、疑点解答、基本题型，最后有参考答案。

　　本书每章的内容有四大部分，第一部分是根据专科和升本内容要求给出的基本内容与要求；第二部分是课程的内容精析，它是对课程的重点、难点、要点的小结和补充，起着画龙点睛的作用；第三部分为典型例题，是根据不同的知识点选出的有较强概念、运算或证明价值的例题，通过这些例题的学习能够使学生较快地掌握知识点，完成课程学习；第四部分为复习题，着重测试对本章基本概念、定理和方法的掌握情况，建议学习完本章内容后再使用。

　　本书为专科和升本两用的教材和指导书，在内容上比目前专科教科书有所加深和拓展，因此对专科不要求的内容均用＊号给予标注，但对准备升本的同学来说是简捷、必要的参考材料。

　　本书是在河南化工职业学院赵玉奇院长的大力支持和鼓舞下，由一线数学教师，根据多年的数学教学经验和辅导专升本的经验编写而成的。本书由于红霞、李先记、李庆芳主编，其中第一章、第二章由于红霞老师编写，第三章、第七章由李先记老师编写，第四章由胡平和刘喜明老师编写，第五章、第六章、第九章由李庆芳老师编写，第八章由饶明贵老师编写，第十章由郭文豪老师编写，第十一章由刘红江老师编写，第十二章由李雷民老师编写。全书的构思和结构由主编共同商定，最后由于红霞统稿、定稿完成。

　　由于笔者的经验和水平所限，难免出现疏漏，恳请读者批评指正。

编者
2015 年 7 月

目　　录

第一章　函数、极限、连续

【教学目标】 应用集合的理论，理解函数的概念，掌握五种基本初等函数的图像和性质，理解函数极限和连续的概念，掌握极限的四则运算法则和两个重要极限公式，理解无穷小与无穷大两个概念，并会应用到实际中去.

函数是近代数学的基本概念之一，是高等数学的主要研究对象. 极限是研究函数变化的理论工具，连续则是函数的一个重要性态. 本章将在复习集合与函数基础上学习函数极限、连续的基本知识.

第一节　集合与函数

本节在熟悉集合的基础上，复习函数的概念、性质及应用.

一、集合、区间、邻域

集合是中学里常用的基本概念，是学习函数和方程的基础，我们先回顾集合的有关概念和运算，进而引入邻域的概念.

1. 集合的概念与运算

定义 1　我们把具有某种特定性质的对象组成的全体叫做**集合**，把构成集合的每个对象叫**元素**，集合通常用大写的英文字母 A，B，C 表示，元素用小写字母 a，b，c 表示、集合中的元素有**确定性**、**互异性**和**无序性**.

元素与集合的关系是属于与不属于的关系. 如：a 是集合 A 的元素，就说 a 属于集合 A 记作：$a \in A$；相反 a 不属于集合 A 记作：$a \notin A$.

集合的表示方法有**列举法**和**描述法**.

列举法： 把集合中的元素一一列举出来，写在一个大括号内. 如：集合 $\{1, 2, 3, 4, 5\}$.

描述法： 将集合中元素的公共属性描述出来，写在大括号内表示，例：不等式 $x - 3 > 2$ 的解集，描述法为 $\{x \mid x - 3 > 2\}$ 或 $\{x \mid x > 5\}$.

集合分为有限集合、无限集合和空集.

含有有限个元素的集合叫**有限集合**；含有无限个元素的集合叫**无限集合**；不含任何元素的集合叫**空集**，用字母 $\varnothing$ 表示. 如：$\{x \mid x^2 = -1\} = \varnothing$.

常用数集有非负整数集（即自然数集）$\mathbf{N}$、正整数集 $\mathbf{N}^*$ 或 $\mathbf{N}^+$、整数集 $\mathbf{Z}$、有理数集 $\mathbf{Q}$ 和实数集 $\mathbf{R}$.

集合间的基本关系是包含与不包含以及相等的关系.

"包含"关系：若集合 A 中的所有元素都是集合 B 的元素，则集合 A 就叫集合 B 的**子集**.

表示为 $A \subseteq B$. 若 $A \subseteq B$ 且集合 B 中至少有一个元素不属于集合 A，则 A 叫 B 的**真子集**. 记作 $A \subset B$. 如 $\{1, 2\} \subseteq \{1, 2, 3\}$ 也可以写成 $\{1, 2\} \subset \{1, 2, 3\}$；再如：有理数集是实数集的真子集，可以写作：$Q \subset \mathbf{R}$.

"相等"关系：对于两个集合 A 与 B，如果集合 A 的任何一个元素都是集合 B 的元素，同时集合 B 的任何一个元素都是集合 A 的元素，我们就说集合 A 等于集合 B，记作：$A = B$. 如：集合 $\{1, 2\} = \{2, 1\}$；再如 $\{x \mid x^2 = -1, x \in \mathbf{R}\}$ = {两点间距离是 -1 的点} = $\varnothing$.

集合的运算有"交"、"并"运算.

交集：所有既属于 A 且属于 B 的元素组成的集合叫做集合 A 与 B 的交集. 记作 $A \cap B$. 则 $A \cap B = \{x \mid x \in A, \text{且} x \in B\}$.

并集：所有属于集合 A 或集合 B 的元素组成的集合叫做集合 A 与 B 的并集. 记作 $A \cup B$.
则
$$A \cup B = \{x \mid x \in A, \text{或} x \in B\}.$$

例 1　用描述法表示下列集合

（1）不等于零的所有实数；（2）自然数中所有的奇数.

解　（1）$\{x \mid x \neq 0 \text{且} x \in \mathbf{R}\}$；

　　　（2）$\{x \mid x = 2n + 1, n \in \mathbf{N}\}$.

2. 区间与邻域

区间是数轴的一部分，是数集的一种表示形式. 因此，区间的表示形式是集合的另一种表示方法，具体表述如下.

有限区间（设 a，b 为实数，且 $a < b$）：

（1）开区间 $(a, b) = \{x \mid a < x < b\}$；（2）闭区间 $[a, b] = \{x \mid a \leqslant x \leqslant b\}$；

（3）半开区间 $(a, b] = \{x \mid a < x \leqslant b\}$ 或 $[a, b) = \{x \mid a \leqslant x < b\}$

这里的实数 a 与 b 都叫做**区间的端点**；两端点间的距离叫做**区间长度**.

无限区间：

（1）$[a, +\infty) = \{x \mid x \geqslant a\}$；　　　　　（2）$(-\infty, b] = \{x \mid x \leqslant b\}$；

（3）$(a, +\infty) = \{x \mid x > a\}$；　　　　　　（4）$(-\infty, b) = \{x \mid x < b\}$；

（5）实数集 $\mathbf{R} = (-\infty, +\infty)$.

定义 2　数轴上以 a 为中心，δ 为半径的开区间称为 a 的 δ **邻域**. 记作 $U(a, \delta)$.
即
$$U(a, \delta) = (a - \delta, a + \delta) = \{x \mid a - \delta < x < a + \delta\}.$$

若以 a 为中心，δ 为半径但不包括中心点 a 的开区间称为 a 的**去心邻域**. 记作 $U(\hat{a}, \delta)$.
即
$$U(\hat{a}, \delta) = (a - \delta, a) \cup (a, a + \delta) = \{x \mid 0 < |x - a| < \delta\}.$$

邻域的几何意义：就是数轴上与点 a 的距离小于 δ 的所有点的集合.

例 2　把下面的邻域表示为集合：

（1）$U\left(0, \dfrac{1}{2}\right)$；　　　　（2）$U(\hat{1}, 0.01)$；　　　　（3）$U(x_0, 0.02)$.

解　（1）以 0 为中心，$\dfrac{1}{2}$ 为半径的开区间，即 $\left(-\dfrac{1}{2}, \dfrac{1}{2}\right)$；也可以描述法表示为 $\left\{x \,\middle|\, |x| < \dfrac{1}{2}\right\}$.

（2）以 1 为中心，0.01 为半径的去心邻域，用区间表示为

$$(1-0.01, 1) \cup (1, 1+0.01) \text{ 即 } (0.99, 1) \cup (1, 1.01).$$

也可以用描述法表示为

$$\{x \mid 0 < |x - 1| < 0.01\}.$$

（3）以 x_0 为中心，0.02 为半径的邻域，其几何意义是：与点 x_0 的距离小于 0.02 的所有点的集合. 即 $\left\{x \mid |x - x_0| < 0.02\right\}.$

二、函数的概念

函数是高等数学研究的对象，是学习微积分的基础

1. 函数的定义

定义 3 设 D 是一个非空实数集合，若对 D 内任意一个实数 x，按照一定的对应法则 f，总有唯一确定的值 y 与之对应，则称**变量 y 是 x 的函数**，记为：

$$y = f(x), \quad x \in D$$

其中，x 称为**自变量**，y 称为函数（也称为**因变量**），自变量的取值范围 D 称为函数的**定义域**.

若对于确定的 $x_0 \in D$，通过对应规律 f，函数 y 有唯一确定的值 y_0 相对应，则称 y_0 为函数 $y = f(x)$ 在 x_0 处的**函数值**. 记为：

$$y_0 = f(x_0) \quad \text{或} \quad y \mid_{x = x_0} = f(x_0)$$

函数值的集合 M 称为函数的**值域**.

若函数在某个区间上的每一点都有意义，则称这个函数在该**区间上有定义**. 若 $x_0 \notin D$，则称该函数在 x_0 点无定义.

例 3 已知函数 $y = f(x) = 3x^2 - 2x + 4$，求其定义域并求 $f(1)$，$f(a)$，$f(-x)$ 的函数值.

解 该函数是一个多项式，所以函数的定义域为一切实数，用区间表示 $(-\infty, +\infty)$.

已知函数的表达式，求指定点的函数值时，就是把函数中的自变量 x，换成指定点的值计算出即可. 所以

$$f(1) = 3 \times 1^2 - 2 \times 1 + 4 = 5$$

或表示为 $y \mid_{x=1} = (3x^2 - 2x + 4) \mid_{x=1} = 3 \times 1^2 - 2 \times 1 + 4 = 5$

同理可得 $f(a) = 3a^2 - 2a + 4$ 或 $y \mid_{x=a} = 3a^2 - 2a + 4$

同理可求 $f(-x) = 3(-x)^2 - 2(-x) + 4 = 3x^2 + 2x + 4$

例 4 求函数 $g(x) = \sqrt{x+1} + \dfrac{1}{x-2}$ 的定义域，并求 $g(3)$ 和 $g(x+1)$.

解 该函数由两项构成，其定义域应该是各项自变量取值范围的公共部分. 所以要使函数有意义，就必须满足

$$\begin{cases} x + 1 \geqslant 0 \\ x - 2 \neq 0 \end{cases}$$

解之，得 $x \geqslant -1$ 且 $x \neq 2$

所以函数的定义域用集合表示为 $\{x \mid x \geqslant -1 \text{ 且 } x \neq 2\}$，或用区间表示为 $[-1, 2) \cup (2, +\infty)$.

当自变量 $x = 3$ 时，其函数值

$$g(3) = \sqrt{3+1} + \frac{1}{3-2} = 3 ;$$

当自变量为 $x + 1$ 时，所对应的函数值

$$g(x+1) = \sqrt{x+1+1} + \frac{1}{x+1-2} = \sqrt{x+2} + \frac{1}{x-1}.$$

2. 确定函数的两个要素

函数是由**定义域和对应法则**两个要素确定的. 因此, 对于两个函数来说, 当且仅当它们的定义域和对应法则都相同时, 才表示同一个函数. 而与自变量及因变量用什么字母表示无关, 例如 $y = x^2$, $x \in R$ 和 $y = t^2$, $t \in R$ 是同一个函数.

例 5 下列各对函数是否相同?

(1) $y = x^2$ 与 $y = t^2$;　　　　(2) $y = 1$ 与 $y = \dfrac{x}{x}$;

(3) $y = x$ 与 $y = \sqrt{x^2}$;　　　　(4) $y = \sin x$ 与 $y = \sqrt{1 - \cos^2 x}$.

解 (1) 两个函数的定义域相同, 函数关系式也相同, 所以表示的是同一个函数.

(2) 函数 $y = 1$ 的定义域是 $(-\infty, +\infty)$, 而 $y = \dfrac{x}{x}$ 的定义域是 $(-\infty, 0) \cup (0, +\infty)$, 两个函数的定义域不同, 所以不表示同一个函数.

(3) 两个函数的定义域都为 $(-\infty, +\infty)$, 但对应法则不同, 故它们不是同一个函数.

(4) $y = \sqrt{1 - \cos^2 x} = |\sin x|$, 两个函数的定义域相同, 但对应法则不同, 所以不表示同一个函数.

3. 函数的表示方法

函数的表示方法常用的有三种: **表格法、公式法、图像法**.

(1) **表格法** 是以表格形式把一系列自变量与其对应的因变量表示出来的方法。如大家熟悉的三角函数表、对数表等。表格法的优点是所求的函数值容易查到, 一目了然, 多用在自然科学和工程技术上.

(2) **公式法** 也叫做解析法, 就是用数学式表示函数的方法。上面例 3、例 4 中的函数都是用公式法表示的, 公式法的优点是便于推导和计算, 表达清晰、紧凑.

(3) **图像法** 就是在坐标平面上用图形表示函数的方法。这种方法在工程技术上应用比较普遍, 图像法的优点是直观形象, 且可看到函数的变化趋势.

函数用公式法表示时, 经常遇到这样的情形: 自变量在定义域的不同取值范围内具有不同的解析式, 我们把这种函数叫做**分段函数**. 分段函数经常在数学和工程技术上遇到. **分段函数的定义域是自变量的各个不同取值范围的并集.**

例 6 绝对值函数

$$y = |x| = \begin{cases} x, & x \geq 0, \\ -x, & x < 0 \end{cases} \text{(如图 1-1 所示)},$$

求 $f(-3)$, $f(2)$ 的函数值, 并求函数的定义域.

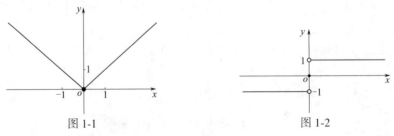

图 1-1　　　　　　　　　　　　图 1-2

解 因为 $-3 < 0$, 所以其函数值 $f(-3) = -(-3) = 3$;

又因为 $2 > 0$，所以其函数值 $f(2) = 2$.

原函数的定义域为：$\{x \mid x \geqslant 0\} \cup \{x \mid x < 0\} = (-\infty, +\infty)$.

例 7　符号函数

$$\operatorname{sgn} x = \begin{cases} -1, & x < 0, \\ 0, & x = 0, \\ 1, & x > 0 \end{cases} \quad （如图 1\text{-}2 所示），$$

求 $f(-3)$，$f(2)$ 的函数值，并求函数的定义域.

解　因为 $-3 < 0$，所以其函数值 $f(-3) = -1$；又因为 $2 > 0$，所以其函数值 $f(2) = 1$.

原函数的定义域为

$$\{x \mid x > 0\} \cup \{x \mid x = 0\} \cup \{x \mid x > 0\} = (-\infty, +\infty).$$

4. 反函数的概念

定义 4　设 $y = f(x)$ 是定义在数集 D 上的函数，其值域为 M. 若对于 M 中的每个 y，数集 D 中都有唯一一个 x 与之对应，这时变量 x 是 y 的函数，记为 $x = f^{-1}(y)$，这个函数称为函数 $y = f(x)$ 的**反函数**. 其定义域为 M，值域为 D.

习惯上，自变量用 x 表示，所以反函数 $x = f^{-1}(y)$ 可以写成 $y = f^{-1}(x)$.

函数与反函数图像之间是关于直线 $y = x$ 对称的.

例 8　求下列函数的反函数：

(1) $y = 2x - 1$；　　　(2) $y = x^2$，$x \in (0, +\infty)$.

解　(1) 由函数解出 x，得 $x = \dfrac{y+1}{2}$，x 与 y 互换得　$y = \dfrac{x+1}{2}$.

所以，原函数的反函数是

$$y = \frac{x+1}{2}, \quad x \in R.$$

(2) 因为 $x \in (0, +\infty)$，由函数解出 x 得 $x = \sqrt{y}$，x 与 y 互换得 $y = \sqrt{x}$.

所以，原函数的反函数是

$$y = \sqrt{x}, \quad x \in (0, +\infty).$$

注意：(1) 求出函数的反函数时，要写出反函数的定义域；

(2) $y = f(x)$ 和反函数 $y = f^{-1}(x)$ 存在这样关系 $f^{-1}(f(x)) = x$ 和 $f(f^{-1}(x)) = x$.

三、函数的性质

函数的几何特性包括奇偶性、单调性、周期性和有界性.

1. 奇函数和偶函数

若函数 $y = f(x)$ 的定义域关于原点对称，且对定义域中的任意 x，都有 $f(-x) = -f(x)$，则称 $y = f(x)$ 为**奇函数**；**奇函数的图像关于原点对称.**

若函数 $y = f(x)$ 的定义域关于原点对称，且对定义域中的任意 x，都有 $f(-x) = f(x)$，则称 $y = f(x)$ 为**偶函数**；**偶函数的图像关于 y 轴对称.**

如果函数 $y = f(x)$ 的图像，既不关于原点对称，也不关于 y 轴对称，那么称函数 $y = f(x)$ 为**非奇非偶函数**.

用描点法画出函数 $y = x^2 - 1$，$y = x^3$，$y = \sqrt{x}$ 的图像，如图 1-3~图 1-5 所示，可以看出：

图 1-3 中函数的图像关于 y 轴对称，即取一对相反的自变量，所对应的函数值相等，如

$f(-1) = f(1)$，所以函数 $y = x^2 - 1$ 是偶函数.

图 1-4 中，函数的图像关于原点对称，即取一对相反的自变量，所对应的函数值相反，如 $f(-1) = -f(1)$，所以函数 $y = x^3$ 是奇函数.

图 1-5 中，函数的图像既不关于 y 轴对称也不关于原点对称，所以函数 $y = \sqrt{x}$，是非奇非偶函数.

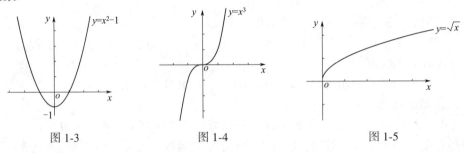

图 1-3   图 1-4   图 1-5

> **注意**：奇函数、偶函数所在的区间必须是对称区间.

2. 函数的单调性

如果对函数 $y = f(x)$ 的定义区间 (a, b) 内任意两点 x_1，x_2，当 $x_1 < x_2$ 时，都有 $f(x_1) \leqslant f(x_2)$ 成立，则称 $y = f(x)$ 在区间 (a, b) 内**单调增加**，如果等号恒不成立即 $f(x_1) < f(x_2)$，则称为**严格单调增加**，相应的区间 (a, b) 为**单调增区间**；如果对函数 $y = f(x)$ 的定义区间 (a, b) 内任意两点 x_1，x_2，当 $x_1 < x_2$ 时，都有 $f(x_1) \geqslant f(x_2)$ 成立，则称 $y = f(x)$ 在区间 (a, b) 内**单调减少**，如果等号恒不成立即 $f(x_1) > f(x_2)$，则称为**严格单调减少**，相应的区间 (a, b) 为**单调减区间**.

由图 1-3 可以直观地看出，函数 $y = x^2 - 1$ 的定义域是 $(-\infty, +\infty)$. 在区间 $(-\infty, 0)$ 内，函数值 y 随着自变量 x 的增加而减少，因此是减函数，在区间 $(0, +\infty)$ 内，函数值 y 随着自变量 x 的增加而增加，因此是增函数；其中 $(-\infty, 0)$ 称为单调的减区间，$(0, +\infty)$ 称为单调的增区间.

> **注意**：函数 $y = x^2 - 1$ 在其定义域内不是单调函数，但有单调区间.

3. 函数的周期性

对于函数 $y = f(x)$，如果存在一个非零常数 T，对 $\forall x \in D$（注："$\forall$" 读作 "任意的"，D 表示定义域），均有 $f(x + T) = f(x)$，则称函数 $y = f(x)$ 为周期函数，并把最小的正数 T 称为 $f(x)$ **的周期**.

如图 1-6，函数 $y = \sin x$，对于 $\forall x \in D$，都有 $\sin(x + 2k\pi) = \sin x$，$k \in \mathbf{Z}$，可以看出 2π、4π、8π、$\cdots$ 都是正弦函数 $y = \sin x$ 的周期，通常把最小的正数 2π 作为正弦函数的周期.

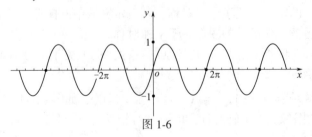

图 1-6

所以，在三角函数中，正弦和余弦的周期是 2π，正切和余切的周期是 π.

注意：$y = \sin(\omega x + \varphi)$ 的周期是 $\dfrac{2\pi}{\omega}$，$y = \tan(\omega x + \varphi)$ 的周期是 $\dfrac{\pi}{\omega}$.

4. 函数的有界性

若对于一个函数 $f(x)$ 在区间 I 上恒有 $|f(x)| \leq M$，则称函数 $f(x)$ 在区间 I 上是**有界函数**；否则，$f(x)$ 在区间 I 上是**无界函数**.

如，因为 $|\sin x| \leq 1$，所以正弦函数 $y = \sin x$ 在定义域中是有界函数；又如，$y = x^3$ 的值域是 $\mathbf{R}$，如图 1-4 所示，所以 $y = x^3$ 在定义域中是无界函数.

今后在研究函数时，就从奇偶性、单调性、周期性和有界性四个方面进行研究.

四、初等函数的概念与应用

1. 五种基本的初等函数

我们在高中学习的幂函数、指数函数、对数函数、三角函数和反三角函数称为**五种最基本的初等函数**.

五种基本初等函数的定义域、性质和图形，表 1-1 给出。

表 1-1

函数名称	函数类型	定义域	图像	性质
幂函数 $y = x^\alpha$ （$\alpha \in \mathbf{R}$ 是常数）	$y = \dfrac{1}{x}$	$(-\infty, 0) \cup (0, +\infty)$	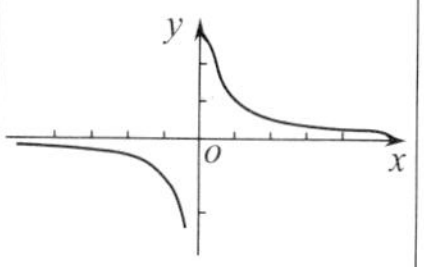	奇函数
指数函数 $y = a^x$ $a > 0$ 且 $a \neq 1$	$a > 1$	$(-\infty, +\infty)$	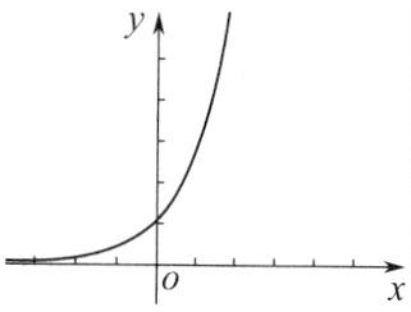	增函数
	$0 < a < 1$	$(-\infty, +\infty)$	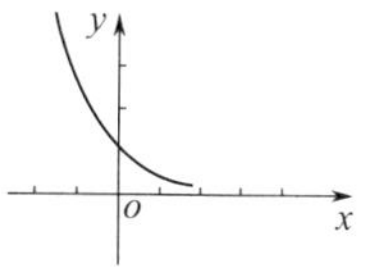	减函数
对数函数 $y = \log_a x$ $a > 0$ 且 $a \neq 1$	$a > 1$	$(0, +\infty)$	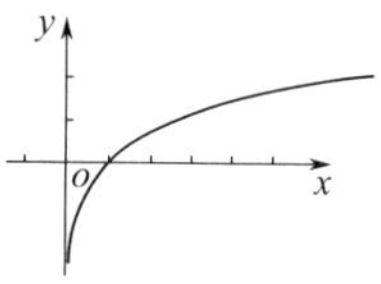	增函数
	$0 < a < 1$	$(0, +\infty)$	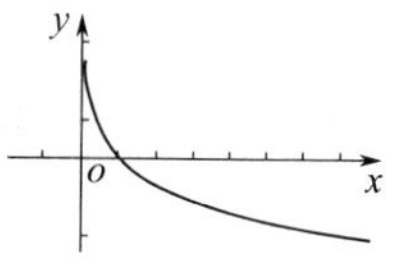	减函数

函数名称	函数类型	定义域	图像	性质
三角函数	正弦函数 $y = \sin x$	$(-\infty, +\infty)$		周期函数 有界函数
	余弦函数 $y = \cos x$	$(-\infty, +\infty)$		周期函数 有界函数
	正切函数 $y = \tan x$	$\left\{ x \mid x \neq k\pi + \dfrac{\pi}{2}, k \notin \mathbf{Z} \right\}$		奇函数
	余切函数 $y = \cot x$	$\{ x \mid x \neq k\pi, k \in \mathbf{Z} \}$		奇函数
反三角函数	反正弦函数 $y = \arcsin x$	定义域 $[-1, 1]$ 值域 $\left[-\dfrac{\pi}{2}, \dfrac{\pi}{2} \right]$		奇函数 增函数 有界函数
	反余弦函数 $y = \arccos x$	定义域 $[-1, 1]^{*}$ 值域 $[0, \pi]$		减函数 有界函数
	反正切函数 $y = \arctan x$	定义域 $(-\infty, +\infty)$ 值域 $\left(-\dfrac{\pi}{2}, \dfrac{\pi}{2} \right)$		奇函数 增函数 有界函数
	反余切函数 $y = \text{arccot} x$	定义域 $(-\infty, +\infty)$ 值域 $(0, \pi)$		减函数 有界函数

注意： 一个基本的初等函数加上一个常数或乘以一个常数也是基本的初等函数. 如 $x + 1$，$2x^2$，$3 + \sin x$ 等都是基本函数.

$y = \sin^2 x$ 不是基本的初等函数. 令 $u = \sin x$，则 $y = u^2$. 所以 $y = \sin^2 x$ 是由 $y = u^2$ 和 $u = \sin x$ 两个基本的初等函数构成的.

2. 复合函数

一般地，若函数 $y = f(u)$，$u = \varphi(x)$，当 $\varphi(x)$ 的值域与 $f(u)$ 的定义域的交集不为空集时，通过 u 这个中间变量，可以把这两个函数写成一个函数 $y = f[\varphi(x)]$，我们把这样的函数称为**复合函数**. 反过来复合函数 $y = f[\varphi(x)]$ 就是由 $y = f(u)$，$u = \varphi(x)$ 这两个函数复合而成的. $y = f(u)$ 称为**外层函数**，$u = \varphi(x)$ 称为**内层函数**.

例 9　下列函数是由哪些基本初等函数复合而成的?

（1）$y = (1 + 3x)^8$；　　（2）$y = \sqrt{1 + x^2}$；　　（3）$y = \ln(x + \sqrt{1 + x^2})$.

解　（1）令 $u = 1 + 3x$ 则 $y = u^8$，所以原函数是由 $y = u^8$，$u = 1 + 3x$ 复合而成的.

（2）令 $u = 1 + x^2$ 则 $y = \sqrt{u}$，所以原函数是由 $y = \sqrt{u}$，$u = 1 + x^2$ 复合而成的.

（3）令 $u = x + \sqrt{1 + x^2}$ 则 $y = \ln u$，所以原函数是由 $y = \ln u$，$u = x + \sqrt{1 + x^2}$ 两个函数复合而成的.

注意：求复合函数的复合过程，分析时由内层（含有 x 的项）向外层一层一层分解.

3. 初等函数

由基本初等函数和常数经过有限次的四则运算和有限次的复合所构成的并用一个解析式表达的函数，称为**初等函数**.

在微积分运算中，常把一个初等函数分解为基本初等函数，用基本初等函数的导数公式、微分公式求出初等函数的导数和微分；由基本初等函数的定义域、性质来分析初等函数，从而求出初等函数的定义域，判断出函数的性质.

例 10　设 $f(x) = \dfrac{1}{1 + x}$，$g(x) = 1 + x^2$，求 $f(g(x))$，$g(f(x))$.

解　求 $f(g(x))$ 时，将 $f(x)$ 中的 x 视为 $g(x)$，因此

$$f(g(x)) = \frac{1}{1 + (1 + x^2)} = \frac{1}{x^2 + 2}.$$

求 $g(f(x))$ 时，将 $g(x)$ 中的 x 视为 $f(x)$，因此

$$g(f(x)) = 1 + \left(\frac{1}{1 + x}\right)^2 = \frac{x^2 + 2x + 2}{x^2 + 2x + 1}.$$

例 11　设 $f(x - 1) = x^2$，求 $f(2x + 1)$.

解　方法一　令 $u = x - 1$，得 $f(u) = (u + 1)^2$，再将 $u = 2x + 1$ 代入，即得

$$f(2x + 1) = ((2x + 1) + 1)^2 = 4(x + 1)^2$$

方法二　因为 $f(x - 1) = x^2 = [(x - 1) + 1]^2$，于是问题转化为求 $y = f(x) = (x + 1)^2$ 与 $g(x) = 2x + 1$ 的复合函数 $f(g(x))$，因此

$$f(2x + 1) = ((2x + 1) + 1)^2 = 4(x + 1)^2.$$

例 12　已知 $f(e^x + 1) = e^{2x} + e^x + 1$，求 $f(x)$ 的表达式.

解　设 $u = e^x + 1$，即得 $x = \ln(u - 1)$，代入原式

$$f(u) = e^{2\ln(u-1)} + e^{\ln(u-1)} + 1 = (u - 1)^2 + (u - 1) + 1 = u^2 - u + 1$$

从而

$$f(x) = x^2 - x + 1.$$

另外，此题也可以这样做

$$f(e^x + 1) = e^{2x} + e^x + 1 = (e^x + 1)^2 - (e^x + 1) + 1,$$

故
$$f(x) = x^2 - x + 1$$

注意：已知 $f(g(x))$ 的表达式，求 $f(x)$ 的表达式有两条解题思路：

（1）令 $u = g(x)$，解出 $x = \phi(u)$，求出 $f(u)$ 的表达式，再将 u 换为 x，即得 $f(x)$.

（2）将 $f(g(x))$ 的表达式凑成以 $g(x)$ 为自变量的函数式，然后再将所有的 $g(x)$ 换成 x，即得 $f(x)$.

例 13　求下列初等函数的定义域：

（1）$y = \ln(1 + x)$ ；　　　（2）$y = \arcsin 2x$ ；　　　（3）$y = \tan 3x$.

解　（1）函数是由 $y = \ln u$ 和 $u = 1 + x$ 复合而成的.

由对数函数定义域知

$$y = \ln u \text{ 中 } u > 0 \text{，即 } u = 1 + x > 0 \text{，解之 } x > -1.$$

所以，原函数的定义域是：

$$\{x \mid x > -1\} \text{ 或 } (-1,\ +\infty).$$

（2）函数是由 $y = \arcsin u$ 和 $u = 2x$ 复合而成的.

由反正弦函数的定义域知

$$y = \arcsin u \text{ 中 } -1 \leqslant u \leqslant 1 \text{，即 } -1 \leqslant 2x \leqslant 1.$$

所以，原函数的定义域是

$$\left\{ x \,\middle|\, -\frac{1}{2} \leqslant x \leqslant \frac{1}{2} \right\} \text{ 或 } \left[-\frac{1}{2},\ \frac{1}{2} \right].$$

（3）根据正切函数的定义域知

$$3x \neq \frac{\pi}{2} + k\pi,\ k \in \mathbf{Z}$$

所以，原函数的定义域是：$\{x \mid x \in R,\ x \neq \dfrac{\pi}{6} + \dfrac{k\pi}{3},\ k \in \mathbf{Z}\}$.

做题熟练后，就如上例（3），直接求就可以了.

例 14　求下列初等函数的反函数：

（1）$y = e^{2x-1}$ ；　　　（2）$y = 1 - \ln(2x - 1)$.

解　（1）由基本的初等函数 $y = e^x$ 的反函数为 $y = \ln x$. 可得

$$2x - 1 = \ln y \text{，　解之：} x = \frac{1}{2}(1 + \ln y)$$

x 与 y 互换位置，即得原函数的反函数

$$y = \frac{1}{2}(1 + \ln x) \text{，} x \in (0,\ +\infty).$$

（2）由基本函数 $y = \ln x$ 的反函数为 $y = e^x$，可得

$$2x - 1 = e^{1-y} \text{，　解之：} x = \frac{1}{2}(e^{1-y} + 1)$$

x 与 y 互换位置，即得原函数的反函数

$$y = \frac{1}{2}(e^{1-x} + 1) \text{，} x \in \mathbf{R}.$$

例 15　判断下列初等函数的奇偶性：

(1) $y = \ln(x + \sqrt{1 + x^2})$；　　　(2) $y = \dfrac{e^x + e^{-x}}{2}$.

解　(1) 因为

$$f(-x) = \ln(-x + \sqrt{1 + (-x)^2}) = \ln \frac{1}{x + \sqrt{1 + x^2}} \text{（分子有理化得）}$$

$$= -\ln(x + \sqrt{1 + x^2}) = -f(x).$$

根据奇偶性的定义，判断出原函数是奇函数.

(2) 因为 $f(-x) = \dfrac{1}{2}(e^{-x} + e^x) = f(x)$.

根据奇偶性的定义，判断出原函数是偶函数.

注意：一般 $f(x) = g(x) + g(-x)$ 是**偶函数**，$f(x) = g(x) - g(-x)$ 是**奇函数**.

五、函数的应用

在现实生活中，我们会遇到各种各样的实际问题，通过对问题的分析，设出自变量，找出内在的联系，建立函数关系式.

例 16　设有一块边长为 a 的正方形薄板，将它的四角剪去边长相等的小正方形制作一只无盖盒子，试将盒子的体积表示成小正方形边长的函数.

解　设剪去的小正方形的边长为 x，盒子的体积为 V. 则盒子的底面积为 $(a - 2x)^2$，高为 x，因此所求函数关系式为

$$V = x(a - 2x)^2, \quad x \in \left(0, \frac{a}{2}\right)$$

例 17　我国是一个缺水的国家，很多城市的生活用水远远低于世界的平均水平，为了加强公民的节水意识，某市制订了用户每月用水收费（含用水费和污水处理费）标准，如表 1-2 所示.

表 1-2

水费种类	用水量不超过10m³ 部分	用水量超过10m³ 部分
用水费/(元/m³)	1.3	2.0
污水处理费/(元/m³)	0.3	0.8

试写出每户每月用水量 $x(\text{m}^3)$ 与应交水费 y（元）之间的函数解析式。

解　设每户每月用水量为 $x(\text{m}^3)$，应交水费为 y（元）.

由表 1-2 中可以看出，用户用水量分两种情况收费，分别研究在两个范围内的计费标准，列出表 1-3.

表 1-3

用水量 x/m³	$0 \le x \le 10$	$x > 10$
费用 y/元	$y = (1.3 + 0.3)x$	$y = 1.6 \times 10 + (2.0 + 0.8)(x - 10)$

综合以上两种情况，用户每月用水收费为

$$f(x) = \begin{cases} 1.6x, & 0 \le x \le 10, \\ 2.8x - 12, & x > 10. \end{cases}$$

例 18 假设你有 10000 元想进行投资，现有两种投资方案：一种是一年支付一次红利，年利率是 12%；另一种是一年分 12 个月按复利支付红利，月利率 1%，哪一种投资方案合算？

解 假设本金为 A_0，以年利率 r 存入银行，t 年末本金之和为 A_t.

即
$$A_t = A_0 (1 + r)^t$$

若年利率为 r，一年不是计息 1 期，而是一年均匀计息 n 期，则 $\dfrac{r}{n}$ 为每期的利息，易推得，t 年末本金之和为

$$B_t = A_0 \left(1 + \frac{r}{n}\right)^{nt}$$

当 $A_0 = 10000$，$r = 12\%$，$n = 12$ 时

第一种情况下，一年末的本金之和为
$$A_1 = 10000 \times (1 + 0.12) = 11200 \,(元)$$

第二种情况下，一年末的本金之和为
$$B_1 = 10000 \times \left(1 + \frac{0.12}{12}\right)^{12} \approx 11268 \,(元).$$

通过分析计算，第二种投资方案合算.

例 19 商品销售时，建立利润和销售量的关系式.

解 分析：商品销售时的利润，不仅和销售的价格、销售的数量有关，更重要的是与销售的总成本有关. 总成本是指生产特定产量的产品所需要的成本总额，它包括两部分：固定成本和可变成本. 固定成本是尚没有生产产品时的支出，在一定限度内是不随产量变动而变动的费用，如厂房费用、机器折旧费用、一般管理费用、管理人员的工资等；可变成本是随产量变动而变动的费用，如原材料、燃料和动力费用，生产个人的工资等.

若以 Q 表示产量，C 表示总成本，则 C 与 Q 之间的函数关系称为**总成本函数**，记作
$$C = C(Q) = C_0 + V(Q)，Q \geqslant 0,$$
其中 $C_0(C_0 \geqslant 0)$ 是**固定成本**，$V(Q)$ 是**可变成本**.

若设商品销售的价格为 p、销售数量为 Q，则**总收益函数**是 $R = pQ$

销售商品的总利润＝总收益－总成本，所以利润函数为
$$L(Q) = R - C = pQ - C_0 - V(Q).$$

习题 1.1

1. 用描述法或列举法表示下列集合

(1) 我国的四个直辖市；　　　　　　(2) 本学期你所学习的课程；

(3) 方程 $x^2 - 1 = 0$ 的解集；　　　　(4) 不等式 $2x - 5 > 3$ 的解集.

2. 用符号 "$\subseteq$"，"$\supseteq$"，"$\in$"，"$\notin$" 填空

(1) $\mathbf{N}^+$___Z；　　(2) $\{0\}$___$\varnothing$；　　　　　　　(3) 0___$\varnothing$；

(4) a___$\{a\}$；　　(5) $\{x \mid x^2 = 9\}$___$\{-3, 3\}$；　　(6) π___$\mathbf{R}$.

3. 设 $A = \{x \mid -2 \leqslant x < 2\}$，$B = \{x \mid 0 \leqslant x \leqslant 4\}$，求 $A \cap B$ 和 $A \cup B$.

4. 设 $A = \{(x, y) \mid x - 2y = 1\}$，$B = \{(x, y) \mid x + 2y = 3\}$，求 $A \cap B$.

5. 选择坐标系画出下列点集

(1) $\{x \mid 0 < x < 3\}$；　　(2) $\{x \mid y = 2x\}$；　　(3) $\{x \mid y^2 = 2x\}$.

6. 求下列函数的定义域和函数值

(1) $y = f(x) = \sqrt{1 - x}$，求 $f(0)$，$f(-x)$，$f(x + 1)$；

(2) $y = f(x) = \dfrac{1}{\ln x}$，求 $f(e)$，$f(2)$，$f(t^2)$；

(3) $y = f(x) = \arctan 2x$，求 $f(0)$，$f(\dfrac{\pi}{2})$；

(4) $y = f(x) = \arcsin \dfrac{x - 1}{2}$，求 $f(0)$，$f(1)$.

7. 确定下列各对函数是否为同一函数，并说明理由

(1) $f(x) = 1$ 与 $g(x) = \sin^2 x + \cos^2 x$；　(2) $f(x) = \dfrac{x^2 - 1}{x - 1}$ 与 $h(x) = x + 1$；

(3) $f(x) = \ln x^2$ 与 $g(x) = 2\ln x$；　　　(4) $f(x) = \sqrt{x}$ 与 $g(t) = \sqrt{t}$；

(5) $f(x) = e^{-x}$ 与 $g(x) = \dfrac{1}{e^x}$；　　　(6) $f(x) = \sqrt{(x-1)(x-2)}$ 与 $g(x) = \sqrt{x-1} \cdot \sqrt{x-2}$.

8. 作出下列分段函数的图形，并求函数值

(1) 符号函数 $y = \operatorname{sgn} x = \begin{cases} -1, & x < 0, \\ 0, & x = 0, \\ 1, & x > 0. \end{cases}$ 求 $f(-2)$，$f(2)$；

(2) 绝对值函数 $y = \sqrt{x^2} = |x|$，求 $f(-1)$，$f(-2)$，$f(2)$；

(3) 函数 $y = f(x) = \dfrac{|x|}{x}$，求 $f(-1)$，$f(1)$.

9. 求下列函数的反函数

(1) $y = x^3$；　　　　　　　　　(2) $y = \dfrac{x - 1}{x + 1}$；

(3) $y = e^{2x}$；　　　　　　　　(4) $y = \ln(x - 1)$.

10. 确定下列函数的奇偶性

(1) $f(x) = x^3 \sin x$；　　　　　(2) $f(x) = \dfrac{h(x) + h(-x)}{\cos x}$；

(3) $f(x) = \ln(\sqrt{1 + x^2} - x)$；　(4) $f(x) = \arctan x \cdot f(x^2)$.

(5) $f(x) = \lg \dfrac{1 - x}{1 + x}$，$x \in (-1, 1)$；　(6) $f(x) = \dfrac{1}{1 - a^x} - \dfrac{1}{2}$.

11. 确定下列函数哪个是周期函数，并求出周期

(1) $y = \sin 3x$；　　　　　　　(2) $y = \sin^2 x$；

(3) $y = \sin 2x + \tan 3x$；　　　(4) $y = x\cos x$.

12. 旅客乘坐火车时，随身携带的物品，不超过20kg免费，超过20kg的部分，每千克收费0.5元，超过50kg部分，每千克再加收50%. 试列出收费与物品质量的函数关系式.

13. 某城市固定电话市内的收费标准是：每次通话3分钟以内，收费是0.22元；超过3分钟后，每分钟（不足1分钟按1分钟计算）收费0.11元，如果通话时间不超过6分钟，试建立通话应付费与通话时间的关系式.

14. 下列函数由哪些基本函数复合而成

(1) $y = e^{-x}$；　　　　　　　　(2) $y = \sqrt{x^2 + \sin x}$；

(3) $y = \sin^2 x$；　　　　　　　(4) $y = \sin(2x - 3)$；

(5) $y = \ln(-x)$；　　　　　　　(6) $y = \sqrt{1 + \ln x}$；

(7) $y = (1 + 2x)^3$；　　　　　　(8) $y = \cos^2 x^2$；

(9) $y = \dfrac{1}{(1 + x)^3}$;   (10) $y = f(e^x)$;

(11) $y = e^{f(x)}$;   (12) $y = \ln \dfrac{1 + \sqrt{x}}{1 - \sqrt{x}}$.

15. 已知 $f(x + 1) = x^2 + 2x + 2$, 求 $f(x)$; $f(\dfrac{1}{x})$; $f[f(x)]$.

16. 设函数 $g(x) = 1 + x$, 且当 $x \neq 0$ 时, $f[g(x)] = \dfrac{1 - x}{x}$, 求 $f(\dfrac{1}{2})$ 的值.

17. 设函数 $f(x)$ 的定义域是 $(-2, 3)$, 求 $g(x) = f(2x + 1)$ 的定义域.

18. 设函数 $f(x + 1)$ 的定义域是 $[0, 2]$, 求函数 $f(x)$ 的定义域.

19. 用长为 8m 的铁丝围成一个矩形场地, 场地一边靠墙, 试建立一个矩形的面积与矩形长之间的一元函数关系式.

20. 一下水道的截面是矩形加半圆形, 截面积为 A (A 是一常量), 这常量取决于预定的排水量. 设截面的周长为 s , 底宽为 x , 试建立 s 与 x 的函数模型.

21. 一台机器价值 30 万元, 预计该机器第一年可创收 10 万元, 以后每年递减 1 万元, 使用期限为 8 年. 若银行利率为 10%, 试计算该机器所创收益的现在值, 并与其价格比较, 看购买该机器是否合算?

22. 科技市场出售的某品牌电脑的数量 Q 是价格 p 的线性函数. 当价格为 6000 元时, 卖出 100 台, 当价格为 4000 元时, 卖出 200 台, 试建立该品牌电脑的需求函数.

23. 已知某产品的需求函数为 $Q = 60 - 2.5p$, 写出总收益函数与需求量之间的关系式.

第二节　极　限

极限是研究微积分的重要工具, 掌握极限的思想方法是学好微积分的基础.

一、数列的极限

数列及数列极限在日常生活中, 应用很广泛.

如庄子曰: "一尺之棰, 日取其半, 万世不竭". 这句话出自庄周的《庄子·天下》篇, 意思是说一尺长的木棍, 每日截取它的一半, 永远也截取不完, 这就是庄子的物质无限可分论, 又称极限理论. 第一天截取其一半, 剩余量为 $\dfrac{1}{2}$, 第二天又截取剩余的一半, 剩余量为 $\dfrac{1}{2^2}$, 同理, 第三天剩余量为 $\dfrac{1}{2^3}$, $\cdots$, 第 n 天剩余量为 $\dfrac{1}{2^n}$. 这样根据每天的剩余量, 我们得到一个数列

$$\frac{1}{2}, \frac{1}{2^2}, \frac{1}{2^3}, \cdots, \frac{1}{2^n}, \cdots$$

随着时间的推移, 即天数 $n \to \infty$ (在数列中, 因为项数 n 是一个正数, 这里的 ∞ 代表的是 $+\infty$) 时, 剩余量 $\dfrac{1}{2^n}$ 无限地趋向于 0, 但永远不等于 0, 也就是说, 剩余量非常小.

定义 1　对于数列 $\{u_n\}$, 如果当 n 无限增大时, 通项 u_n 无限接近于某个确定的常数 A , 则称 A 为数列 $\{u_n\}$ 的极限, 或称数列 $\{u_n\}$ 收敛于 A , 记为

$$\lim_{n \to \infty} u_n = A$$

或记作
$$n \to \infty, \quad u_n \to A.$$

若数列极限存在, 我们就说该**数列收敛**. 否则称该**数列发散**.

根据上面的**定义**1, 上面数列 $\left\{\dfrac{1}{2^n}\right\}$ 的极限存在, 且为 0, 该数列收敛.

即
$$\lim_{n \to \infty} \frac{1}{2^n} = 0.$$

例 1 写出下列数列的前 3 项, 并判断数列的收敛性.

(1) $\{5\}$;   (2) $\{n\}$;   (3) $\left\{\dfrac{1}{n}\right\}$;   (4) $\left\{\dfrac{1+(-1)^n}{2}\right\}$.

解 (1) 这是一个常数列, 其每一项都是常数 5, 根据数列极限的定义可知
$$\lim_{n \to \infty} 5 = 5$$

该数列收敛.

(2) 这是一个自然数排列的数列, 其前三项分别为 1, 2, 3. 根据数列极限的定义可知 $n \to \infty$, 数列不趋向一个确定的常数, 所以该数列发散.

(3) 此数列的前三项分别为 1, $\dfrac{1}{2}$, $\dfrac{1}{3}$. 随着项数 n 的增大, 通项 $\dfrac{1}{n}$ 无限趋向于 0, 根据极限的定义可知
$$\lim_{n \to \infty} \frac{1}{n} = 0$$

所以该数列收敛.

(4) 对于 $(-1)^n$, 当 n 为奇数时, 其值为 -1, 所对应数列的项为 0; 当 n 为偶数时, 其值为 1, 所对应数列的项为 1. 数列的前三项为 0, 1, 0. 根据数列极限的定义可知, $n \to \infty$, 该数列不趋向于一个确定的常数, 所以该数列发散.

数列性质: (1) 单调有界数列必收敛.

                  (2) 收敛的数列一定有界.

二、函数的极限

函数极限是研究自变量在某一变化过程中的变化趋势的问题. 本节分别讨论当函数自变量 $x \to x_0$ 和 $x \to \infty$ 时的极限.

1. 当 $x \to x_0$ 时, 函数的极限的定义

定义 2 设函数 $f(x)$ 在 x_0 的某一空心邻域内有定义, 如果当自变量 x 无限接近于 x_0 时, 相应的函数值无限接近于常数 A , 则称数值 A 为当 $x \to x_0$ 时, **函数 $f(x)$ 的极限**.

记作 $\lim\limits_{x \to x_0} f(x) = A$ 或 $x \to x_0$ 时 $f(x) \to A$

观察图 1-7, 当自变量 x 无限接近于常数 1, 函数 $f(x) = x + 1$ 无限趋于常数 2, 我们就说当 $x \to 1$ 时, 函数 $f(x)$ 的极限是 2.

所以
$$\lim_{x \to 1} (x + 1) = 2$$

观察图 1-8, 当自变量 x 无限接近于常数 1, 函数 $f(x) = \dfrac{x^2 - 1}{x - 1}$ 无限地接近数值 2,

我们就说当 $x \to 1$ 时，函数 $f(x)$ 的极限是 2.

所以
$$\lim_{x \to 1} \frac{x^2 - 1}{x - 1} = 2$$

注意： 函数在 x_0 的极限与函数 $f(x)$ 在 x_0 点有无定义无关.

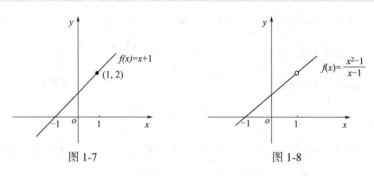

图 1-7 　　　　　　　　　　图 1-8

例 2 根据极限的定义，分别求极限 $\lim\limits_{x \to 2} x^2$，$\lim\limits_{x \to 0} \sin x$.

解 当 $x \to 2$ 时，函数 $x^2 \to 4$，所以，$\lim\limits_{x \to 2} x^2 = 4$；

当 $x \to 0$ 时，函数 $\sin x \to 0$，所以，$\lim\limits_{x \to 0} \sin x = 0$.

2. 左极限与右极限

定义 3 当自变量 x 从大于 x_0 的一侧趋向于 x_0 时，即 $x \to x_0^+$ 时，函数 $f(x) \to B$，就称常数 B 为函数 $f(x)$ 在 x_0 的**右极限**，记作 $\lim\limits_{x \to x_0^+} f(x) = B$.

当自变量 x 从小于 x_0 的一侧趋向于 x_0 时，即 $x \to x_0^-$ 时，函数 $f(x) \to C$，就称常数 C 为函数 $f(x)$ 在 x_0 的**左极限**，记作 $\lim\limits_{x \to x_0^-} f(x) = C$.

当左极限和右极限相等即 $B = C$ 时，函数 $f(x)$ 在点 x_0 的极限存在. 反之，当函数 $f(x)$ 在点 x_0 的极限存在时，其左极限和右极限也存在且相等. 即

$$\lim_{x \to x_0} f(x) = A \Leftrightarrow \lim_{x \to x_0^-} f(x) = \lim_{x \to x_0^+} f(x) = A$$

例 3 讨论函数 $f(x) = \operatorname{sgn}(x) = \begin{cases} -1, & x < 0, \\ 0, & x = 0, \\ 1, & x > 0 \end{cases}$ 在 $x = 0$ 处的极限.

解 从图 1-9 可以看出，$x = 0$ 是分段函数的分界点，且在 $x = 0$ 左右两侧的函数表达式不一样，所以要用左右极限来求.

当 x 从左边趋向 0（记作 $x \to 0^-$）时，函数 $f(x) \to -1$；

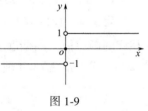

当 x 从右边趋向 0（记作 $x \to 0^+$）时，函数 $f(x) \to 1$.

根据极限的定义知道函数在 $x = 0$ 点的极限不存在.

图 1-9

例 4 设函数 $f(x) = |x| = \begin{cases} -x, & x < 0, \\ 0, & x = 0, \\ x, & x > 0. \end{cases}$ 画出函数的图形，求 $\lim\limits_{x \to 0^-} f(x)$，$\lim\limits_{x \to 0^+} f(x)$ 并讨

论 $\lim\limits_{x \to 0} f(x)$ 是否存在？

解 用描点方法画出函数的图形，如图 1-10.

从图形可以看出，在 $x=0$ 的左、右两侧函数的表达式不一样，所以要用左、右极限来求.

左极限 $$\lim_{x\to 0^-}f(x)=0$$

右极限 $$\lim_{x\to 0^+}f(x)=0$$

即 $$\lim_{x\to 0^-}f(x)=\lim_{x\to 0^+}f(x)=0$$

所以 $$\lim_{x\to 0}f(x)=0$$

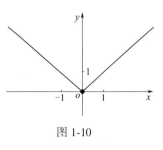

图 1-10

注意：左右极限主要求分段函数分界点的极限，如果在某点的左右两侧函数的表达式相同就不用左右极限.

3. 当 $x\to\infty$ 时，函数 $f(x)$ 的极限

定义 4 如果当 x 取负值且无限增大时，函数 $f(x)$ 无限趋近于常数 A，即 $x\to-\infty$ 时 $f(x)\to A$，我们就说当 $x\to-\infty$ 时，函数 $f(x)$ 的左侧极限存在，记作 $\lim\limits_{x\to-\infty}f(x)=A$；

如果当 x 取正值且无限增大时，函数 $f(x)$ 无限趋近于常数 B，即当 $x\to+\infty$ 时 $y\to B$，我们就说当 $x\to+\infty$ 时，函数 $f(x)$ 的右侧极限存在，记作 $\lim\limits_{x\to+\infty}f(x)=B$.

当两侧极限存在并且相等即 $A=B$ 时，我们就说 $x\to\infty$ 时，函数 $y=f(x)$ 的极限存在，并记作 $\lim\limits_{x\to\infty}f(x)=A$.

即 $$\lim_{x\to\infty}f(x)=A\Leftrightarrow \lim_{x\to-\infty}f(x)=\lim_{x\to+\infty}f(x)=A$$

例 5 观察函数的图形，并求下列函数的极限：

（1）$\lim\limits_{x\to\infty}\dfrac{1}{x}$；　　（2）$\lim\limits_{x\to\infty}\arctan x$.

解（1）由图 1-11，可看出当自变量 x 沿着 x 轴的负方向无限延伸时，函数无限趋于 0.

即 $$\lim_{x\to-\infty}\frac{1}{x}=0.$$

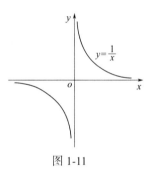

图 1-11

当自变量 x 沿着 x 轴的正方向无限延伸时，函数无限趋于 0.

即 $$\lim_{x\to+\infty}\frac{1}{x}=0$$

因为 $$\lim_{x\to-\infty}\frac{1}{x}=\lim_{x\to+\infty}\frac{1}{x}$$

所以 $$\lim_{x\to\infty}\frac{1}{x}=0.$$

（2）由图 1-12 所示，因为 $$\lim_{x\to-\infty}\arctan x=-\frac{\pi}{2},$$

而 $$\lim_{x\to+\infty}\arctan x=\frac{\pi}{2}$$

所以 $\lim\limits_{x\to\infty}\arctan x$ 不存在.

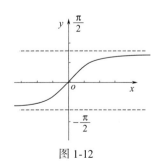

图 1-12

三、极限的性质

性质 1（唯一性）　若 $\lim\limits_{x \to x_0} f(x) = A$，$\lim\limits_{x \to x_0} f(x) = B$，则 $A = B$．

性质 2（有界性）　若 $\lim\limits_{x \to x_0} f(x) = A$，则存在点 x_0 的某一去心邻域 $N(\hat{x}_0, \delta)$，函数在 $N(\hat{x}_0, \delta)$ 内有界．

性质 3（局部保号性）

（1）若 $\lim\limits_{x \to x_0} f(x) = A$，且 $A > 0$（或 $A < 0$），则存在点 x_0 的某一领域，在该邻域内，有 $f(x) > 0$（或 $f(x) < 0$）．

（2）若在点 x_0 的某一去心领域内有 $f(x) \geqslant 0$（或 $f(x) \leqslant 0$），且 $\lim\limits_{x \to x_0} f(x) = A$，则必有 $A \geqslant 0$（或 $A \leqslant 0$）．

性质 4（夹逼准则）　当 $x \in N(\hat{x}_0, \delta)$ 时，有 $g(x) \leqslant f(x) \leqslant h(x)$，且

$$\lim\limits_{x \to x_0} g(x) = \lim\limits_{x \to x_0} h(x) = A$$

则

$$\lim\limits_{x \to x_0} f(x) = A .$$

例 6　设 $g(x) \leqslant f(x) \leqslant h(x)$，且 $\lim\limits_{x \to 1} g(x) = \lim\limits_{x \to 1} h(x) = 3$，求 $\lim\limits_{x \to 1} f(x)$．

解　因为 $g(x) \leqslant f(x) \leqslant h(x)$，$\lim\limits_{x \to 1} g(x) = \lim\limits_{x \to 1} h(x) = 3$

根据夹逼准则

$$\lim\limits_{x \to 1} f(x) = 3 .$$

四、无穷小量与无穷大量

定义 5　在自变量 x 的某个变化过程中，极限为零的函数称为**无穷小量**，简称为**无穷小**．若相应的函数值的绝对值 $|f(x)|$ 无限增大，则称 $f(x)$ 为该自变量变化过程中的**无穷大量**，**简称为无穷大**．

> **注意**：（1）一般说，无穷小与无穷大表达的是量的变化状态，而不是量的大小．
>
> （2）无穷大是极限不存在的一种情形，这里借用极限 $\lim\limits_{\substack{x \to \infty \\ (x \to x_0)}} |f(x)| = +\infty$ 的记号，但并不表示极限存在．
>
> （3）根据无穷小和无穷大的定义，说一个函数是无穷小或无穷大时，必须指明自变量的变化趋势．
>
> （4）在同一自变量的变化趋势下，无穷小与无穷大是互为倒数的关系．

例 7　自变量 x 分别在怎样的变化过程中，下列函数为无穷小和无穷大：

（1）$y = \dfrac{1}{x - 1}$；　　（2）$y = e^x$．

解　（1）当 $x \to 1$ 时，$x - 1$ 是无穷小，根据无穷小与无穷大的关系，函数 $\dfrac{1}{x - 1}$ 是一个无穷大量，也可表示为

$$\lim\limits_{x \to 1} \frac{1}{x - 1} = \infty .$$

当 $x \to \infty$ 时，$x - 1$ 是无穷大，根据无穷大与无穷小的关系，函数 $\dfrac{1}{x-1} \to 0$，是一个无穷小，即

$$\lim_{x \to \infty} \frac{1}{x-1} = 0 .$$

（2）根据函数 $y = e^x$ 的图形可知

当 $x \to -\infty$ 时，$e^x \to 0$，即

$$\lim_{x \to -\infty} e^x = 0$$

所以当 $x \to -\infty$ 时，函数是个无穷小.

当 $x \to +\infty$ 时，$e^x \to +\infty$，即

$$\lim_{x \to +\infty} e^x = +\infty .$$

所以当 $x \to +\infty$ 时，函数是个无穷大.

习题 1.2

1. 单项选择题

（1）下列数列收敛的是（　　）。

A. $5,\ -5,\ \cdots,\ (-5)^{n-1},\ \cdots$ 　　　　　B. $\dfrac{1}{3},\ \dfrac{3}{5},\ \dfrac{5}{7},\ \cdots,\ \dfrac{2n-1}{2n+1},\ \cdots$

C. $\dfrac{1}{3},\ -\dfrac{3}{5},\ \dfrac{5}{7},\ \cdots,\ (-1)^{n-1}\dfrac{2n-1}{2n+1},\ \cdots$ 　　　D. $-\dfrac{1}{2},\ \dfrac{2}{3},\ -\dfrac{3}{4},\ \cdots,\ (-1)^n\dfrac{n}{n+1},\ \cdots$

（2）函数 $f(x)$ 在 $x = x_0$ 处有定义，是 $x \to x_0$ 时 $f(x)$ 有极限的（　　）.

A. 必要条件 　　　　　　　　　　　　B. 充分条件

C. 充要条件 　　　　　　　　　　　　D. 无关条件

2. 已知数列的通项，判断下列数列是收敛的还是发散的

（1）$f(n) = \dfrac{1}{n}$；　　　　　　　　　　　（2）$f(n) = (-1)^n\dfrac{1}{n}$；

（3）$f(n) = \dfrac{1}{n^2}$；　　　　　　　　　　（4）$f(n) = (-1)^n n$.

3. 画出以下函数的图形，然后求极限：

（1）已知 $f(x) = 3$，求 $\lim\limits_{x \to 2} 3$，$\lim\limits_{x \to 0} 3$；

（2）已知 $f(x) = \sqrt{x}$，求 $\lim\limits_{x \to 2}\sqrt{x}$，$\lim\limits_{x \to 0^+}\sqrt{x}$；

（3）已知 $f(x) = 2^x$，求 $\lim\limits_{x \to -\infty} 2^x$，$\lim\limits_{x \to -1} 2^x$；

（4）已知 $f(x) = \dfrac{1}{x-1}$ 求 $\lim\limits_{x \to \infty}\dfrac{1}{x-1}$，$\lim\limits_{x \to 1}\dfrac{1}{x-1}$.

4. 下列变量在自变量给定的变化过程中，是无穷小还是无穷大？

（1）$x^2 (x \to \infty)$；　　　　　　　　　　（2）$2x - 1 (x \to -\infty)$；

（3）$\tan x (x \to \pi)$；　　　　　　　　　　（4）$\cos x (x \to \infty)$；

（5）$\ln x (x \to +\infty)$；　　　　　　　　　（6）$e^{\frac{1}{x}} (x \to 0^-)$.

5. 设函数

$$f(x) = \begin{cases} x - 1, & x < 0, \\ 0, & x = 0, \\ x + 1, & x > 0. \end{cases}$$

证明：当 $x \to 0$ 时函数的极限不存在.

6. 设函数

$$f(x) = \begin{cases} x^2 + 1, & x \geq 2, \\ 2x + 1, & x < 2. \end{cases}$$

求 $\lim\limits_{x \to 2^+} f(x)$，$\lim\limits_{x \to 2^-} f(x)$，并由此判断 $\lim\limits_{x \to 2} f(x)$ 是否存在.

第三节　极限的运算

极限的运算是本章的重点内容. 本节首先学习极限的两个重要公式，然后学习极限的运算法则.

一、极限的两个常用公式

1. 第一个极限公式

$$\lim_{x \to 0} \frac{\sin x}{x} = 1 \tag{1.1}$$

这个公式主要用于求三角函数的极限，在应用时的一般模型是

$$\lim_{\mu(x) \to 0} \frac{\sin\mu(x)}{\mu(x)} = 1.$$

也就是在自变量给定的趋势下，两个 $\mu(x)$ 应该是一模一样的**无穷小**.

例1　求下列函数的极限

（1）$\lim\limits_{x \to 0} \dfrac{\sin 5x}{5x}$；　（2）$\lim\limits_{x \to 3} \dfrac{\sin(x-3)}{x-3}$；　（3）$\lim\limits_{x \to \infty} x \cdot \sin \dfrac{1}{x}$.

解　（1）令 $5x = u$，$\dfrac{\sin 5x}{5x} = \dfrac{\sin u}{u}$，当 $x \to 0$ 时，$u \to 0$，根据式（1.1）得

$$\lim_{x \to 0} \frac{\sin 5x}{5x} = \lim_{x \to 0} \frac{\sin u}{u} = 1.$$

（2）当 $x \to 3$ 时，$x - 3 \to 0$ 是一无穷小，根据式（1.1）得

$$\lim_{x \to 3} \frac{\sin(x-3)}{x-3} = 1.$$

（3）当 $x \to \infty$ 时，$\dfrac{1}{x} \to 0$ 是一无穷小，根据式（1.1）得

$$\lim_{x \to \infty} x \sin \frac{1}{x} = \lim_{x \to \infty} \frac{\sin \dfrac{1}{x}}{\dfrac{1}{x}} = 1.$$

注意：第一个重要极限可以解决含三角函数的"$\dfrac{0}{0}$"型未定式.

2. 第二个重要极限公式

$$\lim_{x \to \infty} \left(1 + \frac{1}{x}\right)^x = e \tag{1.2}$$

或者写成

$$\lim_{x \to 0} (1 + x)^{\frac{1}{x}} = e \tag{1.3}$$

这个重要极限公式解决的对象是"1^{∞}"型未定式.

上述两种形式也可统一为模型

$$\lim_{\mu(x) \to 0} (1 + \mu(x))^{\frac{1}{\mu(x)}} = e$$

它成立的条件是在自变量给定的趋势下，两个 $\mu(x)$ 是一模一样的无穷小.

例2　求下列函数的极限

$(1) \lim_{x \to \infty} \left(1 + \dfrac{1}{2x}\right)^x$；　　$(2) \lim_{x \to 0} (1 - x)^{\frac{1}{x}}$.

解　（1）当 $x \to \infty$，$\dfrac{1}{2x} \to 0$ 是一无穷小. 根据式（1.2）得

$$原式 = \lim_{x \to \infty} \left(1 + \frac{1}{2x}\right)^{2x \times \frac{1}{2}} = \lim_{x \to \infty} \left[\left(1 + \frac{1}{2x}\right)^{2x}\right]^{\frac{1}{2}} = e^{\frac{1}{2}}.$$

（2）根据式（1.3）得

$$原式 = \lim_{x \to 0} \left[1 + (-x)\right]^{\frac{1}{x}} = \lim_{x \to 0} \left[(1 + (-x))^{\frac{1}{-x}}\right]^{(-1)} = e^{-1}.$$

二、极限的运算法则

在自变量给定的趋势 $x \to \square$ 下，设 $\lim f(x) = A$，$\lim g(x) = B$ 都存在，则有如下运算法则成立：

（1）$\lim [f(x) \pm g(x)] = \lim f(x) \pm \lim g(x) = A + B$；

（2）$\lim C f(x) = C \lim f(x) = CA$，$C$ 为常数；

（3）$\lim f(x) g(x) = \lim f(x) \cdot \lim g(x) = AB$，

特别当 n 为正整数时有 $\lim [f(x)]^n = [\lim f(x)]^n = A^n$；

（4）$\lim \dfrac{f(x)}{g(x)} = \dfrac{\lim f(x)}{\lim g(x)} = \dfrac{A}{B} (B \neq 0)$.

牢记以上极限的四则运算法则，并会应用.

例3　求下列函数的极限

$(1) \lim_{x \to 2} (3x^2 - 5x + 1)$；$(2) \lim_{x \to 1} \dfrac{x - 2}{2x + 1}$；$(3) \lim_{x \to \infty} \left(1 + \dfrac{1}{x}\right)$.

解　（1）根据极限运算法则（1）和（2），得

$$原式 = \lim_{x \to 2} 3x^2 - \lim_{x \to 2} 5x + \lim_{x \to 2} 1 = 3 \times 2^2 - 5 \times 2 + 1 = 3.$$

（2）根据极限的运算法则（3），得

$$原式 = \frac{\lim_{x \to 1}(x - 2)}{\lim_{x \to 1}(2x + 1)} = -\frac{1}{3}.$$

（3）当 $x \to \infty$ 时，$\dfrac{1}{x} \to 0$ 极限存在，是一无穷小，根据极限的运算法则（1）得

$$原式 = 1 + \lim_{x \to \infty} \frac{1}{x} = 1.$$

例 4 求下列函数的极限：

(1) $\lim\limits_{x \to 0} \dfrac{x^2 - x}{x}$；(2) $\lim\limits_{x \to 4} \dfrac{x^2 - 7x + 12}{x^2 - 5x + 4}$；(3) $\lim\limits_{x \to 0} \dfrac{\sqrt{1 + x^2} - 1}{x^2}$.

解 (1) 当 $x \to 0$ 时，分子与分母都是无穷小，是一个"$\dfrac{0}{0}$"型未定式，分子与分母都提取 x，然后再用极限运算法则，计算

$$原式 = \lim\limits_{x \to 0} \dfrac{x(x - 1)}{x} = \lim\limits_{x \to 0}(x - 1) = \lim\limits_{x \to 0}x - 1 = -1.$$

(2) 把 $x = 4$ 代入函数中，分母为 0，分子为 0，我们称为"$\dfrac{0}{0}$"型未定式，可以先把分子、分母分解后约分，然后再用极限法则，计算

$$原式 = \lim\limits_{x \to 4} \dfrac{(x - 3)(x - 4)}{(x - 4)(x - 1)} = \lim\limits_{x \to 4} \dfrac{x - 3}{x - 1} = \dfrac{1}{3}.$$

(3) 这是一个"$\dfrac{0}{0}$"型未定式，因为分子为无理函数，可以分子有理化，消去分母为 0 的因子，然后用极限的运算法则，计算

$$原式 = \lim\limits_{x \to 0} \dfrac{(\sqrt{1 + x^2} - 1)(\sqrt{1 + x^2} + 1)}{x^2(\sqrt{1 + x^2} + 1)} = \lim\limits_{x \to 0} \dfrac{1}{\sqrt{1 + x^2} + 1} = \dfrac{1}{2}.$$

例 5 求下列函数极限：

(1) $\lim\limits_{x \to 0} \dfrac{1 - \cos x}{x^2}$；(2) $\lim\limits_{x \to 0} \dfrac{\tan x}{x}$；(3) $\lim\limits_{x \to 0} \dfrac{x - \sin x}{x + \sin x}$.

解 (1) 当 $x \to 0$ 时，分子与分母都是无穷小，是一个"$\dfrac{0}{0}$"型未定式.

因为 $1 - \cos x = 2\sin^2 \dfrac{x}{2}$，所以

$$原式 = \lim\limits_{x \to 0} \dfrac{2\sin^2 \dfrac{x}{2}}{x^2} = 2\lim\limits_{x \to 0} \left(\dfrac{\sin \dfrac{x}{2}}{2 \times \dfrac{x}{2}}\right)^2 = \dfrac{1}{2}.$$

(2) 当 $x \to 0$ 时，分子与分母都是无穷小，是一个"$\dfrac{0}{0}$"型未定式.

根据 $\tan x = \dfrac{\sin x}{\cos x}$，得

$$原式 = \lim\limits_{x \to 0} \dfrac{\sin x}{x\cos x} = \lim\limits_{x \to 0} \dfrac{\sin x}{x} \cdot \lim\limits_{x \to 0} \dfrac{1}{\cos x} = 1.$$

(3) 当 $x \to 0$ 时，分子与分母都是无穷小，是一个"$\dfrac{0}{0}$"型未定式，分子与分母都提取 x，然后再用极限公式 (1.1) 和运算法则计算，得

$$原式 = \lim\limits_{x \to 0} \dfrac{1 - \dfrac{\sin x}{x}}{1 + \dfrac{\sin x}{x}} = \dfrac{1 - 1}{1 + 1} = 0.$$

例 6 求下列函数的极限

(1) $\lim\limits_{x \to \infty} \left(\dfrac{x+1}{x} \right)^{2x+1}$; (2) $\lim\limits_{x \to \infty} \left(\dfrac{2-x}{3-x} \right)^{x}$.

解 (1) 所求极限 "1^{∞}" 型未定式, 所以根据式 (1.2)

$$\text{原式} = \lim\limits_{x \to \infty} \left(1 + \frac{1}{x} \right)^{2x+1} = \lim\limits_{x \to \infty} \left(1 + \frac{1}{x} \right)^{2x} \cdot \lim\limits_{x \to \infty} \left(1 + \frac{1}{x} \right) = \mathrm{e}^2 .$$

(2) 解法一: 所求极限是 "1^{∞}" 型未定式, 令 $\dfrac{2-x}{3-x} = 1 + \dfrac{1}{u}$, 解得 $x = u + 3$

当 $x \to \infty$ 时, 变量 $u \to \infty$, 所以根据式 (1.2) 得

$$\text{原式} = \lim\limits_{u \to \infty} \left(1 + \frac{1}{u} \right)^{u+1} = \lim\limits_{u \to \infty} \left(1 + \frac{1}{u} \right)^{u} \cdot \lim\limits_{u \to \infty} \left(1 + \frac{1}{u} \right) = \mathrm{e} .$$

解法二: 分子、分母同时除以 $-x$, 得

$$\text{原式} = \lim\limits_{x \to \infty} \left(\frac{1 - \dfrac{2}{x}}{1 - \dfrac{3}{x}} \right)^{x} = \frac{\lim\limits_{x \to \infty} \left(1 - \dfrac{2}{x} \right)^{-\frac{x}{2} \times (-2)}}{\lim\limits_{x \to \infty} \left(1 - \dfrac{3}{x} \right)^{-\frac{x}{3} \times (-3)}} = \frac{\mathrm{e}^{-2}}{\mathrm{e}^{-3}} = \mathrm{e} .$$

例 7 求下列函数的极限

(1) $\lim\limits_{x \to \infty} \dfrac{3x^2 + x - 7}{2x^2 - x + 4}$; (2) $\lim\limits_{x \to \infty} \dfrac{3x^2 - 2x - 1}{2x^3 - x^2 - 5}$.

解 (1) 当 $x \to \infty$ 时, 分子与分母都是无穷大, 我们称为 "$\dfrac{\infty}{\infty}$" 型未定式. 在做这类题目时, 分子与分母同除以最高项次数的未知量, 即把无穷大化为无穷小, 然后再求极限.

即
$$\lim\limits_{x \to \infty} \frac{3x^2 + x - 7}{2x^2 - x + 4} = \lim\limits_{x \to \infty} \frac{3 + \dfrac{1}{x} - \dfrac{7}{x^2}}{2 - \dfrac{1}{x} + \dfrac{4}{x^2}} = \frac{3}{2} .$$

(2) 当 $x \to \infty$ 时, 分子与分母都是无穷大, 分子与分母同除以最高项次数的未知量, 把无穷大化为无穷小, 得

$$\lim\limits_{x \to \infty} \frac{3x^2 - 2x - 1}{2x^3 - x^2 - 5} = \lim\limits_{x \to \infty} \frac{\dfrac{3}{x} - \dfrac{2}{x^2} - \dfrac{1}{x^3}}{2 - \dfrac{1}{x} - \dfrac{5}{x^3}} = 0 .$$

由此我们可以得到以下规律

$$\lim\limits_{x \to \infty} \frac{a_0 x^m + a_1 x^{m-1} + \cdots + a_m}{b_0 x^n + b_1 x^{n-1} + \cdots + b_n} = \begin{cases} \dfrac{a_0}{b_0}, & n = m, \\ 0, & n > m, \\ \infty, & n < m. \end{cases} \tag{1.4}$$

根据式 (1.4) 验证例 7 中的 (1), (2).

例 8 求极限 $\lim\limits_{n \to \infty} \dfrac{1 + 2 + 3 + \cdots + (n-1)}{n^2}$.

解 分子是一等差数列, 根据等差数列的求和公式得

$$1 + 2 + 3 + \cdots + (n - 1) = \frac{(1 + n - 1)(n - 1)}{2} = \frac{n(n - 1)}{2}.$$

当 $n \to \infty$ 时这是一个 " $\frac{\infty}{\infty}$ " 型未定式，根据式 (1.4)，得

$$\lim_{n \to \infty} \frac{1 + 2 + 3 + \cdots + (n - 1)}{n^2} = \lim_{n \to \infty} \frac{n(n - 1)}{2n^2} = \frac{1}{2}.$$

例 9 求极限 $\lim\limits_{x \to +\infty} (\sqrt{x^2 + 1} - x)$.

解 当 $x \to \infty$ 时，减函数与被减函数都是无穷大，我们称为 " $\infty - \infty$ " 型未定式. 在做此类题时，先要把分子有理化，然后根据式 (1.4) 求极限，得

$$\lim_{x \to +\infty} (\sqrt{x^2 + 1} - x) = \lim_{x \to +\infty} \frac{1}{\sqrt{x^2 + 1} + x} = 0.$$

习题 1.3

1. 利用两个重要极限公式，求下列函数的极限

(1) $\lim\limits_{x \to 0} \dfrac{x}{\sin x}$;

(2) $\lim\limits_{x \to 0} \dfrac{\sin 2x}{3x}$;

(3) $\lim\limits_{x \to \pi} \dfrac{\sin x}{x - \pi}$;

(4) $\lim\limits_{x \to 0} \dfrac{\sin \dfrac{x}{2}}{2x}$;

(5) $\lim\limits_{x \to 0} \dfrac{\sin^2 x}{3x^2}$;

(6) $\lim\limits_{x \to \infty} x \sin \dfrac{1}{x}$;

(7) $\lim\limits_{x \to 0} \dfrac{x}{\tan x}$;

(8) $\lim\limits_{x \to 0} \dfrac{1 - \cos x}{x^2}$;

(9) $\lim\limits_{x \to \infty} \left(1 + \dfrac{2}{x}\right)^x$;

(10) $\lim\limits_{x \to \infty} \left(1 - \dfrac{1}{2x}\right)^x$;

(11) $\lim\limits_{x \to \infty} \left(1 + \dfrac{1}{x}\right)^{x+1}$;

(12) $\lim\limits_{x \to \infty} \left(\dfrac{x}{1 + x}\right)^x$;

(13) $\lim\limits_{x \to 0} (1 + 2x)^{\frac{1}{x}}$;

(14) $\lim\limits_{x \to 0} (1 - x)^{\frac{2}{x} + \frac{3}{2}}$.

2. 运用极限的运算法则求下列函数的极限

(1) $\lim\limits_{x \to 2} (x + 1)(2x - 3)$;

(2) $\lim\limits_{x \to 3} \dfrac{x - 1}{x + 2}$;

(3) $\lim\limits_{x \to 0} \dfrac{x^2 - x}{x}$;

(4) $\lim\limits_{x \to 1} \dfrac{x^2 - 1}{x - 1}$;

(5) $\lim\limits_{x \to 3} \dfrac{x^2 - 2x - 3}{x - 3}$;

(6) $\lim\limits_{x \to 0} \dfrac{\sin x + x^2}{x}$;

(7) $\lim\limits_{x \to 2} \dfrac{\sin(x - 2)}{x^2 - 4}$;

(8) $\lim\limits_{x \to 0} \dfrac{\sin 2x + \tan 3x}{x}$;

(9) $\lim\limits_{x \to 0} \dfrac{\sqrt{1 + x} - 1}{x}$;

(10) $\lim\limits_{x \to \infty} \left(1 + \dfrac{1}{x}\right)\left(1 - \dfrac{2}{x}\right)$;

(11) $\lim\limits_{x \to +\infty} \left(e^{\frac{1}{x}} + e^{-x} - \dfrac{1}{\ln x}\right)$;

(12) $\lim\limits_{x \to \infty} \dfrac{(3x - 1)^5 (x + 1)^4}{(2x - 3)^9}$;

(13) $\lim\limits_{x \to \infty} (\sqrt{x^2 + 3x} - x)$;

(14) $\lim\limits_{x \to 1} \left(\dfrac{3}{1 - x^3} - \dfrac{1}{1 - x}\right)$;

$(15)\ \lim\limits_{x\to 0^+}\dfrac{2^{\frac{1}{x}}-1}{2^{\frac{1}{x}}+1}$;

$(16)\ \lim\limits_{x\to 0^-}\dfrac{2^{\frac{1}{x}}-1}{2^{\frac{1}{x}}+1}$;

$(17)\ \lim\limits_{n\to\infty}(\dfrac{1+2+\cdots+n}{n+2}-\dfrac{n}{2})$;

$(18)\ \lim\limits_{n\to\infty}\dfrac{2^{n+1}+3^{n+1}}{2^n+3^n}$.

第四节　无穷小的性质及应用

无穷小是一个变量，在研究函数时，用途很广；本节主要研究极限与无穷小之间的关系、无穷小的性质以及等价无穷小的应用.

一、极限与无穷小之间的关系

定理1　在自变量 x 的某一变化过程中函数 $f(x)$ 有极限 A，即 $\lim f(x)=A$ 的充要条件是 $f(x)=A+\alpha(x)$．其中 $\alpha(x)$ 是在自变量 x 同变化过程中的无穷小.

根据定理，$\lim\limits_{x\to 2}x^2=4\Leftrightarrow x^2=4+\alpha(x)$ 其中 $\lim\limits_{x\to 2}\alpha(x)=0$.

二、无穷小的运算性质

性质1　有限个无穷小的代数和也是无穷小.

注意：无穷多个无穷小的代数和未必是无穷小. 如 $n\to\infty$ 时，

$$\dfrac{1}{n^2},\dfrac{2}{n^2},\dfrac{3}{n^2},\cdots,\dfrac{n}{n^2}$$

均为无穷小，但

$$\lim\limits_{x\to\infty}(\dfrac{1}{n^2}+\dfrac{2}{n^2}+\cdots+\dfrac{n}{n^2})=\lim\limits_{x\to\infty}\dfrac{n(n+1)}{2n^2}=\lim\limits_{x\to\infty}(\dfrac{1}{2}+\dfrac{1}{2n})=\dfrac{1}{2}.$$

性质2　有限个无穷小的乘积是无穷小.

推论　常数与无穷小的乘积是无穷小.

性质3　无穷小与有界函数的乘积是无穷小.

例1　求极限 $\lim\limits_{x\to\infty}\dfrac{1}{x}\sin x$.

解　当 $x\to\infty$ 时，$\dfrac{1}{x}$ 是无穷小. 而 $\sin x$ 是有界函数，根据性质3，得

$$\lim\limits_{x\to\infty}\dfrac{1}{x}\sin x=0.$$

例2　求极限 $\lim\limits_{n\to\infty}\dfrac{n}{n^2+1}\arctan n$.

解　当 $n\to\infty$ 时，$\dfrac{n}{n^2+1}$ 是无穷小. 而 $\arctan n$ 是有界函数，根据性质3，得

$$\lim\limits_{n\to\infty}\dfrac{n}{n^2+1}\arctan n=0$$

注意：两个无穷小之商未必是无穷小. 下面讨论两个无穷小之商.

三、无穷小的比较

定义 设某一极限过程中，变量 α 与 β 都是无穷小，且

$$\lim \frac{\beta}{\alpha} = C \ (C \text{ 为常数})$$

（1）若 $C=0$，则称 β 是比 α **高阶的无穷小**，记作 $\beta = 0(\alpha)$（此时，也称 α 是比 β 低阶的无穷小）.

（2）若 $C \neq 0$，则称 α 与 β 是**同阶无穷小**.

（3）若 $C=1$，则称 α 与 β 是**等价无穷小**，记作 $\alpha \sim \beta$. 如 $\lim\limits_{x \to 0} \dfrac{\sin x}{x} = 1$，**则有** $\sin x \sim x$.

下面是几个常用的**等价无穷小公式**：

当 $x \to 0$ 时，$\sin x \sim x$，$\tan x \sim x$，$1 - \cos x \sim \dfrac{1}{2}x^2$，$\arcsin x \sim x$，$\arctan x \sim x$，$e^x - 1 \sim x$，$\ln(1 + x) \sim x$，$(1 + x)^\alpha - 1 \sim \alpha x$（以上公式，读者可以自己证明）.

定理 2（等价无穷小的替换原理） 在同一自变量的变化过程中，α，α'，β，β' 都是无穷小，且 $\alpha \sim \alpha'$，$\beta \sim \beta'$. 如果 $\lim \dfrac{\beta'}{\alpha'}$ 存在，那么

$$\lim \frac{\beta}{\alpha} = \lim \frac{\beta'}{\alpha'}.$$

例 3 求极限 $\lim\limits_{x \to 0} \dfrac{\sin 2x}{\sin 5x}$.

解 当 $x \to 0$ 时，$\sin 2x \sim 2x$，$\sin 5x \sim 5x$，根据定理 2，得

$$\lim_{x \to 0} \frac{\sin 2x}{\sin 5x} = \lim_{x \to 0} \frac{2x}{5x} = \frac{2}{5}.$$

例 4 求极限 $\lim\limits_{x \to 0} \dfrac{\tan^2 x}{1 - \cos x}$.

解 当 $x \to 0$ 时，$\tan^2 x \sim x^2$，$1 - \cos x \sim \dfrac{1}{2}x^2$，根据定理 2，得

$$\lim_{x \to 0} \frac{\tan^2 x}{1 - \cos x} = \lim_{x \to 0} \frac{x^2}{\frac{1}{2}x^2} = 2.$$

例 5 求极限 $\lim\limits_{x \to 0} \dfrac{\sqrt{1 + x^2} - 1}{(e^x - 1)\ln(1 + 2x)}$.

解 当 $x \to 0$ 时，$\sqrt{1 + x^2} - 1 \sim \dfrac{1}{2}x^2$，$e^x - 1 \sim x$，$\ln(1 + 2x) \sim 2x$.

根据定理 2，得

$$\lim_{x \to 0} \frac{\sqrt{1 + x^2} - 1}{(e^x - 1)\ln(1 + 2x)} = \lim_{x \to 0} \frac{\frac{1}{2}x^2}{x \cdot 2x} = \frac{1}{4}.$$

例 6 求极限 $\lim\limits_{x \to 0} \dfrac{\tan x - \sin x}{x^3}$.

解 在本题中，如果先用 $\sin x \sim x$，$\tan x \sim x$ 公式代换，则极限不存在，正确做法是

$$原式 = \lim_{x\to 0}\frac{\dfrac{\sin x}{\cos x} - \sin x}{x^3} = \lim_{x\to 0}\frac{\sin x(1-\cos x)}{x^3 \cdot \cos x}$$

$$= \lim_{x\to 0}\frac{\sin x(1-\cos x)}{x^3} \cdot \lim_{x\to 0}\frac{1}{\cos x} = \frac{1}{2}.$$

注意：求极限过程中，一个无穷小可以用与其等价的无穷小代替，只能在乘积和商的因式情况下使用，和与差的情况不能用.

习题 1.4

1. 填空题

(1) 当 $x \to 0^+$ 时，x 是 $e^{\sqrt{x}} - 1$ 的_____阶无穷小.

(2) $x \to 0$ 时，$e^{2x} - 1$ 是 $\sin x$ 的_____阶无穷小.

(3) 当 $x \to 0$ 时，$1 - \cos^2 x$ 与 $a\sin^2\dfrac{x}{2}$ 为等价无穷小，则 $a = $_____.

(4) 当 $x \to 1$ 时，$f(x) \to 5$ 即 $\lim_{x\to 1}f(x) = 5$，则 $\lim_{x\to 1}(f(x) - 5) = $_____.

(5) 求 $\lim_{x\to\infty}\dfrac{\cos x}{x} = $_____.

(6) 已知 $\lim_{x\to 0}\dfrac{x}{f(4x)} = 1$，则 $\lim_{x\to 0}\dfrac{f(2x)}{x} = $_____.

2. 求下列函数的极限

(1) $\lim_{x\to 0}\dfrac{\sin 3x}{\tan x}$;

(2) $\lim_{x\to 0}\dfrac{1-\cos^2 x}{x\sin x}$;

(3) $\lim_{x\to 0}\dfrac{\ln(1+2x)}{e^x - 1}$;

(4) $\lim_{x\to 0}\dfrac{\ln(1+x^2)}{\sqrt{1+x^2}-1}$;

(5) $\lim_{x\to 0}\dfrac{e^{2x}-1}{\tan 2x}$;

(6) $\lim_{x\to 0}\dfrac{1+x\sin x - \cos x}{\tan^2 x}$;

(7) $\lim_{x\to 0}\dfrac{\arctan 2x}{x}$;

(8) $\lim_{x\to\infty}\dfrac{x-\sin x}{x+\sin x}$;

(9) $\lim_{x\to\infty}(\sqrt[3]{x^3+x^2+1}-x)$;

(10) $\lim_{x\to 0}\dfrac{\sqrt{1+x+x^2}-1}{\sin 2x}$.

第五节 函数的连续性

连续性是研究函数形态的重要内容，也是计算极限的理论基础. 本节将运用极限概念对它加以描述和研究，并在此基础上解决更多的极限计算问题.

一、连续函数的概念

在自然界中有许多现象，如气温的变化、年龄的增长、植物的生长等都是连续地变化着的，这种现象在函数关系上的反映，就是函数的连续性.

1. 函数在点 x_0 连续的定义

定义 1 设函数 $y = f(x)$ 在点 x_0 的某一邻域内有定义，如果当自变量的增量 $\Delta x = x - x_0$ 趋于零时，对应的函数的增量 $\Delta y = f(x_0 + \Delta x) - f(x_0)$ 也趋于零，即

$$\lim_{\Delta x \to 0} \Delta y = \lim_{\Delta x \to 0} [f(x_0 + \Delta x) - f(x_0)] = 0,$$

那么就称函数 $y = f(x)$ 在点 x_0 **连续**.

记 $x = x_0 + \Delta x$，这时函数的增量可以写成 $\Delta y = f(x) - f(x_0)$.

这时

$$\Delta x = x - x_0 \to 0 \Leftrightarrow x \to x_0,$$

$$\Delta y \to 0 \Leftrightarrow f(x) \to f(x_0).$$

于是**定义 1** 中的式子也可以记为 $\lim_{x \to x_0} f(x) = f(x_0)$. 那么函数 $y = f(x)$ 在点 x_0 连续也可以叙述为：

定义 2 设函数 $y = f(x)$ 在点 x_0 的某一邻域内有定义，如果函数 $f(x)$ 当 $x \to x_0$ 时的极限存在，且等于它在 x_0 处的函数值 $f(x_0)$，即

$$\lim_{x \to x_0} f(x) = f(x_0),$$

那么就称函数 $f(x)$ 在**点 x_0 连续**.

依据函数在一点处连续的定义，函数 $y = f(x)$ 在 x_0 点连续，应满足三个条件：

（1）在 x_0 点有定义；

（2）极限 $\lim_{x \to x_0} f(x)$ 存在；

（3）$\lim_{x \to x_0} f(x) = f(x_0)$.

例 1 证明函数 $y = x^2$ 在点 x_0 连续.

证明 方法一：根据定义 1，当自变量 x 的增量为 Δx 时，函数 $y = x^2$ 对应的增量为

$$\Delta y = (x_0 + \Delta x)^2 - x_0^2 = 2x_0 \Delta x + (\Delta x)^2$$

由于

$$\lim_{\Delta x \to 0} \Delta y = \lim_{\Delta x \to 0} [2x_0 \Delta x + (\Delta x)^2] = 0,$$

因此，函数 $y = x^2$ 在点 x_0 连续.

方法二：根据定义 2，因为函数 $y = x^2$ 的定义域为 $(-\infty, +\infty)$，对于 $\forall x_0 \in \mathbf{R}$

$$\lim_{x \to x_0} f(x) = f(x_0) = x_0^2$$

成立。所以，函数 $y = x^2$ 在点 x_0 连续.

例 2 设 $f(x) = \begin{cases} \dfrac{\sin x}{x}, & x \neq 0, \\ 0, & x = 0. \end{cases}$ 讨论在 $x = 0$ 处的连续性.

解 因为 $\lim_{x \to 0} \dfrac{\sin x}{x} = 1$，但是由于

$$\lim_{x \to 0} f(x) = 1 \neq f(0) = 0$$

所以，$f(x)$ 在 $x = 0$ 处不连续.

2. 函数在区间上的连续性

定义 3 如果函数 $y = f(x)$ 在开区间 (a, b) 的每一点都连续，就称函数 $y = f(x)$ 在开区间 (a, b) 内连续，或说函数 $y = f(x)$ 是**开区间 (a, b) 内的连续函数**.

下面介绍左连续和右连续的概念.

定义 4 如果左极限 $\lim\limits_{x \to x_0^-} f(x)$ 存在且等于 $f(x_0)$，就称函数 $f(x)$ 在点 x_0 **左连续**. 如果右极限 $\lim\limits_{x \to x_0^+} f(x)$ 存在且等于 $f(x_0)$，就称函数 $f(x)$ 在点 x_0 **右连续**.

定义 5 若函数 $y = f(x)$ 在开区间 (a, b) 内连续，又在 a 点处右连续，b 点处左连续，就称函数 $y = f(x)$ 在**闭区间** $[a, b]$ **上连续**.

二、函数的间断点及其类型

若函数不满足以下条件：

（1）在 x_0 点有定义；（2）极限 $\lim\limits_{x \to x_0} f(x)$ 存在；（3）$\lim\limits_{x \to x_0} f(x) = f(x_0)$，

就说函数 $y = f(x)$ 在 x_0 处不连续，这时称点 x_0 是**函数的间断点**.

定义 6 若函数在间断点 x_0 的左右极限中至少有一个不存在，称为**第二类间断点**；若左右极限都存在，称为**第一类间断点**.

对于第一类间断点，若有：

（1）左右极限不相等，即 $\lim\limits_{x \to x_0^-} f(x) \neq \lim\limits_{x \to x_0^+} f(x)$，则称 x_0 为**跳跃间断点**.

（2）$\lim\limits_{x \to x_0} f(x)$ 存在，但不等于 $f(x_0)$，则称 x_0 为**可去间断点**.

例 3 下面两个函数在 $x = 1$ 点处连续吗？若不连续，判断间断点的类型.

（1）$y = \dfrac{x^2 - 1}{x - 1}$；（2）$y = \begin{cases} x + 1, & x < 1, \\ x, & x \geqslant 1. \end{cases}$

解 （1）从图 1-13 可以看出，函数在点 $x = 1$ 处无定义，所以函数在点 $x = 1$ 处不连续.

又因为 $\lim\limits_{x \to 1} \dfrac{x^2 - 1}{x - 1} = \lim\limits_{x \to 1}(x + 1) = 2$ 存在，所以为第一类间断点中的可去间断点.

（2）从图 1-14 可以看出，函数在点 $x = 1$ 处有定义，且 $f(1) = 1$；又 $x = 1$ 是分段函数的分界点，

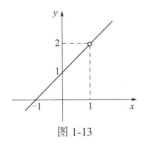

图 1-13

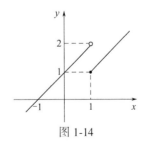

图 1-14

左极限 $\lim\limits_{x \to 1^-} f(x) = \lim\limits_{x \to 1^-}(x + 1) = 2$，右极限 $\lim\limits_{x \to 1^+} f(x) = \lim\limits_{x \to 1^+} x = 1$.

因 $\lim\limits_{x \to 1^-} f(x) \neq \lim\limits_{x \to 1^+} f(x)$，所以 $\lim\limits_{x \to 1} f(x)$ 不存在，故函数在点 $x = 1$ 处不连续；是跳跃间断点.

例 4 求函数 $f(x) = \dfrac{1}{x - 1}$ 的间断点，并判断类型.

解 函数无意义的点为 $x = 1$，又因为

$$\lim_{x \to 1} f(x) = \lim_{x \to 1} \frac{1}{x-1} = \infty \text{ ,}$$

极限不存在.

所以, $x = 1$ 是第二类间断点, 这种类型的间断点称为无穷间断点.

> **注意**：求初等函数的间断点, 要找出函数无意义的点；求分段函数的间断点, 要找分段函数的分界点, 然后按照定义判断.

三、连续函数的基本性质

由函数在一点处连续的定义和函数极限的四则运算法则, 即可得到连续函数的基本性质.

性质 1 设函数 $f(x)$ 和 $g(x)$ 在点 x_0 处连续, 那么它们的和、差、积、商也都在点 x_0 处连续, 即：

(1) $\lim\limits_{x \to x_0} [f(x) \pm g(x)] = f(x_0) \pm g(x_0)$ ；

(2) $\lim\limits_{x \to x_0} [f(x) \cdot g(x)] = f(x_0) \cdot g(x_0)$ ；

(3) $\lim\limits_{x \to x_0} \dfrac{f(x)}{g(x)} = \dfrac{f(x_0)}{g(x_0)} (g(x_0) \neq 0)$.

如函数 $y = \sin x$ 和 $y = \cos x$ 在点 $x = \dfrac{\pi}{3}$ 处是连续的, 显然它们的和、差、积、商（分母不为零）在点 $x = \dfrac{\pi}{3}$ 处是连续的.

性质 2 设函数 $y = f(u)$ 在点 u_0 处连续, 函数 $u = \varphi(x)$ 在点 x_0 处连续, 且 $u_0 = \varphi(x_0)$, 则复合函数 $y = f[\varphi(x)]$ 在点 x_0 处连续.

由此可知, 两个连续函数的复合函数仍是连续函数. 一般地, 由有限个连续函数经过层层复合得到的复合函数也仍是连续函数.

如函数 $u = 2x$ 在点 $x = \dfrac{\pi}{4}$ 处连续, 当 $x = \dfrac{\pi}{4}$ 时, $u = \dfrac{\pi}{2}$, 因为 $y = \sin u$ 在点 $u = \dfrac{\pi}{2}$ 处连续, 显然 $y = \sin 2x$ 在点 $x = \dfrac{\pi}{4}$ 处连续.

性质 3 若函数 $y = f(x)$ 在区间 $[a, b]$ 上单调且连续, 则它的反函数 $x = f^{-1}(y)$ 在对应区间上单调且连续.

如函数 $y = \sin x$ 在区间 $\left[-\dfrac{\pi}{2}, \dfrac{\pi}{2}\right]$ 上单调增加且连续, 其反函数 $x = \arcsin y$ 在 $[-1, 1]$ 上单调增加且连续.

由基本初等函数的连续性和上面的三个定理可知：

性质 4 一切初等函数在其定义域内都是连续的.

根据初等函数的连续性的结论可得：如果 $y = f(x)$ 是初等函数, 且点 x_0 在 $y = f(x)$ 的定义区间内, 那么 $\lim\limits_{x \to x_0} f(x) = f(x_0)$, 因此计算 $y = f(x)$ 当 $x \to x_0$ 时的极限, 只要计算对应的函数值 $f(x_0)$ 就可以了. 即：

对于 $$\forall x_0 \in D, \lim_{x \to x_0} f(x) = f(x_0).$$

在定义域上连续的函数简称连续函数，连续函数的图像是一条连续、不间断的曲线.

例 5 求下列函数的极限：

(1) $\lim\limits_{x \to 0} \sqrt{x^2 + 6}$；   (2) $\lim\limits_{x \to 1} \dfrac{\sqrt{4x + \lg x}}{2}$.

解 (1) 函数 $f(x) = \sqrt{x^2 + 6}$ 是初等函数，定义域是 $(-\infty, +\infty)$，而 $x = 0$ 在该定义域内，所以

$$\lim_{x \to 0} \sqrt{x^2 + 6} = f(0) = \sqrt{6}.$$

(2) 所给函数是初等函数，且 $x = 1$ 是定义域内一点，所以

$$\lim_{x \to 1} \frac{\sqrt{4x + \lg x}}{2} = \frac{\sqrt{4 \times 1 + \lg 1}}{2} = 1.$$

例 6 求下列函数的极限：

(1) $\lim\limits_{x \to 0} \dfrac{\ln(x + 1)}{x}$； (2) $\lim\limits_{x \to 4} \dfrac{\sqrt{2x + 1} - 3}{\sqrt{x} - 2}$

解 (1) 根据复合函数求极限，以及式 (1.3) 计算，所以

$$原式 = \lim_{x \to 0} \frac{1}{x} \ln(1 + x) = \lim_{x \to 0} \ln(1 + x)^{\frac{1}{x}} = \ln \lim_{x \to 0} (1 + x)^{\frac{1}{x}} = \ln e = 1.$$

(2) 所给函数的分子和分母都是无理函数，且是一个 "$\dfrac{0}{0}$" 型未定式，可以对分子、分母同时有理化，所以

$$\lim_{x \to 4} \frac{\sqrt{2x + 1} - 3}{\sqrt{x} - 2} = \lim_{x \to 4} \frac{(\sqrt{2x + 1} - 3)(\sqrt{2x + 1} + 3)}{(\sqrt{x} - 2)(\sqrt{x} + 2)} \frac{(\sqrt{x} + 2)}{(\sqrt{2x + 1} + 3)}$$

$$= \lim_{x \to 4} \frac{2x + 1 - 9}{x - 4} \cdot \lim_{x \to 4} \frac{\sqrt{x} + 2}{\sqrt{2x + 1} + 3} = \lim_{x \to 4} \frac{2(x - 4)}{x - 4} \times \frac{4}{6} = \frac{4}{3}.$$

例 7 设函数 $f(x) = \begin{cases} e^{-\frac{1}{x^2}}, & x \neq 0 \\ k, & x = 0 \end{cases}$，在 $x = 0$ 处连续，求 k 的值.

解 根据函数在一点连续所满足的条件，可知在 $x = 0$ 处的极限值等于其函数值.

又 $\lim\limits_{x \to 0} e^{-\frac{1}{x^2}} = 0, f(0) = k$，所以可得 $k = 0$.

四、闭区间上连续函数的性质

闭区间上的连续函数具有下述性质.

定理 1（最大值和最小值定理） 如果函数 $f(x)$ 在闭区间 $[a, b]$ 上连续，则它在 $[a, b]$ 上一定有最大值和最小值. 也就是说，存在 $\alpha, \beta \in [a, b]$，使得对一切 $x \in [a, b]$，下列不等式

$$f(\alpha) \leqslant f(x) \leqslant f(\beta)$$

成立.

证明省略.

例如函数 $y = x^2$ 在闭区间 $[-1, 1]$ 上连续, 可知在 $x = -1$ 和 $x = 1$ 处取得最大值 $y = 1$, 在 $x = 0$ 处取得最小值 $y = 0$.

由**定理** 1 可推得**定理** 2

定理 2 (有界性定理)   如果函数 $f(x)$ 在闭区间 $[a, b]$ 上连续, 则它在 $[a, b]$ 上有界. 即存在常数 $K > 0$, 使得对一切 $x \in [a, b]$, 总有 $|f(x)| \leqslant K$.

如果 x_0 使 $f(x_0) = 0$, 则 x_0 称为函数 $f(x)$ 的零点.

定理 3 (零点定理)   设函数 $f(x)$ 在闭区间 $[a, b]$ 上连续, 且 $f(a)$ 与 $f(b)$ 异号 (即 $f(a) \cdot f(b) < 0$), 那么在开区间 (a, b) 内至少有函数 $f(x)$ 的一个零点, 即至少有一点 $\xi(a < \xi < b)$ 使 $f(\xi) = 0$ (如图 1-15 所示).

例 8   证明方程 $x^2 - 4x + 1 = 0$ 在 $(0, 1)$ 内至少有一个实根.

证明   设 $f(x) = x^2 - 4x + 1$, 它在 $[0, 1]$ 上连续, 且 $f(0) = 1 > 0$, $f(1) = -2 < 0$, 由零点定理可知, 至少存在一点 $\xi \in (0, 1)$, 使得 $f(\xi) = 0$. 这表明所给方程在 $(0, 1)$ 内至少有一个根.

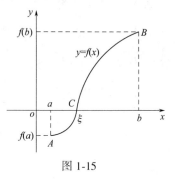

图 1-15

例 9   证明方程 $x + e^x = 0$ 在区间 $(-1, 1)$ 内有唯一的根.

证明   设 $f(x) = x + e^x$, 它在闭区间 $[-1, 1]$ 上连续, 且

$$f(-1) = -1 + e^{-1} < 0, f(1) = 1 + e > 0.$$

由零点定理可知, 至少存在一点 $\alpha \in (-1, 1)$, 使得 $f(\alpha) = 0$, 也就是说 α 是所给方程的根.

再证唯一性, 由于函数 $g(x) = x$ 和 e^x 在闭区间 $[-1, 1]$ 均是单调增函数, 因此它们的和函数 $f(x) = x + e^x$ 也是单调增函数, 故必不存在 β, 使 $f(\beta) = f(\alpha)$, 所以 α 是所给方程在区间 $(-1, 1)$ 内的唯一根.

定理 4 (介值定理)   设函数 $f(x)$ 在闭区间 $[a, b]$ 上连续, 且在这区间端点的函数值 $f(a) = A$ 及 $f(b) = B$, 那么, 对于 A 与 B 之间的任意一个数 C, 在开区间 (a, b) 内至少有一点 ξ, 使得 $f(\xi) = C(a < \xi < b)$, 如图 1-16 所示.

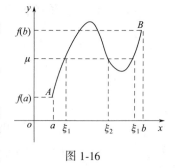

图 1-16

习题 1.5

1. 单项选择题

(1) $f(x)$ 在点 x_0 处左、右极限存在是 $f(x)$ 在点 x_0 处连续的 (　　)。

A. 充分条件　　　　　　　　　B. 必要条件

C. 充要条件　　　　　　　　　D. 无关条件

(2) 函数 $f(x) = x^2 + 1$ 在区间 $(-1, 1)$ 内的最大值是 (　　).

A. 0　　　　　　B. 1　　　　　　C. 2　　　　　　D. 不存在

(3) 方程 $x^3 + 2x^2 - x - 2 = 0$ 在 $(-3, 2)$ 内 (　　).

A. 恰有一根　　　　　　　　　B. 恰有两根

C. 无实根　　　　　　　　　　D. 至少有一根

2. (1) 已知函数 $y = f(x) = 2x + 1$, 当 x 从 2 变动到 4 时, 求 Δx 及 Δy.

(2) 已知函数 $y = f(x)$，当 x 从 1 变动到 $1 + \Delta x$ 时，写出函数增量的表达式.

3. 设函数

$$f(x) = \begin{cases} x, & x < 0, \\ 1, & x = 0, \\ e^x - 1, & x > 0. \end{cases}$$

问：(1) $\lim\limits_{x \to 0} f(x)$ 存在吗？

(2) 函数 $f(x)$ 在 $x = 0$ 是否连续，若不连续指出间断点的类型.

4. 证明函数

$$f(x) = \begin{cases} x^2, & 0 \leqslant x \leqslant 1, \\ 2 - x, & 1 \leqslant x \leqslant 2 \end{cases}$$ 在闭区间 $[0, 2]$ 上连续.

5. 设函数 $f(x) = \begin{cases} (1 + x)^{\frac{2}{x}}, & x \neq 0, \\ k, & x = 0 \end{cases}$ 在 $x = 0$ 处连续，求 k 的值.

6. 讨论下列函数的连续性，如有间断点，指出其类型.

(1) $y = \dfrac{x^2 - 1}{x^2 - 3x + 2}$；

(2) $y = \dfrac{\tan x}{x}$；

(3) $y = \begin{cases} e^{\frac{1}{x}}, & x < 0, \\ 1, & x = 0, \\ x, & x > 0; \end{cases}$

(4) $y = \dfrac{2^{\frac{1}{x}} - 1}{2^{\frac{1}{x}} + 1}$.

7. 考察函数 $y = x^3$ 在闭区间 $[-1, 2]$ 是否满足最大值最小值定理？

8. 证明方程 $x^6 - 4x^4 + 2x^2 - x = 1$ 至少有一个根介于 1 和 2 之间.

9. 证明方程 $x^3 + 2x = 6$ 在开区间 $(1, 3)$ 内至少有一个根.

本章小结

一、基本概念

集合 区间 邻域 函数 单调性 奇偶性 有界性 周期性 反函数 分段函数 基本初等函数 复合函数 初等函数 数列极限 函数极限 左极限 右极限 无穷小 无穷大 等价无穷小 连续函数 间断点

二、基本定理和性质

极限的性质 无穷小的性质 等价无穷小代换定理 极限的四则运算法则 连续函数的性质 最大（小）值定理 零点定理 介值定理

三、基本方法

1. 函数定义域的求法.

2. 函数奇偶性的判断法.

3. 利用极限四则运算法则求极限的方法.

4. 利用两个重要极限公式求极限的方法.

5. 利用无穷小代换求极限的方法.

6. 利用函数连续性求极限的方法.

7. 判定函数间断点的类型.

四、常见题型

1. 如何确定函数的定义域，判断函数的性质，复合函数的分解以及函数关系式的建立.

2. 数列极限的收敛与发散，函数极限的存在判断.

3. 函数极限的计算.

4. 函数的连续判断.

5. 间断点类型的判定.

6. 利用零点定理证明方程根的存在性.

复习题一

1. 单项选择题

(1) 函数 $y = \dfrac{1}{x}\ln(2 + x)$ 的定义域是 (   ).

A. $x \neq 0$ 且 $x \neq -2$ $\{x \mid x \neq 0$ 且 $x \neq -2\}$ B. $x > 0$ $\{x \mid x > 0\}$

C. $x > -2$ $\{x \mid x > -2\}$ D. $x > -2$ 且 $x \neq 0$ $\{x \mid x > -2$ 且 $x \neq 0\}$

(2) 设函数 $f(x) = \sqrt{x - x^2}$,则 $f(x)$ 的值域是 (   ).

A. $[0, +\infty)$ B. $[0, 2]$

C. $[0, 1]$ D. $\left[0, \dfrac{1}{2}\right]$

(3) 区间 $[0, +\infty)$ 对应下面哪个集合? (   )

A. $\{x \mid x < 0\}$ B. $\{x \mid x > 0\}$

C. $\{x \mid x \geqslant 0\}$ D. $\{x \mid x = 0\}$

(4) 下列哪个函数的定义域为 $[-1, 1]$? (   )

A. $y = \sqrt{\ln x}$ B. $y = \arcsin x$

C. $y = e^x$ D. $y = \sin x$

(5) 下列各对函数中相同的是 (   ).

A. $y = x$, $y = \sqrt{x^2}$ B. $y = \ln x^2$, $y = 2\ln x$

C. $y = x$, $y = \tan(\tan x)$ D. $y = e^{-x}$, $y = \dfrac{1}{e^x}$

(6) 设 $f(x) = x + \dfrac{1}{x}$,则下式成立的是 (   ).

A. $f\left(\dfrac{1}{x}\right) = f(x)$ B. $\dfrac{1}{f(x)} = f(x)$

C. $f\left(\dfrac{1}{f(x)}\right) = f(x)$ D. $\dfrac{1}{f\left(\dfrac{1}{x}\right)} = f(x)$

(7) 函数 $f(x) = \dfrac{1}{x}\sin x$ 是 (   ).

A. 奇函数 B. 偶函数

C. 周期函数 D. 有界函数

(8) 下列数列收敛的是 (   ).

A. $(-1)^n \dfrac{n-1}{n}$ B. $(-1)^n \dfrac{1}{n}$

C. $\sin \dfrac{n\pi}{2}$ D. 2^n

(9) 极限 $\lim\limits_{x \to 0} \dfrac{|x|}{x} = ($ $)$.

A. 0

B. 1

C. −1

D. 不存在

(10) 极限 $\lim\limits_{x \to \infty} \left(1 + \dfrac{a}{x}\right)^{bx+d} = ($).

A. e

B. e^b

C. e^{ab}

D. e^{ab+d}

(11) 当 $x \to 1$ 时，与 $x - 1$ 是等价无穷小的是 (   ).

A. $x^2 - 1$

B. $\dfrac{1}{2}(x^2 - 1)$

C. $\dfrac{1}{2}(\sqrt{x} - 1)$

D. $\sqrt{x} - 1$

(12) 函数 $f(x)$ 在点 x_0 处有定义，是当 $x \to x_0$ 时 $f(x)$ 有极限的 (   ).

A. 必要条件

B. 充分条件

C. 充要条件

D. 无关条件

(13) 函数 $f(x) = \sqrt{9 - x^2} + \dfrac{1}{\sqrt{x^2 - 4}}$ 的连续区间是 (   ).

A. $(-\infty, -2) \cup (2, +\infty)$

B. $(-3, -2) \cup (2, 3)$

C. $[-3, -2) \cup (2, 3]$

D. $(-\infty, -3] \cup (-2, 2) \cup [3, +\infty)$

2. 填空题

(1) 集 $A = \{x \mid -1 < x \leq 3\}$，$B = \{x \mid x \geq 3\}$，求 $A \cup B =$ _____.

(2) 集合 $\{1, 2, 3\}$ 的所有真子集的个数是_____.

(3) 已知 $f(x + 1) = x^2 + 2x$，则 $f(x) =$ _____.

(4) 已知函数 $f(x + t) = f(x) + f(t)$ 对任何实数都成立，则 $f(0) =$ _____.

(5) 设函数 $f(x)$ 的定义域是 $[0, 1]$，则 $f(e^x)$ 的定义域是_____.

(6) 奇函数 $y = f(x)$，$x \in \mathbf{R}$ 的图像必经过的点是_____.

(7) $y = \arctan\sin\sqrt{1 + x^2}$ 是由_____复合而成的.

(8) 函数的表示方法有_____、_____和_____.

(9) 年利率为 8%，一年计息 4 次，存入 1 万元，10 年后的本息之和是_____.

(10) 对于下列市场，供应量模型为 $Q = -20 + 3p$，需求量模型为 $Q = 220 - 5p$，则市场的均衡价格是_____，均衡数量是_____.

(11) 设函数 $f(x)$ 在 $(-\infty, +\infty)$ 内连续且为奇函数，则 $f(0) =$ _____.

(12) 设函数 $f(x)$ 在 $(-\infty, +\infty)$ 内有定义，且有 $f(x) \neq 0$，$f(xy) = f(x) \cdot f(y)$，则 $f(2015) =$ _____.

(13) $\lim\limits_{n \to \infty} \dfrac{1 + 2 + \cdots + n}{n^2} =$ _____.

(14) $\lim\limits_{x \to \infty} \dfrac{3x^5 - 2x^2 + 1}{(4x + 2)^5} =$ _____.

(15) 若极限 $\lim\limits_{x \to 2} \dfrac{x^3 + kx - 3}{x - 2}$ 为有限值，则 $k =$ _____.

(16) 设函数 $f(x)$ 在点 $x = 0$ 处连续，且 $\lim\limits_{x \to 0^+} f(x) = 2$，则 $f(0) =$ _____.

3. 设函数 $f(x) = \begin{cases} e^x, & x \leq 0, \\ x^\pi, & 0 \leq x \leq \pi, \\ \ln x, & x > \pi. \end{cases}$

（1）作出函数图形；

（2）求函数的定义域；

（3）求 $f(-1)$，$f(0)$，$f(2)$，$f(e)$，$f(2\pi)$ 的函数值.

4. 若 $f(\dfrac{x+1}{x}) = \dfrac{x+1}{x^2}(x \neq 0)$，求 $f(x)$.

5. 在半径为 R 的半圆内接一梯形，梯形一边与半圆的直径重合，另一底边的端点在半圆周上，试将梯形的面积表示成其高的函数关系式.

6. 2005 年某地区 GDP 约为 900 万美元，按 8% 的年平均增长率，建立 2015 年该地区 GDP 增加的数学模型.

7. 求下列极限

（1）$\lim\limits_{n \to \infty} (1 + \dfrac{1}{2n})^{3n+2}$；

（2）$\lim\limits_{n \to \infty} \dfrac{2^n + 3^n}{2^{n+1} + 3^{n+1}}$；

（3）$\lim\limits_{x \to \infty} \dfrac{(2x+1)^3 (3x-2)^2}{(2x)^5 + 3}$；

（4）$\lim\limits_{x \to \infty} (\sqrt{x^2+1} - \sqrt{x^2-1})$；

（5）$\lim\limits_{x \to 2} \dfrac{x^2 + x - 6}{x^2 - 4}$；

（6）$\lim\limits_{x \to 0} \dfrac{\tan x - \sin x}{x}$；

（7）$\lim\limits_{x \to 0} \dfrac{\tan x - \sin x}{x^3}$；

（8）$\lim\limits_{x \to 1} \dfrac{(x-1)\sqrt{x-1}}{x^2 - 1}$；

（9）$\lim\limits_{x \to 0} \dfrac{x - \sin x}{x + \sin x}$；

（10）$\lim\limits_{n \to \infty} \dfrac{\sqrt{n}}{1 + n} \cos n$；

（11）$\lim\limits_{x \to 1} (\dfrac{2}{x^2 - 1} - \dfrac{1}{x - 1})$；

（12）$\lim\limits_{x \to 1} \sqrt{\dfrac{x^2 - 1}{x^2 + 1}}$；

（13）$\lim\limits_{x \to \infty} (\dfrac{2x+3}{2x+1})^{3x+2}$；

（14）$\lim\limits_{x \to 0} \dfrac{\sqrt{1 + x\sin x} - \sqrt{\cos x}}{\tan x \cdot \ln(1 + x)}$.

8. （1）证明方程 $x^5 + 3x^3 - 3 = 0$ 在开区间 $(0, 1)$ 内至少有一个根.

（2）证明方程 $x = a\sin x + b(a > 0, b > 0)$ 至少有一个正根且不超过 $a + b$.

（3）证明方程 $xe^x - 1 = 0$ 至少有一个小于 1 的正根.

（4）设函数 $f(x)$，$g(x)$ 在闭区间 $[a, b]$ 上连续，且 $f(a) > g(a)$，$f(b) < g(b)$，证明在开区间 (a, b) 内两曲线 $y = f(x)$，$y = g(x)$ 至少有一个交点.

9. 讨论函数 $f(x) = \dfrac{e^{\frac{1}{x}} - 1}{e^{\frac{1}{x}} + 1}$ 的间断点，并判断间断点的类型.

第二章　导数与微分

【**教学目标**】理解导数概念及几何意义，掌握基本初等函数的导数公式、导数的运算法则，能熟练地求出函数的一阶、二阶导数；理解微分的概念，掌握微分和导数的关系，并会应用到实际中.

导数和微分是微分学的两个基本概念，本章在函数极限的基础上讲述一元函数的导数和微分.

第一节　导数的概念

我们在解决实际问题时，除了要了解变量之间的函数关系外，经常要考察一个函数的因变量随自变量变化的快慢程度. 例如物体的运动速度、城市人口增长速度、劳动生产率、国民经济发展速度等. 导数概念就是从这类问题中抽象出来的.

一、导数的定义

引例　求变速直线运动的物体在某一时刻的瞬时速度.

问题的分析：设一质点作变速直线运动，在直线上建立一数轴，当时间 $t=0$ 时为数轴的原点，设动点于时刻 t 在直线上的位置的坐标是 s（简称位置 s），因为 s 是随着时间 t 的变化而变化的，是时间 t 的函数，设为 $s=s(t)$，现在来考察物体在任意时刻 t_0 的瞬时速度. 要求函数在任意时刻 t_0 的瞬时速度 $v(t_0)$，

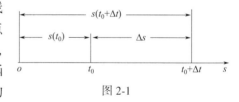

图 2-1

先求物体在 $[t_0, t_0+\Delta t]$ 这段时间内的平均速度 $\bar{v}$，当 $\Delta t \to 0$ 时，在 $[t_0, t_0+\Delta t]$ 这段时间内的平均速度 $\bar{v}$ 就无限接近于 t_0 的瞬时速度 $v(t_0)$（如图 2-1）

解题的步骤：

（1）求函数的增量　设在 t_0 时刻的位置位 $s(t_0)$，当自变量 $t: t_0 \to t_0+\Delta t$ 时，相应地，物体的位置函数 $s=s(t)$ 的增量为

$$\Delta s = s(t_0+\Delta t) - s(t_0).$$

（2）求函数的增量与自变量增量的比值　即**平均变化率**，就是物体在 Δt 时间内的平均速度 $\bar{v}$.

即平均速度 $\bar{v} = \dfrac{\Delta s}{\Delta t} = \dfrac{s(t_0+\Delta t) - s(t_0)}{\Delta t}$.

（3）求瞬时速度　当时间的增量为零时，即 $\Delta t \to 0$ 时，在 Δt 时间内的平均速度无限地

接近在 t_0 时刻的速度，即 $\Delta t \to 0$ 时，$\bar{v}(t) \to v(t_0)$ 用极限的定义可以写成

$$v(t_0) = \lim_{\Delta t \to 0} \bar{v}(t) = \lim_{\Delta t \to 0} \frac{\Delta s}{\Delta t} = \lim_{\Delta t \to 0} \frac{s(t_0 + \Delta t) - s(t_0)}{\Delta t}.$$

就是说变速运动的物体在某一时刻的速度就是：位置函数的增量与自变量时间增量的比值，当时间增量趋于零的极限，这就是我们要讲的导数的概念.

1. 函数在点 x_0 的导数定义

定义 1 设函数 $y = f(x)$ 在点 x_0 及其左右邻域有定义，在点 x_0 处给自变量 x 一个改变量 $\Delta x \neq 0$，相应地，函数 y 有改变量 $\Delta y = f(x_0 + \Delta x) - f(x_0)$. 如果极限

$$\lim_{\Delta x \to 0} \frac{\Delta y}{\Delta x} = \lim_{\Delta x \to 0} \frac{f(x_0 + \Delta x) - f(x_0)}{\Delta x}$$

存在，则称函数 $y = f(x)$ 在点 x_0 处可导，并称此极限值为函数 $y = f(x)$ 在点 x_0 处的**导数**，或称函数在点 x_0 处的**变化率**，记作 $f'(x_0)$

即

$$f'(x_0) = \lim_{\Delta x \to 0} \frac{\Delta y}{\Delta x} = \lim_{\Delta x \to 0} \frac{f(x_0 + \Delta x) - f(x_0)}{\Delta x} \tag{2.1}$$

也可以记作 $y'|_{x=x_0}$，$\frac{dy}{dx}\Big|_{x=x_0}$ 或 $\frac{df(x)}{dx}\Big|_{x=x_0}$.

如果极限不存在，则称函数 $y = f(x)$ 在点 x_0 处**不可导**.

在式（2.1）中，令 $x_0 + \Delta x = x$，则当 $\Delta x \to 0$ 时，有 $x \to x_0$，因此在 x_0 处的导数 $f(x_0)$ 也可表示为

$$f'(x_0) = \lim_{x \to x_0} \frac{f(x) - f(x_0)}{x - x_0}. \tag{2.2}$$

特别地，$f'(0) = \lim_{x \to 0} \frac{f(x) - f(0)}{x}$.

根据导数的定义，上述实际问题叙述为：

作变速直线运动的质点在时刻 t_0 的瞬时速度，就是位置函数 $s = s(t)$ 在 t_0 处对时间 t 的导数，即

$$v(t_0) = \frac{ds}{dt}\Big|_{t=t_0}.$$

2. 导函数

定义 2 如果函数 $y = f(x)$ 在区间 (a, b) 内每一点都可导，则称函数 $y = f(x)$ 在区间 (a, b) 内可导，这时对于 (a, b) 中的每一个确定的 x 值，都对应着一个确定的函数值 $f'(x)$，于是就确定了一个新的函数，称为函数 $y = f(x)$ 的**导函数**.

导函数用 $f'(x)$，$y'(x)$，$\frac{dy}{dx}$，$\frac{d}{dx}f(x)$ 等来表示，

即

$$f'(x) = \lim_{\Delta x \to 0} \frac{f(x + \Delta x) - f(x)}{\Delta x} \tag{2.3}$$

导函数也可简称为**导数**.

显然，函数 $y = f(x)$ 在点 x_0 处的导数 $f'(x_0)$，就是导函数 $f'(x)$ 在点 $x = x_0$ 处的函数

值. 即

$$f'(x_0) = f'(x)\big|_{x=x_0}.$$

注意：$f'(x_0) \neq (f(x_0))'$ 想一想为什么?

二、左导数和右导数

定义 3　若极限 $\lim\limits_{\Delta x \to 0^+} \dfrac{f(x_0 + \Delta x) - f(x_0)}{\Delta x}$ 存在，则称此极限值为 $f(x)$ 在点 x_0 处的**右导数**，记为 $f'_+(x_0)$.

若极限 $\lim\limits_{\Delta x \to 0^-} \dfrac{f(x_0 + \Delta x) - f(x_0)}{\Delta x}$ 存在，则称此极限值为 $f(x)$ 在点 x_0 处的**左导数**，记为 $f'_-(x_0)$.

由导数公式 (2.2) 可知，

左导数

$$f'_-(x_0) = \lim_{x \to x_0^-} \frac{f(x) - f(x_0)}{x - x_0}. \tag{2.4}$$

右导数

$$f'_+(x_0) = \lim_{x \to x_0^+} \frac{f(x) - f(x_0)}{x - x_0}. \tag{2.5}$$

定理 1　函数 $y = f(x)$ 在点 x_0 处可导的充分必要条件是 $f(x)$ 在点 x_0 处的左右导数都存在且相等.

注意：左导数和右导数主要用来求分段函数分界点的导数.

三、求导数的步骤

由导数的定义可知，求 $y = f(x)$ 导数 y' 的一般步骤如下：

(1) 求出 $\Delta y = f(x + \Delta x) - f(x)$；

(2) 计算 $\dfrac{\Delta y}{\Delta x} = \dfrac{f(x + \Delta x) - f(x)}{\Delta x}$；

(3) 求出当 $\Delta x \to 0$ 时 $\dfrac{\Delta y}{\Delta x}$ 的极限.

即

$$y' = \lim_{\Delta x \to 0} \frac{\Delta y}{\Delta x} = \lim_{\Delta x \to 0} \frac{f(x + \Delta x) - f(x)}{\Delta x}.$$

下面根据这三个步骤来求一些简单函数的导数.

例 1　求 $y = x^3$ 的导数 y'，并求 $y'\big|_{x=1}$.

解　(1) 求函数的增量

$$\Delta y = (x + \Delta x)^3 - x^3 = 3x^2 \Delta x + 3x (\Delta x)^2 + (\Delta x)^3.$$

（2）计算 $\dfrac{\Delta y}{\Delta x}$

$$\dfrac{\Delta y}{\Delta x} = 3x^2 + 3x(\Delta x) + (\Delta x)^2.$$

（3）求极限即求导数

$$y' = \lim_{\Delta x \to 0} \dfrac{\Delta y}{\Delta x} = \lim_{\Delta x \to 0}[3x^2 + 3x(\Delta x) + (\Delta x)^2] = 3x^2.$$

即

$$(x^3)' = 3x^2.$$

所以当 $x = 1$ 时的导数为 $y'|_{x=1} = 3$，是一个常数.

对一般的幂函数 $y = x^\mu$（μ 为实数），其导数公式为

$$(x^\mu)' = \mu x^{\mu-1}.$$

例如，函数 $y = \sqrt{x}$ 的导数为

$$(\sqrt{x})' = (x^{\frac{1}{2}})' = \dfrac{1}{2}x^{\frac{1}{2}-1} = \dfrac{1}{2\sqrt{x}}.$$

又如，函数 $y = \dfrac{1}{x}$ 的导数为

$$(\dfrac{1}{x})' = (x^{-1})' = -1 \cdot x^{-1-1} = -\dfrac{1}{x^2}.$$

例 2　求常量函数 $y = C$ 的导数.

解　（1）求函数的增量

$$\Delta y = C - C = 0$$

（2）求导数 $y' = \lim\limits_{\Delta x \to 0} \dfrac{\Delta y}{\Delta x} = 0.$

所以

$$(C)' = 0.$$

如 $(3)' = 0$；$(\sin 1)' = 0$；$(e^2)' = 0$.

根据求导数的一般步骤，还可以求出：

$(\sin x)' = \cos x$ ；　　　　$(\cos x)' = -\sin x$ ；

$(\log_a x)' = \dfrac{1}{x \ln a}$ ；　　$(\ln x)' = \dfrac{1}{x}$ ；

$(a^x)' = a^x \ln a$ ；　　　$(e^x)' = e^x$.

四、导数的几何意义

1. 曲线的切线与法线

如图 2-2 所示，在曲线 $y = f(x)$ 上取一个定点 $M(x_0, y_0)$，当 x 由 x_0 变到 $x_0 + \Delta x$ 时，在曲线上相应地由点 M 变到点 $P(x_0 + \Delta x, y_0 + \Delta y)$，连接点 M、P 得到**割线** MP，设割线 MP 对于 x 轴的倾角为 φ，则割线 MP 的斜率 $\tan\varphi = \dfrac{\Delta y}{\Delta x}$. 当 $\Delta x \to 0$ 时，点 P 就趋向于点 M，而割线 MP 就无限趋近于它的极限位置直线 MT，直线 MT 称为曲线 $y = f(x)$ 在点 M 处的

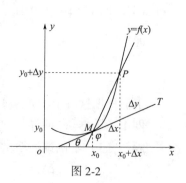

图 2-2

切线；过切点垂直于切线的直线叫**曲线的法线**.

2. 导数的几何意义

设切线 MT 对 x 轴的倾角为 θ ，那么当 $\Delta x \to 0$ 时，有 $\varphi \to \theta$ ，从而得到

$$f'(x_0) = \lim_{\Delta x \to 0} \frac{\Delta y}{\Delta x} = \lim \tan\varphi = \lim_{\varphi \to \theta} \tan\varphi = \tan\theta = k.$$

导数的几何意义是：函数在点 x_0 处的导数 $f'(x_0)$ 表示曲线 $y=f(x)$ 在点 $M(x_0,$ $f(x_0))$ 处切线的斜率，即

$$f'(x_0) = k_{切线}$$

所以，若函数 $y=f(x)$ 在点 x_0 处可导，则曲线 $y=f(x)$ 在点 $M(x_0, f(x_0))$ 处的**切线方程**为

$$y - y_0 = f'(x_0)(x - x_0) ,$$

法线方程为

$$y - y_0 = -\frac{1}{f'(x_0)}(x - x_0) \quad (f'(x_0) \neq 0).$$

注意：若函数 $y=f(x)$ 在点 x_0 处连续，且 $\lim\limits_{\Delta x \to 0} \dfrac{\Delta y}{\Delta x} = \infty$ ，此时 $f(x)$ 在点 x_0 处不可导，但曲线 $y=f(x)$ 在点 $M(x_0, f(x_0))$ 处有垂直于 x 轴的切线，其方程为 $x = x_0$.

例3 已知曲线 $y=x^2$ ，试求：（1）曲线在点（1，1）处的切线方程与法线方程；（2）曲线上哪一点处的切线与直线 $y = 4x - 1$ 平行？

解 （1）根据导数的几何意义，曲线 $y = x^2$ 在点（1，1）处的切线的斜率为 $y'|_{x=1} = 2$ ，所以切线方程为 $y - 1 = 2(x - 1)$ 即 $2x - y - 1 = 0$；

法线方程为 $y - 1 = -\dfrac{1}{2}(x - 1)$ 即 $x + 2y - 3 = 0$.

（2）设所求的点为 $M_0(x_0, y_0)$ ，曲线 $y = x^2$ 在点（1，1）处的切线的斜率为

$$y'|_{x=x_0} = 2x|_{x=x_0} = 2x_0.$$

切线与直线 $y = 4x - 1$ 平行时，它们的斜率相等，即 $2x_0 = 4$ ，所以 $x_0 = 2$ ，此时 $y_0 = 4$，故在点 $M_0(2, 4)$ 处的切线与直线 $y = 4x - 1$ 平行.

例4 求函数 $y = \sqrt[3]{x}$ 在（0，0）点的切线和法线方程.

解 由于 $y' = (x^{\frac{1}{3}})' = \dfrac{1}{3}x^{-\frac{2}{3}} = \dfrac{1}{3\sqrt[3]{x^2}}$.

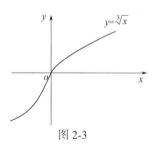

图 2-3

当 $x = 0$ 时，导函数 $y' = \infty$ 不存在（如图2-3）. 根据导数的几何意义，曲线 $y = \sqrt{x}$ 在（0，0）的切线垂直于 x 轴，其切线方程为 $x = 0$，法线方程为 $y = 0$.

五、可导与连续的关系

定理2 如果函数 $y = f(x)$ 在点 x_0 处可导，则函数 $f(x)$ 在点 x_0 处连续.

证明 因为 $y = f(x)$ 在点 x_0 处可导，即 $\lim\limits_{\Delta x \to 0} \dfrac{\Delta y}{\Delta x} = f'(x_0)$ ，得

$$\lim_{\Delta x \to 0} \Delta y = \lim_{\Delta x \to 0} \left(\frac{\Delta y}{\Delta x} \cdot \Delta x \right) = \lim_{\Delta x \to 0} \frac{\Delta y}{\Delta x} \cdot \lim_{\Delta x \to 0} \Delta x = f'(x_0) \cdot 0 = 0 .$$

所以，函数 $y = f(x)$ 在点 x_0 处可导，必连续.

注意：（1）该定理的逆命题不成立. 即函数 $f(x)$ 在点 x_0 处连续，它不一定在该点可导.

（2）该定理的逆否定理成立：函数 $f(x)$ 在点 x_0 处不连续，一定在该点不可导.

例 5 证明函数 $y = |x|$ 在 $x = 0$ 处连续，但不可导.

证明 在点 $x = 0$ 处，有

$$\Delta y = |0 + \Delta x| - 0 = |\Delta x| .$$

则

$$\lim_{\Delta x \to 0} \Delta y = \lim_{\Delta x \to 0} |\Delta x| = 0 .$$

根据连续的定义 1，可得函数在 $x = 0$ 处连续.

又

$$\frac{\Delta y}{\Delta x} = \frac{|0 + \Delta x| - |0|}{\Delta x} = \frac{|\Delta x|}{\Delta x} = \begin{cases} 1, & \Delta x > 0; \\ -1, & \Delta x < 0. \end{cases}$$

在 $x = 0$ 处的左导数：

$$f'_-(0) = \lim_{\Delta x \to 0^-} \frac{\Delta y}{\Delta x} = \lim_{\Delta x \to 0^-} \frac{-\Delta x}{\Delta x} = -1 ;$$

在 $x = 0$ 处的右导数：

$$f'_+(0) = \lim_{\Delta x \to 0^+} \frac{\Delta y}{\Delta x} = \lim_{\Delta x \to 0^+} \frac{\Delta x}{\Delta x} = 1 .$$

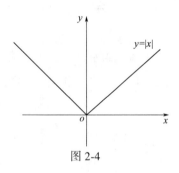

图 2-4

因为，左导数 $\neq$ 右导数，

所以，函数 $y = |x|$ 在 $x = 0$ 处不可导（如图 2-4）.

由上面的讨论可知，函数在某点连续是函数该点可导的必要条件，但不是充分条件.

六、导数的应用

1. 导数在几何上的应用

函数 $y = f(x)$ 在点 x 处的导数，就是函数对自变量的变化率.

即曲线在该点切线的斜率，$k = f'(x)$.

2. 导数在物理上的应用

（1）导数在运动学上的应用 速度是位移对时间的变化率，加速度是速度对时间的变化率. 若物体的运动方程是 $s = s(t)$，则速度 $v = s'(t)$，加速度 $a = v'(t)$.

（2）导数在电学上的应用 电流强度是电量对时间的变化率.

若电量 $Q = Q(t)$，则电量强度 $I = Q'(t)$.

（3）导数在热学上的应用 物体的冷却率是温度对时间的变化率.

若物体的温度 $T = T(t)$，则冷却率为 $T'(t)$.

（4）线密度是杆的质量对长度的变化率 若杆的质量是 $M = M(x)$，则线密度是 $\rho = M'(x)$.

（5）面密度是平面的质量对面积的变化率 若某一平面的质量 $M = M(s)$，则面密度

$\mu = M'(s)$.

3. 导数在经济上的应用

（1）人口增长的变化率　人数对时间的导数.

（2）生产成本的变化率　总成本对产量的导数（也叫边际成本）.

习题2.1

1. 选择题

（1）在下列各式中，（　　）= $f'(x_0)$.

A. $\lim\limits_{\Delta x \to 0} \dfrac{f(x_0 + 2\Delta x) - f(x_0)}{\Delta x}$　　　　B. $\lim\limits_{\Delta x \to 0} \dfrac{f(x_0 - \Delta x) - f(x_0)}{\Delta x}$

C. $\lim\limits_{\Delta x \to 0} \dfrac{f(x_0) - f(x_0 + \Delta x)}{\Delta x}$　　　　D. $\lim\limits_{\Delta x \to 0} \dfrac{f(x_0) - f(x_0 - \Delta x)}{\Delta x}$

（2）设 $f(x)$ 为可导函数，则 $\lim\limits_{x \to 0} \dfrac{f(1) - f(1-x)}{2x} = ($　　$)$.

A. $f'(x)$　　　　　　　　　　　B. $\dfrac{1}{2}f'(1)$

C. $f(1)$　　　　　　　　　　　D. $f'(1)$

2. 填空题

（1）$(x)' = $ _____ ；$(x^4)' = $ _____ ；$(\sqrt{x})' = $ _____ ；$(x\sqrt{x})' = $ _____ ；$\left(\dfrac{1}{x^2}\right)' = $ _____ .

（2）$(\log_2 x)' = $ _____ ；$(\lg x)' = $ _____ ；$(\ln x)' = $ _____ ；$(\ln 5)' = $ _____ ；$(\log_3 2)' = $ _____ .

（3）$(2^x)' = $ _____ ；$(10^x)' = $ _____ ；$(e^x)' = $ _____ ；$(e^5)' = $ _____ ；$(\cos x)' = $ _____ .

3. 求曲线 $y = \sin x$ 在点 $\left(\dfrac{\pi}{6}, \dfrac{1}{2}\right)$ 处的切线方程和法线方程.

4. 曲线 $y = \sqrt{x}$ 在某点的切线方程是 $x = 0$ ，求此点的坐标.

5. 求曲线 $f(x) = \ln x$ 在点 $M_0(e, 1)$ 处的切线方程和法线方程.

6. 判断是非题

（1）导数值 $f'(x_0) = \lim\limits_{h \to 0} \dfrac{f(x_0 + 2h) - f(x_0)}{h}$.　　　　　　　　　　（　　）

（2）导数值 $f'(0) = \lim\limits_{x \to 0} \dfrac{f(x) - f(0)}{x}$.　　　　　　　　　　　　　（　　）

（3）函数 $f(x)$ 在点 x_0 处可导是其在点 x_0 处连续的充分而非必要条件.　（　　）

（4）导数值 $f'(x_0) = (f(x_0))'$.　　　　　　　　　　　　　　　　　　（　　）

（5）若曲线 $y = f(x)$ 处处有切线，则 $y = f(x)$ 必处处可导.　　　　　　（　　）

第二节　导数的运算

由于初等函数是由基本的初等函数经过四则运算和复合构成的，所以要求初等函数的导数，基本初等函数的导数是基础.

一、基本初等函数的导数公式

（1）$C' = 0$（C 为常数）；　　　　　　　　　（2）$(x^\mu)' = \mu x^{\mu-1}$ ；

(3) $(\log_a x)' = \dfrac{1}{x\ln a}$ ($a > 0, a \neq 1$);　　(4) $(\ln x)' = \dfrac{1}{x}$;

(5) $(a^x)' = a^x\ln a$ ($a > 0, a \neq 1$);　　(6) $(e^x)' = e^x$;

(7) $(\sin x)' = \cos x$;　　(8) $(\cos x)' = -\sin x$;

(9) $(\tan x)' = \sec^2 x$;　　(10) $(\cot x)' = -\csc^2 x$;

(11) $(\sec x)' = \tan x\sec x$;　　(12) $(\csc x)' = -\cot x\csc x$;

(13) $(\arcsin x)' = \dfrac{1}{\sqrt{1-x^2}}$;　　(14) $(\arccos x)' = -\dfrac{1}{\sqrt{1-x^2}}$;

(15) $(\arctan x)' = \dfrac{1}{1+x^2}$;　　(16) $(\text{arccot}\,x)' = -\dfrac{1}{1+x^2}$.

二、导数的四则运算法则

定理1　设函数 $u = u(x)$ 与 $v = v(x)$ 在点 x 处都是可导函数，则有

(1) 代数和 $u(x) \pm v(x)$ 可导，且
$$[u(x) \pm v(x)]' = u'(x) \pm v'(x).$$

(2) 乘积 $u(x) \cdot v(x)$ 可导，且
$$[u(x) \cdot v(x)]' = u'(x) \cdot v(x) + u(x) \cdot v'(x).$$

特别地，若 C 为常数，有
$$[C \cdot u(x)]' = Cu'(x).$$

(3) 若 $v(x) \neq 0$，商 $\dfrac{u(x)}{v(x)}$ 可导，且
$$\left(\frac{u(x)}{v(x)}\right)' = \frac{u'(x)v(x) - u(x)v'(x)}{[v(x)]^2}.$$

特别地，有
$$\left(\frac{C}{v}\right)' = -\frac{Cv'}{v^2} \quad (C \text{ 为常数}).$$

乘法法则可推广到有限个函数的情况，如 $u = u(x)$，$v = v(x)$，$w = w(x)$ 在点 x 处可导，则有
$$[u(x) \cdot v(x) \cdot w(x)]'$$
$$= u'(x) \cdot v(x) \cdot w(x) + u(x) \cdot v'(x) \cdot w(x) + u(x) \cdot v(x) \cdot w'(x).$$

例1　求函数 $y = x^4 + 7x^3 - x + 10$ 的导数.

解　由导数的运算法则，得
$$y' = (x^4)' + 7(x^3)' - x' + (10)' = 4x^3 + 21x^2 - 1.$$

例2　求函数 $y = 10x^5\ln x$ 的导数.

解　由导数的运算法则，得
$$y' = 10(x^5\ln x)' = 10[(x^5)'\ln x + x^5(\ln x)']$$
$$= 10\left(5x^4\ln x + x^5 \cdot \frac{1}{x}\right)$$
$$= 10x^4(5\ln x + 1).$$

例3　求下列函数的导数

(1) $y = (\sqrt[3]{x} - 3)\left(\dfrac{1}{\sqrt[3]{x}} + 3\right)$；(2) $y = \dfrac{x+1}{\sqrt{x}}$.

解　(1) 先化简

$$y = (\sqrt[3]{x} - 3)\left(\frac{1}{\sqrt[3]{x}} + 3\right) = 1 + 3\sqrt[3]{x} - 3\frac{1}{\sqrt[3]{x}} - 9 = 3x^{\frac{1}{3}} - 3x^{-\frac{1}{3}} - 8.$$

求导数，$y' = x^{-\frac{2}{3}} + x^{-\frac{4}{3}} = \dfrac{1}{\sqrt[3]{x^2}} + \dfrac{1}{x\sqrt[3]{x}}$.

(2) 先化简

$$y = \frac{1}{\sqrt{x}} + \sqrt{x} = x^{-\frac{1}{2}} + x^{\frac{1}{2}}.$$

求导得

$$y' = -\frac{1}{2}x^{-\frac{3}{2}} + \frac{1}{2}x^{-\frac{1}{2}} = \frac{1}{2x\sqrt{x}}(x - 1).$$

例4　求函数 $y = \dfrac{x-1}{x+1}$ 的导数.

解　方法一：直接求导

$$y' = \left(\frac{x-1}{x+1}\right)' = \frac{(x-1)'(x+1) - (x-1)(x+1)'}{(x+1)^2}$$

$$= \frac{x+1 - (x-1)}{(x+1)^2} = \frac{2}{(x+1)^2}.$$

方法二：先化简

$$y = \frac{x+1-2}{x+1} = 1 - \frac{2}{x+1},$$

然后用公式 $\left(\dfrac{1}{v}\right)' = -\dfrac{v'}{v^2}$

求导得

$$y' = \frac{2}{(x+1)^2}$$

注意：类似于 $y = \dfrac{1+\sin x}{1-\sin x}$，$y = \dfrac{\ln x - 1}{\ln x + 1}$ 等都可以用方法二，先化简，再求导.

例5　求函数 $y = \tan x$ 的导数.

解　$y' = (\tan x)' = \left(\dfrac{\sin x}{\cos x}\right)'$

$$= \frac{(\sin x)' \cdot \cos x - \sin x \cdot (\cos x)'}{\cos^2 x}$$

$$= \frac{\cos^2 x + \sin^2 x}{\cos^2 x} = \frac{1}{\cos^2 x} = \sec^2 x.$$

三、复合函数的求导法则

先讨论函数 $y = \sin 2x$ 的求导问题.

因为 $y = \sin 2x = 2\sin x \cos x$，于是由导数的四则运算法则，得

$$\frac{dy}{dx} = (\sin 2x)' = 2(\sin x\cos x)' = 2(\sin x)'\cos x + \sin x(\cos x)'$$

$$= 2(\cos^2 x - \sin^2 x) = 2\cos 2x.$$

另一方面，$y = \sin 2x$ 是由 $y = \sin u$，$u = 2x$ 复合而成的，

$$\frac{dy}{du} = \cos u, \quad \frac{du}{dx} = 2.$$

于是有

$$\frac{dy}{du} \cdot \frac{du}{dx} = 2\cos u = 2\cos 2x.$$

从而可得公式 $\frac{dy}{dx} = \frac{dy}{du} \cdot \frac{du}{dx}$.

上述公式反映了复合函数的求导规律，一般有如下定理.

定理 2　如果函数 $u = u(x)$ 在点 x 处可导，函数 $y = f(u)$ 在对应点 u 处可导，则复合函数 $y = f(u(x))$ 在点 x 处可导，且有

$$\frac{dy}{dx} = \frac{dy}{du} \cdot \frac{du}{dx}.$$

或记为

$$y' = f'(u(x)) \cdot u'(x)$$

这个法则还可以表示为若 $y \to u \to x$，则

$$y' = y'_u \cdot u'_x.$$

它说明：复合函数对自变量的导数等于复合函数对中间变量的导数乘以中间变量对自变量的导数. 我们也把它形象地称为**复合函数的链式求导法则**.

例 6　求函数 $y = (x^3 - 2)^5$ 的导数.

解　$y = (x^3 - 2)^5$ 是由 $y = u^5$ 与 $u = x^3 - 2$ 复合而成的.

而

$$\frac{dy}{du} = 5u^4, \quad \frac{du}{dx} = 3x^2$$

所以

$$\frac{dy}{dx} = \frac{dy}{du} \cdot \frac{du}{dx} = 5u^4 \cdot 3x^2 = 15x^2(x^3 - 2)^4.$$

注意：对于复合函数的复合过程掌握后，可以不必写出中间变量，只记住复合过程就可以进行复合函数的导数计算. 经常用到的复合函数如：

$$[f(\sin x)]' = f'(\sin x) \cdot \cos x,$$

$$[f(x^2)]' = f'(x^2) \cdot 2x,$$

$$[f(\sqrt{x})]' = f'(\sqrt{x}) \cdot \frac{1}{2\sqrt{x}},$$

$$[f(e^x)]' = f'(e^x) \cdot e^x, \quad [f(\ln x)]' = f'(\ln x) \cdot \frac{1}{x},$$

$$[f(\arctan x)]' = f'(\arctan x) \cdot \frac{1}{1 + x^2} \text{ 等.}$$

例 7　设函数 $y = 2^{\frac{1}{x}}$，求 y'.

解　此函数是由 $y = 2^u$，$u = \frac{1}{x}$ 复合而成的，

所以

$$y' = 2^{\frac{1}{x}}\ln 2 \cdot \left(\frac{1}{x}\right)' = -\frac{2^{\frac{1}{x}}\ln 2}{x^2}.$$

例 8 设函数 $y = \ln^2 x$，求 y'.

解 函数是由 $y = u^2$，$u = \ln x$ 复合而成的，
所以

$$y' = 2\ln x \cdot (\ln x)' = \frac{2\ln x}{x}.$$

例 9 设 $y = \sqrt{1+x^2}$，求 $y'|_{x=1}$.

解 函数是由 $y = \sqrt{u}$，$u = 1 + x^2$ 复合而成的，
所以

$$y' = \frac{1}{2\sqrt{1+x^2}} \cdot (1+x^2)' = \frac{x}{\sqrt{1+x^2}}.$$

则

$$y'|_{x=1} = \frac{1}{2}.$$

例 10 设 $y = e^{\tan(1-3x)}$，求 y'.

解 函数是由 $y = e^u$，$u = \tan v$，$v = 1 - 3x$ 三个函数复合而成的，所以

$$\begin{aligned}
y' &= e^{\tan(1-3x)} \cdot (\tan(1-3x))' = e^{\tan(1-3x)} \cdot \sec^2(1-3x) \cdot (1-3x)' \\
&= e^{\tan(1-3x)} \cdot \sec^2(1-3x) \cdot (-3) \\
&= -3e^{\tan(1-3x)} \cdot \sec^2(1-3x).
\end{aligned}$$

注意：有几个函数复合而成，就有几个函数导数的乘积. 即复合函数的链式求导法则适合于有 n 个函数复合而成的函数.

例 11 设 $y = \ln(x + \sqrt{1+x^2})$，求 y'.

解 函数是由 $y = \ln u$，$u = x + \sqrt{1+x^2}$ 复合而成的，所以

$$\begin{aligned}
y' &= \frac{1}{x+\sqrt{1+x^2}} \cdot (x+\sqrt{1+x^2})' = \frac{1}{x+\sqrt{1+x^2}} \cdot \left(1 + \frac{2x}{2\sqrt{1+x^2}}\right). \\
&= \frac{1}{x+\sqrt{1+x^2}} \cdot \frac{x+\sqrt{1+x^2}}{\sqrt{1+x^2}} = \frac{1}{\sqrt{1+x^2}}.
\end{aligned}$$

例 12 设函数 $y = e^{2x} + e^{\frac{1}{x}}$，求 y'.

解 根据导数的运算法则和复合函数的求导法则，得

$$y' = e^{2x} \cdot (2x)' + e^{\frac{1}{x}} \cdot \left(\frac{1}{x}\right)' = 2e^{2x} - \frac{1}{x^2}e^{\frac{1}{x}}.$$

例 13 设函数 $y = x \cdot \arcsin x^3$，求 y'.

解 根据导数的运算法则和复合函数的求导法则，得

$$\begin{aligned}
y' &= (x \cdot \arcsin x^3)' = (x)' \cdot \arcsin x^3 + x \cdot \frac{1}{\sqrt{1-(x^3)^2}}(x^3)' \\
&= \arcsin x^3 + \frac{3x^3}{\sqrt{1-x^6}}.
\end{aligned}$$

四、高阶导数

一般来说，函数 $y = f(x)$ 的导数 $f'(x)$ 仍为自变量 x 的函数，若导函数 $f'(x)$ 还可导，则

还可以考虑它的导数.

定义 函数 $y = f(x)$ 的导数 $f'(x)$ 再对自变量 x 求导数, 所得到的导数称为 $y = f(x)$ 的**二阶导数**, 记作

$$f''(x), \quad y'', \quad \frac{\mathrm{d}^2 y}{\mathrm{d}x^2} \ \text{或} \ \frac{\mathrm{d}^2 f}{\mathrm{d}x^2}.$$

而 $y = f(x)$ 在某点 x_0 的二阶导数, 记作

$$y''\big|_{x=x_0}, \quad f''(x_0), \quad \frac{\mathrm{d}^2 y}{\mathrm{d}x^2}\bigg|_{x=x_0} \ \text{或} \ \frac{\mathrm{d}^2 f}{\mathrm{d}x^2}\bigg|_{x=x_0}.$$

类似地, 函数 $y = f(x)$ 的 $n - 1$ 阶导数的导数称为 $y = f(x)$ 的 n **阶导数**, 记作

$$f^{(n)}(x), \quad y^{(n)}, \quad \frac{\mathrm{d}^n y}{\mathrm{d}x^n}, \quad \text{或} \ \frac{\mathrm{d}^n f}{\mathrm{d}x^n}.$$

二阶和二阶以上的导数称为**高阶导数**.

显然, 求高阶导数是以前面学习的导数为基础的.

例 14 设函数 $y = \mathrm{e}^x \sin x$, 求 y'', $y''\big|_{x=0}$.

解 $y' = (\mathrm{e}^x)' \sin x + \mathrm{e}^x (\sin x)' = \mathrm{e}^x (\sin x + \cos x)$.

$y'' = (\mathrm{e}^x)'(\sin x + \cos x) + \mathrm{e}^x (\sin x + \cos x)'$

$\quad = \mathrm{e}^x (\sin x + \cos x) + \mathrm{e}^x (\cos x - \sin x)$

$\quad = 2\mathrm{e}^x \cos x$.

将 $x = 0$ 代入二阶导数 y'' 中, 可得

$$y''\big|_{x=0} = (2\mathrm{e}^x \cos x)\big|_{x=0} = 2.$$

例 15 已知函数 $y = 2x^3 - 6x^2 + 4x + 1$, 求 y''', $y^{(4)}$, $y^{(5)}$.

解 $y' = 2 \times 3x^2 - 6 \times 2x + 4$,

$y'' = 2 \times 3 \times 2x - 12$,

$y''' = 2 \times 3 \times 2 \times 1 = 2 \times 3! = 12$,

$y^{(4)} = 0, \ y^{(5)} = 0$.

由此可得, 对于 n 次多项式

$$y = a_0 x^n + a_1 x^{n-1} + \cdots + a_{n-1} x + a_n (a_n \neq 0)$$

有 $$y^{(n)} = a_0 n!, \quad y^{(n+1)} = 0.$$

例 16 求函数 $y = a^x$ 的 n 阶导数.

解 $y' = a^x \ln a, \quad y'' = a^x (\ln a)^2, \quad \cdots, \quad y^{(n)} = a^x (\ln a)^n$.

例 17 求函数 $y = \sin x$ 的 n 阶导数.

解 $y' = \cos x = \sin\left(x + \dfrac{\pi}{2}\right)$,

$y'' = \sin\left(x + \dfrac{\pi}{2} + \dfrac{\pi}{2}\right) = \cos\left(x + \dfrac{\pi}{2}\right) = \sin\left(x + 2 \cdot \dfrac{\pi}{2}\right)$,

$y''' = \cos\left(x + 2 \cdot \dfrac{\pi}{2}\right) = \sin\left(x + 3 \cdot \dfrac{\pi}{2}\right)$,

$$\vdots$$

于是 $$y^{(n)} = (\sin x)^n = \sin\left(x + n \cdot \dfrac{\pi}{2}\right).$$

同理，可得 $(\cos x)^n = \cos\left(x + n \cdot \dfrac{\pi}{2}\right)$.

如，$(\sin x)^{(6)} = \sin\left(x + \dfrac{\pi}{2} \cdot 6\right) = -\sin x$.

注意：以上高阶导数的公式经常用到，要牢记住.

习题2.2

1. 求下列函数的导数

(1) $y = x^2 + 2^x + \sqrt{x} + \ln 2$;

(2) $y = \dfrac{x^3}{3} - \dfrac{x^2}{2} + x - 5$;

(3) $y = \sqrt{x} - \dfrac{1}{\sqrt{x}}$;

(4) $y = \dfrac{x^2}{2} - \dfrac{2}{x^2}$;

(5) $y = 2\cos x - 3\sin x$;

(6) $y = 5\tan x - 3\arctan x$;

(7) $y = \log_2 x - \log_5 x$;

(8) $y = (x-2)(x-3)$;

(9) $y = x^2 \ln x$;

(10) $y = e^x \sin x$;

(11) $y = (1 + x^2)\arctan x$;

(12) $y = x^3 \arcsin x$;

(13) $y = \dfrac{1-x}{1+x}$;

(14) $y = \dfrac{x}{1+x^2}$;

(15) $y = \dfrac{1}{1-\cos x}$;

(16) $y = \dfrac{1 - \ln x}{1 + \ln x}$.

2. 求下列函数的导数

(1) $y = (1 + 2x)^{30}$;

(2) $y = \dfrac{1}{\sqrt{1+x^2}}$;

(3) $y = 2^{x^2}$;

(4) $y = e^{\sqrt{x}}$;

(5) $y = \lg(1 + 10^x)$;

(6) $y = \ln(x + 1)$;

(7) $y = \cos\ln x$;

(8) $y = \tan\left(x - \dfrac{\pi}{8}\right)$;

(9) $y = \arcsin x^2$;

(10) $y = \text{arccot} 2x$;

(11) $y = \ln\sqrt{x^2 + a^2}$;

(12) $y = \sin^2 x - \cos x^2$;

(13) $y = (x^2 - x - 3)e^{-x}$;

(14) $y = x^2 \sin\dfrac{1}{x}$;

(15) $y = e^{-2x}\sin 3x$;

(16) $y = \ln(x + \sqrt{x^2 - a^2})$;

(17) $y = f(e^x)$;

(18) $y = e^{f(x^2)}$.

3. 求下列函数在给定点处的导数值

(1) $f(x) = \dfrac{\sqrt{x}}{2} - \dfrac{2}{\sqrt{x}}$，求 $f'(4)$;

(2) $f(x) = x^3 - 3^x + \ln 3$，求 $f'(3)$;

(3) $f(x) = (x+2)\log_2 x$，求 $f'(2)$;

(4) $f(x) = (e^x + e^{-x})^2$，求 $f'(1)$;

(5) $f(x) = \sin\dfrac{1}{x}$，求 $f'\left(\dfrac{1}{\pi}\right)$;

（6）$f(x) = \arccos\sqrt{x}$，求 $f'\left(\dfrac{1}{2}\right)$；

（7）已知函数 $y = \ln\cos\sqrt{2x}$，求 $\dfrac{dy}{dx}\Big|_{x=1}$；

（8）已知函数 $y = \arcsin\dfrac{1-x}{1+x}$，求 $\dfrac{dy}{dx}\Big|_{x=\frac{1}{2}}$.

4. 求下列函数的二阶导数

（1）$y = 2x^3 - 9x^2 + 12x - 3$；　　　　　（2）$y = \sin 2x$；

（3）$y = x\ln x$；　　　　　　　　　　　（4）$y = \dfrac{x^2}{1+x^2}$.

5. 已知函数 $y = (x-1)(x-2)(x-3)(x-4)$，求 $y'(1)$；$y^{(4)}$；$y^{(5)}$.

6. 已知函数 $y = \dfrac{1-x}{1+x}$，求：$y^{(n)}$.

7. 求 $y = (1+x)^{n+1}$ 的 n 阶导数.

第三节　隐函数及参数方程所确定的函数的导数

隐函数和参数方程是函数的另外两种表示形式，本节主要讲述这两种类型函数的求导方法.

一、隐函数求导法

前面我们遇到的绝大部分是形如 $y = f(x)$ 的**显函数**. 但是在实际生活中，还遇到另外一种类型的函数，如圆的方程 $x^2 + y^2 = R^2$，自变量 x 与因变量 y 之间的关系是隐藏在方程中的，如 $F(x, y) = 0$ 的函数称为**隐函数**. 如 $x^2 + 3xy + y = 1$、$xy = e^{x+y}$ 等. 隐函数又分为可化为显函数和不可化为显函数两种类型. 如 $x^2 + 3xy + y = 1$ 可化为 $y = \dfrac{x^2+1}{3x+1}$，而 $xy - e^x + e^y = 0$ 所确定的函数就不能显化，为此有必要给出隐函数的直接求导法. 具体做法是：

方程 $F(x, y) = 0$ 等号两端皆对自变量 x 求导，y 是 x 的函数，而 y^2，$\ln y$，e^y，$\sin y$ 等都是 x 的复合函数，根据复合函数求导法则有

$$(y^2)' = 2yy'；(\ln y)' = \frac{1}{y}y'；(e^y)' = e^y y'；(\sin y)' = \cos y \cdot y'$$

而　　　　　$$(xy)' = y + xy'；\left(\frac{y}{x}\right)' = \frac{y'x - y}{x^2}；\left(\frac{x}{y}\right)' = \frac{y - xy'}{y^2}.$$

例1　求由方程 $xy - e^x + e^y = 0$ 所确定的隐函数的导数.

解　方程 $xy - e^x + e^y = 0$ 两端对 x 求导，得

$$y + xy' - e^x + e^y y' = 0，$$

即有　　　　　$$xy' + e^y y' = e^x - y.$$

所以导数 $y' = \dfrac{e^x - y}{x + e^y}$.

例2　求由方程 $y - x\ln y = 0$ 所确定的隐函数的导数.

解　方程 $y - x\ln y = 0$ 两端对 x 求导，得

$$y' - \ln y - x \frac{1}{y} y' = 0$$

即有

$$y' - x \frac{1}{y} y' = \ln y$$

所以导数 $y' = \dfrac{y \ln y}{y - x}$.

例 3 方程 $e^{xy} = 3x + y$ 确定 y 为 x 的函数，求导数值 $y'\big|_{x=0}$.

解 方程 $e^{xy} = 3x + y$ 等号两端对 x 求导，得

$$e^{xy}(y + xy') = 3 + y',$$

即有

$$xe^{xy}y' - y' = 3 - ye^{xy}.$$

所以导数 $y' = \dfrac{3 - ye^{xy}}{xe^{xy} - 1}$.

当 $x = 0$ 时，$y = 1$. 代入上式，导数值 $y'\big|_{x=0} = -2$.

注意：这种求导的方法也可用于**幂指函数** $y = f(x)^{g(x)}$.

例 4 设 $y = x^{\sin x}\ (x > 0)$，求 y'.

解 $y = x^{\sin x}$ 两端取对数，得

$$\ln y = \sin x \cdot \ln x.$$

上式两端对 x 求导，并注意到左端 y 是 x 的函数，

得

$$\frac{1}{y} y' = \cos x \cdot \ln x + \frac{\sin x}{x},$$

即有

$$y' = y\left(\cos x \cdot \ln x + \frac{\sin x}{x}\right) = x^{\sin x}\left(\cos x \cdot \ln x + \frac{\sin x}{x}\right).$$

这种方法称为**对数求导法**.

这道题也可采用另一种方法来做. 根据公式 $x = e^{\ln x}$ 得

$$y = (x)^{\sin x} = e^{\sin x \ln x},$$

然后根据显函数的复合函数求导法则来做，

即

$$y' = e^{\sin x \cdot \ln x}(\sin x \cdot \ln x)' = x^{\sin x}\left(\cos x \cdot \ln x + \frac{\sin x}{x}\right).$$

注意：对数微分法也可用于由多个因子的积、商、乘方、开方而成的函数的求导问题.

例 5 设 $y = (x - 1)\sqrt[3]{(3x + 1)^2(x - 2)}$，求 y'.

解 两端取对数，得

$$\ln y = \ln(x - 1) + \frac{2}{3}\ln(3x + 1) + \frac{1}{3}\ln(x - 2)$$

上式两端对 x 求导，得

$$\frac{1}{y}y' = \frac{1}{x - 1} + \frac{2}{3} \times \frac{3}{3x + 1} + \frac{1}{3} \times \frac{1}{x - 2}$$

即有

$$y' = (x - 1)\sqrt[3]{(3x + 1)^2(x - 2)}\left[\frac{1}{x - 1} + \frac{2}{3x + 1} + \frac{1}{3(x - 2)}\right].$$

二、由参数方程所确定的函数的求导法

一般说来，若参数方程

$$\begin{cases} x = \varphi(t), \\ y = \psi(t), \end{cases} \quad (\alpha \leqslant t \leqslant \beta)$$

确定了 y 是 x 的函数，以下讨论这种函数的求导方法.

若 $x = \varphi(t)$ 存在反函数 $t = \bar{\varphi}(x)$，则参数方程所确定的函数 y 可视为由 $y = \psi(t)$，$t = \bar{\varphi}(x)$ 复合而成的函数，即 $y = \psi[\bar{\varphi}(t)]$. 如果 $x = \varphi(t)$ 与 $y = \psi(t)$ 都可导，且 $\varphi'(t) \neq 0$，则由复合函数与反函数的求导法则，

得

$$\frac{\mathrm{d}y}{\mathrm{d}x} = \frac{\mathrm{d}y}{\mathrm{d}t} \cdot \frac{\mathrm{d}t}{\mathrm{d}x} = \psi'(t) \frac{1}{\varphi'(t)} = \frac{\psi'(t)}{\varphi'(t)}.$$

这就是由参数方程所确定的函数的求导公式.

如果 $x = \varphi(t)$，$y = \varphi(t)$ 具有二阶导数，那么从上式又可得

$$\frac{\mathrm{d}^2 y}{\mathrm{d}x^2} = \frac{\mathrm{d}}{\mathrm{d}x}\left(\frac{\mathrm{d}y}{\mathrm{d}x}\right) = \frac{\mathrm{d}\left(\dfrac{\psi'(t)}{\varphi'(t)}\right)}{\mathrm{d}x} = \frac{\mathrm{d}\left(\dfrac{\psi'(t)}{\varphi'(t)}\right)}{\mathrm{d}t} \cdot \frac{\mathrm{d}t}{\mathrm{d}x}$$

$$= \frac{\mathrm{d}\left(\dfrac{\psi'(t)}{\varphi'(t)}\right)}{\mathrm{d}t} \cdot \frac{1}{\dfrac{\mathrm{d}x}{\mathrm{d}t}} = \frac{\left(\dfrac{\psi'(t)}{\varphi'(t)}\right)'}{\varphi'(t)}.$$

例 6 求由方程 $\begin{cases} x = a\cos t, \\ y = b\sin t, \end{cases} (0 \leqslant t \leqslant 2\pi)$ 所确定的函数的一阶导数 $\dfrac{\mathrm{d}y}{\mathrm{d}x}$ 及二导数 $\dfrac{\mathrm{d}^2 y}{\mathrm{d}x^2}$.

解 由参数方程的求导公式，得

$$\frac{\mathrm{d}y}{\mathrm{d}x} = \frac{(b\sin t)'}{(a\cos t)'} = \frac{b\cos t}{a\sin t} = -\frac{b}{a}\cot t,$$

$$\frac{\mathrm{d}^2 y}{\mathrm{d}x^2} = \frac{\left[-\dfrac{b}{a}\cot t\right]'}{(a\cos t)'} = \frac{\dfrac{b}{a}\csc^2 t}{-a\sin t} = -\frac{b}{a^2 \sin^3 t}.$$

习题 2.3

1. 下列方程式确定变量 y 为 x 的函数，求导数 y'.

(1) $x^2 - xy + y^2 = 3$；

(2) $y^3 - 3y - x^2 = 0$；

(3) $\mathrm{e}^y + xy - x^3 = 0$；

(4) $\mathrm{e}^{xy} = x + y$；

(5) $x^2 + \ln y - x\mathrm{e}^y = 0$；

(6) $\ln y = xy + \cos x$；

(7) $\sin y + \mathrm{e}^x - xy^2 = \mathrm{e}$；

(8) $y = \arctan \dfrac{x}{y}$.

2. 利用对数微分法求下列函数的导数.

(1) $y = (\sin x)^x$；

(2) $y = x^{\frac{1}{x}}$；

(3) $y = x^{\ln x}$；

(4) $y = (\ln x)^x$；

(5) $y = (\sin x)^{\cos x} + (\tan x)^{\cot x}$；

(6) $x^y = y^x$；

(7) $y = x^2 \sqrt{\dfrac{1-x}{1+x}}$; (8) $y = \dfrac{(2x+3)\sqrt[4]{x-6}}{\sqrt[3]{x+1}}$.

3. 求由下列参数方程所确定的函数的导数 y'_x.

(1) $\begin{cases} x = 2 - 3t + t^3, \\ y = 1 + 2t - t^2; \end{cases}$ (2) $\begin{cases} x = a(t - \sin t), \\ y = a(1 - \cos t). \end{cases}$

4. 求曲线 $\begin{cases} x = t, \\ y = t^3 \end{cases}$ 在点（1，1）处切线的斜率及切线方程.

第四节　微分及其计算

一、微分的概念

引例 边长为 x_0 的正方形，当边长增加 Δx 时，求其面积的增量.

分析：正方形的面积 $S = x^2$，当边长增加时，

$$\Delta S = (x_0 + \Delta x)^2 - x_0^2 = 2x_0\Delta x + (\Delta x)^2.$$

函数增量 ΔS 分成两部分：一部分是 Δx 的线性函数 $2x_0\Delta x$；另一部分是 $(\Delta x)^2$（如图 2-5）. 因为 $\lim\limits_{\Delta x \to 0} \dfrac{(\Delta x)^2}{\Delta x} = 0$，所以 $(\Delta x)^2$ 是关于 Δx 的高阶无穷小，记作 $(\Delta x)^2 = o(\Delta x)$. 显然 $\Delta S = 2x_0\Delta x + o(\Delta x)$，我们就称 $2x_0\Delta x$ 为函数 $S = x^2$ 在 x_0 点的微分，面积的增量 $\Delta S \approx 2x_0\Delta x$. 下面来定义.

图 2-5

定义 设函数 $y = f(x)$ 在 x_0 处及其左右有定义，若函数的改变量 Δy 可以表示为 Δx 线性函数 $A\Delta x$（A 是不依赖于 Δx 的常数）与一个比 Δx 高阶的无穷小 $o(\Delta x)$ 之和，

即

$$\Delta y = A\Delta x + o(\Delta x).$$

则称**函数 $f(x)$ 在点 x_0 是可微**的，其中 $A\Delta x$ 称为函数 $f(x)$ 在点 x_0 处的微分. 记作 $\mathrm{d}y \big|_{x = x_0}$

即

$$\mathrm{d}y \big|_{x = x_0} = A\Delta x.$$

函数的微分 $A\Delta x$ 是 Δx 线性函数，且与函数的改变量 Δy 相差一个比 Δx 高阶的无穷小，即

$$\Delta y - \mathrm{d}y = o(\Delta x).$$

当 $|\Delta x|$ 很小时，就可以用微分 $\mathrm{d}y$ 作为改变量 Δy 的近似值. 即

$$\Delta y \approx \mathrm{d}y.$$

定理 设函数 $y = f(x)$ 在点 x_0 是可微的，则函数 $y = f(x)$ 在点 x_0 处可导，且 $A = f'(x_0)$. 反之，如果函数 $y = f(x)$ 在点 x_0 处可导，则 $f(x)$ 在点 x_0 是可微的.

（证明从略）

由于自变量 x 的微分 $\mathrm{d}x = (x)'\Delta x = \Delta x$，为此函数 $y = f(x)$ 在点 x_0 处微分又可记作

$$\mathrm{d}y \big|_{x = x_0} = f'(x_0)\mathrm{d}x.$$

函数 $y = f(x)$ 在某区间内每一点都可微，则称 **$f(x)$ 是该区间的可微函数**，函数在任一点的微分可记为

$$dy = f'(x)dx.$$

由上式可得
$$f'(x) = \frac{dy}{dx}.$$

所以，导数可看作是函数的微分 dy 与自变量的微分 dx 的商，故导数也称为**微商**.

例1 求函数 $y = e^{\cos x}$ 的微分.

解 计算一阶导数
$$y' = e^{\cos x}(\cos x)' = -e^{\cos x}\sin x$$

所以函数的微分
$$dy = -e^{\cos x}\sin x dx.$$

例2 求 $y = \ln x$ 和 $y = \sqrt{x}$ 的微分.

解 $d(\ln x) = (\ln x)'dx = \dfrac{1}{x}dx.$

$$d(\sqrt{x}) = (\sqrt{x})'dx = \frac{1}{2\sqrt{x}}dx.$$

二、微分的几何意义

为了对微分有直观的了解，我们来研究微分的几何意义.

设函数 $y = f(x)$ 的图形如图 2-6 所示，MP 是曲线上点 $M(x_0, y_0)$ 处的切线，设 MP 的倾斜角为 α，当自变量 x 有改变量 Δx 时，得到曲线上另一点 $N(x_0 + \Delta x, y_0 + \Delta y)$，可知，$MQ = \Delta x$，$QN = \Delta y$，则

$$QP = MQ \cdot \tan\alpha = f'(x_0)\Delta x,$$

即
$$dy = QP.$$

由此可知，微分 $dy = f'(x_0)dx$ 的几何意义是：

当自变量 x 有改变量 Δx 时，曲线 $y = f(x)$ 在点 (x_0, y_0) 处.的切线的纵坐标的改变量 QP，近似代替曲线 $y = f(x)$ 的纵坐标的改变量 QN，并且有

$$|\Delta y - dy| = PN.$$

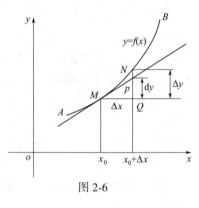

图 2-6

三、微分的公式与运算法则

由导数和微分的关系 $dy = f'(x)dx$，根据导数公式和法则可以得到微分的公式和法则.

1. 微分公式

(1) $dC = 0$（C 为常数）;

(2) $d(x^\mu) = \mu x^{\mu-1}dx$;

(3) $d(\log_a x) = \dfrac{1}{x\ln a}dx$（$a > 0$，且 $a \neq 1$）;

(4) $d(\ln x) = \dfrac{1}{x}dx$;

(5) $d(a^x) = a^x\ln a dx$（$a > 0$，且 $a \neq 1$）;

(6) $d(e^x) = e^x dx$;

(7) $d(\sin x) = \cos x dx$;

(8) $d(\cos x) = -\sin x dx$;

(9) $d(\tan x) = \sec^2 x dx$;

(10) $d(\cot x) = -\csc^2 x dx$;

(11) $d(\sec x) = \tan x \sec x dx$;

(12) $d(\csc x) = -\cot x \csc x dx$;

(13) $d(\arcsin x) = \dfrac{1}{\sqrt{1-x^2}}dx$;

(14) $d(\arccos x) = -\dfrac{1}{\sqrt{1-x^2}}dx$;

（15）$d(\arctan x) = \dfrac{1}{1 + x^2}dx$ ；   （16）$d(\text{arccot}x) = -\dfrac{1}{1 + x^2}dx$.

2. 函数的和、差、积、商的运算法则

设函数 $u(x)$，$v(x)$ 都是可微函数，则有

（1）$d[u(x) \pm v(x)] = du(x) \pm dv(x)$.

（2）$d[u(x) \cdot v(x)] = v(x) \cdot du(x) + u(x) \cdot dv(x)$.

特别地，若 C 为常数，有

$$d[Cu(x)] = Cdu(x)$$

（3）若 $v(x) \neq 0$，

$$d\left(\frac{u(x)}{v(x)}\right) = \frac{v(x) \cdot du(x) - u(x) \cdot dv(x)}{[v(x)]^2} .$$

特别地，有

$$d\left(\frac{C}{v}\right) = -\frac{Cdv}{v^2} \quad (C \text{ 为常数}).$$

例 3 设函数 $y = x^8 + 6x^2 + 1$，求微分 dy .

解 $dy = d(x^8 + 6x^2 + 1) = d(x^8) + 6d(x^2) + 0$

$\qquad = 8x^7dx + 12xdx = (8x^7 + 12x)dx$.

例 4 已知函数 $y = \sin x + \tan x$，求微分 dy .

解 $dy = d(\sin x + \tan x) = (\cos x + \sec^2 x)dx$.

3. 复合函数的微分法则

设函数 $y = f(u)$，当 u 是自变量时，根据微分的定义

$$dy = f'(u)du .$$

如果 u 不是自变量，而是 x 的可导函数 $u = \varphi(x)$，则复合函数 $y = f[\varphi(x)]$ 的微分为

$$dy = f'(x)dx = f'(u)\varphi'(x)dx .$$

因为 $du = \varphi'(x)dx$，代入上式，得

$$dy = f'(u)du .$$

由此可见，不论 u 是自变量，还是中间变量，微分总保持同一形式 $dy = f'(u)du$.
即，对谁求导，后面就应该是谁的微分，这就是微分形式的不变性.

例 5 已知函数 $y = e^{\sqrt{x}}$，求 dy .

解 方法一：可以用对自变量求导，乘以自变量的微分，即

$$dy = (e^{\sqrt{x}})'dx = e^{\sqrt{x}} \cdot \frac{1}{2\sqrt{x}}dx .$$

方法二：也可以用对中间变量求导乘以中间变量的微分，即

$$dy = de^{\sqrt{x}} = e^{\sqrt{x}} \cdot d\sqrt{x} = e^{\sqrt{x}} \cdot \frac{1}{2\sqrt{x}}dx .$$

例 6 求 $y = \sin^2 x + \sin(x^2)$ 的微分.

解 利用微分运算法则和公式，得

$$dy = d\sin^2 x + d\sin x^2 = 2\sin x d\sin x + \cos x^2 dx^2$$

$$= 2\sin x\cos x dx + 2x\cos x^2 dx = (\sin 2x + 2x\cos x^2)dx .$$

例 7 求隐函数 $x^3 + xy^2 + 2y = 3$ 的微分.

解 方程两边同时微分, **得**

$$\mathrm{d}x^3 + \mathrm{d}xy^2 + \mathrm{d}2y = 0$$

根据微分的运算法则和公式, 得

$$3x^2\mathrm{d}x + x\mathrm{d}y^2 + y^2\mathrm{d}x + 2\mathrm{d}y = 0 .$$

所以

$$3x^2\mathrm{d}x + 2xy\mathrm{d}y + y^2\mathrm{d}x + 2\mathrm{d}y = 0 .$$

解之

$$\mathrm{d}y = -\frac{3x^2 + y^2}{2xy + 2}\mathrm{d}x .$$

例 8 求参数方程 $\begin{cases} x = \arctan t, \\ y = \ln(1 + t^2) \end{cases}$ 的一阶和二阶导数.

解 导数是微商, 即 $y' = \dfrac{\mathrm{d}y}{\mathrm{d}x}$.

因为

$$\mathrm{d}x = \frac{1}{1 + t^2}\mathrm{d}t , \quad \mathrm{d}y = \frac{2t}{1 + t^2}\mathrm{d}t ,$$

所以

$$y' = \frac{\mathrm{d}y}{\mathrm{d}x} = \frac{\dfrac{2t}{1 + t^2}\mathrm{d}t}{\dfrac{1}{1 + t^2}\mathrm{d}t} = 2t .$$

又根据, $\mathrm{d}y' = y''\mathrm{d}x$ 得, 参数方程的二阶导数为 $y'' = \dfrac{\mathrm{d}y'}{\mathrm{d}x}$ (公式可以直接应用),

$$y'' = \frac{\mathrm{d}y'}{\mathrm{d}x} = \frac{\mathrm{d}(2t)}{\mathrm{d}x} = \frac{2\mathrm{d}t}{\dfrac{1}{1 + t^2}\mathrm{d}t} = 2(1 + t^2) .$$

四、微分在近似计算中的应用

设 $y = f(x)$ 在点 x_0 处可导, 且 $|\Delta x|$ 很小时, 则有 $\Delta y \approx \mathrm{d}y = f'(x_0)\Delta x$.

利用上式我们可求 Δy 的近似值. 即

$$\Delta y \approx f'(x_0)\Delta x . \tag{2.6}$$

另一方面由 $\Delta y = f(x_0 + \Delta x) - f(x_0) \approx f'(x_0)\Delta x$,

则

$$f(x_0 + \Delta x) \approx f(x_0) + f'(x_0)\Delta x,$$

在上式中, 令 $x_0 + \Delta x = x$,

则又有

$$f(x) \approx f(x_0) + f'(x_0)(x - x_0) . \tag{2.7}$$

利用上式我们又可求 $f(x_0 + \Delta x)$ 或 $f(x)$ 的近似值.

例 9 在体积为 $1000\mathrm{cm}^3$ 的立方体的表面上均匀涂上一层薄膜, 立方体的体积增加 $3\mathrm{cm}^3$. 求薄膜的厚度 ΔA .

解 设 $f(x) = 10\sqrt[3]{x}$, $f'(x) = \dfrac{10}{3}x^{-\frac{2}{3}} = \dfrac{10}{3\sqrt[3]{x^2}}$.

当 $x = 1000$, $\Delta x = 0.003$ 时, 根据式 (2.6),

则

$$2\Delta A = f(1.003) - f(1) \approx f'(1) \cdot (1.003 - 1)$$

$$= \frac{10}{3} \times 0.003 = 0.01(\text{cm}). \qquad \Delta A = \frac{0.01}{2} = 0.005.$$

即薄膜的厚度约为 0.005cm.

例 10 求 arctan1.05 的近似值.

解 设函数 $y = f(x) = \arctan x$. 取 $x_0 = 1$, $\Delta x = 0.05$, $x_0 + \Delta x = 1.05$.

因为 $f'(x) = \dfrac{1}{1 + x^2}$, $f(1) = \dfrac{\pi}{4}$, $f'(1) = \dfrac{1}{2}$. 根据式 (2.7),

所以 $$f(1.05) = f(1 + 0.05) \approx f(1) + f'(1)\Delta x$$

则 $$\arctan 1.05 \approx \frac{\pi}{4} + \frac{1}{2} \times 0.05 = 0.8104,$$

即 $$\arctan 1.05 \approx 46°026'.$$

应用式 (2.7) 可以推得一些常用的近似公式, 当 $|x|$ 很小时, 有

(1) $\sqrt[n]{1 + x} \approx 1 + \dfrac{1}{n}x$; 　　　(2) $e^x \approx 1 + x$;

(3) $\ln(1 + x) \approx x$; 　　　(4) $\sin x \approx x$;

(5) $\tan x \approx x$.

可以对比第一章的等价公式, 思考它们有什么相同的意义, 也可以证明之.

习题2.4

1. 计算下列微分

(1) $d(x^2)$; 　　　(2) $d(x^3)$;

(3) $d\left(\dfrac{1}{x}\right)$; 　　　(4) $d(\sqrt{x})$;

(5) $d(\ln x)$; 　　　(6) $d(e^x)$;

(7) $d(\cos x)$; 　　　(8) $d(\sin x)$;

(9) $d(\tan x)$; 　　　(10) $d(\arctan x)$.

2. 求下列函数的微分

(1) $y = 3\sqrt[3]{x} - \dfrac{1}{x}$; 　　　(2) $y = xe^{-x^2}$;

(3) $y = \dfrac{1 - \sin x}{1 + \sin x}$; 　　　(4) $y = [\ln(1 - x)]^2$;

(5) $y = \arcsin\sqrt{1 - x^2}$; 　　　(6) $y = \tan^2(1 + x^2)$;

(7) $y = 3^{\ln\cos x}$; 　　　(8) $y = f(\sqrt{x})$;

(9) $y + x - e^{xy} = 0$; 　　　(10) $\begin{cases} x = \arctan t, \\ y = \ln(1 + t^2). \end{cases}$

3. 填空

$d(\quad) = \dfrac{1}{x}dx$; $d(\quad) = \sqrt{x}dx$; $d(\quad) = e^{-3x}dx$;

$d(\quad) = \dfrac{1}{1 + x}dx$; $d(\quad) = \dfrac{1}{x^2}dx$; $d(\quad) = \dfrac{1}{1 + x^2}dx$.

4. 利用微分求近似值

(1) $\ln 1.03$; 　　　(2) $\sqrt[3]{1.02}$;

（3）$\arctan 1.02$；

（4）$\sin 30°30'$.

5. 有一薄壁圆管，内径为 120mm，厚为 3mm，用微分求其截面的近似值.

6. 如果半径为 15cm 的球半径伸长 2cm，球的体积大约扩大多少？

7. 已知单摆的震动周期 $T = 2\pi\sqrt{\dfrac{l}{g}}$，其中 $g = 980\text{cm/s}^2$，l 为摆长（单位：cm）. 设原摆长为 20cm，为使周期 T 增大 0.05s，摆长大约需加长多少？

8. 若以 $10\text{cm}^3/\text{s}$ 的速率给一个球形气球充气，那么当气球半径为 2cm 时，它的表面积增加的速率是多少？

9. 当 $|x| << 1$ 时，证明近似公式

$$(\sin x + \cos x)^n \approx 1 + nx.$$

本章小结

一、本章概念

导数定义　左导数　右导数　高阶导数　隐函数　参数方程　函数的微分

二、基本定理

可导与连续的关系定理　复合函数求导定理　复合函数求微分的不变性

三、基本公式

基本初等函数求导公式　导数的四则运算法则　基本初等函数的微分公式　微分的近似计算公式

四、基本方法

1. 利用导数定义求导的方法.

2. 利用导数的基本公式和法则求初等函数导数的方法.

3. 隐函数求导的方法.

4. 对数微分法.

5. 由参数方程所确定的函数的求导法.

6. 高阶导数.

7. 利用微分公式和法则求函数的微分.

8. 利用微分求近似值的方法.

9. 利用导数求曲线的切线斜率和切线方程及法线方程.

五、疑点解析

1. 函数在某点的导数和导函数的区别

函数在 x_0 处的导数是一个常数，记作 $f'(x_0)$，导函数是一变量，记作 $f'(x)$，要求函数在某一点的导数，先求出导函数，然后把这点的值代入即可。

2. 求函数在某点的导数

就是求函数在此点的变化率，求变化率就是求导数.

3. 导数与连续的关系

可导 $\Rightarrow$ 连续，但连续不一定可导，不连续一定不可导。

4. 曲线的斜率和导数的关系

（1）若 $y = f(x)$ 在 $x = x_0$ 处的导数为无穷大，则说明曲线在点 $(x_0, f(x_0))$ 的切线垂直于 x 轴，切线方程为：$x = x_0$；法线方程为：$y = y_0$.

（2）若函数 $y = f(x)$ 在 $x = x_0$ 处的导数不存在且不是无穷大，则说明曲线在点 $(x_0, f(x_0)$ 处没有切线.

（3）函数 $y = f(x)$ 在 $x = x_0$ 点的导数存在就等于曲线在点 $(x_0, f(x_0))$ 的切线的斜率.

即：
$$f'(x_0) = k.$$

5. 微分和增量的关系

$$\Delta y = \mathrm{d}y + o(\Delta x),$$

即
$$\lim_{\Delta x \to 0} \frac{\Delta y - \mathrm{d}y}{\Delta x} = 0,$$

所以
$$\Delta y \approx \mathrm{d}y.$$

6. 微分和导数的关系

导数又叫微商，即 $\dfrac{\mathrm{d}y}{\mathrm{d}x} = f'(x)$，所以可导 $\Leftrightarrow$ 可微.

六、常见题型求导

1. 利用导数的公式与法则求导

熟记导数的 16 个公式、四个运算法则.

2. 复合函数的求导方法

若 $y = f(u)$，$u = \varphi(x)$ 则 $\dfrac{\mathrm{d}y}{\mathrm{d}x} = \dfrac{\mathrm{d}y}{\mathrm{d}u} \cdot \dfrac{\mathrm{d}u}{\mathrm{d}x}$ 或 $y' = y'_u u'_x$.

3. 隐函数的求导方法

若 $y = y(x)$ 的关系是由方程 $F(x, y) = 0$ 确定的，则由方程 $F(x, y) = 0$ 确定的函数称为隐函数。求导的步骤是：（1）方程两边同时求导；（2）解出 $\dfrac{\mathrm{d}y}{\mathrm{d}x}$ 即可.

4. 对数微分法

（1）将方程两边同时取自然对数；（2）方程两边再同时微分；（3）解出 $\dfrac{\mathrm{d}y}{\mathrm{d}x}$. 这种方法主要应用于幂指函数 $y = f(x)^{g(x)}$ 或若干个因子的幂的连乘积.

5. 参数方程的导数

设参数方程 $\begin{cases} x = \varphi(t), \\ y = \phi(t) \end{cases}$ 中，$\varphi(t)$，$\phi(t)$ 关于 t 可导，则

$$\mathrm{d}x = \varphi'(t)\mathrm{d}t, \quad \mathrm{d}y = \phi'(t)\mathrm{d}t,$$

故
$$y' = \frac{\mathrm{d}y}{\mathrm{d}x} = \frac{\phi'(t)}{\varphi'(t)}.$$

6. 高阶导数

若一阶导数的导数存在，则称为二阶导数. 即：
$$\lim_{\Delta x \to 0} \frac{f'(x + \Delta x) - f'(x)}{\Delta x} = f''(x) \text{ 或记作 } y'', \ \frac{\mathrm{d}^2 y}{\mathrm{d}x^2}.$$

三阶导数：y'''，$\dfrac{\mathrm{d}^3 y}{\mathrm{d}x^3}$.

四阶及四阶以上的导数记作：$y^{(n)}$ **或** $\dfrac{\mathrm{d}^n y}{\mathrm{d}x^n}$.

若函数 $y = a_0 x^n + a_1 x^{n-1} + a_2 x^{n-2} + \cdots + a_n x^n$，则 $y^{(n)} = a_0 n!$

7. 求曲线的切线方程和法线方程.

8. 求函数及函数增量的近似值.

复习题二

1. 填空题

(1) 若极限 $\lim\limits_{\Delta x \to 0} \dfrac{f(x_0 + 2\Delta x) - f(x_0)}{\Delta x} = \dfrac{1}{2}$ ，则导数值 $f'(x_0) = $ _____.

(2) 设函数 $f(x)$ 满足关系式

$$f(x) = f(0) + 2x + a(x) \,,$$

且极限 $\lim\limits_{x \to 0} \dfrac{a(x)}{x} = 0$，则导数值 $f'(0) = $ _____.

(3) 已知函数 $f(x)$ 在点 $x = 2$ 处可导，若极限 $\lim\limits_{x \to 2} f(x) = -1$，则函数值 $f(2) = $ _____.

(4) 已知函数 $y = x(x-1)(x-2)(x-3)$ ，则导数 $\dfrac{\mathrm{d}y}{\mathrm{d}x}\bigg|_{x=3} = $ _____.

(5) 已知复合函数 $f(\sqrt{x}) = \arctan x$ ，则导数 $f'(x) = $ _____.

(6) 已知函数 $y = a^x (a > 0, a \neq 1)$ ，则 n 阶导数 $y^{(n)} = $ _____.

(7) 函数 $y = \sqrt{1+x}$ 在点 $x = 0$ 处，当 $\Delta x = 0.04$ 时的微分值 $= $ _____.

(8) 设函数 $f(x) = \begin{cases} x^2 \sin \dfrac{1}{x}, & x \neq 0, \\ 0, & x = 0. \end{cases}$ 则 $f'(0) = $ _____.

(9) 已知 $f(u)$ 是可导函数，则 $\dfrac{\mathrm{d}f(x^2)}{\mathrm{d}x} = $ _____.

(10) 抛物线 $y^2 = 2px(p > 0)$ 在点 $M(\dfrac{p}{2}, p)$ 处的切线方程是_____.

(11) $f(x) = \cos x$，则 $f^{(10)}(0) = $ _____.

(12) $\lim\limits_{x \to 0} \dfrac{f(2x) - f(0)}{x} = \dfrac{1}{2}$，则 $f'(0) = $ _____.

(13) 设 $f(e^x) = e^{2x} + 5e^x$，则 $\dfrac{\mathrm{d}f(\ln x)}{\mathrm{d}x} = $ _____.

(14) 设 $f(x) = x(x-1)(x-2)\cdots(x-99)$，则 $f'(0) = $ _____；$f^{(100)}(x) = $ _____.

(15) 半径为 R 的气球受热膨胀，半径的增量为 ΔR. 则 $\Delta V \approx $ _____.

(16) 设 $f(x) = (x-1)g(x)$，其中 $g(x)$ 在点 $x = 1$ 处连续，且 $g(1) = 6$，则 $f'(1) = $ _____.

2. 选择题

(1) 已知函数 $f(x)$ 在点 x_0 处可导，则下列极限中 (　　) 等于导数值 $f'(x_0)$.

A. $\lim\limits_{h \to 0} \dfrac{f(x_0 + 2h) - f(x_0)}{h}$ 　　　　　B. $\lim\limits_{h \to 0} \dfrac{f(x_0 - 3h) - f(x_0)}{h}$

C. $\lim\limits_{h \to 0} \dfrac{f(x_0) - f(x_0 - h)}{h}$ 　　　　　D. $\lim\limits_{h \to 0} \dfrac{f(x_0) - f(x_0 + h)}{h}$

(2) 设 $f(0) = 0$ 且极限 $\lim\limits_{x \to 0} \dfrac{f(x)}{x}$ 存在，则 $\lim\limits_{x \to 0} \dfrac{f(x)}{x} = $ (　　).

A. $f(0)$ 　　　　　　　　　　B. $f'(0)$

C. $f'(x)$ 　　　　　　　　　　D. 0

(3) 下列论断中，(　　) 是正确的.

A. $f(x)$ 在点 x_0 处有极限，则 $f(x)$ 在点 x_0 可导

B. $f(x)$ 在点 x_0 处连续，则 $f(x)$ 在点 x_0 可导

C. $f(x)$ 在点 x_0 处可导，则 $f(x)$ 在点 x_0 有极限

D. $f(x)$ 在点 x_0 处不可导，则 $f(x)$ 在点 x_0 不连续但有极限

(4) 下列函数中，(　　) 在点 $x = 0$ 处连续但不可导.

A. $y = \dfrac{1}{x}$ 　　　　　　　　B. $y = |x|$

C. $y = e^{-x}$ 　　　　　　　　D. $y = \ln x$

(5) 下列函数中在 $x = 0$ 处可导的是 (　　).

A. $y = |x|$ 　　　　　　　　B. $y = |\sin x|$

C. $y = \ln x$ 　　　　　　　　D. $y = |\cos x|$

(6) 设 $f(x + 1) = \dfrac{1}{x + 2}(x \neq -1)$，则 $f'(x) = ($　　$)$.

A. $\dfrac{1}{(x + 1)^2}$ 　　　　　　　　B. $-\dfrac{1}{(x + 1)^2}$

C. $\dfrac{1}{x + 1}$ 　　　　　　　　D. $-\dfrac{1}{x + 1}$

(7) 已知函数 $f(x) = \begin{cases} 1 - x, & x \leqslant 0, \\ e^{-x}, & x > 0. \end{cases}$ 则 $f(x)$ 在点 $x = 0$ 处 (　　).

A. 间断 　　　　　　　　B. 连续但不可导

C. $f'(0) = -1$ 　　　　　　　　D. $f'(0) = 1$

(8) 已知函数 $y = f(e^x)$ 可微，则下列微分表达式中 (　　) 不成立.

A. $dy = (f(e^x))'dx$ 　　　　　　　　B. $dy = f'(e^x)e^x dx$

C. $dy = (f(e^x))'d(e^x)$ 　　　　　　　　D. $dy = f'(e^x)d(x^x)$

(9) $f(x)$ 在点 x_0 处可微，则 $\Delta y - dy$ 是 Δx 的 (　　).

A. 同阶无穷小 　　　　　　　　B. 等价无穷小

C. 高阶无穷小 　　　　　　　　D. 以上都不对

(10) 设 $y = \ln|x|$，则 $dy = ($　　$)$.

A. $\dfrac{1}{|x|}dx$ 　　　　　　　　B. $-\dfrac{1}{|x|}dx$

C. $\dfrac{1}{x}dx$ 　　　　　　　　D. $-\dfrac{1}{x}dx$

(11) 设以 $10\text{m}^2/\text{s}$ 的速率将气体注入球形气球内，当气球半径为 4m 时，气球表面积的变化速率为 (　　).

A. $2\pi\text{m}^2/\text{s}$ 　　　　　　　　B. $4\pi\text{m}^2/\text{s}$

C. $5\text{m}^2/\text{s}$ 　　　　　　　　D. $10\text{m}^2/\text{s}$

3. 求下列函数的导数或微分

(1) $y = x(\arcsin x)^2 + 2\sqrt{1 - x^2}\arcsin x - 2x$，求 $y'|_{x = \frac{1}{2}}$；

(2) $y = \sqrt{x}\ln(1 + x) - 2\sqrt{x} + 2\arctan\sqrt{x}$，求 $dy|_{x = 1}$；

(3) 设 $f(x) = 2\cos 3x + (\cos 3x)^2$，求 $f'(0)$；

(4) 设 $f(x) = 2e^{\sqrt{x}}(\sqrt{x} - 1)$，求 $f'(x)$，$f''(x)$；

（5）设 $f(x) = x^{2x} + \left(\dfrac{1}{x}\right)^x$，求 $f'(x)$；

（6）设 $f(x) = \ln\dfrac{1 + \sqrt{\sin x}}{1 - \sqrt{\sin x}} + 2\arctan\sqrt{\sin x}$，求 $f'(x)$；

（7）$x - y^2 + xe^y = 10$，求 $\dfrac{dy}{dx}$；

（8）设方程 $\begin{cases} x = \dfrac{1}{1 + t}, \\ y = \dfrac{t}{1 + t} \end{cases}$．求 y''_x．

4. 讨论下列分段函数在分界点 $x = 0$ 处的可导性

（1）$f(x) = \begin{cases} \dfrac{1}{x}\sin^2 x, & x \neq 0, \\ 0, & x = 0; \end{cases}$

（2）$f(x) = \begin{cases} -x^2, & x < 0, \\ x^2, & x \geqslant 0. \end{cases}$

5. 设曲线 $y = 2x^2 + 3x - 26$ 上点 M 处的切线斜率为 15，求点 M 的坐标.

6. 设 $y = y(x)$ 由方程 $xy + e^{x^2} - x = 0$ 确定，求曲线 $y = y(x)$ 在点（1，0）处的切线方程.

7. 设用 t 表示时间，u 表示某物体的温度，V 表示该物体的体积，温度 u 随时间 t 变化，变化规律为 $u = 1 + 2t$，体积 V 随温度 u 变化，变化规律为 $V = 10 + \sqrt{u - 1}$，试求当 $t = 5$ 时，物体的体积增加的变化率.

8. 求 $y = e^{-2x}$，求 $y^{(n)}$．

第三章　导数的应用

【教学目标】理解微分的中值定理，掌握计算未定型极限的新方法——洛必达法则；并以导数为工具，掌握函数的单调性、极值，曲线的凹凸性与拐点的判定，会求最大值与最小值并会应用到实际中.

本章在微分中值定理的基础上，讲述如何用导数判定函数的特性并应用到实际中.

第一节　微分中值定理及其应用

一、微分的中值定理

1. 罗尔定理

如果函数 $f(x)$ 在闭区间 $[a, b]$ 上连续，在开区间 (a, b) 内可导，且在区间端点处的函数值相等，即 $f(a) = f(b)$，那么至少存在一点 $\xi \in (a, b)$，使 $f'(\xi) = 0$.

证明从略.

罗尔定理的几何意义是：如果连续曲线除端点外处处都具有不垂直 ox 轴的切线，且两端点处的纵坐标相等，那么其上至少有一条平行于 ox 轴的切线（如图 3-1），或者说，其导函数在区间 (a, b) 内，至少有一个根.

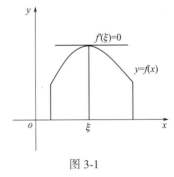

图 3-1

例 1　不求函数 $f(x) = (x-1)(x-2)(x-3)$ 的导数，说明方程 $f'(x) = 0$ 有几个实根，并指出它们所在的区间.

解　显然，函数 $f(x)$ 在区间 $[1, 2]$，$[2, 3]$ 上都满足罗尔定理的条件，

所以至少有 $\xi_1 \in (1, 2)$，$\xi_2 \in (2, 3)$，使得 $f'(\xi_1) = 0$，$f'(\xi_2) = 0$，

即方程 $f'(x) = 0$ 至少有两个根.

又因为 $f'(x) = 0$ 是一个一元二次方程，最多有两个根，所以方程 $f'(x) = 0$ 有且仅有 2 个实根，且分别在区间 $(1, 2)$ 和 $(2, 3)$ 内.

2. 拉格朗日中值定理

若函数 $f(x)$ 在闭区间 $[a, b]$ 上连续，在开区间 (a, b) 内可导，则在 (a, b) 内至少存在一点 $\xi(a < \xi < b)$，使得

$$f(b) - f(a) = f'(\xi)(b - a).$$

上述公式也可以写成

$$\frac{f(b) - f(a)}{b - a} = f'(\xi).$$

定理内容用图 3-2 表示，$\frac{f(b) - f(a)}{b - a}$ 为弦 AB 的斜率，根据导数的几何意义知，$f'(\xi)$ 为曲线在点 C 的切线的斜率，而斜率相等，两直线平行，因此拉格朗日中值定理的几何意义是：如果连续曲线 $y = f(x)$ 的弧 $\overset{\frown}{AB}$ 上除端点外处处具有不垂直于 x 轴的切线，那么该弧上至少有一点 C，使曲线在 C 处的切线平行于弦 AB.

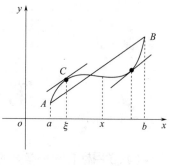

图 3-2

例 2 问函数 $f(x) = x^3 - 3x$ 在区间 $[0, 2]$ 上满足拉格朗日定理的条件吗？如果满足请写出其结论，并求 ξ 的值.

解 显然 $f(x)$ 在区间 $[0, 2]$ 上连续，在区间 $(0, 2)$ 内可导，定理条件满足，且

$$f'(x) = 3x^2 - 3$$

所以有以下等式：

$$\frac{f(2) - f(0)}{2 - 0} = f'(\xi)$$

因为 $f(2) = 2$，$f(0) = 0$，$f'(\xi) = 3\xi^2 - 3$，代入上式，解得 $\xi = \dfrac{2}{\sqrt{3}}$，在区间 $(0, 2)$ 内.

拉格朗日定理建立了函数、自变量、导数三者间的关系，从而可以用导数来研究函数的单调性.

例 3 证明：当 $x > 0$ 时，$\dfrac{x}{1 + x} < \ln(1 + x) < x$.

证明 设 $f(x) = \ln(1 + x)$，显然 $f(x)$ 在区间 $[0, x]$ 上满足拉格朗日定理的条件，根据定理，就有

$$f(x) - f(0) = f'(\xi)(x - 0) \quad (0 < \xi < x)$$

由于 $f(0) = 0$，$f'(x) = \dfrac{1}{1 + x}$，$f'(\xi) = \dfrac{1}{1 + \xi}$ $\quad (0 < \xi < x)$

所以 $\quad\quad\quad\quad \ln(1 + x) = \dfrac{x}{1 + \xi} \quad (0 < \xi < x)$

又由于 $0 < \xi < x$，有 $1 < 1 + \xi < 1 + x$，其倒数 $\dfrac{1}{1 + x} < \dfrac{1}{1 + \xi} < 1$

所以

$$\frac{x}{1 + x} < \ln(1 + x) < x.$$

推论 设函数 $f(x)$ 在区间 $[a, b]$ 上连续，在开区间 (a, b) 内导数恒为零，则在 $[a, b]$ 上 $f(x)$ 为常数.

例 4 证明：对于任意的 $x(x \in \mathbf{R})$，都有 $\sin^2 x + \cos^2 x = 1$ 成立.

证明 设 $f(x) = \sin^2 x + \cos^2 x$，$x \in \mathbf{R}$，求导

$$f'(x) = 2\sin x\cos x - 2\cos x\sin x = 0$$

由推论可得 $f(x) = C$.

因为 $f(0) = 1$，所以 $C = 1$

即
$$\sin^2 x + \cos^2 x = 1.$$

3. 柯西中值定理

若函数 $f(x)$ 与 $g(x)$ 在闭区间 $[a, b]$ 上连续，在开区间 (a, b) 内可导，且 $g'(x) \neq 0$，则在 (a, b) 内至少存在一点 $\xi \in (a, b)$，使得

$$\frac{f(b) - f(a)}{g(b) - g(a)} = \frac{f'(\xi)}{g'(\xi)}.$$

证明从略.

二、洛必达法则

由柯西中值定理可推出洛必达法则，该法则是处理未定型极限的重要工具，是计算 "$\frac{0}{0}$" 型，"$\frac{\infty}{\infty}$" 型等极限的新方法.

洛必达法则 设函数 $f(x)$，$g(x)$ 满足：

（1）$\lim\limits_{x \to a} f(x) = 0$，$\lim\limits_{x \to a} g(x) = 0$；

（2）在点 a 的某去心邻域内，$f'(x)$ 与 $g'(x)$ 存在，且 $g'(x) \neq 0$；

（3）$\lim\limits_{x \to a} \dfrac{f'(x)}{g'(x)}$ 存在或为无穷大，极限 $\lim\limits_{x \to a} \dfrac{f(x)}{g(x)}$ 存在或为无穷大，则有

$$\lim_{x \to a} \frac{f(x)}{g(x)} = \lim_{x \to a} \frac{f'(x)}{g'(x)}.$$

下面我们对定理作几点说明：

（1）对自变量 x 的其他变化趋势，定理的结论仍成立；

（2）若自变量 $x \to a$ 时，有 $f(x) \to \infty$，$g(x) \to \infty$，而定理的其他条件都满足，定理的结论仍成立；

（3）若施行一次洛必达法则后，问题尚未解决，而 $f'(x)$，$g'(x)$ 仍满足定理的条件，则可继续使用洛必达法则，即

$$\lim_{x \to a} \frac{f'(x)}{g'(x)} = \lim_{x \to a} \frac{f''(x)}{g''(x)}.$$

例 5 计算 $\lim\limits_{x \to 0} \dfrac{\sin x}{x}$.

解 这是两个重要极限公式中的一个，用洛必达法则可以证明等于 1.

现在用洛必达法则计算，因为 $x \to 0$ 时，是 "$\dfrac{0}{0}$" 型未定式，所以

$$\lim_{x \to 0} \frac{\sin x}{x} = \lim_{x \to 0} \frac{(\sin x)'}{(x)'} = \lim_{x \to 0} \frac{\cos x}{1} = \cos 0 = 1.$$

例 6 计算 $\lim\limits_{x \to 0} \dfrac{\mathrm{e}^{2x} - 1}{x}$.

解 因为 $x \to 0$ 时，是 "$\dfrac{0}{0}$" 型未定式，运用洛必达法则，得

$$\lim_{x \to 0} \frac{\mathrm{e}^{2x} - 1}{x} = \lim_{x \to 0} \frac{(\mathrm{e}^{2x} - 1)'}{(x)'} = \lim_{x \to 0} \frac{2\mathrm{e}^{2x}}{1} = 2\mathrm{e}^0 = 2.$$

例 7 计算 $\lim\limits_{x \to 0} \dfrac{\sqrt[3]{1 + x^2} - 1}{x^2}$.

解 所求极限为"$\dfrac{0}{0}$"型未定型,运用洛必达法则,得

$$\lim_{x \to 0} \frac{\sqrt[3]{1 + x^2} - 1}{x^2} = \lim_{x \to 0} \frac{\left(\sqrt[3]{1 + x^2} - 1\right)'}{\left(x^2\right)'} = \lim_{x \to 0} \frac{\dfrac{1}{3}\left(1 + x^2\right)^{-\frac{2}{3}} \cdot 2x}{2x} = \frac{1}{3}.$$

上述例题,用等价无穷小的方法也可以计算,但是,对于许多极限问题来说,使用洛必达法则会更方便.

例 8 计算 $\lim\limits_{x \to 1} \dfrac{x^3 - 3x + 2}{x^3 - x^2 - x + 1}$.

解 所求极限为"$\dfrac{0}{0}$"型未定式,运用洛必达法则,得

$$\lim_{x \to 1} \frac{x^3 - 3x + 2}{x^3 - x^2 - x + 1} = \lim_{x \to 1} \frac{3x^2 - 3}{3x^2 - 2x - 1} = \lim_{x \to 1} \frac{6x}{6x - 2} = \frac{3}{2}.$$

这道题用了两次洛必达法则,每使用一次,必须检查所求极限是否为"$\dfrac{0}{0}$"型(或"$\dfrac{\infty}{\infty}$"型).

例 9 计算 $\lim\limits_{x \to \infty} \dfrac{3x^2 - 2x + 1}{6x^2 + 3x - 2}$.

解 所求极限是"$\dfrac{\infty}{\infty}$"型,运用洛必达法则,得

$$\lim_{x \to \infty} \frac{3x^2 - 2x + 1}{6x^2 + 3x - 2} = \lim_{x \to \infty} \frac{6x - 2}{12x + 3}$$

这仍然是"$\dfrac{\infty}{\infty}$"型,可继续使用洛必达法则,

$$\lim_{x \to \infty} \frac{3x^2 - 2x + 1}{6x^2 + 3x - 2} = \lim_{x \to \infty} \frac{6x - 2}{12x + 3} = \lim_{x \to \infty} \frac{6}{12} = \frac{1}{2}.$$

例 10 计算 $\lim\limits_{x \to +\infty} \dfrac{\ln x}{x^a}(a > 0)$.

解 所求极限是"$\dfrac{\infty}{\infty}$"型,运用洛必达法则,得

$$\lim_{x \to +\infty} \frac{\ln x}{x^a} = \lim_{x \to +\infty} \frac{\dfrac{1}{x}}{ax^{a-1}} = \lim_{x \to +\infty} \frac{1}{ax^a} = 0.$$

例 11 计算 $\lim\limits_{x \to 1}\left(\dfrac{x}{x - 1} - \dfrac{1}{\ln x}\right)$.

解 这是"$\infty - \infty$"型,不能用洛必达法则,但可以通过通分化为"$\dfrac{0}{0}$"型未定式,

$$\lim_{x \to 1}\left(\frac{x}{x - 1} - \frac{1}{\ln x}\right) = \lim_{x \to 1} \frac{x\ln x - x + 1}{(x - 1)\ln x} \quad \left(\text{"}\frac{0}{0}\text{"型}\right)$$

$$= \lim_{x \to 1} \frac{1 + \ln x - 1}{\dfrac{x - 1}{x} + \ln x} = \lim_{x \to 1} \frac{\ln x}{1 - \dfrac{1}{x} + \ln x} = \lim_{x \to 1} \frac{\dfrac{1}{x}}{\dfrac{1}{x^2} + \dfrac{1}{x}}$$

$$= \frac{1}{2}.$$

例 12　计算 $\lim\limits_{x \to 1}(1 - x)\tan\dfrac{\pi}{2}x$.

解　所求极限是 "$0 \cdot \infty$" 型，我们可以转化为 "$\dfrac{0}{0}$" 型未定式计算.

$$\lim_{x \to 1}(1 - x)\tan(\frac{\pi}{2}x) = \lim_{x \to 1}\frac{1 - x}{\cot(\dfrac{\pi x}{2})} = \lim_{x \to 1}2\frac{-1}{-\dfrac{\pi}{2}\csc^2(\dfrac{\pi x}{2})} = \frac{2}{\pi}.$$

注意：使用洛必达法则计算未定型极限时，应注意：

(1) 若 $\lim\limits_{x \to x_0}\dfrac{f'(x)}{g'(x)}$ 不存在，并不能说明 $\lim\limits_{x \to x_0}\dfrac{f(x)}{g(x)}$ 不存在，因而，此时不能用洛必达法则；如对下例，用洛必达法则，得到

$$\lim_{x \to +\infty}\frac{x + \cos x}{x} = \lim_{x \to +\infty}(1 + \sin x)$$

极限不存在，而事实上

$$\lim_{x \to +\infty}\frac{x + \cos x}{x} = 1;$$

(2) 有些题目利用洛必达法则会出现循环现象，无法求出结果，此时只能寻求别的方法；如 $\lim\limits_{x \to +\infty}\dfrac{e^x - e^{-x}}{e^x + e^{-x}} = 1$，但用洛必达法则会出现循环现象；

(3) 只有当 $\lim\limits_{x \to x_0}\dfrac{f'(x)}{g'(x)}$ 比 $\lim\limits_{x \to x_0}\dfrac{f(x)}{g(x)}$ 简单时，用洛必达法则才有价值，否则另找方法，故洛必达法则不是 "万能工具".

习题 3.1

1. 函数 $f(x) = x^2$ 在区间 $[-2, 2]$ 上是否满足罗尔定理的条件？若满足求出 ξ.

2. 函数 $1 - \sqrt[3]{x^2}$ 在区间 $[-1, 1]$ 上是否满足罗尔定理的条件？若不满足，说出理由.

3. 下列函数中，在区间 $[-1, 1]$ 上满足罗尔定理条件的是（　　）.

A. $f(x) = e^x$ 　　　　　　　　　　B. $g(x) = \ln|x|$

C. $h(x) = 1 - x^2$ 　　　　　　　　D. $k(x) = \begin{cases} x\sin\dfrac{1}{x}, & x \neq 0 \\ 0, & x = 0 \end{cases}$

4. 下列函数在给定区间上不能满足拉格朗日中值定理的是（　　）.

A. $y = xe^x$，$[-1, 1]$ 　　　　　　B. $y = \dfrac{2x}{1 + x^2}$，$[-1, 1]$

C. $y = \ln(1 + x^2)$，$[-1, 2]$ 　　D. $y = |x|$，$[-1, 2]$

5. 验证下列函数在指定区间上满足拉格朗日中值定理，并求出 ξ.

(1) $f(x) = \ln(1 + x)$，$[0, 1]$；

(2) $f(x) = \sin 2x$，$\left[0, \dfrac{\pi}{2}\right]$.

6. 若函数 $y = f(x)$ 在区间 $[a, b]$ 上连续，则存在两个常数 m，M，对于满足 $a \leqslant x_1 \leqslant x_2 \leqslant b$ 的任意两点 x_1，x_2，证明：恒有

$$m(x_2 - x_1) \leqslant f(x_2) - f(x_1) \leqslant M(x_2 - x_1).$$

7. 证明：$\arcsin x + \arccos x = \dfrac{\pi}{2}$，$(-1 \leqslant x \leqslant 1)$.

8. 设多项式 $P_n(x) = a_0 + a_1 x + a_2 x^2 + \cdots + a_n x^n (a_0, a_1, \cdots, a_n$ 为常数，$a_n \neq 0)$ 在区间 $[a, b]$ 上有 n 个不相同的实根，证明方程

$$P'_n(x) = 0$$

的所有实根均在 (a, b) 内.

9. 计算下列各极限

(1) $\lim\limits_{x \to \pi} \dfrac{\sin 3x}{\tan 5x}$；

(2) $\lim\limits_{x \to a} \dfrac{x^m - a^m}{x^n - a^n}$ $(a \neq 0, m, n$ 为常数$)$；

(3) $\lim\limits_{x \to 0} \dfrac{\arctan x}{x}$；

(4) $\lim\limits_{x \to 0^+} \dfrac{\ln\tan 7x}{\ln\tan 3x}$；

(5) $\lim\limits_{x \to +\infty} \dfrac{\dfrac{\pi}{2} - \arctan x}{\dfrac{1}{x}}$；

(6) $\lim\limits_{x \to +\infty} \dfrac{x^2 + \ln x}{x \ln x}$；

(7) $\lim\limits_{x \to 0} \dfrac{e^x - e^{\sin x}}{x - \sin x}$；

(8) $\lim\limits_{x \to 0} \left(\dfrac{1}{x} - \dfrac{1}{e^x - 1}\right)$.

第二节　函数的单调性及其极值

单调性是函数的基本几何特性，它既决定着函数递增和递减的状况，并确定函数曲线的走向，又能帮助我们研究函数的极值和函数的图形，本节讲述函数的单调性和极值.

一、函数单调性的判定

由单调性的定义，可以看出：如图 3-3（a），函数随着自变量的增加而增加，因此是增函数，又曲线上任一点的切线斜率 $k = \tan\alpha$ 大于（个别点处等于 0）0，根据导数的几何意义得，函数的导数 $f'(x) \geqslant 0$（个别点处等于 0）；如图 3-3（b），函数随着自变量的增加而减少，因此是减函数，又曲线上任一点的切线斜率 $k = \tan\alpha$ 小于 0（个别点处等于 0），同理可得函数的导数 $f'(x) \leqslant 0$.

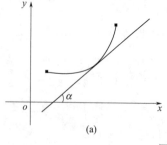

(a)

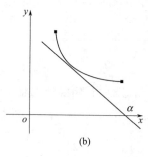

(b)

图 3-3

反过来，我们可以用导数研究函数的单调性.

定理1（函数单调性判断定理） 设函数 $y = f(x)$ 在 $[a, b]$ 上连续，在 (a, b) 内可导，则有

（1）若当 $x \in (a, b)$ 时，$f'(x) \geqslant 0$，且等号仅在有限多个点处成立，则 $f(x)$ 在 (a, b) 内单调增加；

（2）若当 $x \in (a, b)$ 时，$f'(x) \leqslant 0$，且等号仅在有限多个点处成立，则 $f(x)$ 在 (a, b) 内单调减少.

证明 设函数 $f(x)$ 在 $[a, b]$ 上连续，在 (a, b) 内可导. 在 $[a, b]$ 上任取两点 x_1，$x_2 (x_1 < x_2)$，应用拉格朗日中值定理，得到

$$f(x_2) - f(x_1) = f'(\xi)(x_2 - x_1) \quad (x_1 < \xi < x_2).$$

由于在上式中，$x_2 - x_1 > 0$，因此

（1）若在 (a, b) 内导数 $f'(x) > 0$，那么也有 $f'(\xi) > 0$，

则 $$f(x_2) - f(x_1) = f'(\xi)(x_2 - x_1) > 0,$$

即 $$f(x_2) > f(x_1).$$

所以，函数 $y = f(x)$ 在 $[a, b]$ 上单调增加.

（2）如果在 (a, b) 内 $f'(x) < 0$，那么也有 $f'(\xi) < 0$，

则 $$f(x_2) - f(x_1) = f'(\xi)(x_2 - x_1) < 0,$$

即 $$f(x_2) < f(x_1),$$

所以，函数 $y = f(x)$ 在 $[a, b]$ 上单调减少.

注意：（1）如果把这个判定法中的闭区间换成其他各种区间（包括无穷区间），结论也成立.

（2）单调性是相对于给定区间的整体性质，只能说 $f(x)$ 在某一区间上的单调性，不能说在某一点的单调性.

例1 判定函数 $y = x - \sin x$ 在 $[0, 2\pi]$ 上的单调性.

解 因为所给函数在 $[0, 2\pi]$ 上连续，在 $(0, 2\pi)$ 内

$$y' = 1 - \cos x > 0,$$

且等号仅在 $x = 0$ 处成立，所以，由判定法可知，函数 $y = x - \sin x$ 在 $[0, 2\pi]$ 上单调增加.

例2 讨论函数 $y = e^x - x - 1$ 的单调性.

解 函数 $y = e^x - x - 1$ 的定义域为 $(-\infty, +\infty)$.

$$y' = e^x - 1.$$

因为当 $x < 0$ 时，$y' < 0$，所以函数 $y = e^x - x - 1$ 在 $(-\infty, 0]$ 上单调减少；当 $x > 0$ 时，$y' > 0$，所以函数 $y = e^x - x - 1$ 在 $[-\infty, 0)$ 上单调增加.

当 $x = 0$ 时，$y' = 0$，所以点 $(0, 0)$ 是该函数单调增加区间与单调减少区间的分界点.

由此可知，有些函数在它们的定义区间内不是单调的，但当我们用导数等于零的点来划分函数的定义区间以后，就可以判断函数在各个区间上单调性.

使导数等于 0 的点叫驻点. 也就是若 $f'(x_0) = 0$，则 $x = x_0$ 就是函数的驻点.

如在例2中，点 $(x = x_0)$ 是函数 $y = e^x - x - 1$ 驻点.

例3 求函数 $f(x) = x^3 - 3x$ 的单调区间.

解 （1）该函数的定义域为 $(-\infty, +\infty)$；

(2) $f'(x) = 3x^2 - 3 = 3(x + 1)(x - 1)$，令 $f'(x) = 0$，得驻点 $x_1 = -1$，$x_2 = 1$，它们将定义区间分为三个子区间：$(-\infty, -1)$，$(-1, 1)$，$(1, +\infty)$；

(3) 判定 当 $x \in (-\infty, -1)$ 时，$f'(x) > 0$；当 $x \in (-1, 1)$ 时，$f'(x) < 0$；当 $x \in (1, +\infty)$ 时，$f'(x) > 0$. 所以 $(-\infty, -1]$ 和 $[1, +\infty)$ 是函数 $f(x)$ 的单调增加区间，$[-1, 1]$ 是函数 $f(x)$ 的单调减少区间.

例 4 证明 $x > 0$ 时，$e^x > x$.

证明 (1) 令 $f(x) = e^x - x$，则 $f(x)$ 在 $(0, +\infty)$ 上连续.

(2) 因为 $f'(x) = e^x - 1$，当 $x \in (0, +\infty)$ 时，$f'(x) > 0$，所以函数 $f(x)$ 在区间 $(0, +\infty)$ 上是增函数.

(3) 根据单调性的定义，当 $x > 0$ 时，$f(x) > 0$，即 $e^x > x$.

二、一元函数的极值及求法

在可导条件下，导函数不变号，则可以保证函数具有某一种单调性，而改变函数单调性的点就是我们所要讨论的函数的极值点，下面我们研究一元函数极值点的判定.

如图 3-4 中，根据单调性的定义，可以看出 (a, x_1)，(x_2, x_3)，(x_4, x_5) 三个区间为单调减区间，(x_1, x_2)，(x_3, x_4)，(x_5, b) 为单调增区间；其中点 x_1，x_2，x_3，x_4，x_5 为单调性的分界点.

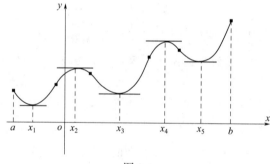

图 3-4

从图中可以看出，这些单调分界点的函数值在其邻域内都是最大值或最小值，由此可以得如下极值的定义.

定义（极值的定义） 设函数 $y = f(x)$ 在点 x_0 的一个邻域内有定义，若对于该邻域内异于 x_0 的 x 恒有

(1) $f(x_0) > f(x)$，则称 $f(x_0)$ 为函数 $f(x)$ **的极大值**，x_0 称为 $f(x)$ 的**极大值点**；

(2) $f(x_0) < f(x)$，则称 $f(x_0)$ 为函数 $f(x)$ **的极小值**，x_0 称为 $f(x)$ 的**极小值点**.

函数的极大值、极小值统称为函数的极值；极大值点、极小值点统称为极值点.

由定义得，案例中，x_2，x_4 两点为极大值点，$f(x_2)$，$f(x_4)$ 为极大值；x_1，x_3，x_5 三点为极小值点，$f(x_1)$，$f(x_3)$，$f(x_5)$ 为函数的极小值.

> **注意**：(1) 函数的极大值和极小值的概念是局部性的，极大值不一定比极小值大，极小值也不一定比极大值小.
>
> (2) 函数的极值点，一定是在区间的内部得到的.
>
> (3) 可微的极值点处，其切线平行于 x 轴.

由此可以得到如下定理.

定理 2（极值的必要条件） 设函数在点 x_0 处可导，且 $f(x_0)$ 为极值，则 $f'(x_0) = 0$.

定理 2 告诉我们，可微函数的极值点一定是驻点. 反过来，驻点是否为函数 $f(x)$ 的极值点？

如函数 $f(x) = x^3$，$f'(x) = 3x^2 \geqslant 0$，$f'(0) = 0$，虽然 $x = 0$ 是驻点，但在 $x = 0$ 的两侧恒有 $f'(x) > 0$. 由函数单调性的判定定理可知 $f(x) = x^3$ 在 $(-\infty, +\infty)$ 上单调增加，由极值的定义知，点 $x = 0$ 不是 $f(x)$ 的极值点. 由此可知，驻点未必是 $f(x)$ 的极值点. 应当强调指出，定理 1 是就可微函数而言的，实际上，连续不可导的点也可能是极值点.

例如，函数 $y = |x|$，虽然在 $x = 0$ 处连续不可导，但是根据极值的定义可知，$x = 0$ 为该函数的极小值点（图 3-5）.

综上所述，极值点包含在驻点和连续不可导点的集合内，这两类点称为"可疑极值点". 那么，怎样判断这些可疑极值点是否为真的极值点？下面给出判定方法.

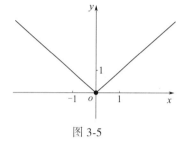

图 3-5

定理 3（第一充分条件） 设函数 $f(x)$ 在点 x_0 处连续，且在 x_0 的某邻域内可导（点 x_0 可以除外），如果在该领域内

（1）当 $x < x_0$ 时 $f'(x) > 0$；当 $x > x_0$ 时 $f'(x) < 0$，则 x_0 为 $f(x)$ 的**极大值点**.

（2）当 $x < x_0$ 时 $f'(x) < 0$；当 $x > x_0$ 时 $f'(x) > 0$，则 x_0 为 $f(x)$ 的**极小值点**.

如果在点 x_0 的两侧，$f'(x)$ 恒为正或恒为负，则 x_0 不是函数 $f(x)$ 的极值点.

定理 3 说明在可导条件下，若函数在一点的两侧导数变号，则此点一定是函数的极值点. 所以利用极值的第一充分条件求函数极值的一般步骤如下：

（1）求导数 $f'(x)$；

（2）求出 $f(x)$ 的全部驻点和使 $f'(x)$ 不存在的点；

（3）对以上的每个点，考察其左、右两侧邻域上 $f'(x)$ 的符号，以确定该点是否为极值点，并判断在极值点处函数取极大值还是极小值.

例 5 求函数 $f(x) = x^4 - 4x^3 - 8x^2 + 1$ 的极值.

解 函数 $f(x)$ 的定义域为 $(-\infty, +\infty)$.

（1）$f'(x) = 4x^3 - 12x^2 - 16x = 4x(x + 1)(x - 4)$.

（2）令 $f'(x) = 0$，得驻点 $x_1 = -1$，$x_2 = 0$，$x_3 = 4$.

（3）依次判断驻点两侧 $f'(x)$ 的符号.

在点 $x_1 = -1$ 左侧邻域上，$f'(x) < 0$；在点 $x_1 = -1$ 右侧邻域上，$f'(x) > 0$，由定理 2 可知 $f(x)$ 在点 $x_1 = -1$ 处取得极小值. 极小值 $f(-1) = -2$.

在点 $x_2 = 0$ 左侧邻域上，$f'(x) > 0$；在点 $x_2 = 0$ 右侧邻域上，$f'(x) < 0$，由定理 2 可知 $f(x)$ 在点 $x_2 = 0$ 处取得极大值. 极大值 $f(0) = 1$.

类似地，可知 $f(x)$ 在点 $x_3 = 4$ 处取得极小值. 极小值 $f(4) = -127$.

通常将函数的增减性与极值结合起来讨论更简便. 事实上，点 $x_1 = -1$，$x_2 = 0$，$x_3 = 4$ 将函数的定义域分成 4 个子区间：$(-\infty, -1)$，$(-1, 0)$，$(0, 4)$，$(4, +\infty)$. 在 $(-\infty, -1)$，$(0, 4)$ 上 $f'(x) < 0$，函数单调减少，在 $(-1, 0)$，$(4, +\infty)$ 上 $f'(x) > 0$，函数单调增加. 故 $f(-1)$，$f(4)$ 为极小值，$f(0)$ 为极大值.

例 6 求函数 $f(x) = \sqrt[5]{x^2}$ 的极值点.

解 函数 $f(x)$ 的定义域为 $(-\infty, +\infty)$. 又

$$f'(x) = \frac{2}{5\sqrt[5]{x^3}}$$

函数没有驻点，但有不可导的点 $x = 0$，且函数在 $x = 0$ 处连续，根据极值的第一充分条件，当 $x < 0$ 时 $f'(x) < 0$，当 $x > 0$ 时 $f'(x) > 0$，所以 $x = 0$ 是函数的极小值点.

例 6 告诉我们一个事实，连续不可微的点有可能是极值点.

定理 4（极值的第二充分条件） 设函数 $f(x)$ 在点 x_0 处具有二阶导数，且 $f'(x_0) = 0$，$f''(x_0) \neq 0$，那么

（1）当 $f''(x_0) < 0$ 时，函数 $f(x)$ 在 x_0 处取得极大值；

（2）当 $f''(x_0) > 0$ 时，函数 $f(x)$ 在 x_0 处取得极小值.

证明从略.

例 7 求函数 $f(x) = (x^2 - 1)^3 + 1$ 的极值.

解 用极值的第二充分条件判定.

（1）$f'(x) = 6x(x^2 - 1)^2$，令 $f'(x) = 0$，得驻点 $x_1 = -1, x_2 = 0, x_3 = 1$.

（2）$f''(x) = 6(x^2 - 1)(5x^2 - 1)$.

因为 $f''(0) = 6 > 0$，所以 $f(x)$ 在 $x = 0$ 处取得极小值，极小值为 $f(0) = 0$.

因为 $f''(-1) = f''(1) = 0$，故用定理 3 无法判断. 但是，一阶导数 $f'(x)$ 在驻点 $x_1 = -1$ 及 $x_3 = 1$ 左右邻域内 $f'(x) < 0$，所以 $f(x)$ 在 $x_1 = -1$ 处没有取得极值.

同理 $f(x)$ 在 $x_3 = 1$ 处也没有取得极值.

由例 7 可知，极值的第二充分条件对有些题很简单，但具有限制性，当 $f''(x_0) = 0$ 时，只能用第一充分条件判断；今后求极值时，两种方法选一个简单的、计算量小的就可以.

习题 3.2

1. 判断下列函数的单调性

（1）$f(x) = e^x + 1$；　　　　　　（2）$y = x - \arctan x$.

2. 确定下列函数的单调区间

（1）$f(x) = x^3 - 3x + 1$；　　　　（2）$f(x) = x - e^x$；

（3）$f(x) = (x-2)x^{\frac{2}{3}}$；　　　　（4）$f(x) = \frac{\ln x}{x}$.

3. 证明方程 $x^3 + x - 1 = 0$ 有且仅有一个正实根.

4. 证明方程 $\ln x = \frac{x}{e} - 1$ 在区间 $(0, +\infty)$ 内有且仅有两个实根.

5. 利用单调性证明下列不等式

（1）$\ln(1 + x) - \frac{\arctan x}{1 + x} \geq 0, x \geq 0$.

（2）$\cos x - 1 + \frac{x^2}{2} > 0, x \geq 0$.

（3）$\arctan x - x \geq 0, x \geq 0$.

（4）$x \geq 0$ 时，$\ln(x + \sqrt{1 + x^2}) > \frac{x}{\sqrt{1 + x^2}}$.

6. 求下列函数的极值点和极值

(1) $f(x) = 2 + x - x^2$; (2) $f(x) = \arctan x - \dfrac{1}{2}\ln(1 + x^2)$;

(3) $y = x - \ln(1 + x)$; (4) $y = 2e^x + e^{-x}$;

(5) $y = x + \sqrt{1 - x}$; (6) $y = x^2 + \dfrac{1}{x}$.

7. 设 $f(x) = a\ln x + bx^2 + x$ 在 $x = 1$ 与 $x = 2$ 处有极值,试求常数 a 和 b 的值.

第三节 最大值与最小值及其应用

最值计算具有很强的实际应用价值,如路程最短问题、用料最省问题、效益最大问题等都可视为函数最值的计算,本节讲述最大值与最小值及其应用.

一、最大值和最小值的求法

我们已经知道,函数 $f(x)$ 若在 $[a, b]$ 上连续,则 $f(x)$ 在 $[a, b]$ 上一定有最大、最小值. 绘出函数 $y = x^2$ 在 $[-1, 2]$ 上的图形 (如图3-6),可以看出,在驻点 $x = 0$ 处的函数值最小,在区间端点 $x = 2$ 处的函数值最大.

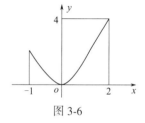

图 3-6

根据分析判断,若函数 $f(x)$ 在 $[a, b]$ 上连续,其最大值和最小值存在于区间的端点或驻点处,因此可得闭区间上连续函数求最大值和最小值的步骤:

(1) 求导函数 $f'(x)$;

(2) 在 (a, b) 内求出驻点和导数不存在的点;

(3) 计算出驻点、不可导点和端点处的函数值作比较,其中最大者为最大值,最小者为最小值.

例1 求函数 $f(x) = 2x^3 - 6x^2 - 18x + 4$ 在闭区间 $[-4, 4]$ 上的最大值和最小值.

解 $f'(x) = 6x^2 - 12x - 18 = 6(x - 3)(x + 1)$.

令 $f'(x) = 0$,得驻点 $x_1 = -1$,$x_2 = 3$.

$$f(-1) = 14, f(3) = -50, f(-4) = -148, f(4) = -36.$$

函数 $f(x)$ 在 $x = -1$ 处取得最大值14,在区间端点 $x = -4$ 处取得最小值 -148.

例2 求函数 $f(x) = \ln(1 + x^2)$ 在区间 $[-1, 2]$ 上的最大值和最小值.

解 求导

$$f'(x) = \frac{2x}{1 + x^2}.$$

令 $f'(x) = 0$,得驻点 $x = 0$.

因为 $f(0) = 0$,$f(-1) = \ln 2$,$f(2) = \ln 5$.

所以,函数的最大值为 $f(2) = \ln 5$,最小值为 $f(0) = 0$.

在例2中只有一个驻点 $x = 0$,且可以判断这个驻点是极小值点,也是我们求的最小值点.

通过观察和证明,我们有以下结论:

若函数在某区间内只有一个驻点,而此驻点是极大值点,那么此驻点处的函数值就是最大值；若此驻点是极小值点，那么此驻点处的函数值就是最小值.

例3 证明对于任意的 $x \in \mathbf{R}$ ，都有 $e^x + e^{-x} \geq 2$ 成立.

证明 设 $f(x) = e^x + e^{-x}$ ，则 $f'(x) = e^x - e^{-x}$ ，令 $f'(x) = 0$ ，得驻点 $x = 0$.

因为只有一个驻点，且这个驻点是函数的极小值点，因此当 $x = 0$ 时，函数取得最小值，

$$y_{\min} = 2 .$$

所以对于任意的 $x \in \mathbf{R}$ ，都有 $e^x + e^{-x} \geq 2$ 成立.

实际问题中，若由分析得知，确实存在最大值或最小值，又所讨论的区间内仅有一个驻点，那么这个驻点处的函数值一定是最大值或最小值. 步骤是：

（1）设出自变量和因变量，根据题意建立目标函数并且写出自变量的取值范围；

（2）求出目标函数的驻点；

（3）讨论驻点是极小值点还是极大值点，从而得出结论（也可以不讨论，直接得出结论）.

例4 要建造一个容积为 V（单位为 m^3 ， V 为正常数）的圆柱形蓄水池，已知池底单位造价为池侧面单位造价的 2 倍，问应如何选择蓄水池的底半径 r 和高 h ，才能使总造价最低.

解 设水池侧面的单位造价为 a ，则池底单位造价为 $2a$ ，总造价为 y .

根据题意，建立目标函数

$$y = 2\pi rha + \pi r^2 \times 2a .$$

又水池的体积为常数 V ，即 $V = \pi r^2 h$ ，故有 $h = \dfrac{V}{\pi r^2}$ ，所以造价 y 为 r 的函数，即

$$y = 2a\left(\pi r \frac{V}{\pi r^2} + \pi r^2\right) = 2a\left(\frac{V}{r} + \pi r^2\right) \quad (r > 0) .$$

对目标函数求导，得

$$y' = 2a \frac{2\pi r^3 - V}{r^2} ,$$

令 $y' = 0$ ，得唯一驻点 $r = \sqrt[3]{\dfrac{V}{2\pi}}$. 又实际问题中最低造价一定存在，故当 $r = \sqrt[3]{\dfrac{V}{2\pi}}$ 时，有

$$h = \frac{V}{\pi r^2} = 2\sqrt[3]{\frac{V}{2\pi}} = 2r ,$$

则当蓄水池的高与底的直径相等，即 $h = 2r = 2\sqrt[3]{\dfrac{V}{2\pi}}$ 时，总造价最低.

例5 如图 3-7 所示，铁路线上 AB 段的距离为 100km. 工厂 C 距 A 处为 20km, AC 垂直 AB . 为了运输需要，要在 AB 线上选定一点 D 向工厂修筑一条公路. 已知铁路每千米货运的运费与公路上每千米货运的运费之比为 $3 : 5$. 为了使货物从供应站 B 运到工厂 C 的运费最省，问 D 点应选在何处？

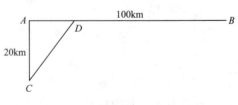

图 3-7

解 设 $AD = x\mathrm{km}$ ，则 $DB = (100 - x)\mathrm{km}$ ， $CD = \sqrt{20^2 + x^2} = \sqrt{400 + x^2}$. 从 B 点到 C 点需要的总运费为 y .

根据题意，建立目标函数

$$y = 5k\sqrt{400 + x^2} + 3k(100 - x) \quad (0 \leqslant x \leqslant 100)，$$

其中 k 是某个正数.

对目标函数求导，得

$$y' = k\left(\frac{5x}{\sqrt{400 + x^2}} - 3\right).$$

令 $y' = 0$ 得唯一驻点 $x = 15\text{km}$. 又依实际问题可知 y 一定能取最小值，因此，当 $AD = x = 15\text{km}$ 时，总运费为最省.

二、极值在经济中的应用

在经济学中，导函数 $f'(x)$ 也叫**边际函数**. 其经济意义是：销售或生产第 x 个产品其函数（如收益或成本）增加或减少的值，经济中常用到的几个数学函数.

需求函数模型：$Q = \varphi(p)$（p 为价格），其导数 $\dfrac{\mathrm{d}Q}{\mathrm{d}p}$ 叫边际需求.

成本函数模型：$C = C(x)$（x 为产量），平均成本 $= \dfrac{总成本}{总产量}$，表示为 $AC = \dfrac{C(x)}{x}$；导数 $\dfrac{\mathrm{d}C}{\mathrm{d}x} = MC$ 叫边际成本.

收益函数模型：$R = R(Q) = QP$（Q 为销售量），平均收益 $= \dfrac{总收益}{总销量}$，表示为 $AR = \dfrac{R}{Q}$；其导数 $\dfrac{\mathrm{d}R}{\mathrm{d}Q} = MR$ 叫边际收益.

利润函数模型：$L = R(Q) - C(Q)$，其导数 $\dfrac{\mathrm{d}L}{\mathrm{d}Q}$ 叫边际利润.

例 6 经市场调研，科特牌保暖内衣在某地区每月的需求量 Q（单位：套）与其价格 p（单位：元）之间具有如下关系：

$$Q = 4000 - 40p.$$

试确定商品的价格 p、需求量 Q，以使收益最大，并求最大收益.

解 要确定商品的价格 p、需求量 Q 的值，以使收益最大，所以目标函数应是总收益函数.

由于总收益 R 为价格 p 与销售量（需求量）Q 的乘积，而由需求量 Q 与其价格 p 之间的关系 $Q = 4000 - 40p$，得

$$p = 100 - \frac{1}{40}Q.$$

于是，收益

$$R = pQ = \left(100 - \frac{1}{40}Q\right)Q，$$

$$= 100Q - \frac{1}{40}Q^2 \quad (0 < Q < 4000).$$

求导，得边际收益 $R' = 100 - \dfrac{1}{20}Q.$

令 $R' = 0$，得唯一驻点 $Q = 2000$，所以，当 $Q = 2000$（套）时，总收益最大.

这时，每套保暖内衣的售价为

$$p = 100 - \frac{1}{40} \times 2000 = 50 \,(元).$$

最大收益为

$$R = 50 \times 2000 = 100000 \,(元).$$

例 7　荷花牌西裤，若定价为每条 90 元，一月可售出 3000 条，市场调查显示，每条售价每降低 5 元，一月的销售量可增加 200 条，问每条西裤售价定为多少时，能使商家的销售额最大，最大销售额是多少？

解　销售额最大，就是收益最大，所以目标函数是总收益函数.

设因降价可多销售 Q 条西裤，则销售的总条数为 $3000 + Q$.

依题意，每条西裤售价每降低 5 元，销售量可增加 200 条，现因降价多销售了 Q 条，所以，每条西裤应降价 $5 \times \dfrac{Q}{200}$ 元，每条西裤的售价 p 应为原售价减去每条西裤应降价的价格，即

$$p = 90 - 5 \times \frac{Q}{200} = 90 - 0.025Q \,(元).$$

由上式可知，当 $p = 0$ 时，$Q = 3600$，即因降价最多可多销售 3600 条西裤.

总收益函数为售价与销售条数的乘积，即

$$
\begin{aligned}
R &= p(3000 + Q), \\
&= (90 - 0.025Q)(3000 + Q), \\
&= 270000 + 15Q - 0.025Q^2 \quad (0 < Q < 3600),
\end{aligned}
$$

求导，得边际收益

$$R' = 15 - 0.05Q.$$

令 $R' = 0$，得唯一驻点 $Q = 300$，即当 $Q = 300$ 条时，销售额最大.

这时，每条西裤的售价为

$$p = 90 - 0.025 \times 300 = 82.5 \,(元),$$

最大销售额为

$$R = 82.5 \times (3000 + 300) = 272250 \,(元).$$

例 8　某旅行社组织风景区旅行团，若每团人数不超过 30 人，飞机票每张收费 900 元；若每团人数多于 30 人，则给予优惠，每多一人，机票每张减少 10 元，直至每张机票降到 450 元为止. 每团乘飞机，旅行社需付给航空公司包机费 15000 元. 问每团人数为多少时，旅行社可获得最大利润？最大利润为多少？

解　这是求利润最大，目标函数为利润函数. 依题设，对旅行社而言，机票收入是收益，付给航空公司的包机费是成本.

设以 x 表示每团人数，p 表示飞机票的价格，因 $\dfrac{900 - 450}{10} = 45$，所以每团人数最多为 $30 + 45 = 75$ 人. 因而飞机票的价格

$$p = \begin{cases} 900, & 1 \leqslant x \leqslant 30, \\ 900 - 10(x - 30), & 30 < x \leqslant 75 \end{cases} \quad (x \text{ 取正整数}).$$

旅行社的利润函数为

$$\pi = xp - 15000,$$

$$= \begin{cases} 900x - 15000, & 1 \leq x \leq 30 \\ 900x - 10(x - 30)x - 15000, & 30 < x \leq 75 \end{cases},$$

$$= \begin{cases} 900x - 15000, & 1 \leq x \leq 30 \\ 1200x - 10x^2 - 15000, & 30 < x \leq 75 \end{cases}.$$

求导，得边际利润

$$\pi' = \begin{cases} 900, & 1 \leq x \leq 30 \\ 1200 - 20x, & 30 < x \leq 75 \end{cases}$$

令 $\pi' = 0$，得唯一驻点 $x = 60$. 所以，当 $x = 60$ 人时，利润函数取得最大值. 即每团 60 人时，旅行社可获得最大利润. 最大利润为

$$\pi \big|_{x = 60} = 1200 \times 60 - 10 \times 60^2 - 15000 = 21000 \text{ 元}.$$

习题 3.3

1. 求下列函数在指定区间上的最大值和最小值

(1) $y = x + 2\sqrt{x}$，$[0, 4]$ ；　　　　　　(2) $y = \arctan \dfrac{1 - x}{1 + x}$，$[0, 1]$ ；

(3) $y = \dfrac{1}{3}x^3 - 3x^2 + 9x$，$[0, 4]$ ；　　　(4) $y = x^x$，$(0.1, +\infty)$.

2. 证明：若 $\alpha > 1$，则对于任意的 $x \in [0, 1]$，均有

$$x^\alpha + (1 - x)^\alpha \geqslant \frac{1}{2^{\alpha - 1}}.$$

3. 半径为 R 的半圆内接一梯形，其梯形一底是半圆的直径，求梯形面积的最大值.

4. 下水道的截面是由矩形和半圆所构成的，当截面积为定值 M 时，试问矩形的底为多少时，该截面的周长 S 最短.

5. 有一块宽为 $2a$ 的长方形铁皮，将宽的两个边缘向上折起，做成一个开口水槽，其横截面为矩形，高为 x，问高 x 取何值时水槽的流量最大？

6. 用面积为 A 的一块铁皮做成一个有盖的圆柱形油桶，问油桶的直径为多长时，油桶的容积最大？这时油桶的高是多少？

7. 某商品的总收益函数为 $R(Q) = 10Q - 0.01Q^2$，问销售量 Q 为多少时，可使总收益最大？

8. 某商品的需求函数为 $Q = 75 - p^2$，试确定商品的价格 p、需求量 Q，以使收益最大？

9. 已知生产某产品的总利润函数为 $\pi = -10Q^2 + 200Q - 100$，问产量 Q 为多少时可使利润最大？并求最大利润.

10. 设某产品的需求函数和总成本函数分别为

$$Q = 2000 - 100p, \quad C = 1000 + 8Q,$$

求利润最大时的产量和最大利润.

第四节　曲线的凹凸与拐点、 函数图形的描绘

一、曲线的凹凸与拐点

前面我们讨论了函数的单调性和极值性质，这对函数曲线性态的了解起很大作用. 但

是，仅有这些性质，仍不能准确描述函数曲线，如单调时是以什么样的方式单调，曲线的弯曲方向是怎样的.

如图 3-8（a）表明，弧 AB 和 CD 都是上升的，可是弧 AB 呈凸形上升，弧 CD 呈凹形上升；图 3-8（b）表明，弧 AB 和 CD 都是下降的，可是弧 AB 呈凸形下降，弧 CD 呈凹形下降.

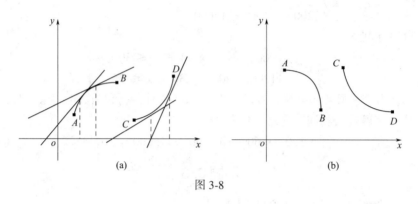

图 3-8

图 3-8 显示，凡呈凸形的弧段，当自变量 x 由小变大时，其上的切线斜率是递减的，且切线位于曲线的上方；凡呈凹形的弧段，当自变量 x 由小变大时，其上的切线斜率是递增的，且切线位于曲线的下方.

根据以上图形的几何特征，我们来规定曲线的凹凸性.

定义 1（凹凸性） 设函数 $y = f(x)$ 在区间 (a, b) 内可导，如果 $f'(x)$ 在区间 (a, b) 内是递增的，则称曲线 $y = f(x)$ 在区间 (a, b) 内是**凹**的，区间 (a, b) 称为**凹区间**；如果 $f'(x)$ 在区间 (a, b) 内是递减的，则称曲线 $y = f(x)$ 在区间 (a, b) 内是**凸**的，区间 (a, b) 称为**凸区间**.

定义 2（拐点） 设函数 $y = f(x)$ 在区间 (a, b) 内连续，则曲线 $y = f(x)$ 在区间 (a, b) 内凹的曲线弧与凸的曲线弧的分界点称为**曲线的拐点**.

由上述定义可知，要判断曲线 $y = f(x)$ 的凹凸性，只要判断一阶导函数的增减性. 而二阶导数的正负号就能断定一阶导函数的增减性，所以有如下定理：

定理（凹凸性判定） 设函数 $f(x)$ 在区间 (a, b) 内具有二阶导数，

（1）如果在 (a, b) 内 $f''(x) > 0$，则曲线 $y = f(x)$ 在 (a, b) 上为**凹弧**；

（2）如果在 (a, b) 内 $f''(x) < 0$，则曲线 $y = f(x)$ 在 (a, b) 上为**凸弧**.

例 1 考察 $y = x^2$ 和 $y = \sqrt{x}$ 在 $[0, 1]$ 上的单调性和凹凸性.

解 因为 $y = x^2$，所以 $y' = 2x$，$y'' = 2$，在 $[0, 1]$ 上，二者都是递增的，根据定义，此函数是单调增且是凹的.

因为 $y = \sqrt{x}$，在 $[0, 1]$ 上 $y' = \dfrac{1}{2\sqrt{x}} > 0$，$y'' = -\dfrac{1}{4x\sqrt{x}} < 0$，所以此函数是单调增加且是凸的.

此例表明，在同一区间上，具有相同单调性的函数可以有不同的凹凸性，因此，凹凸性加上单调性更能准确描述函数的性态.

例 2 判断曲线 $y = x^4 + 2x^2$ 的凹凸性.

解 $y' = 4x^3 + 4x$，$y'' = 12x^2 + 4$.

显然，在 $(-\infty, +\infty)$ 上恒有 $y'' > 0$，故曲线 $y = x^4 + 2x^2$ 在 $(-\infty, +\infty)$ 上是凹的.

例 3　判断曲线 $y = x^3$ 的凹凸性并求出拐点.

解　$y' = 3x^2$，$y'' = 6x$.

当 $x < 0$ 时，$y'' < 0$，当 $x > 0$ 时，$y'' > 0$. 所以在 $(-\infty, 0)$ 上，曲线 $y = x^3$ 是凸的，在 $(0, +\infty)$ 上，曲线 $y = x^3$ 是凹的. 点 $(0, 0)$ 是曲线 $y = x^3$ 由凸弧变为凹弧的分界点，因此，该点就是曲线 $y = x^3$ 的拐点，同时注意到当 $x = 0$ 时，$y'' = 0$.

由以上例 2 可以看出，求曲线 $y = f(x)$ 的拐点，实际上就是找 $y'' = f''(x)$ 取正值与取负值的分界点. 由此可知，若在 x_0 处 $f''(x_0) = 0$，而在 x_0 的左右两侧 $f''(x)$ 异号，则点 $(x_0, f(x_0))$ 一定是曲线 $y = f(x)$ 的拐点.

判断曲线 $y = f(x)$ 的凹凸性与求拐点的一般步骤如下：

（1）求出 $f''(x)$；

（2）找出方程 $f''(x) = 0$ 的实根；

（3）$f''(x) = 0$ 的实根将函数 $y = f(x)$ 的定义域分成若干区间，在每个区间上确定 $f''(x)$ 的符号，从而确定了曲线 $y = f(x)$ 的凹凸区间；

（4）若在 $f''(x) = 0$ 的实根 x_0 的两侧，$f''(x)$ 的符号相反，则点 $(x_0, f(x_0))$ 是曲线 $y = f(x)$ 的拐点；若 $f''(x)$ 的符号相同，则点 $(x_0, f(x_0))$ 不是曲线 $y = f(x)$ 的拐点.

例 4　讨论曲线 $f(x) = x^3 - 6x^2 + 9x + 1$ 的凹凸性与拐点.

解　函数 $f(x)$ 的定义域为 $(-\infty, +\infty)$.

因为

$$f'(x) = 3x^2 - 12x + 9，$$
$$f''(x) = 6x - 12 = 6(x - 2)，$$

令 $f''(x) = 0$，可得 $x = 2$.

当 $x < 2$ 时，$f''(x) < 0$，因此区间 $(-\infty, 2)$ 为该曲线的凸区间；

当 $x > 2$ 时，$f''(x) > 0$，因此区间 $(2, +\infty)$ 为该曲线的凹区间.

当 $x = 2$ 时，$f''(x) = 0$，因 $f''(x)$ 在 $x = 2$ 的两侧变号，而 $f(2) = 3$，所以，点 $(2, 3)$ 是该曲线的拐点.

二、函数图形的描绘

前面对函数的单调性、极值及其图形的凹凸性与拐点进行了研究，在此基础上如何更准确地作出函数的图形，还应该了解曲线无限远离坐标原点时，变化的状态，这就是我们将要讨论的曲线渐近线问题.

1. 曲线的水平渐近线和垂直渐近线

定义 3（渐近线定义）　若曲线 $y = f(x)$ 上的动点 $M(x, y)$ 沿着曲线无限远离坐标原点时，它与某直线 l 的距离趋于零，则称直线 l 为曲线的渐近线.

（1）垂直渐近线　当 $x \to x_0 (x \to x_0^-, x \to x_0^+)$，函数 $f(x) \to \infty$ 是一无穷大，则称直线 $x = x_0$ 是曲线 $y = f(x)$ 的垂直渐近线（x_0 可能为函数无意义的点或分段函数的分点）.

（2）水平渐近线　当 $x \to \infty$（或 $+\infty$ 或 $-\infty$），函数 $f(x) \to A$（是一个确定的常数），则称直线 $y = A$ 是曲线 $y = f(x)$ 的水平渐近线.

画出函数 $y = \dfrac{1}{x}$ 的图形，找出其水平渐近线和垂直渐近线，并用定义解释之.

分别画出函数 $y = \ln x$，$y = \arctan x$ 的图形，找出它们的渐近线.

例 5 求出函数 $y = \dfrac{x^2 - 2x + 1}{x^2 - 1}$ 的渐近线.

解 当 $x \to \infty$ 时，函数 $y \to 1$，则直线 $y = 1$ 是水平渐近线.

又函数 $y = \dfrac{(x-1)^2}{(x-1)(x+1)} = \dfrac{x-1}{x+1}$，当 $x \to -1$ 时，函数 $y = f(x) \to \infty$，所以直线 $x = -1$ 是垂直渐近线.

2. 曲线的图形描绘

描绘函数 $y = f(x)$ 的图形的一般步骤如下：

(1) 确定函数的定义域；

(2) 求出 $f'(x)$，利用 $f'(x) = 0$ 及 $f'(x)$ 不存在的点将定义域划分为若干区间，判断每个区间上 $f(x)$ 的单调性并从而确定函数的极值；

(3) 求出 $f''(x)$，利用 $f''(x) = 0$ 及 $f''(x)$ 不存在的点将定义域划分为若干区间，判断每个区间上曲线的凹凸性并从而确定曲线的拐点；

(4) 求出 $f'(x) = 0$，$f''(x) = 0$ 的根处所对应的函数值，定出图形上相应的点，此外，为了较准确地描绘出图形，还可以再找出图形上的一些点，例如曲线与坐标轴的交点等；

(5) 如果有渐近线求出，将以上所得结果归纳列表，以便更直观地反映出图形的特点，并作出图形.

例 6 描绘函数 $y = f(x) = 3x - x^3$ 的图形.

解 该函数的定义域为 $(-\infty, +\infty)$，且为奇函数，

$$y' = f'(x) = 3 - 3x^2, \quad y'' = f''(x) = -6x$$

令 $y' = 0$，得驻点 $x = \pm 1$，因为 $f''(-1) = 6 > 0$，$f''(1) = -6 < 0$，所以 $f(-1) = -2$ 是该函数的极小值，$f(1) = 2$ 是该函数的极大值.

令 $y'' = 0$，得 $x = 0$，因为 $x < 0$ 时，$y'' > 0$，$x > 0$ 时，$y'' < 0$，所以在 $(-\infty, 0)$ 上曲线 $y = f(x) = 3x - x^3$ 是凹的，在 $(0, +\infty)$ 上曲线 $y = f(x) = 3x - x^3$ 是凸的，且点 $(0, 0)$ 为曲线的拐点.

通过讨论 y' 的符号，可以确定函数 $y = f(x) = 3x - x^3$ 的单调区间.

将上述讨论列为表 3-1.

表 3-1

x	$(-\infty, -1)$	-1	$(-1,0)$	0	$(0,1)$	1	$(1, +\infty)$
$f'(x)$	$-$	0	$+$	$+$	$+$	0	$-$
$f''(x)$	$+$	$+$	$+$	0	$-$	$-$	$-$
$y = f(x)$ 的图形	↘	极小值 $f(-1) = -2$	↗	拐点 $(0,0)$	↗	极大值 $f(1) = 2$	↘

令 $y = 0$，可知曲线 $y = f(x) = 3x - x^3$ 与 x 轴交在 $x = \pm\sqrt{3}$ 处.

综合上述讨论，即可描绘出所给函数的图形（图 3-9）.

例 7 描绘出函数 $y = e^{-x^2}$ 的图形.

解　（1）函数的定义域为$(-\infty, +\infty)$，其为偶函数，所以作出$(0, +\infty)$内的图形，即可根据对称性得到函数的全部图形.

（2）求导

$$y' = -2xe^{-x^2} \text{ 和 } y'' = 2e^{-x^2}(2x^2 - 1)$$

令$y' = 0$，得驻点$x = 0$；令$y'' = 0$，得$x = \pm\dfrac{\sqrt{2}}{2}$.

（3）表3-2讨论一阶和二阶导数的符号，确定函数的单调区间、凹凸区间、极值和拐点.

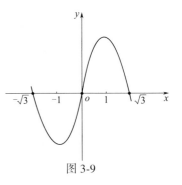

图3-9

表3.2

x	0	$(0, \frac{\sqrt{2}}{2})$	$\frac{\sqrt{2}}{2}$	$(\frac{\sqrt{2}}{2}, +\infty)$
y'	0	$-$	$-$	$-$
y''	$-$	$-$	0	$+$
y	极大值 $f(0) = 1$	凸减	拐点 $(1\frac{\sqrt{2}}{2}, e^{-\frac{1}{2}})$	凹减

（4）当$x \to \infty$时，$y \to 0$，所以曲线有水平渐近线.

根据以上讨论，可以画出所给函数的图形，如图3-10所示.

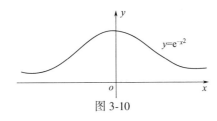

图3-10

习题3.4

1. 下列说法正确吗？

（1）设函数$y = (x)$在区间(a, b)内二次可导，且$y > 0$，$y' > 0$，$y'' > 0$，则曲线$y = (x)$在(a, b)内位于x轴上方，单调递增且凸向上.

（2）若函数$y = (x)$在区间(a, b)内二次可导，且$f'(x) < 0$，$f''(x) > 0$，则曲线$y = (x)$在(a, b)内单调递减且凹向上.

2. 求下列曲线的凹凸区间及拐点

（1）$y = x^3 - 6x + x - 1$；

（2）$y = \dfrac{x}{x-1} + x$；

（3）$y = xe^{-x}$；

（4）$y = a - \sqrt[3]{x-b}$；

（5）$y = \ln(x^2 - 1)$；

（6）$y = \sqrt{1 + x^2}$.

3. 当a，b为何值时，点$(1, -2)$是曲线$y = ax^3 + bx^2$的拐点.

4. 试确定 a，b，c 的值，使曲线 $y = ax^3 + bx^2 + cx$ 有一拐点 $(1, 2)$，且在该点处的切线斜率为 -1.

5. 曲线 $y = ax^3 + bx^2 + cx + d$ 在 $x = 0$ 处取极值 $y = 0$，点 $(1, 1)$ 是拐点，求 a，b，c，d 的值.

6. 求下列曲线的水平或垂直渐近线

(1) $y = xe^{-x}$；

(2) $y = \dfrac{x^2 + 3x + 2}{x^2 - 1}$.

7. 描绘下列各函数的图形

(1) $y = x^3 - 6x^2 + 9x - 4$；

(2) $y = xe^{-x^2}$；

(3) $y = \dfrac{x^2}{x^2 + 1}$；

(4) $y = \ln(1 + x^2)$.

本章小结

一、基本概念

极值　极值点　驻点　拐点　曲线的凹凸性　水平渐近线　垂直渐近线　曲线的拐点

二、基本定理

罗尔定理　拉格朗日定理　柯西定理　洛必达法则　可导函数取得极值的必要条件　函数取得极值的第一和第二充分条件　曲线凹凸的判定

三、基本方法

1. 利用拉格朗日定理和单调性证明不等式的方法.

2. 利用洛必达法则求极限的方法.

3. 判定函数单调性的方法.

4. 函数极值的两种判定方法.

5. 函数最大值和最小值的求法.

6. 判断曲线的凹凸和拐点的方法.

7. 求曲线渐近线的方法.

8. 描绘函数图形的方法.

四、疑点解析

1. 洛必达法则的正确应用

(1) 必须是 "$\dfrac{0}{0}$" 型或 "$\dfrac{\infty}{\infty}$" 型未定式才能应用.

(2) 分子与分母的极限必须存在（可以是无穷大）.

(3) 满足条件求导必须是分子的导除以分母的导数，不能整个分式求导.

(4) 用过一次洛必达法则后，若仍满足条件还可以继续用，直到求出极限为止.

2. 极值点和驻点的关系

(1) 可导的极值点一定是驻点，但是，驻点不一定是极值点.

(2) 驻点处导数一定为零，但是极值点处导数要么为零要么导数不存在.

3. 拐点一定要写成 $((x_0, f(x_0))$ 形式，不能说是 $x = x_0$.

五、常见题型

1. 利用微分中值定理证明等式或不等式，利用单调性证明不等式.

2. 利用单调性和根的存在定理证明方程根的个数.

3. 利用洛必达法则求极限.

4. 利用一阶导数和二阶导数的符号判断函数的性质，并绘出函数图形.

复习题三

1. 填空题

（1）$f(x) = \ln x$ 在 $[1, 2]$ 上满足拉格朗日中值定理的 $\xi =$ _____.

（2）$y = \sqrt{2 + x - x^2}$ 的极大值是_____.

（3）$y = x + \sqrt{x}$ 在 $[0, 4]$ 上的最小值是_____.

（4）曲线 $y = xe^{-x}$ 的拐点坐标是_____.

（5）设 $y = 2x^2 + ax + 3$ 在点 $x = 1$ 取得极小值，则 $a =$ _____.

（6）函数 $f(x) = x + e^{-x}$ 在区间_____内为单调增函数，在区间_____内为单调减函数.

（7）设 $y = a\ln x + bx^2 + x$ 在 $x = 1$ 和 $x = 2$ 处取得极值，则 $a =$ _____，$b =$ _____.

（8）曲线 $f(x) = \dfrac{e^{-x}}{x}$ 的水平渐近线为_____，垂直渐近线为_____.

（9）已知某产品的总成本函数为 $C(Q) = 4Q + 60$，则边际成本函数 $MC =$ _____，平均成本函数 $AC =$ _____.

（10）已知某产品产量为 Q 件时的总成本函数为 $C(Q) = 2Q^2 + Q + 200$（元），则当产量为 100 件时的边际成本为_____.

2. 选择题

（1）若 x_0 为函数 $y = f(x)$ 的极值点，在下列命题正确的是（　　）.

A. $f'(x_0) = 0$ 　　　　　　　　　　B. $f''(x_0) = 0$

C. $f'(x_0) = 0$ 或 $f'(x_0)$ 不存在 　　D. $f'(x_0)$ 不存在

（2）设 $a < x < b$，$f'(x) < 0$，$f''(x) < 0$，则在区间 (a, b) 内曲线弧 $y = f(x)$ 的图形为（　　）.

A. 沿 x 轴正向下降且凸 　　　　　　B. 沿 x 轴正向下降且凹

C. 沿 x 轴正向上升且凸 　　　　　　D. 沿 x 轴正向上升且凹

（3）函数 $y = ax^2 + b$ 在区间 $(0, +\infty)$ 内单调增加，则 a, b 应满足（　　）.

A. $a < 0$ 且 $b = 0$ 　　　　　　　　B. $a > 0$ 且 b 是任意常数

C. $a < 0$ 且 $b \neq 0$ 　　　　　　　D. $a < 0$ 且 b 是任意常数

（4）函数 $y = e^x + e^{-x}$ 的极小值点（　　）.

A. 0 　　　　　　B. -1 　　　　　　C. 1 　　　　　　D. 2

（5）函数 $y = x^3 + 24x - 12$ 在定义域内（　　）.

A. 单调增加 　　　　　　　　　　　　B. 单调减少

C. 凹的 　　　　　　　　　　　　　　D. 凸的

（6）曲线 $y = x^2(x - 3)$ 在区间 $(4, +\infty)$ 内是（　　）.

A. 单调上升且凹的 　　　　　　　　　B. 单调上升且凸的

C. 单调下降且凸的 　　　　　　　　　D. 单调下降且凹的

（7）下列（　　）函数在 $x = 0$ 处不存在拐点.

A. $\cos 2x$ 　　　　　　　　　　　　B. $\sin 4x$

C. $\sqrt[3]{x}$ 　　　　　　　　　　　　D. x^7

（8）下列函数在给定区间上不能满足拉格朗日定理的是（　　）.

A. $y = \cos x$，$x \in \left[-\dfrac{\pi}{2}, \dfrac{\pi}{2} \right]$ 　　　　B. $y = \ln(1 + x^2)$，$x \in [-1, 2]$

C. $y = \dfrac{2x}{1 + x^2}$，$x \in [-1, 1]$ 　　　　D. $y = \sqrt[3]{x^2}$，$x \in [-1, 1]$

（9）下列求极限时能使用洛必达法则的是（　　）.

A. $\lim\limits_{x \to 0} \dfrac{x^2 - 4}{x - 2}$

B. $\lim\limits_{x \to +\infty} x\left(\dfrac{\pi}{2} - \arctan x\right)$

C. $\lim\limits_{x \to \infty} \dfrac{x + \sin x}{x - \sin x}$

D. $\lim\limits_{x \to \infty} \dfrac{x \sin x}{x^2}$

（10）以下结论正确的是（　　）.

A. 函数 $f(x)$ 的导数不存在的点，一定不是 $f(x)$ 的极值点

B. 若 x_0 是函数 $f(x)$ 的驻点，则 x_0 必是函数 $f(x)$ 的极值点

C. 若函数 $f(x)$ 在点 x_0 处有极值，且 $f'(x_0)$ 存在，则必有 $f'(x_0) = 0$

D. 若函数 $f(x)$ 在点 x_0 处连续，则某邻域内单调一定存在

3. 求下列函数的单调区间与极值

（1）$y = \dfrac{e^x}{x}$；

（2）$y = 2x^2 - \ln x$.

4. 确定下列曲线的凹凸区间与拐点

（1）$y = x(x - 2)^2$；

（2）$y = \dfrac{1}{\sqrt{2\pi}} e^{-\frac{x^2}{2}}$.

5. 求下列极限

（1）$\lim\limits_{x \to \frac{\pi}{4}} \dfrac{\sec^2 x - 2\tan x}{1 + \cos 4x}$；

（2）$\lim\limits_{x \to 0} \dfrac{x - \arctan x}{\ln(1 + x^3)}$.

6. 甲乙两城位于一直线形河流的同一侧，甲城位于岸边，乙城离河岸 40km，乙城在河岸的垂足与甲城相距 50km，两城计划在河岸上合资共建一个污水处理厂，已知从污水处理厂到甲乙两城铺设排污管的费用分别为每千米 500 元和 700 元。问污水处理厂建在何处，才能使铺设排污管的费用最省？

7. 将一长为 a 的铁丝切成两段，并将其中一段围成正方形，另一段围成圆形，为使正方形与圆形面积之和最小，问两段铁丝的长各为多少？

8. 造一个容积为 V 的有盖的圆柱形水桶，问水桶的底半径和高各为多少时，用料最省.

9. 要造一个上端为半球形，下端为圆柱形的粮仓，其容积为 V，问当圆柱的高 h 和底半径 r 为何值时，粮仓的表面积最小.

10. 设某产品的需求函数为

$$p = 30 - 0.75Q,$$

而平均成本函数为

$$AC = \dfrac{30}{Q} + 9 + 0.3Q,$$

试求：（1）收益最大时的产出水平；

（2）平均成本最低时的产出水平；

（3）利润最大时的产出水平.

11. 证明曲线 $y = x\sin x$ 上，所有的拐点均位于曲线 $y^2(4 + x^2) = 4x^2$ 上.

12. 证明当 $x > 0$ 时，$1 + x\ln(x + \sqrt{1 + x^2}) > \sqrt{1 + x^2}$.

13. 证明当 $x \geq 0$ 时，$nx^{n-1} - (n - 1)x^n - 1 \leq 0$.（$n > 1$ 的正整数）.

14. 在坐标平面上通过一已知点 $P(1, 4)$ 引一条直线，使它在两坐标轴上的正截距之和最小，求直线方程.

15. 设函数 $f(x)$ 在 $[0, 1]$ 上连续，在开区间 $(0, 1)$ 内可导，且 $f(0) = 0$，$f(1) = 2$. 证明在 $(0, 1)$ 内至少存在一点 ξ，使得 $f'(\xi) = 2\xi + 1$ 成立.

第四章　不 定 积 分

【教学目标】通过本章学习，掌握原函数的概念、不定积分的概念，理解不定积分与导数或微分的关系，熟记积分的基本公式，掌握求积分的方法，其中直接积分法和凑微分是基础，第二类积分法和分部积分法是延伸.

本章在导数的基础上，讲述不定积分的概念和计算.

第一节　不定积分的概念

一、原函数与不定积分

1. 原函数的概念

在物理学中，当质点沿直线运动时，由于实际问题的不同，往往要解决两个方面的问题：一方面是已知位移函数 $s = s(t)$，求质点运动的速度 $v = v(t)$，这个问题已在微分学中解决了，$v = s'(t)$；另一方面是已知质点做直线运动的速度 $v = v(t)$，求位移函数 $s = s(t)$，这是上述问题的逆问题，从数学的角度看，它的实质是已知函数 $v = v(t)$，求满足关系式 $s'(t) = v(t)$ 的函数 $s = s(t)$. 为解决类似问题，在数学上抽象出"原函数"的概念.

定义 1（原函数）　设函数 $f(x)$ 在某个区间 I 上有定义，如果存在函数 $F(x)$，对于区间 I 上任意一点 x，都有

$$F'(x) = f(x) \text{ 或 } \mathrm{d}F(x) = f(x)\mathrm{d}x$$

则称函数 $F(x)$ 是函数 $f(x)$ 在该区间上的一个**原函数**.

例如，在区间 $(+\infty, -\infty)$ 内有 $(x^2)' = 2x$ 所以 x^2 是 $2x$ 在区间 $(-\infty, +\infty)$ 内的一个原函数；又因为 $(x^2 + 1)' = 2x$，$(x^2 + C)' = 2x$（C 为任意常数）也成立，所以 $x^2 + 1$，$x^2 + \sqrt{2}$，$x^2 + C$ 都是 x^2 在区间 $(-\infty, +\infty)$ 内的原函数.

又因为 $(\sin x)' = \cos x$ 所以 $\sin x$ 是 $\cos x$ 的区间 $(-\infty, +\infty)$ 内的一个原函数. 显然，$\sin x - 1$，$\sin x + 3$，$\sin x + C$（C 为任意常数）也都是 $\cos x$ 在区间 $(-\infty, +\infty)$ 内的原函数.

一般地，若 $F(x)$ 是 $f(x)$ 在某区间上的一个原函数，则函数簇 $F(x) + C$（C 为任意常数）是 $f(x)$ 在该区间上的所有原函数.

设 $F(x)$ 是 $f(x)$ 在区间 I 上的一个确定的原函数，$\phi(x)$ 是 $f(x)$ 在区间 I 上的任一个原函数，即有

$$F'(x) = f(x)，\phi'(x) = f(x).$$

因为

$$[\phi(x) - F(x)]' = \phi'(x) - F'(x) = f(x) - f(x) = 0 ,$$

由微分中值定理的推论得

$$\phi(x) - F(x) = C （C 为常数），$$

移项得

$$\phi(x) = F(x) + C .$$

由此可知，函数 $f(x)$ 的任意两个原函数之间相差一个差数。

注意：如果 $f(x)$ 在区间 I 内连续，则 $f(x)$ 必有原函数（证明省略）.

2. 不定积分的概念

定义 2（不定积分） 若 $F(x)$ 是 $f(x)$ 在区间 I 上的一个原函数，则 $f(x)$ 的所有原函数 $F(x) + C$（C 为任意常数）称为 $f(x)$ 在该区间上的**不定积分**，记作 $\int f(x) \mathrm{d}x$.

即

$$\int f(x) \mathrm{d}x = F(x) + C .$$

其中符号 "$\int$" 称为**积分号**，$f(x)$ 称为**被积函数**，$f(x)\mathrm{d}x$ 称为**被积表达式**（或被积式），x 称为**积分变量**，C 称为**积分常数**.

可见，求不定积分就是求被积函数的所有原函数.

例 1 求下列不定积分：

(1) $\int 2x\mathrm{d}x$; (2) $\int \cos x\mathrm{d}x$;

(3) $\int \dfrac{\mathrm{d}x}{1 + x^2}$; (4) $\int \sec^2 x\mathrm{d}x$.

解 由不定积分的定义，只要求被积分函数一个原函数之后，再加上一个积分常数 C 即可.

(1) 被积函数为 $2x$ ，因为 $(x^2)' = 2x$ ，所以 x^2 是 $2x$ 的一个原函数.
根据不定积分的定义，有

$$\int 2x\mathrm{d}x = x^2 + C ;$$

(2) 被积函数为 $\cos x$ ，因为 $(\sin x)' = \cos x$ ，所以 $\sin x$ 是 $\cos x$ 的一个原函数.
根据不定积分定义，有

$$\int \cos x\mathrm{d}x = \sin x + C ;$$

(3) 被积函数为 $\dfrac{1}{1 + x^2}$ ，因为 $(\arctan x)' = \dfrac{1}{1 + x^2}$ ，所以 $\arctan x$ 是 $\dfrac{1}{1 + x^2}$ 的一个原函数.
根据不定积分定义，有

$$\int \dfrac{\mathrm{d}x}{1 + x^2} = \arctan x + C ;$$

(4) 被积函数为 $\sec^2 x$ ，因为 $(\tan x)' = \sec^2 x$ ，所以 $\tan x$ 是 $\sec^2 x$ 的一个原函数，

根据不定积分定义，有

$$\int \sec^2 x \, dx = \tan x + C.$$

例 2　求不定积分 $\int \dfrac{1}{x} dx$.

解　因为 $\dfrac{1}{x}$ 的定义域为 $x \neq 0$，当 $x > 0$ 时，$(\ln x)' = \dfrac{1}{x}$，当 $x < 0$ 时，$[\ln(-x)]' = \dfrac{1}{-x}(-1) = \dfrac{1}{x}$，所以

$$\int \dfrac{1}{x} dx = \ln|x| + C.$$

二、不定积分与导数或微分的关系

由不定积分定义可知，求不定积分与求导数（或求微分）是两种互逆的运算，即

$$\left[\int f(x) dx\right]' = f(x) \ \text{或} \ d\left[\int f(x) dx\right] = f(x) dx.$$

上式表明，若先求积分后求导数（或求微分），则两者的作用抵销.

$$\int f'(x) dx = f(x) + C \ \text{或} \ \int df(x) = f(x) + C.$$

此式表明，若先求导数（或求微分）后求积分，则两者的作用抵消后再加上积分常数 C.

例 3　验证 $\int (\sin x)' dx = \sin x + C$.

证明　$\int (\sin x)' dx = \int \cos x \, dx$，被积函数为 $\cos x$.

因为 $(\sin x + C)' = \cos x$，所以 $\sin x + C$ 是 $\cos x$ 的所有原函数，根据不定积分定义，有

$$\int (\sin x)' dx = \sin x + C.$$

例 4　验证 $d\int \sin x \, dx = \sin x \, dx$ 成立.

证明　根据 $df(x) = f'(x) dx$ 得，$d\int \sin x \, dx = \left[\int \sin x \, dx\right]' dx$

根据不定积分的定义，知道 $\int \sin x \, dx = -\cos x + C$.

所以 $\qquad d\int \sin x \, dx = \left[\int \sin x \, dx\right]' dx = [-\cos x + C]' dx = \sin x \, dx.$

三、基本积分公式

由于不定积分运算与微分运算互为逆运算，所以由微分的基本公式可得如下不定积分的基本公式.

(1) $\int k \, dx = kx + C$（k, C 为常数）；

(2) $\int x^\mu dx = \dfrac{x^{\mu+1}}{\mu+1} + C$（$\mu \neq -1$）；

(3) $\int \dfrac{1}{x} dx = \ln|x| + C$；

(4) $\int a^x dx = \dfrac{a^x}{\ln a} + C$；

(5) $\int e^x dx = e^x + C$; (6) $\int \sin x dx = -\cos x + C$;

(7) $\int \cos x dx = \sin x + C$; (8) $\int \sec^2 x dx = \tan x + C$;

(9) $\int \csc^2 x dx = -\cot x + C$; (10) $\int \sec x \tan x dx = \sec x + C$;

(11) $\int \csc x \cot x dx = -\csc x + C$;

(12) $\int \dfrac{dx}{\sqrt{1-x^2}} = \arcsin x + C = -\arccos x + C$;

(13) $\int \dfrac{dx}{1+x^2} = \arctan x + C = -\mathrm{arccot}\, x + C$;

(14) $\int \tan x dx = -\ln|\cos x| + C$;

(15) $\int \cot x dx = \ln|\sin x| + C$; (16) $\int \sec x dx = \ln|\sec x + \tan x| + C$;

(17) $\int \csc x dx = \ln|\csc x - \cot x| + C$; (18) $\int \dfrac{1}{a^2+x^2} dx = \dfrac{1}{a}\arctan \dfrac{x}{a} + C$;

(19) $\int \dfrac{1}{\sqrt{a^2-x^2}} dx = \arcsin \dfrac{x}{a} + C$; (20) $\int \dfrac{1}{a^2-x^2} dx = \dfrac{1}{2a}\ln\left|\dfrac{a+x}{a-x}\right| + C$;

(21) $\int \dfrac{1}{\sqrt{x^2 \pm a^2}} dx = \ln\left|x + \sqrt{x^2 \pm a^2}\right| + C$.

上述公式中，(1)→(13) 是根据导数公式的反运算，是求不定积分的基础公式，必须熟记；(14)→(21) 是根据积分法推导出来的，都可以直接应用.

上述公式是求不定积分的基础，必须熟记、会用.

例5 求下列不定积分：

(1) $\int \dfrac{1}{x^2} dx$; (2) $\int \sqrt{x}\, dx$; (3) $\int \dfrac{dx}{x\sqrt{x}}$.

解 先把被积函数化为幂函数的形式，再利用基本积分公式 (2)，得

(1) $\int \dfrac{1}{x^2} dx = \int x^{-2} dx = \dfrac{1}{-2+1} x^{-2+1} + C = -\dfrac{1}{x} + C$;

(2) $\int \sqrt{x}\, dx = \int (x)^{\frac{1}{2}} dx = \dfrac{1}{1+\frac{1}{2}} (x)^{1+\frac{1}{2}} + C = \dfrac{2}{3} x^{\frac{3}{2}} + C$;

(3) $\int \dfrac{dx}{x\sqrt{x}} = \int x^{-\frac{3}{2}} dx = \dfrac{x^{-\frac{3}{2}+1}}{-\frac{3}{2}+1} + C = -2x^{-\frac{1}{2}} + C$.

注意：今后遇到被积函数是根式时，先变成分数指数幂，然后利用积分公式 (2) 进行积分.

四、不定积分的运算性质和计算

性质 1 两个函数和（差）的不定积分等于各个函数不定积分的和（差），即

$$\int [f(x) + g(x)] \mathrm{d}x = \int f(x)\mathrm{d}x + \int g(x)\mathrm{d}x.$$

$$\int [f(x) - g(x)] \mathrm{d}x = \int f(x)\mathrm{d}x - \int g(x)\mathrm{d}x.$$

证明 根据不定积分定义，只需验证上式右端的导数等于左端的被积分函数，即

$$\left[\int f(x)\mathrm{d}x + \int g(x)\mathrm{d}x \right]' = \left[\int f(x)\mathrm{d}x \right]' + \left[\int g(x)\mathrm{d}x \right]' = f(x) + g(x).$$

同样可以验证：两个函数差的不定积分等于两个函数不定积分的差.

性质 1 可推广到有限多个函数代数和的情况，即

$$\int [f_1(x) \pm f_2(x) \pm \cdots \pm f_2(x)] \mathrm{d}x$$

$$= \int f_1(x)\mathrm{d}x \pm \int f_1(x)\mathrm{d}x \pm \int f_2(x)\mathrm{d}x \pm \cdots \pm \int f_n(x)\mathrm{d}x.$$

性质 2 被积函数中不为零的常数因子可以提到积分号外，即

$$\int kf(x)\mathrm{d}x = k \int f(x)\mathrm{d}x \ (k \text{ 为不等于零的常数}).$$

证明 类似性质 1 的证法，有

$$\left[\int kf(x)\mathrm{d}x \right]' = k \left[\int f(x)\mathrm{d}x \right]' = kf(x).$$

利用不定积分的基本公式和性质求不定积分的方法称为**直接积分法**. 用直接积分法可求出某些简单的不定积分.

例 6 求不定积分 $\int (2^x - 2\sin x + 2x\sqrt{x})\mathrm{d}x$.

解 用直接积分法计算.

$$\int (2^x - 2\sin x + 2x\sqrt{x})\mathrm{d}x = \frac{2^x}{\ln 2} + C_1 - 2(-\cos x + C_2) + 2(\frac{2}{5}x^{\frac{5}{2}} + C_3)$$

$$= \frac{2^x}{\ln 2} + 2\cos x + \frac{4}{5}x^{\frac{5}{2}} + (C_1 - 2C_2 + 2C_3)$$

$$= \frac{2^x}{\ln 2} + 2\cos x + \frac{4}{5}x^{\frac{5}{2}} + C.$$

其中 $C = C_1 - 2C_2 + 2C_3$，即各积分常数可以合并，因此，求代数和的不定积分时，只需在最后写出一个积分常数 C 即可.

例 7 求 $\int \frac{(1-x)^3}{x^2}\mathrm{d}x$.

解 把被积函数变形，化为代数和形式，再用积分性质和基本积分公式进行积分.

$$\int \frac{(1-x)^3}{x^2}\mathrm{d}x = \int \frac{x^3 - 3x^2 + 3x - 1}{x^2}\mathrm{d}x$$

$$= \int \left(x - 3 + \frac{3}{x} - \frac{1}{x^2} \right)\mathrm{d}x$$

$$= \int x\mathrm{d}x - 3\int \mathrm{d}x + 3\int \frac{\mathrm{d}x}{x} - \int \frac{\mathrm{d}x}{x^2}$$

$$= \frac{x^2}{2} - 3x + 3\ln|x| + \frac{1}{x} + C.$$

例 8 求 $\int (\frac{3}{1+x^2} - 2\cos x) dx$.

解 应先分项, 后积分.

$$\int (\frac{3}{1+x^2} - 2\cos x) dx = 3\int \frac{dx}{1+x^2} - 2\int \cos x dx$$

$$= 3\arctan x - 2\sin x + C.$$

例 9 求 $\int \sin^2 \frac{x}{2} dx$.

解 先利用三角恒等式对被积分函数进行变形, 再利用积分性质和基本积分公式积分.

$$\int \sin^2 \frac{x}{2} dx = \int \frac{1}{2}(1-\cos x) dx = \frac{1}{2}\int (1-\cos x) dx = \frac{1}{2}x - \frac{1}{2}\sin x + C.$$

例 10 求 $\int (\frac{1}{2\sqrt{x}} - \frac{2}{\sqrt{1-x^2}} + 3e^x) dx$.

解 $\int (\frac{1}{2\sqrt{x}} - \frac{2}{\sqrt{1-x^2}} + 3e^x) dx = \frac{1}{2}\int \frac{1}{\sqrt{x}} dx - 2\int \frac{1}{\sqrt{1-x^2}} dx + 3\int e^x dx$

$$= \frac{1}{2} \cdot \frac{x^{-\frac{1}{2}+1}}{-\frac{1}{2}+1} - 2\arcsin x + 3e^x + C$$

$$= \sqrt{x} - 2\arcsin x + 3e^x + C.$$

五、不定积分的几何意义

若 $y = F(x)$ 是 $f(x)$ 的是一个原函数, 则称 $y = F(x)$ 的图形是 $f(x)$ 的积分曲线. 由于不定积分

$$\int f(x) dx = F(x) + C$$

是 $f(x)$ 的所有原函数, 所以它对应的是图形是**一簇积分曲线, 称它为积分曲线簇**.

积分曲线簇 $y = F(x) + C$ 有如下特点.

(1) 积分曲线簇中任意一条曲线均可由其中某一条沿 y 轴平行移动而得到. 例如曲线 $y = x^2$ 沿 y 轴平行移动 $|C|$ 单位, 当 $C > 0$ 时, 向上移动; 当 $C < 0$ 时, 向下移动; 从而得到 $\int 2x dx = x^2 + C$ 的任意一条曲线.

(2) 由于 $[F(x) + C]' = F'(x) = f(x)$, 即横坐标相同点 x 处每条积分曲线上相应点的切线斜率相等, 都等于 $f(x)$, 从而使相应点的切线互为平行 (图 4-1).

这就是不定积分的几何意义.

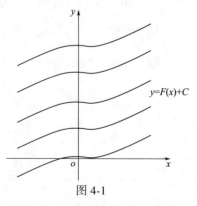

图 4-1

当需要从积分曲线簇中求出过点 (x_0, y_0) 的一条积分曲线时，则只需要把 x_0，y_0 代入 $y = F(x) + C$ 中解出 C 即可。

例 11　已知曲线过 $(1, 3)$，且在其上任一点 (x, y) 处的切线斜率为 $2x$，求该曲线方程.

解　设所求曲线为 $y = f(x)$，依题意，得
$$y' = f'(x) = 2x$$
所以
$$y = \int 2x \mathrm{d}x = x^2 + C .$$
由条件 $y|_{x=1} = 3$，得 $C = 2$. 于是所求曲线为
$$y = x^2 + 2 .$$

例 12　一质点作直线运动，已知其速度为 $v = \sin t$，而且 $s|_{t=0} = 1$. 求质点运动的位移 $s(t)$ 随时间 t 变化的关系式.

解　设质点运动的位移 $s(t)$ 与 t 之间的函数关系为 $s = s(t)$，依题意，有
$$v = s'(t) = \sin t ,$$
所以
$$s = \int \sin t \mathrm{d}t = -\cos t + C .$$
由条件 $s|_{t=0} = 1$ 代入上式中得 $C = 2$，于是质点运动的规律为
$$s(t) = -\cos t + 2 .$$

习题 4.1

1. 证明 $y = \ln x$，$y = \ln(ax)$，$y = \ln(bx) + C$ $(a > 0, b < 0)$ 是同一个函数的原函数.

2. 已知函数 $f(x)$ 的原函数是 $\dfrac{1}{x}$，求：(1) $f(x)$；(2) $\int f(x) \mathrm{d}x$.

3. 已知 $\int f(x) \mathrm{d}x = \mathrm{e}^{x^2} + C$. 求：$f(x)$.

4. 求下列函数的不定积分

(1) $\int \mathrm{d}x$；　　(2) $\int x \mathrm{d}x$；　　(3) $\int x^2 \mathrm{d}x$；　　(4) $\int x^3 \mathrm{d}x$；

(5) $\int \sqrt{x} \mathrm{d}x$；　(6) $\int x\sqrt{x} \mathrm{d}x$；　(7) $\int \dfrac{1}{x^2} \mathrm{d}x$；　(8) $\int \dfrac{1}{x} \mathrm{d}x$.

5. 填空题

(1) $\int (\sin x)' \mathrm{d}x = $ _____.　　(2) $\left[\int \sin x \mathrm{d}x\right]' = $ _____.

(3) $\int \mathrm{d}\sin x = $ _____.　　(4) $\mathrm{d}\int \sin x \mathrm{d}x = $ _____.

6. 求下列不定积分

(1) $\int \dfrac{(x-2)(x^2+1)}{x^2} \mathrm{d}x$；　　(2) $\int (\sqrt{x}+1)(x - \sqrt{x} + 1) \mathrm{d}x$；

(3) $\int \dfrac{1+2x^2}{x^2(1+x^2)} \mathrm{d}x$；　　(4) $\int \dfrac{x^2}{1+x^2} \mathrm{d}x$；

(5) $\int \sec x(\sec x - \tan x) \mathrm{d}x$；　　(6) $\int \dfrac{\cos 2x}{\cos x - \sin x} \mathrm{d}x$；

(7) $\int (10^x + x^{10}) \mathrm{d}x$；　　(8) $\int \dfrac{\mathrm{e}^{2x}-1}{\mathrm{e}^x-1} \mathrm{d}x$.

7. 设有一曲线 $y = f(x)$，在其上任一点 (x, y) 处的切线的斜率为 $\dfrac{1}{\sqrt{x}}$，并且此曲线通过点 $(4, 3)$，求曲线的方程.

8. 设有一通过原点的曲线，在其上任一点 (x, y) 处的切线斜率为 $-2 + 2ax + 3x^2$，其中 a 为常数，且知其经过拐点的横坐标为 $-\dfrac{1}{3}$，求曲线的方程.

第二节　换元积分法

在积分中，常常会遇到用直接积分法无法求出函数不定积分的情况，如 $\tan x$ 这样一些基本初等函数和复合函数，其积分都不能用直接积分法求得，因此有必要寻求更多的求积分方法. 本节所讲的换元积分法就是要通过积分变量代换，求函数积分的方法.

一、第一类换元积分法（凑微分法）

例如，求 $\displaystyle\int \cos 2x\,\mathrm{d}x$，因为被积函数 $\cos 2x$ 是 $\cos u$ 与 $u = 2x$ 的复合函数，显然不能直接利用基本的积分公式

$$\int \cos 2x\,\mathrm{d}x = \sin 2x + C.$$

对于复合函数，若令中间变量 $2x = u$，则 $\mathrm{d}x = \dfrac{1}{2}\mathrm{d}u$ 把 u 看作新的积分变量，代入原式，得

$$\int \cos 2x\,\mathrm{d}x = \frac{1}{2}\int \cos u\,\mathrm{d}u = \frac{1}{2}\sin u + C.$$

再把 u 换成 $2x$，得

$$\int \cos 2x\,\mathrm{d}x = \frac{1}{2}\sin 2x + C.$$

容易验证 $\dfrac{1}{2}\sin 2x$ 是 $\cos 2x$ 的一个原函数，也就是说上述结果是正确的.

定理 1　设 $f(u)$ 是连续函数，且 $F(u)$ 是 $f(u)$ 的一个原函数，$u = \varphi(x)$，$\varphi'(x)$ 是连续函数，则有

$$\int f[\varphi(x)]\varphi'(x)\,\mathrm{d}x = \int f(u)\,\mathrm{d}u = F(u) + C = F[\varphi(x)] + C. \quad (\text{证明略})$$

例 1　求不定积分 $\displaystyle\int (1 + 3x)^5\,\mathrm{d}x$.

解　被积函数是一个复合函数，令中间变量 $u = 1 + 3x$，则 $\mathrm{d}x = \dfrac{1}{3}\mathrm{d}u$. 我们把所求积分写成

$$\int (1 + 3x)^5\,\mathrm{d}x = \int u^5 \times \frac{1}{3}\mathrm{d}u = \frac{1}{3}\int u^5\,\mathrm{d}u.$$

根据积分公式（2）得

$$\int (1 + 3x)^5\,\mathrm{d}x = \frac{1}{3} \times \frac{1}{6}u^6 + C = \frac{1}{18}(1 + 3x)^6 + C.$$

用上式求出不定积分的方法称为第一类换元积分法，也叫做凑微分法.

第一类换元积分法的步骤分为三步：

（1）凑微分　将被积表达式凑成 $\int[\varphi(x)]\varphi'(x)\mathrm{d}x$ 的形式，由于 $\varphi'(x)\mathrm{d}x=\mathrm{d}[\varphi(x)]$ ，于是所求积分可化为 $\int f[\varphi(x)]\mathrm{d}[\varphi(x)]$ ；

（2）换元　令 $u=\varphi(x)$ ，所求积分化为 $\int f(u)\mathrm{d}u$ ，求出积分 $\int f(u)\mathrm{d}u$ ；

（3）回代　用 $u=\varphi(x)$ 还原，即

$$\int f(u)\mathrm{d}u=F(u)+C'=F[\varphi(x)]+C.$$

其中第一步是关键. 下面介绍几个常用的凑微分等式供参考（其中 a , b 为常数，且 $a\neq0$）：

（1）$\mathrm{d}x=\dfrac{1}{a}\mathrm{d}(ax+b)$ ；　（2）$x\mathrm{d}x=\dfrac{1}{2}\mathrm{d}x^2=\dfrac{1}{2a}\mathrm{d}(ax^2+b)$ ；

（3）$\dfrac{1}{x}\mathrm{d}x=\dfrac{1}{a}\mathrm{d}(a\ln|x|+b)$ ；　（4）$\dfrac{1}{\sqrt{x}}\mathrm{d}x=2\mathrm{d}\sqrt{x}=\dfrac{2}{a}(b+a\sqrt{x})$ ；

（5）$\dfrac{\mathrm{d}x}{x^2}=-\mathrm{d}(\dfrac{1}{x})$ ；　（6）$\mathrm{e}^x\mathrm{d}x=\mathrm{d}\mathrm{e}^x$ ；

（7）$\cos x\mathrm{d}x=\mathrm{d}\sin x$ ；　（8）$\sin x\mathrm{d}x=-\mathrm{d}\cos x$ ；

（9）$\sec^2 x\mathrm{d}x=\mathrm{d}\tan x$ ；　（10）$\sec x\tan x\mathrm{d}x=\mathrm{d}\sec x$ ；

（11）$\dfrac{\mathrm{d}x}{\sqrt{1-x^2}}=\mathrm{d}\arcsin x$ ；　（12）$\dfrac{\mathrm{d}x}{1+x^2}=\mathrm{d}\arctan x$.

例 2　求 $\displaystyle\int\dfrac{1}{1-2x}\mathrm{d}x$.

解　令 $u=1-2x$, $\mathrm{d}u=-2\mathrm{d}x$ ，则

$$\int\dfrac{1}{1-2x}\mathrm{d}x=-\dfrac{1}{2}\int\dfrac{1}{1-2x}\mathrm{d}(1-2x)$$

$$=-\dfrac{1}{2}\int\dfrac{1}{u}\mathrm{d}u=-\dfrac{1}{2}\ln|u|+C=-\dfrac{1}{2}\ln|1-2x|+C.$$

例 3　求不定积分 $\displaystyle\int x\sqrt{1+x^2}\mathrm{d}x$.

解　被积函数由两个函数组成，一个是复合函数 $\sqrt{1+x^2}$ ，另一个是 x .

令　$u=1+x^2$　则　$\mathrm{d}u=2x\mathrm{d}x$.

所以　$\displaystyle\int x\sqrt{1+x^2}\mathrm{d}x=\dfrac{1}{2}\int\sqrt{u}\mathrm{d}u=\dfrac{1}{2}\times\dfrac{2}{3}u^{\frac{3}{2}}+C$

$$=\dfrac{1}{3}(1+x^2)^{\frac{3}{2}}+C.$$

例 4　求不定积分 $\displaystyle\int\sin^2 x\cos x\mathrm{d}x$.

解　被积函数由两部分组成，一个是复合函数 $\sin^2 x$ ，另一个是 $\cos x$

令　$u=\sin x$ ，则 $\mathrm{d}u=\cos x\mathrm{d}x$.

所以
$$\int \sin^2 x \cos x \mathrm{d}x = \int u^2 \mathrm{d}u = \frac{1}{3} u^3 + C = \frac{1}{3} (\sin x)^3 + C.$$

注意：在熟练后，碰到比较简单的变换 $u = \varphi(x)$，就不必把它写出. 直接进行凑微分、换元求出积分即可.

例 5 求不定积分 $\displaystyle\int \frac{(1 + \ln x)^2}{x} \mathrm{d}x$.

解
$$\int \frac{(1 + \ln x)^2}{x} \mathrm{d}x = \int (1 + \ln x)^2 \frac{1}{x} \mathrm{d}x = \int (1 + \ln x)^2 \mathrm{d}\ln x$$
$$= \int (1 + \ln x)^2 \mathrm{d}(1 + \ln x) = \frac{1}{3} (1 + \ln x)^3 + C.$$

例 6 求不定积分 $\displaystyle\int \frac{1}{1 + \mathrm{e}^x} \mathrm{d}x$.

解
$$\int \frac{1}{1 + \mathrm{e}^x} \mathrm{d}x = \int \frac{(1 + \mathrm{e}^x) - \mathrm{e}^x}{1 + \mathrm{e}^x} \mathrm{d}x = \int \mathrm{d}x - \int \frac{\mathrm{e}^x}{1 + \mathrm{e}^x} \mathrm{d}x$$
$$= \int \mathrm{d}x - \int \frac{1}{1 + \mathrm{e}^x} \mathrm{d}(1 + \mathrm{e}^x) = x - \ln(1 + \mathrm{e}^x) + C.$$

例 7 求不定积分 $\displaystyle\int \frac{1}{4 + x^2} \mathrm{d}x$.

解
$$\int \frac{1}{4 + x^2} \mathrm{d}x = \frac{1}{4} \int \frac{1}{1 + \left(\frac{x}{2}\right)^2} \mathrm{d}x = \frac{1}{2} \int \frac{1}{1 + \left(\frac{x}{2}\right)^2} \mathrm{d}\left(\frac{x}{2}\right) = \frac{1}{2} \arctan \frac{x}{2} + C.$$

本题也可以根据不定积分公式（18）直接得出结果.

例 8 求不定积分 $\displaystyle\int \frac{1}{9 - x^2} \mathrm{d}x$.

解
$$\int \frac{1}{9 - x^2} \mathrm{d}x = \int \frac{1}{(3 - x)(3 + x)} \mathrm{d}x = \frac{1}{6} \int \left[\frac{1}{3 - x} + \frac{1}{3 + x} \right] \mathrm{d}x$$
$$= \frac{1}{6} \left[\ln(3 + x) - \ln(3 - x) \right] + C = \frac{1}{6} \ln \frac{3 + x}{3 - x} + C.$$

本题也可以直接利用不定积分公式（20）直接得出结果.

例 9 求不定积分 $\displaystyle\int \tan x \mathrm{d}x$ 与 $\displaystyle\int \cot x \mathrm{d}x$.

解
$$\int \tan x \mathrm{d}x = \int \frac{\sin x}{\cos x} \mathrm{d}x = - \int \frac{\mathrm{d}(\cos x)}{\cos x}$$
$$= - \ln |\cos x| + C = \ln |\sec x| + C.$$

同理
$$\int \cot x \mathrm{d}x = \int \frac{\cos x}{\sin x} \mathrm{d}x = \int \frac{\mathrm{d}(\sin x)}{\sin x} = \ln |\sin x| + C = - \ln |\csc x| + C.$$

今后，这两个公式可以直接应用.

例 10 求不定积分 $\displaystyle\int \sin^2 x \mathrm{d}x$.

解
$$\int \sin^2 x \mathrm{d}x = \int \frac{1 - \cos 2x}{2} \mathrm{d}x = \frac{1}{2} \int \mathrm{d}x - \frac{1}{4} \int \cos 2x \mathrm{d}(2x) = \frac{1}{2} x - \frac{1}{4} \sin 2x + C.$$

例 11 求不定积分 $\int \sin3x\sin2x\,dx$.

解 由三角函数的和差公式，
得

$$\sin3x\sin2x = \frac{1}{2}(\cos x - \cos5x)$$

所以

$$\int \sin3x\sin2x\,dx = \frac{1}{2}\int \cos x\,dx - \frac{1}{2}\int \cos5x\,dx = \frac{1}{2}\sin x - \frac{1}{10}\sin5x + C.$$

例 12 求 $\int \tan^4x\,dx$.

解
$$\int \tan^4x\,dx = \int \tan^2x \tan^2x\,dx$$
$$= \int \tan^2x(\sec^2x - 1)\,dx$$
$$= \int \tan^2x \sec^2x\,dx - \int \tan^2x\,dx$$
$$= \int \tan^2x\,d(\tan x) - \int \sec^2x\,dx + \int dx$$
$$= \frac{1}{3}\tan^3x - \tan x + x + C.$$

二、第二类换元积分法

第一类换元积分法虽然应用比较广泛，但对于某些无理函数的积分如 $\int \sqrt{a^2 + x^2}\,dx$，$\int x\sqrt{x+1}\,dx$，$\int \frac{dx}{\sqrt{a^2 + x^2}}$ 等就不适合，为此介绍第二类换元积分法.

定理 2 设 $f(x)$ 连续，$x = \varphi(t)$ 有连续的导数 $\varphi'(t)$，且 $\varphi'(t) \neq 0$. 其中 $t = \phi(x)$ 为 $x = \varphi(t)$ 的反函数，且 $F(t)$ 是 $f[\varphi(t)]\varphi'(t)$ 的一个原函数，则

$$\int f(x)\,dx = \int f[\varphi(t)]\,d[\varphi(t)] = \int f[\varphi(t)]\varphi'(t)\,dt = F(t) + C = F[\phi(x)] + C.$$

证明从略.

下面通过例题来说明第二类换元积分法的应用.

1. 根式代换

例 13 求不定积分 $\int \frac{1}{1 + \sqrt{x}}\,dx$.

解 由于被积函数是一个无理函数，且不能直接求出原函数，就把无理函数积分变成有理函数积分.

令 $x = t^2(t \geq 0)$，$dx = 2t\,dt$ 被积表达式化为 $\frac{1}{1 + \sqrt{x}}\,dx = \frac{1}{1 + t}\cdot 2t\,dt$.

所以

$$\int \frac{1}{1+\sqrt{x}}dx = \int \frac{2t}{1+t}dt = 2\int \frac{t}{1+t}dt$$

$$= 2\int \frac{t+1-1}{1+t}dt = 2\int \left(1-\frac{1}{1+t}\right)dt$$

$$= 2[t-\ln(1+t)]+C.$$

把 $t = \sqrt{x}$，回代

$$\int \frac{1}{1+\sqrt{x}}dx = 2\sqrt{x} - 2\ln(1+\sqrt{x})+C.$$

例 14 求不定积分 $\displaystyle\int \frac{1}{\sqrt{x}(1+\sqrt[3]{x})}dx$.

解 被积函数中有根式 $\sqrt{x}$ 与 $\sqrt[3]{x}$，它们的根指数分别为 2 与 3. 为了同时消除这些根式，可以引入 2 与 3 的最小公倍数 6 为根指数，$\sqrt[6]{x}$ 为新的积分变量 t
即

$$\sqrt[6]{x}=t \, , \, x=t^6 \, , \, dx = 6t^5 dt.$$

则 $\sqrt{x}=t^3 , \sqrt[3]{x}=t^2$，代入得

$$\int \frac{1}{\sqrt{x}(1+\sqrt[3]{x})}dx = 6\int \frac{t^2}{1+t^2}dt = 6\int \left(1-\frac{1}{1+t^2}\right)dt$$

$$= 6\int dt - 6\int \frac{1}{1+t^2}dt = 6t - 6\arctan t + C.$$

回代，得

$$\int \frac{1}{\sqrt{x}(1+\sqrt[3]{x})}dx = 6\sqrt[6]{x} - 6\arctan \sqrt[6]{x} + C.$$

例 15 求不定积分 $\displaystyle\int \frac{x+2}{\sqrt{1+2x}}dx$.

解 因被积函数是无理函数，所以引进一个新的变量，把无理函数变为有理函数.

设 $\sqrt{2x+1}=t$，则 $x=\dfrac{t^2-1}{2}$，$dx=tdt$.

所以 $\displaystyle\int \frac{x+2}{\sqrt{1+2x}}dx = \int \frac{\dfrac{t^2-1}{2}+2}{t}tdt = \frac{1}{2}\int (t^2+3)dt$,

$$= \frac{1}{6}t^3 + \frac{3}{2}t + C.$$

回代

原式 $= \dfrac{1}{6}(2x+1)^{\frac{3}{2}} + \dfrac{3}{2}(2x+1)^{\frac{1}{2}} + C$（也可以转化为根式），

$$= \frac{1}{6}(2x+1)\sqrt{2x+1} + \frac{3}{2}\sqrt{2x+1} + C.$$

当被积函数是无理函数，根式里面是一次函数时就用根式代换. 当被积函数是无理函数且根式里面是二次函数时，用下面的三角代换.

2. 三角代换

例 16 求 $\int \sqrt{a^2 - x^2}\,\mathrm{d}x \quad (a > 0)$.

解 根据三角函数公式 $\qquad\qquad 1 - \sin^2 x = \cos^2 x$

令 $x = a\sin t\,(-\dfrac{\pi}{2} < t < \dfrac{\pi}{2})$，则 $\mathrm{d}x = a\cos t\,\mathrm{d}t$，代入原式得

$$\int \sqrt{a^2 - x^2}\,\mathrm{d}x = \int \sqrt{a^2 - a^2\sin^2 x} \cdot a\cos x\,\mathrm{d}x$$

$$= a^2\int \cos^2 t\,\mathrm{d}t = \frac{a^2}{2}\int (1 + \cos 2t)\,\mathrm{d}t$$

$$= \frac{a^2}{2}\int \mathrm{d}t + \frac{a^2}{2}\int \cos 2t\,\mathrm{d}t = \frac{a^2}{2}t + \frac{a^2}{4}\sin 2t + C.$$

由于 $\qquad\qquad\qquad \sin t = \dfrac{x}{a} \quad (-\dfrac{\pi}{2} < t < \dfrac{\pi}{2})$，

引入辅助的直角三角形，见图 4-2 所示，

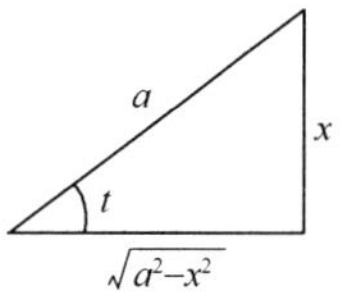

图 4-2

得 $\qquad\qquad\qquad \cos t = \dfrac{\sqrt{a^2 - x^2}}{a}$，

则 $\qquad\qquad \sin 2t = 2\sin t\cos t = 2\,\dfrac{x\sqrt{a^2 - b^2}}{a^2}$，

则

$$\int \sqrt{a^2 - x^2}\,\mathrm{d}x = \frac{a^2}{2}\arcsin\frac{x}{a} + \frac{1}{2}x\sqrt{a^2 - x^2} + C.$$

以上解题过程，引入的是三角函数，所以称为三角代换.

例 17 求不定积分 $\int \dfrac{1}{\sqrt{a^2 + x^2}}\mathrm{d}x\,(a > 0)$.

解 根据三角函数公式 $1 + \tan^2 x = \sec^2 x$.

令 $x = a\tan t\,(-\dfrac{\pi}{2} < t < \dfrac{\pi}{2})$，则 $\mathrm{d}x = a\sec^2 t\,\mathrm{d}t$，带入原式，得

$$\int \frac{1}{\sqrt{a^2 + x^2}}\mathrm{d}x = \int \frac{1}{\sqrt{a^2 + a^2\tan^2 t}} \cdot a\sec^2 t \cdot \mathrm{d}t,$$

$$= \int \frac{1}{a\sec t}a\sec^2 t\,\mathrm{d}t = \int \sec t\,\mathrm{d}t = \ln|\sec t + \tan t| + C.$$

由于 $\tan t = \dfrac{x}{a}$，引入辅助的直角三角形，见图 4-3 所示，

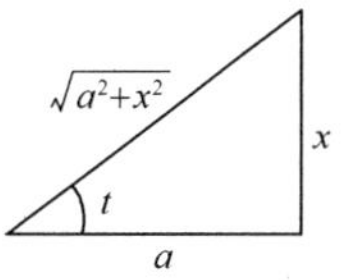

图 4-3

得 $\qquad\qquad\qquad \sec t = \dfrac{\sqrt{a^2 + x^2}}{a}$，

故有 $\qquad \int \dfrac{1}{\sqrt{a^2 + x^2}}\mathrm{d}x = \ln\left|\dfrac{\sqrt{a^2 + x^2}}{a} + \dfrac{x}{a}\right| + C_1$，

或 $\qquad\qquad\qquad \int \dfrac{1}{\sqrt{a^2 + x^2}}\mathrm{d}x = \ln\left|x + \sqrt{a^2 + x^2}\right| + C.$

其中 $\qquad C = C_1 - \ln a$.

以上结论：不定积分公式（21）可以直接应用.

同理，求不定积分 $\int \dfrac{1}{\sqrt{x^2 - a^2}}dx$ ，根据三角函数公式 $\sec^2 x - 1 = \tan^2 x$

可令 $x = a\sec x$ （ $0 < t < \dfrac{\pi}{2}$ ， $-\dfrac{\pi}{2} < t < 0$ ），引入辅助的直角三角

形，见图 4-4 所示，

得

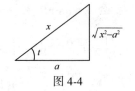

图 4-4

$$\int \frac{1}{\sqrt{x^2 - a^2}}dt = \ln\left| x + \sqrt{x^2 - a^2} \right| + C .$$

即：不定积分公式（21），将来可以直接应用.

例 18 求 $\int \dfrac{1}{x\sqrt{1 + x^2}}dx$ $\quad (x > 0)$.

解 令 $x = \tan t$ ，则 $dx = \sec^2 t \, dt$ ，带入原式，得

$$\int \frac{1}{x\sqrt{1 + x^2}}dx = \int \frac{1}{\tan t \sec t}\sec^2 t \, dt = \int \csc t \, dt = -\ln\left| \csc t + \cot t \right| + C .$$

回代 $t = \arctan x$ ，得

$$\int \frac{1}{x\sqrt{1 + x^2}}dx = -\ln\left| \sqrt{1 + x^2} + 1 \right| + \ln\left| x \right| + C .$$

今后，当被积函数含有根式 $\sqrt{a^2 - x^2}$ ，$\sqrt{x^2 + a^2}$ ，$\sqrt{x^2 - a^2}$ 时，可以用三角代换.

（1）当被积函数含有 $\sqrt{a^2 - x^2}$ 时，可令 $x = a\sin t$ ；

（2）当被积函数含有 $\sqrt{x^2 + a^2}$ 时，可令 $x = a\tan t$ ；

（3）当被积函数含有 $\sqrt{x^2 - a^2}$ 时，可令 $x = a\sec t$.

例 19 求 $\int \dfrac{dx}{\sqrt{9x^2 + 6x - 1}}$.

解 由于 $9x^2 + 6x - 1 = (3x + 1)^2 - (\sqrt{2})^2$ ，所以变形后用积分公式（21）可得：

$$\int \frac{dx}{\sqrt{9x^2 + 6x - 1}} = \frac{1}{3}\int \frac{1}{\sqrt{(3x + 1)^2 - (\sqrt{2})^2}}d(3x + 1) + C ,$$

$$= \frac{1}{3}\ln\left| 3x + 1 + \sqrt{9x^2 + 6x - 1} \right| + C .$$

习题 4.2

1. 用不同的解法求同一个积分 $I = \int \sin 2x \, dx$ ，得到以下的结果：

$$I = 2\int \sin x \cos x \, dx = \sin^2 x + C_1 ;$$

$$I = 2\int \cos x \sin x \, dx = -\cos^2 x + C_2 ;$$

$$I = \frac{1}{2}\int \sin 2x \, d2x = -\frac{1}{2}\cos 2x + C .$$

这里是否有矛盾? 如何解决这种现象?

2. 已知 $\int f(x)\mathrm{d}x = F(x) + C$，求下列复合函数的积分

(1) $\int f(2x + 5)\mathrm{d}x$；

(2) $\int xf(x^2)\mathrm{d}x$；

(3) $\int \dfrac{1}{x}f(\ln x)\mathrm{d}x$；

(4) $\int \mathrm{e}^{-x}f(\mathrm{e}^{-x})\mathrm{d}x$.

3. 求下列不定积分

(1) $\int (3 - 2x)^7\mathrm{d}x$；

(2) $\int \sqrt{1 - 3x}\,\mathrm{d}x$；

(3) $\int \dfrac{1}{\sqrt{2 + x}}\mathrm{d}x$；

(4) $\int \dfrac{1}{1 + 2x}\mathrm{d}x$；

(5) $\int \sin(\omega t + \varphi)\mathrm{d}t$（$\omega$ 与 φ 为常数）；

(6) $\int \dfrac{1}{\sin^2\left(\dfrac{\pi}{4} - 2x\right)}\mathrm{d}x$；

(7) $\int \mathrm{e}^{-\frac{x}{2}}\mathrm{d}x$；

(8) $\int 10^{2x}\mathrm{d}x$；

(9) $\int \dfrac{x}{1 + x}\mathrm{d}x$；

(10) $\int \dfrac{x}{1 + x^2}\mathrm{d}x$；

(11) $\int x\sqrt{1 + x^2}\,\mathrm{d}x$；

(12) $\int x\mathrm{e}^{x^2}\mathrm{d}x$；

(13) $\int \dfrac{1}{1 + 2x^2}\mathrm{d}x$；

(14) $\int \dfrac{x}{4 + x^4}\mathrm{d}x$；

(15) $\int \dfrac{1}{x^2}\sin\dfrac{1}{x}\mathrm{d}x$；

(16) $\int \dfrac{1}{\mathrm{e}^x + \mathrm{e}^{-x}}\mathrm{d}x$；

(17) $\int \dfrac{\mathrm{e}^x - 1}{\mathrm{e}^x + 1}\mathrm{d}x$；

(18) $\int \dfrac{\mathrm{e}^x}{1 + \mathrm{e}^{2x}}\mathrm{d}x$；

(19) $\int \dfrac{\sqrt{\ln x}}{x}\mathrm{d}x$；

(20) $\int \dfrac{1}{x(2 + 3\ln x)}\mathrm{d}x$；

(21) $\int \dfrac{1}{\sqrt{x}(1 + x)}\mathrm{d}x$；

(22) $\int \dfrac{1}{\sqrt{x}(1 + 2x)}\mathrm{d}x$；

(23) $\int \dfrac{1}{\sqrt{4 - x^2}}\mathrm{d}x$；

(24) $\int \dfrac{x}{\sqrt{2 - 4x^4}}\mathrm{d}x$；

(25) $\int \dfrac{2x - 3}{x^2 - 3x + 8}\mathrm{d}x$；

(26) $\int \dfrac{\sin x}{2 + \cos^2 x}\mathrm{d}x$；

(27) $\int \cos^3\theta\sin\theta\mathrm{d}\theta$；

(28) $\int \dfrac{1}{\cos^2 x(1 + \tan x)}\mathrm{d}x$；

(29) $\int \dfrac{\sqrt{\arctan x}}{1 + x^2}\mathrm{d}x$；

(30) $\int \dfrac{\arcsin x}{\sqrt{1 - x^2}}\mathrm{d}x$；

(31) $\int \cos^3 x\mathrm{d}x$；

(32) $\int \sin^4 x\mathrm{d}x$；

(33) $\int \sin 3x\sin 5x\mathrm{d}x$；

(34) $\int \sin x\cos 3x\mathrm{d}x$；

(35) $\int \dfrac{1}{x^2 + 2x + 3}\mathrm{d}x$；

(36) $\int \dfrac{1}{x^2 - 2x - 1}\mathrm{d}x$.

4. 求下列不定积分

$(1) \int \dfrac{1}{1+\sqrt{x}}dx$;

$(2) \int \dfrac{1}{1+\sqrt[3]{2+x}}dx$;

$(3) \int \dfrac{1}{\sqrt{x}+\sqrt[3]{x}}dx$;

$(4) \int \dfrac{\sqrt{1+x}}{1+\sqrt{x+1}}dx$.

5. 求下列不定积分

$(1) \int \dfrac{x^2}{\sqrt{4-x^2}}dx$;

$(2) \int \dfrac{1}{x\sqrt{9-x^2}}dx$;

$(3) \int \dfrac{\sqrt{a^2-x^2}}{x^2}dx(a>0)$;

$(4) \int \dfrac{dx}{\sqrt{4x^2+9}}$;

$(5) \int \dfrac{dx}{x^2\sqrt{x^2+1}}$;

$(6) \int \dfrac{dx}{(x^2+1)^2}$;

$(7) \int \dfrac{\sqrt{x^2-2}}{x}dx$;

$(8) \int \dfrac{2x-1}{\sqrt{9x^2-4}}dx$;

$(9) \int \dfrac{dx}{\sqrt{1+e^x}}$;

$(10) \int \dfrac{1}{\sqrt{1+x-x^2}}dx$.

第三节　分部积分法

分部积分法也是求不定积分的基本方法之一，常常用于被积函数是两种不同类型函数乘积的积分，如 $\int x^a a^x dx$；$\int x^a \sin\omega x dx$；$\int x^a \arctan x dx$；$\int e^x \cos wx dx$ 等，分部积分是乘积的微分公式的逆运算.

设函数 $u=u(x)$，$v=v(x)$ 具有连续导数 $u'=u'(x)$，$v'=v'(x)$. 根据乘积微分公式

$$(uv)'=u'v+uv' \text{ 或 } d(uv)=vdu+udv,$$

于是，有

$$\int d(uv)=\int udv+\int vdu,$$

即

$$\int udv=uv-\int vdu.$$

上式称为分部积分公式，利用上式求不定积分的方法称为**分部积分法**，它要求使用该公式时，必须是 $\int udv$ 比较难以求出，而 $\int vdu$ 较 $\int udv$ 易积出.

例1　求不定积分 $\int xe^x dx$.

解　被积函数是幂函数与指数函数的乘积，用分部积分法，可设 $dv=e^x dx=de^x$；则 $v=e^x$，$du=dx$. 由分部积分公式得

$$\int xe^x dx=\int xde^x$$

$$=xe^x-\int e^x dx=xe^x-e^x+C.$$

例 2　求 $\int x\cos x\mathrm{d}x$.

解　被积分函数是幂函数与余弦函数的乘积, 用分部积分法.

$$\int x\cos x\mathrm{d}x = \int x\mathrm{d}\sin x = x\sin x - \int \sin x\mathrm{d}x = x\sin x + \cos x + C.$$

例 3　求 $\int x^3\ln x\mathrm{d}x$.

解　被积函数是幂函数与对数函数的乘积, 用分部积分法.

$$\int x^3\ln x\mathrm{d}x = \frac{1}{4}\int \ln x\mathrm{d}(x^4)\ ,$$

$$= \frac{1}{4}x^4\ln x - \frac{1}{4}\int x^4 \cdot \frac{1}{x}\mathrm{d}x = \frac{x^4}{4}\ln x - \frac{1}{16}x^4 + C.$$

例 4　求 $\int x\arctan x\mathrm{d}x$.

解　被积函数是幂函数与反正切函数的乘积, 用分部积分法得

$$\int x\arctan x\mathrm{d}x = \frac{1}{2}\int \arctan x\mathrm{d}x^2$$

$$= \frac{1}{2}x^2\arctan x - \frac{1}{2}\int \frac{x^2}{1+x^2}\mathrm{d}x\ ,$$

$$= \frac{1}{2}x^2\arctan x - \frac{1}{2}\int (1 - \frac{1}{1+x^2})\mathrm{d}x\ ,$$

$$= \frac{1}{2}x^2\arctan x - \frac{1}{2}(x - \arctan x) + C.$$

从以上各例看出, 当被积函数是两种不同类型函数的乘积时, 可考虑用分部积分法, 选择 u 和 $\mathrm{d}v$ 的方法可归结为以下两点:

（1）当被积函数是幂函数与指数函数或三角函数乘积时, 设幂函数为 u, 指数函数或三角函数与 $\mathrm{d}x$ 的积为 $\mathrm{d}v$;

（2）当被积函数是幂函数与对数函数或反三角函数乘积时, 设对数函数或反三角函数为 u, 幂函数与 $\mathrm{d}x$ 的积为 $\mathrm{d}v$.

> **注意**: 在积分时, 有时要反复使用分部积分法或综合采用求积分的各种方法, 才能求出结果.

例 5　求 $\int \ln x\mathrm{d}x$.

解　$\int \ln x\mathrm{d}x = x\ln x - \int x \cdot \frac{1}{x}\mathrm{d}x = x\ln x - x + C$.

例 6　求 $\int \arctan x\mathrm{d}x$.

解　$\int \arctan x\mathrm{d}x = x\arctan x - \int x \cdot \frac{1}{1+x^2}\mathrm{d}x = x\arctan x - \frac{1}{2}\ln(1+x^2) + C$.

例 7　求 $\int x^2\cos x\mathrm{d}x$.

解 $\int x^2 \cos x \mathrm{d}x = \int x^2 \mathrm{d}(\sin x)$,

$$= x^2 \sin - 2\int x\sin x \mathrm{d}x = x^2 \sin x + 2\int x\mathrm{d}(\cos x)$$

$$= x^2 \sin x + 2(x\cos x - \int \cos x \mathrm{d}x).$$

$$= x^2 \sin x + 2x\cos x - 2\sin x + C.$$

例 8 求 $\int \sec^3 x \mathrm{d}x$.

解 $\int \sec^3 x \mathrm{d}x = \int \sec x \mathrm{d}(\tan x)$

$$= \sec x \tan x - \int \tan^2 x \sec x \mathrm{d}x$$

$$= \sec x \tan x - \int (\sec^2 x - 1)\sec x \mathrm{d}x$$

$$= \sec x \tan x - \int \sec^3 x \mathrm{d}x + \int \sec x \mathrm{d}x.$$

将等式右端的第一个积分数移到左端，并将右端第二个积分数求出，得

$$2\int \sec^3 x \mathrm{d}x = \sec x \tan x + \ln|\sec x + \tan| + C,$$

从而

$$\int \sec^3 x \mathrm{d}x = \frac{1}{2}\sec x \tan x + \frac{1}{2}\ln|\sec x + \tan x| + C.$$

例 9 求 $\int \mathrm{e}^x \sin x \mathrm{d}x$.

解 $\int \mathrm{e}^x \sin x \mathrm{d}x = \int \sin x \mathrm{d}\mathrm{e}^x = \mathrm{e}^x \sin x - \int \mathrm{e}^x \cos x \mathrm{d}x$

$$= \mathrm{e}^x \sin x - \int \cos x \mathrm{d}\mathrm{e}^x = \mathrm{e}^x \sin x - \mathrm{e}^x \cos x - \int \mathrm{e}^x \sin x \mathrm{d}x$$

移项 $\int \mathrm{e}^x \sin x \mathrm{d}x = \frac{1}{2}\mathrm{e}^x(\sin x + \cos x) + C$.

例 10 求不定积分 $I = \int \mathrm{e}^{\sqrt[3]{x}} \mathrm{d}x$.

解 先换元，令 $t = \sqrt[3]{x}$, $x = t^3$, $\mathrm{d}x = 3t^2 \mathrm{d}t$ ，则

$$I = \int \mathrm{e}^t 3t^2 \mathrm{d}t = 3\int t^2 \mathrm{e}^t \mathrm{d}t = 3t^2 \mathrm{e}^t - 6\int t\mathrm{e}^t \mathrm{d}t$$

$$= 3t^2 \mathrm{e}^t - 6t\mathrm{e}^t + 6\int \mathrm{e}^t \mathrm{d}t$$

$$= 3t^2 \mathrm{e}^t - 6t\mathrm{e}^t + 6\mathrm{e}^t + C$$

$$= 3\mathrm{e}^{\sqrt[3]{x}}(\sqrt[3]{x^2} - 2\sqrt[3]{x} + 2) + C.$$

关于不定积分，我们要指出的是：对初等函数来说，在其定义区间内，它的原函数一定存在.

但是，如 $\int \mathrm{e}^{-x^2} \mathrm{d}x$, $\int \frac{\sin x}{x}\mathrm{d}x$, $\int \frac{\mathrm{d}x}{\ln x}$, $\int \frac{\mathrm{d}x}{\sqrt{1 + x^4}}$, $\int \sqrt{1 - k^2 \cos^2} \mathrm{d}t$ $(0 < k < 1)$

等，它们都不能用初等函数来表达，我们常称这些积分是"积不出来"的.

习题 4.3

1. 求下列各积分

(1) $\int x\sin x\mathrm{d}x$；

(2) $\int x\mathrm{e}^{-x}\mathrm{d}x$；

(3) $\int \arccos x\mathrm{d}x$；

(4) $\int x\arcsin x\mathrm{d}x$；

(5) $\int \dfrac{\ln(\ln x)}{x}\mathrm{d}x$；

(6) $\int (\ln x)^2\mathrm{d}x$；

(7) $\int x^2\mathrm{e}^{-x}\mathrm{d}x$；

(8) $\int \ln(x+\sqrt{1+x^2})\mathrm{d}x$；

(9) $\int \dfrac{x\mathrm{e}^x}{\sqrt{\mathrm{e}^x+1}}\mathrm{d}x$；

(10) $\int \dfrac{\arctan x}{x^2(1+x^2)}\mathrm{d}x$；

(11) $\int \dfrac{\arcsin x\mathrm{e}^{\arcsin x}}{\sqrt{1-x^2}}\mathrm{d}x$；

(12) $\int \dfrac{x\arctan x}{\sqrt{1+x^2}}\mathrm{d}x$；

(13) $\int \mathrm{e}^x\cos x\mathrm{d}x$；

(14) $\int x^3\mathrm{e}^{x^2}\mathrm{d}x$；

(15) $\int x\tan^2 x\mathrm{d}x$；

(16) $\int xf''(x)\mathrm{d}x$.

2. 已知 $f(x)$ 的一个原函数为 $\dfrac{\sin x}{x}$，证明

$$\int xf'(x)\mathrm{d}x = \cos x - \frac{2\sin x}{x} + C.$$

本章小结

一、基本概念
原函数　原函数的性质　不定积分　不定积分的基本性质　换元积分的定理

二、基本公式
不定积分的基本公式　分部积分公式

三、基本题型
1. 不定积分的直接积分法.

2. 不定积分的第一类换元积分法.

3. 不定积分的第二类换元积分法.

4. 不定积分的分部积分法.

四、疑点解析
1. 求一个函数的不定积分，使用什么样的积分方法？思维步骤如下.

（1）应用直接积分法　首先看能否对被积函数进行恒等变形，且恒等变形后能否通过基本积分公式和运算法则，求出函数的不定积分.

（2）应用第一类换元积分法　主要是对复合函数的积分，找出中间变量，凑微分，然后利用基本积分公式和积分的性质求出不定积分；个别的是先对被积函数进行恒等变形，然后凑微分，再利用基本积分公式和积分的性质求出不定积分.

（3）应用第二类换元积分法　主要是被积函数是无理函数，需应用第二类换元积分法求出不定积分；若被开方式是一次式，则采用根式代换；若被开方式是二次式，则采用三角式进行代换. 如果前面的方法都不能求出不定积分.

（4）应用分部积分法　主要是对两种不同类型的函数乘积，特别是幂函数与指数函数、幂函数与三角函数、幂函数与对数函数和幂函数与反三角函数的乘积 4 种类型，如 xe^x，$x\sin x$，$x\ln x$，$x\arcsin x$ 等，就应用分部积分法求不定积分，在应用分部积分法求不定积分时，首先也是凑微分，前两种类型是用指数函数、三角函数进行凑微分，后两种类型是用幂函数进行凑微分.

2. 为什么同一个函数的不定积分用不同的积分方法求出的结果不一样？

因为求不定积分 $\int f(x)\,dx$ 是求被积函数 $f(x)$ 的所有原函数，而 $f(x)$ 的任意两个原函数之间相差一个常数，所以会出现一个函数的两个原函数之间在形式上有较大差异，但是不管所求不定积分的形式怎样，只要其导数等于被积函数，所求的不定积分的结果都是正确的.

复习题四

1. 选择题

（1）如果函数 $f(x)$ 在区间 I 上连续，则它在区间 I 上的原函数（　　）.

　　A. 不一定存在　　　　　　　　　B. 有有限个存在

　　C. 有唯一的一个存在　　　　　　D. 有无穷多个存在

（2）$\dfrac{1}{\sqrt{x^2+1}}$ 的原函数是（　　）.

　　A. $\arcsin x$　　　　　　　　　B. $-\arcsin x$

　　C. $\ln(x+\sqrt{1+x^2})$　　　　D. $\ln(x-\sqrt{x^2-1})$

（3）下列等式中，正确的是（　　）.

　　A. $\int f'(x)\,dx=f(x)$　　　　　　B. $\int f'(e^x)\,dx=f(e^x)+C$

　　C. $\left[\int f(\sqrt{x})\,dx\right]'=f(\sqrt{x})+C$　　D. $\int xf'(1-x^2)\,dx=-\dfrac{1}{2}f(1-x^2)+C$

（4）设 $f(x)$ 是连续函数，且 $\int f(x)\,dx=F(x)+C$，则下列正确的是（　　）.

　　A. $\int f(x^2)\,dx=f(x^2)+C$　　　　B. $\int f(3x+2)\,dx=F(3x+2)+C$

　　C. $\int f(e^x)\,dx=F(e^x)+C$　　　　D. $\int f(\ln 2x)\cdot\dfrac{1}{x}\,dx=F(\ln 2x)+C$

（5）若 $f'(x)=g'(x)$，则下列等式一定成立的是（　　）.

　　A. $f(x)=g(x)$　　　　　　　　B. $\int df(x)=\int dg(x)$

　　C. $\left[\int f(x)\,dx\right]'=\left[\int g(x)\,dx\right]'$　　D. $\int f(x)\,dx=g(x)+1$

（6）设 $f(x)$ 原函数 $x\ln x$，则 $\int xf(x)\,dx=$（　　）.

　　A. $x^2\left(\dfrac{1}{2}+\dfrac{1}{4}\ln x\right)+C$　　　B. $x^2\left(\dfrac{1}{4}+\dfrac{1}{2}\ln x\right)+C$

　　C. $x^2\left(\dfrac{1}{4}-\dfrac{1}{2}\ln x\right)+C$　　　D. $x^2\left(\dfrac{1}{2}-\dfrac{1}{4}\ln x\right)+C$

（7）若 $\ln|x|$ 是函数 $f(x)$ 的一个原函数，则 $f(x)$ 的另一个原函数是（　　）.

　　A. $\ln|ax|$　　　B. $\dfrac{1}{a}\ln|ax|$　　　C. $\ln|x+a|$　　　D. $\dfrac{1}{2}(\ln x)^2$

（8）$\dfrac{\sin^2 x+2\cos^2 x}{\cos^2 x}$ 的原函数是（　　）.

A. $\sec x + 2x$ B. $2(x + \tan x)$ C. $x + \tan x + 3$ D. $2\tan x - \sec x$

(9) 设函数 $f(x) = e^{-x}$，则 $\int \dfrac{f'(\ln x)}{x}\mathrm{d}x = ($ $)$．

A. $-\dfrac{1}{x} + C$ B. $-\ln x + C$ C. $\dfrac{1}{x} + C$ D. $\ln x + C$

(10) 设 $f'(e^x) = 1 + e^x$，则 $f(x) = ($ $)$．

A. $1 + \ln x + C$ B. $x\ln x + C$ C. $x + \dfrac{x^2}{2} + C$ D. $x\ln x - x + C$

2. 填空题

(1) $\dfrac{\mathrm{d}}{\mathrm{d}x}\left[\int f(2x)\mathrm{d}x\right] = $ _____．

(2) $\int \dfrac{f'(x)}{1 + f^2(x)}\mathrm{d}x = $ _____．

(3) 若 $f'(x) = \dfrac{1}{\sqrt{1 - x^2}}$，且 $f(1) = \dfrac{3}{2}\pi$，则 $f(x) = $ _____．

(4) 若 $\int f(x)\mathrm{d}x = e^{-x^2} + C$，则 $f(x) = $ _____．

(5) 设 $\int f(x)\mathrm{d}x = x^2 + C$，则 $\int xf(1 - x^2)\mathrm{d}x = $ _____．

3. 求下列不定积分

(1) $\int \left(\dfrac{1}{x} + x\right)^2 \mathrm{d}x$；

(2) $\int \dfrac{x^2}{1 + x}\mathrm{d}x$；

(3) $\int \dfrac{4}{5 + 2x}\mathrm{d}x$；

(4) $\int \dfrac{x}{1 + 2x^2}\mathrm{d}x$；

(5) $\int \dfrac{x - 1}{9 + x^2}\mathrm{d}x$；

(6) $\int \dfrac{1}{\sqrt{1 + 3x}}\mathrm{d}x$；

(7) $\int \dfrac{x}{\sqrt{2 - x^2}}\mathrm{d}x$；

(8) $\int \dfrac{1}{\sqrt{2 - 3x^2}}\mathrm{d}x$；

(9) $\int \dfrac{1}{4 - x^2}\mathrm{d}x$；

(10) $\int \dfrac{1}{x^2 + 2x - 3}\mathrm{d}x$；

(11) $\int \dfrac{1}{x\ln x}\mathrm{d}x$；

(12) $\int \dfrac{1}{1 + e^x}\mathrm{d}x$；

(13) $\int \dfrac{1}{\sin x\cos x}\mathrm{d}x$；

(14) $\int \sqrt{\dfrac{1 - x}{1 + x}}\mathrm{d}x$；

(15) $\int \dfrac{1}{1 + \sin x}\mathrm{d}x$；

(16) $\int \dfrac{\sqrt{a^2 + x^2}}{x^2}\mathrm{d}x$；

(17) $\int \dfrac{\sec^2(\ln x)}{x}\mathrm{d}x$；

(18) $\int e^x\sin x\cos x\,\mathrm{d}x$；

(19) $\int \cos^2\sqrt{x}\,\mathrm{d}x$；

(20) $\int \left(\dfrac{1}{x} + \ln x\right)e^x\mathrm{d}x$；

(21) $\int \dfrac{1 + \sin x}{x - \cos x}\mathrm{d}x$；

(22) $\int x^2\ln(1 + x)\mathrm{d}x$．

4. 设某函数当 $x = 1$ 时，有极小值，当 $x = -1$ 时，有极大值为 4，又知道这个函数的导数具有 $y' = 3x^2 + bx + c$ 的形式，求此函数．

第五章　定积分

【教学目标】在学习求曲边梯形面积的基础上，理解定积分的概念、基本性质，掌握微积分基本定理，掌握定积分的基本计算，会求广义积分.

本章在不定积分的基础上，讲述定积分的概念与计算.

第一节　定积分的概念和性质

一、定积分的概念

定积分在不同学科领域用途很广，可以解决不同的变量问题.

1. 引例

引例 1　曲边梯形面积的求法.

曲边梯形是指由曲线 $y = f(x)$（$f(x) \geq 0$），x 轴以及 $x = a$，$x = b$ 围成的图形（如图 5-1 所示）.

下面介绍求曲边梯形面积的方法.

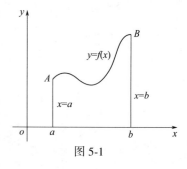

图 5-1

设函数 $y = f(x)$ 在 $[a, b]$ 上连续，解决的思路是：把曲边梯形分割成许多小曲边梯形（如图 5-2 所示）. 每个小曲边梯形的面积用相应的小矩形近似代替. 然后把所有小矩形面积加起来，就得到曲边梯形面积的近似值. 当分割得越细即 $n \rightarrow \infty$，所得面积值就无限接近于曲边梯形的面积，取"极限"就是面积 A. 为了便于掌握，分四个步骤来讲.

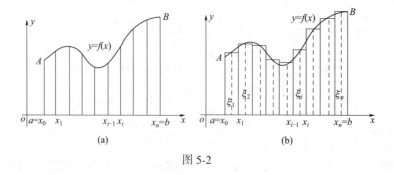

(a)　　　　　　　　　(b)

图 5-2

第一步　分割：用 $n + 1$ 个分点 $a = x_0 < x_1 < x_2 < \cdots < x_{n-1} < x_n = b$ 把 $[a, b]$ 分成 n 个小区间，$[x_0, x_1]$，$[x_1, x_2]$，$\cdots$，$[x_{i-1}, x_i]$，$\cdots$，$[x_{n-1}, x_n]$，它们的长度依次为

$$\Delta x_1 = x_1 - x_0, \quad \Delta x_2 = x_2 - x_1, \quad \cdots, \quad \Delta x_i = x_i - x_{i-1}, \quad \cdots, \quad \Delta x_n = x_n - x_{n-1}.$$

经过每一个分点作平行于 y 轴的直线段，把曲边梯形分成 n 个小曲边梯形，它们的面积分别记为　$\Delta A_1, \quad \Delta A_2, \quad \cdots, \quad \Delta A_i, \quad \cdots, \quad \Delta A_n$.

第二步　近似代替：在每一个小区间 $[x_{i-1}, x_i]$ 上任取一点 ξ_i，$(i = 1, 2, \cdots, n)$，用以 $[x_{i-1}, x_i]$ 为底，$f(\xi_i)$ 为高的小矩形面积近似替代第 i 个小曲边梯形面积. 于是有

$$\Delta A_1 \approx f(\xi_1) \Delta x_1, \quad \Delta A_2 \approx f(\xi_2) \Delta x_2, \quad \cdots, \quad \Delta A_n \approx f(\xi_n) \Delta x_n.$$

如图 5-3 所示放大第 i 个小曲边梯形，用如图 5-4 所示第 i 个小矩形的近似值代替.

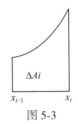 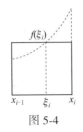

图 5-3　　　　　　　图 5-4

第三步　求和：曲边梯形面积为 A，则

$$A = \Delta A_1 + \Delta A_2 + \cdots + \Delta A_n,$$
$$\approx f(\xi_1) \Delta x_1 + f(\xi_2) \Delta x_2 +$$
$$\cdots + f(\xi_n) \Delta x_n = \sum_{i=1}^{n} f(\xi_i) \Delta x_i.$$

第四步　取极限：当所有小区间的长度趋于零时，$\sum_{i=1}^{n} f(\xi_i) \Delta x_i$ 的极限就是 A.

我们把最大的小区间长度记为：$\lambda = \max\{\Delta x_1, \Delta x_2, \cdots, \Delta x_n\}$，当 $\lambda \to 0$ 时，可得曲边梯形的面积

$$A = \lim_{\lambda \to 0} \sum_{i=1}^{n} f(\xi_i) \Delta x_i.$$

引例 2　变速直线运动的路程.

这里介绍求变速直线运动的路程的一般方法.

设物体作变速直线运动，已知速度 $v = v(t)$ 是时间间隔 $[T_1, T_2]$ 上 t 的连续函数，且 $v(t) \geq 0$，计算在这段时间内物体所经过的路程 s.

把 T_1 到 T_2 这段时间，分割成许多小时间间隔，那么这小段时间内的平均速度，近似等于这小段时间内各时刻的瞬时速度，从而可以使用匀速运动公式：$s = v \cdot t$. 为此，我们采用与求曲边梯形的面积相同的方法来解决这个问题.

第一步　分割：将时间区间 $[T_1, T_2]$ 任意地分成 n 个小时段，

$$[t_0, t_1], \quad [t_1, t_2], \quad \cdots, \quad [t_{i-1}, t_i], \quad \cdots, \quad [t_{n-1}, t_n].$$

每个小时段表示时长依次为：

$$\Delta t_1 = t_1 - t_0, \quad \Delta t_2 = t_2 - t_1, \quad \cdots, \quad \Delta t_i = t_i - t_{i-1}, \quad \cdots, \quad \Delta t_n = t_n - t_{n-1}.$$

在各个小区间上物体所经过的路程分别记作 $\Delta s_1, \quad \Delta s_2, \quad \cdots, \quad \Delta s_i, \quad \cdots, \quad \Delta s_n$.

第二步　近似代替：在每个小时段上任取一时刻 $\xi_i \in [t_{i-1}, t_i]$ 的速度 $v(\xi_i)$ 作为第 i 个小时段上每一时刻的速度，即在每个小时段上，使用匀速运动公式，有

$$\Delta s_i \approx v(\xi_i) \Delta t_i \, (i = 1, 2, \cdots, n).$$

第三步 求和：设从时间 $t = T_1$ 到 $t = T_2$ 的路程为 s，则

$$s = \Delta s_1 + \Delta s_2 + \cdots + \Delta s_n \approx v(\xi_1)\Delta t_1 + v(\xi_2)\Delta t_2 + \cdots + v(\xi_n)\Delta t_n.$$

简写为： $$s \approx \sum_{i=1}^{n} v(\xi_i)\Delta t_i.$$

第四步 取极限：当 $\Delta t_i = t_i - t_{i-1}$ 越短，Δs_i 越接近 $v(\xi_i)\Delta t_i$。当 $n \to \infty$ 时 $\Delta t_i \to 0$，设最大的小区间长度记为 $\lambda = \max\{\Delta t_1,\ \Delta t_2,\ \cdots,\ \Delta t_n\}$，当 $\lambda \to 0$ 时，可得这段时间内的位移为：

$$s = \lim_{\lambda \to 0} \sum_{i=1}^{n} v(\xi_i)\Delta t_i.$$

以上两个例子，去掉他们的几何意义和物理意义，都可以归结为乘积和式的极限，由这些问题的共同之处得到了定积分概念.

2. 定积分的定义

定义 设函数 $f(x)$ 在区间 $[a, b]$ 上有定义且有界，在 $[a, b]$ 上任意插入 $n-1$ 个分点

$$a = x_0 < x_1 < x_2 \cdots < x_{n-1} < x_n = b.$$

把 $[a, b]$ 分成 n 个小区间 $[x_{i-1},\ x_i]\ (i = 1, 2, \cdots, n)$，记 $\Delta x_i = x_i - x_{i-1}(i = 1, 2, \cdots, n)$ 为第 i 个小区间的长度. 在每一个小区间 $[x_{i-1},\ x_i]$ 上任取一点 ξ_i，作和式 $\sum_{i=1}^{n} f(\xi_i)\Delta x_i$，记 $\lambda = \max\{\Delta x_1,\ \Delta x_2,\ \cdots,\ \Delta x_n\}$. 若 $\lim_{\lambda \to 0} \sum_{i=1}^{n} f(\xi_i)\Delta x_i$ 存在，就说函数 $f(x)$ 在区间 $[a, b]$ 上可积，并称此**极限值为函数 $f(x)$ 在区间 $[a, b]$ 上的定积分**. 记作 $\int_a^b f(x)\,\mathrm{d}x$.

$$即 \int_a^b f(x)\,\mathrm{d}x = \lim_{\lambda \to 0} \sum_{i=1}^{n} f(\xi_i)\Delta x_i.$$

其中"$\int$"称为**积分号**，$f(x)$ 称为**被积函数**，$f(x)\mathrm{d}x$ 称为**被积表达式**，x 称为**积分变量**，$[a, b]$ 称为**积分区间**，a 与 b **分别称为积分下限与积分上限**.

根据定积分定义，前面两个例子可以表示为

曲边梯形的面积 $$A = \int_a^b f(x)\,\mathrm{d}x\ ;$$

变速直线运动的路程 $$s = \int_{T_1}^{T_2} v(t)\,\mathrm{d}t\ .$$

关于定积分的定义，有以下几点说明.

（1）函数 $f(x)$ 在区间 $[a, b]$ 上可积，是指定积分 $\int_a^b f(x)\,\mathrm{d}x$ 存在，即不论对区间 $[a, b]$ 怎样划分及点 ξ_i 如何选取，当 $\lambda \to 0$ 时，和式 $\sum_{i=1}^{n} f(\xi_i)\Delta x_i$ 的极限值都唯一存在.

（2）定积分表示一个数值，它只与被积函数及积分区间 $[a, b]$ 有关，而与积分变量用何字母表示无关，下面积分变量分别用 x，u，t，w，其定积分表示式实际都是一样的.

$$\int_a^b f(x)\,\mathrm{d}x = \int_a^b f(u)\,\mathrm{d}u = \int_a^b f(t)\,\mathrm{d}t = \int_a^b f(w)\,\mathrm{d}w\ .$$

（3）在定义中曾假定 $a < b$，为今后应用方便，规定

当 $b < a$ 时，$\int_a^b f(x)\,\mathrm{d}x = -\int_b^a f(x)\,\mathrm{d}x$.

当 $b = a$ 时，$\int_a^a f(x)\,\mathrm{d}x = 0$.

定理：闭区间 $[a,\ b]$ 上连续的函数 $f(x)$ 必定在区间 $[a,\ b]$ 上可积.
（证明省略）

二、定积分的几何意义

根据定积分的定义可知

（1）当 $f(x) \geqslant 0$ 时，定积分 $\int_a^b f(x)\,\mathrm{d}x \geqslant 0$，在几何上是表示曲线 $y = f(x)$，直线 $x = a$，$x = b$ 与 x 轴所围成的曲边梯形的面积，即

$$\int_a^b f(x)\,\mathrm{d}x = S.$$

（2）当 $f(x) \leqslant 0$ 时，定积分 $\int_a^b f(x)\,\mathrm{d}x \leqslant 0$，在几何上表示曲边梯形面积的负值（如图 5-5）

$$\int_a^b f(x)\,\mathrm{d}x = -S.$$

（3）当 $f(x)$ 在区间 $[a,\ b]$ 上的值有正有负时，定积分 $\int_a^b f(x)\,\mathrm{d}x$ 在几何上表示曲边梯形面积的代数和，其中 x 轴上方的面积为正，x 轴下方的面积为负（如图 5-6），即

$$\int_a^b f(x)\,\mathrm{d}x = -S_1 + S_2 - S_3.$$

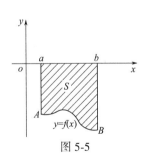

图 5-5

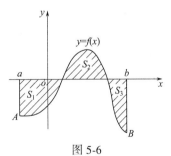

图 5-6

例 1　用定积分定义计算 $\int_0^1 x^2\,\mathrm{d}x$.

解　$f(x) = x^2$ 在 $[0,\ 1]$ 上连续，所以 $f(x)$ 在 $[0,\ 1]$ 上可积. 因为定积分值与区间 $[0,\ 1]$ 的分法及 ξ_i 的取法无关. 将区间 $[0,\ 1]$ n 等分（如图 5-7 所示），且取 ξ_i 为每一个小区间的右端点，即

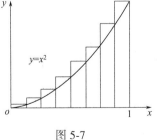

图 5-7

$$\xi_i = \frac{i}{n}(i = 1,\ 2,\ \cdots,\ n),\ \Delta x_i = \frac{1}{n},\ \text{而 } f(\xi_i) = \left(\frac{i}{n}\right)^2,\ \text{则}$$

$$\sum_{i=1}^n f(\xi_i)\Delta x_i = \left(\frac{1}{n}\right)^2 \cdot \frac{1}{n} + \left(\frac{2}{n}\right)^2 \cdot \frac{1}{n} + \left(\frac{3}{n}\right)^2 \cdot \frac{1}{n} + \cdots + \left(\frac{n}{n}\right)^2 \cdot \frac{1}{n}$$

$$= \frac{1}{n^3}(1^2 + 2^2 + 3^2 + \cdots + n^2) = \frac{1}{6n^2}(n+1)(2n+1).$$

注意，此时 $\lambda = \frac{1}{n}$ ，当 $\lambda \to 0$ 时，$n \to \infty$ ，于是有

$$\int_0^1 x^2 dx = \lim_{\lambda \to 0} \sum_{i=1}^n f(\xi_i) \Delta x_i = \lim_{n \to \infty} \frac{1}{6n^2}(n+1)(2n+1) = \frac{1}{3}.$$

例2 用定积分的几何意义计算 $\int_{-a}^a \sqrt{a^2 - x^2}\, dx\,(a > 0)$.

解 设 $y = \sqrt{a^2 - x^2}$ ，则得 $x^2 + y^2 = a^2$ ，$y \geqslant 0$ ，它是以原点为圆心，a 为半径的半圆面积，故其值为 $\frac{\pi a^2}{2}$.

三、定积分的性质

在以下各性质中，假定 $f(x)$ ，$g(x)$ 在 $[a, b]$ 上都是可积的.

性质1 两个函数代数和的定积分等于它们的定积分的代数和，即

$$\int_a^b [f(x) \pm g(x)] dx = \int_a^b f(x) dx \pm \int_a^b g(x) dx.$$

性质1可以推广到有限多个函数代数和的情况即

$$\int_a^b [f_1(x) \pm f_2(x) \pm \cdots \pm f_n(x)] dx$$

$$= \int_a^b f_1(x) dx \pm \int_a^b f_2(x) dx \pm \cdots \pm \int_a^b f_n(x) dx.$$

性质2 被积函数中的常数因子可以提到积分号外，即

$$\int_a^b kf(x) dx = k \int_a^b f(x) dx \qquad (k \text{ 是常数}).$$

性质3 （积分对区间的可加性）如果积分区间 $[a, b]$ 被点 c 分成两部分 $[a, c]$ 和 $[c, b]$ ，则在整个区间上的定积分等于这两个区间上定积分之和，如图5-8所示.

$$\int_a^b f(x) dx = \int_a^c f(x) dx + \int_c^b f(x) dx.$$

注意：我们规定无论 a ，b ，c 的相对位置如何，总有上述等式成立.

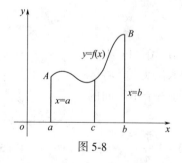

图 5-8

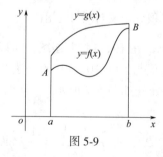

图 5-9

性质4 （积分的保序性）如果在 $[a, b]$ 上，$f(x) \leqslant g(x)$ ，如图5-9所示，则

$$\int_a^b f(x) dx \leqslant \int_a^b g(x) dx\,(a < b).$$

推论 1　如果在区间 $[a, b]$ 上，$f(x) \geqslant 0$，则 $\int_a^b f(x)\,\mathrm{d}x \geqslant 0 (a < b)$.

推论 2　$\left| \int_a^b f(x)\,\mathrm{d}x \right| \leqslant \int_a^b |f(x)|\,\mathrm{d}x$.

性质 5　（积分的估值性）设 M 与 m 分别是 $f(x)$ 在 $[a, b]$ 上的最大值和最小值（如图 5-10 所示），则

$$m(b - a) \leqslant \int_a^b f(x)\,\mathrm{d}x \leqslant M(b - a)\ (a < b).$$

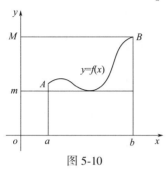
图 5-10

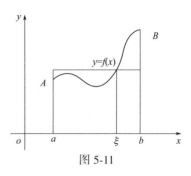
图 5-11

性质 6　（积分中值定理）如果函数 $f(x)$ 在闭区间 $[a, b]$ 上连续，则在积分区间 $[a, b]$ 上至少存在一点 ξ（如图 5-11 所示），使得

$$\int_a^b f(x)\,\mathrm{d}x = f(\xi)(b - a)$$

由图 5-11 可以看出 $f(\xi)$ 就是连续函数 $y = f(x)$ 在 $[a, b]$ 上的平均值，即

$$\bar{y}(b - a) = \int_a^b f(x)\,\mathrm{d}x,$$

于是有，连续函数 $y = f(x)$ 在 $[a, b]$ 上的平均值公式：

$$\bar{y} = \frac{1}{b - a} \int_a^b f(x)\,\mathrm{d}x.$$

例 3　比较下列各积分值的大小.

(1) $\int_0^1 x^2\,\mathrm{d}x$ 与 $\int_0^1 x^3\,\mathrm{d}x$；　　　　　　　(2) $\int_0^1 \mathrm{e}^{x^2}\,\mathrm{d}x$ 与 $\int_0^1 \mathrm{e}^{x^3}\,\mathrm{d}x$.

解　因为当 $0 \leqslant x \leqslant 1$ 时，有 $x^2 \geqslant x^3$，且 $\mathrm{e}^{x^2} \geqslant \mathrm{e}^{x^3}$.
由积分的保序性质，有：

(1) $\int_0^1 x^2\,\mathrm{d}x \geqslant \int_0^1 x^3\,\mathrm{d}x$；　　　　　　　(2) $\int_0^1 \mathrm{e}^{x^2}\,\mathrm{d}x \geqslant \int_0^1 \mathrm{e}^{x^3}\,\mathrm{d}x$.

例 4　估计定积分 $\int_{-1}^1 \mathrm{e}^{-x^2}\,\mathrm{d}x$ 的值.

解　设 $f(x) = \mathrm{e}^{-x^2}$，则 $f'(x) = -2x\mathrm{e}^{-x^2}$，令 $f'(x) = 0$，得驻点 $x = 0$，

比较驻点和区间端点的函数值 $f(0) = \mathrm{e}^0 = 1$，$f(\pm 1) = \mathrm{e}^{-1} = \dfrac{1}{\mathrm{e}}$，

得最小值 $m = \dfrac{1}{\mathrm{e}}$，最大值 $M = 1$，由估值性质，得

$$\frac{2}{\mathrm{e}} \leqslant \int_{-1}^1 \mathrm{e}^{-x^2}\,\mathrm{d}x \leqslant 2.$$

习题 5.1

1. 在求曲边梯形的面积和变速直线运动路程这两个问题中，怎样求近似值？又怎样把近似值转化为精确值？

2. ξ_i 在区间 $[x_{i-1}, x_i]$ 中，为什么可以任意取定？ξ_i 是变量还是常量？

3. 求函数 $f(x) = x^2$ 在区间 $[1, 2]$ 上的总和 $S_n = \sum_{i=1}^{n} f(\xi_i) \Delta x_i$（取所有的小区间长度 $\Delta x_i = \dfrac{1}{n}$ 都相等，ξ 取小区间的右端点）.

4. 利用定积分的几何意义，计算下列定积分

(1) $\displaystyle\int_a^b \mathrm{d}x$;

(2) $\displaystyle\int_{-2}^2 x\,\mathrm{d}x$;

(3) $\displaystyle\int_a^b x\,\mathrm{d}x$;

(4) $\displaystyle\int_0^1 (x+1)\,\mathrm{d}x$;

(5) $\displaystyle\int_0^1 (x-1)\,\mathrm{d}x$;

(6) $\displaystyle\int_0^a \sqrt{a^2 - x^2}\,\mathrm{d}x\,(a>0)$;

(7) $\displaystyle\int_0^{2\pi} \sin x\,\mathrm{d}x$;

(8) $\displaystyle\int_{-1}^1 |x|\,\mathrm{d}x$.

5. 用定积分表示图 5-12 中阴影部分的面积.

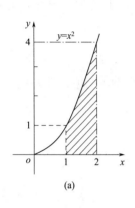
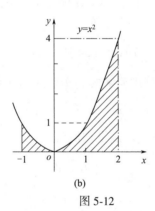
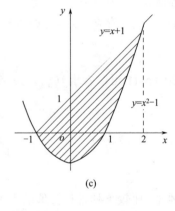

图 5-12

6. 若函数 $y = f(x)$ 在区间 $[-a, a]$ 上连续. 试根据定积分的几何意义，证明

(1) 当 $f(x)$ 为奇函数时，$\displaystyle\int_{-a}^a f(x)\,\mathrm{d}x = 0$;

(2) 当 $f(x)$ 为偶函数时，$\displaystyle\int_{-a}^a f(x)\,\mathrm{d}x = 2\int_0^a f(x)\,\mathrm{d}x$.

7. 填空 [假定下列各题中的函数 $f(x)$ 在 $(-\infty, +\infty)$ 内是连续的]

(1) $\displaystyle\int_1^2 x^2\,\mathrm{d}x + \int_2^3 x^2\,\mathrm{d}x = $ _____;

(2) $\displaystyle\int_e^3 f(x)\,\mathrm{d}x + \int_3^e f(x)\,\mathrm{d}x = $ _____;

(3) $\displaystyle\int_1^2 f(x)\,\mathrm{d}x + \int_2^{-1} f(u)\,\mathrm{d}u + \int_{-1}^3 f(t)\,\mathrm{d}t = $ _____;

(4) $\displaystyle\int_a^b f(x)\,\mathrm{d}x + \int_b^c f(x)\,\mathrm{d}x + \int_c^d f(x)\,\mathrm{d}x + \int_d^a f(x)\,\mathrm{d}x = $ _____.

8. 比较下列各积分值的大小

(1) $\displaystyle\int_1^2 x^2\,\mathrm{d}x$ 与 $\displaystyle\int_1^2 x^3\,\mathrm{d}x$;

(2) $\displaystyle\int_0^2 e^x\,\mathrm{d}x$ 与 $\displaystyle\int_0^2 3^x\,\mathrm{d}x$;

(3) $\int_0^1 x\,dx$ 与 $\int_0^1 \sqrt{x}\,dx$;   (4) $\int_0^1 x^2\,dx$ 与 $\int_0^1 x^{\frac{1}{3}}\,dx$;

(5) $\int_{-1}^0 \left(\frac{1}{2}\right)^x dx$ 与 $\int_{-1}^0 \left(\frac{1}{3}\right)^x dx$;   (6) $\int_0^{\frac{\pi}{4}} \sin x\,dx$ 与 $\int_0^{\frac{\pi}{4}} \cos x\,dx$;

(7) $\int_1^2 \ln x\,dx$ 与 $\int_1^2 (\ln x)^2\,dx$;   (8) $\int_0^2 x\,dx$ 与 $\int_0^2 \ln(1+x)\,dx$.

9. 估计下列积分的值:

(1) $\int_1^4 (x^2+1)\,dx$;   (2) $\int_{\frac{\pi}{4}}^{\frac{5\pi}{4}} (1+\sin^2 x)\,dx$.

10. 利用定积分定义计算下列定积分

(1) $\int_0^1 e^x\,dx$;

(2) $\int_0^1 (-e^x)\,dx$ (提示: 把区间 n 等分, 取 ξ_i 为小区间的右端点, 取极值时, 注意 $\lim\limits_{n\to\infty} \dfrac{e^{\frac{1}{n}}-1}{\frac{1}{n}} = 1$);

(3) $\int_0^1 (x^2+1)\,dx$;

(4) $\int_0^1 e^{-x}\,dx$.

11. 已知 $\int_0^x \dfrac{1}{\sqrt{1-t^2}}\,dt = \arcsin x\,(0 < x < 1)$, 计算函数 $y = \dfrac{1}{\sqrt{1-t^2}}$ 在区间 $\left[0, \dfrac{\sqrt{3}}{2}\right]$ 上的平均值.

第二节 微积分的基本公式

我们已经看到用定义计算定积分是非常烦琐的, 有时几乎是不可能. 17 世纪 60~70 年代, 牛顿与莱布尼茨二人各自独立地将定积分计算问题与原函数联系起来, 极大地推动了数学的发展, 从而创建了微积分学, 这就是牛顿-莱布尼茨公式.

一、变上限积分

设函数 $f(x)$ 在 $[a, b]$ 上连续, 并且设 x 为 $[a, b]$ 上的一点, 现在我们来考察 $f(x)$ 在部分区间 $[a, x]$ 上的定积分 $\int_a^x f(x)\,dx$.

由于 $f(x)$ 在 $[a, x]$ 上仍旧连续, 因此这个定积分存在. 这时, 变量 x 既表示定积分的上限, 又表示积分变量. 因为定积分与积分变量无关, 所以, 为了明确起见, 把积分变量 x 改记成其他变量 t , 则上面的定积分可以写成 $\int_a^x f(t)\,dt$. 如果上限 x 在 $[a, b]$ 上任意变动, 则对于每一个取定的 x 值, 定积分有一个对应值, 所以它在 $[a, b]$ 上定义了一个函数, 记作 $\Phi(x)$, 即

$$\Phi(x) = \int_a^x f(t)\,dt \qquad (a \leqslant x \leqslant b) .$$

这个函数就叫做**变上限积分**.

定理1 如果函数 $f(x)$ 在区间 $[a, b]$ 上连续, 则积分上限函数 $\Phi(x) = \int_a^x f(t)\,dt$ 在 $[a, b]$ 上具有导数, 并且它的导数是

$$\Phi'(x) = \frac{\mathrm{d}}{\mathrm{d}x}\int_a^x f(t)\,\mathrm{d}t = f(x) \ (\ a \leqslant x \leqslant b\ )$$

证明 因为 $\Phi(x) = \int_a^x f(t)\,\mathrm{d}t$，则

$$\Phi(x + \Delta x) = \int_a^{x+\Delta x} f(t)\,\mathrm{d}t, \ x + \Delta x \in (a, b).$$

函数 $\Phi(x)$ 在 x 处的增量为

$$\Delta\Phi(x) = \Phi(x + \Delta x) - \Phi(x)$$
$$= \int_a^{x+\Delta x} f(t)\,\mathrm{d}t - \int_a^x f(t)\,\mathrm{d}t$$
$$= \int_a^x f(t)\,\mathrm{d}t + \int_x^{x+\Delta x} f(t)\,\mathrm{d}t - \int_a^x f(t)\,\mathrm{d}t$$
$$= \int_x^{x+\Delta x} f(t)\,\mathrm{d}t.$$

如图 5-13 所示，根据定积分中值定理有

$$\int_x^{x+\Delta x} f(t)\,\mathrm{d}t = f(\xi)\Delta x \ (\text{其中 } \xi \text{ 在 } x \text{ 与 } x + \Delta x \text{ 之间}),$$

根据导数的定义有

$$\lim_{\Delta x \to 0}\frac{\Delta\Phi(x)}{\Delta x} = \lim_{\xi \to x}\frac{f(\xi)\Delta x}{\Delta x} = f(x)\ ,$$

即

$$\Phi'(x) = \left[\int_a^x f(t)\,\mathrm{d}t\right]' = f(x).$$

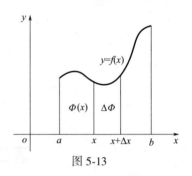

图 5-13

由定理 1，我们得到原函数的存在定理.

定理 2 如果函数 $f(x)$ 在区间 $[a, b]$ 上连续，则变上限积分 $\Phi(x) = \int_a^x f(t)\,\mathrm{d}t$ 是 $f(x)$ 在 $[a, b]$ 的一个原函数.

这个定理的重要意义：一方面肯定了连续函数的原函数是存在的；另一方面初步揭示了积分学中的定积分与原函数之间的联系. 因此我们就有可能通过原函数来计算定积分.

例 1 已知 $\Phi(x) = \int_1^x \sin t^2\,\mathrm{d}t$，求 $\Phi'(x)$.

解 根据定理 1，可得

$$\Phi'(x) = \left[\int_1^x \sin t^2\,\mathrm{d}t\right]' = \sin x^2\ .$$

推论 当变上限积分的上限是自变量 x 的函数 $\varphi(x)$ 时，则函数 $\int_a^{\varphi(x)} f(t)\,\mathrm{d}x$ 就是 x 的复合函数，根据复合函数的求导公式，得

$$\left(\int_a^{\varphi(x)} f(t)\,\mathrm{d}x\right)' = f[\varphi(x)]\varphi'(x)\ .$$

例 2 已知函数 $\Phi(x) = \int_0^{x^2} \mathrm{e}^t\,\mathrm{d}t$，求 $\Phi'(x)$.

解 根据推论，得

$$\Phi'(x) = \left[\int_0^{x^2} \mathrm{e}^t\,\mathrm{d}t\right]' = \mathrm{e}^{x^2}(x^2)' = 2x\mathrm{e}^{x^2}.$$

例3 已知 $\Phi(x) = \int_x^{x^2} \sqrt{1+t}\,dt$，求 $\Phi'(x)$.

解 根据定积分对区间的可加性，得

$$\int_x^{x^2} \sqrt{1+t}\,dt = \int_x^0 \sqrt{1+t}\,dt + \int_0^{x^2} \sqrt{1+t}\,dt = -\int_0^x \sqrt{1+t}\,dt + \int_0^{x^2} \sqrt{1+t}\,dt.$$

求导，可得

$$\Phi'(x) = \left(-\int_0^x \sqrt{1+t}\,dt\right)' + \left(\int_0^{x^2} \sqrt{1+t}\,dt\right)'$$
$$= -\sqrt{1+x} + \sqrt{1+x^2}\cdot 2x.$$

例4 求极限 $\lim\limits_{x\to 0} \dfrac{\int_0^{x^2} t\,dt}{\int_0^x t\sin^2 t\,dt}$.

解 当 $x\to 0$ 时，$\int_0^x t\,dt \to 0$，$\int_0^x t\sin^2 t\,dt \to 0$，因此该极限是 "$\dfrac{0}{0}$" 型未定式，根据洛必达法则，求极限

$$\lim_{x\to 0} \frac{\int_0^{x^2} t\,dt}{\int_0^x t\sin^2 t\,dt} = \lim_{x\to 0} \frac{\left(\int_0^{x^2} t\,dt\right)'}{\left(\int_0^x t\sin^2 t\,dt\right)'} = \lim_{x\to 0} \frac{x^2\cdot 2x}{x\sin^2 x}$$
$$= 2.$$

二、牛顿-莱布尼茨公式

定理3 如果函数 $F(x)$ 是连续函数 $f(x)$ 在区间 $[a,b]$ 上的一个原函数，则
$$\int_a^b f(x)\,dx = F(b) - F(a).$$

证明 已知 $F(x)$ 是 $f(x)$ 的一个原函数，又由定理2知，积分上限函数
$\Phi(x) = \int_a^x f(t)\,dt$ 也是 $f(x)$ 的一个原函数，它们之间相差一个常数，即
$$F(x) - \Phi(x) = C,$$
令 $x = a$，得 $F(a) - \Phi(a) = C$，因 $\Phi(a) = 0$，因此 $C = F(a)$，
即
$$\int_a^x f(t)\,dt = F(x) - F(a).$$
当 $x = b$ 时，得
$$\int_a^b f(t)\,dt = F(b) - F(a).$$

又因定积分的值与积分变量用什么字母无关，习惯上积分变量用 x 表示，这样上式可写为
$$\int_a^b f(x)\,dx = F(b) - F(a).$$

为了方便起见，以后把 $F(b) - F(a)$ 记成 $F(x)\big|_a^b$ 或 $[F(x)]_a^b$，
即
$$\int_a^b f(x)\,dx = F(x)\big|_a^b = [F(x)]_a^b = F(b) - F(a).$$

上述公式称为**牛顿（Newton)-莱布尼茨（Leibniz）公式**. 这个公式进一步揭示了定积分与原函数或不定积分之间的联系. 它表明：一个连续函数在区间 $[a, b]$ 上的定积分等于它的任一个原函数在区间 $[a, b]$ 上的增量. 这就给定积分提供了一个有效而简便的计算方法.

通常把牛顿-莱布尼茨公式叫做**微积分基本公式**.

例 5 计算定积分 $\int_0^1 x^2 \mathrm{d}x$.

解 由于 $\dfrac{x^3}{3}$ 是 x^2 的一个原函数，所以由牛顿-莱布尼茨公式，得

$$\int_0^1 x^2 \mathrm{d}x = \frac{x^3}{3} \bigg|_0^1 = \frac{1^3}{3} - \frac{0^3}{3} = \frac{1}{3} .$$

例 6 计算定积分 $\int_0^1 \dfrac{x^2}{1 + x^2} \mathrm{d}x$.

解
$$\int_0^1 \frac{x^2}{1 + x^2} \mathrm{d}x = \int_0^1 \frac{(1 + x^2) - 1}{1 + x^2} \mathrm{d}x = \int_0^1 \left(1 - \frac{1}{1 + x^2}\right) \mathrm{d}x$$
$$= (x - \arctan x) \bigg|_0^1 = 1 - \frac{\pi}{4} .$$

例 7 计算定积分 $\int_0^1 x \mathrm{e}^{x^2} \mathrm{d}x$.

解
$$\int_0^1 x \mathrm{e}^{x^2} \mathrm{d}x = \frac{1}{2} \int_0^1 \mathrm{e}^{x^2} \mathrm{d}x^2 = \frac{1}{2} \mathrm{e}^{x^2} \bigg|_0^1 = \frac{1}{2}(\mathrm{e} - 1) .$$

例 8 设 $f(x) = \begin{cases} 2x, & 0 \leqslant x \leqslant 1, \\ 2, & 1 < x \leqslant 2. \end{cases}$ 求 $\int_0^2 f(x)\mathrm{d}x$.

解 函数在 $[0, 2]$ 上连续，我们把区间 $[0, 2]$ 分成 $[0, 1]$ 与 $[1, 2]$ 两个区间，根据定积分的可加性，可得

$$\int_0^2 f(x)\mathrm{d}x = \int_0^1 2x\mathrm{d}x + \int_1^2 2\mathrm{d}x = x^2 \bigg|_0^1 + 2x \bigg|_1^2 = 1 + 2 = 3.$$

习题 5.2

1. 求下列各函数的导数

(1) $\varPhi(x) = \int_1^x \mathrm{e}^t \sin t \mathrm{d}t$;

(2) $\varPhi(x) = \int_1^x \dfrac{\sin t}{t} \mathrm{d}t (x > 0)$;

(3) $\varPhi(x) = \int_1^2 \mathrm{e}^t \sin t \mathrm{d}t$;

(4) $\varPhi(x) = \int_x^2 f(t) \mathrm{d}t$;

(5) $\varPhi(x) = \int_x^5 \sqrt{1 + t^2} \mathrm{d}t$;

(6) $\varPhi(x) = \int_{2x}^{x^2} \mathrm{e}^{-1} \cos t \mathrm{d}t$;

(7) $\varPhi(x) = \int_x^{x^2} \sqrt{1 + t^3} \mathrm{d}t$;

(8) $\varPhi(x) = \int_{x^2}^{x^3} t^2 \mathrm{e}^{-t} \mathrm{d}t$.

2. 设 $\varPhi(x) = (2x + 1) \cdot \int_0^x (2t + 1) \mathrm{d}t$ ，求 $\varPhi'(x)$ 和 $\varPhi''(x)$.

3. 求下列各极限

(1) $\lim\limits_{x \to 0} \dfrac{\int_0^x \ln(1 + 2t) \mathrm{d}t}{1 - \cos x}$;

(2) $\lim\limits_{x \to 1} \dfrac{\int_1^x \sin \pi t \mathrm{d}t}{1 + \cos \pi x}$;

(3) $\lim\limits_{x \to +\infty} \dfrac{\int_a^x \left(1 + \dfrac{1}{t}\right)^t \mathrm{d}t}{x}$;

(4) $\lim\limits_{x \to 0} \dfrac{\int_0^x \sin t^2 \mathrm{d}t}{x^3}$;

(5) $\lim\limits_{x \to 0} \dfrac{\displaystyle\int_0^x \cos^2 t \, \mathrm{d}t}{x}$;

(6) $\lim\limits_{x \to 0^+} \dfrac{\displaystyle\int_0^{\sin x} \sqrt{t} \, \mathrm{d}t}{\displaystyle\int_0^{\tan x} \sqrt{t} \, \mathrm{d}t}$.

4. 计算下列定积分

(1) $\displaystyle\int_1^3 x^3 \, \mathrm{d}x$;

(2) $\displaystyle\int_0^a (3x^2 - x + 1) \, \mathrm{d}x$;

(3) $\displaystyle\int_1^2 (x^2 + \dfrac{1}{x^4}) \, \mathrm{d}x$;

(4) $\displaystyle\int_0^4 \sqrt{x} \, \mathrm{d}x$;

(5) $\displaystyle\int_{\frac{\sqrt{3}}{3}}^{\sqrt{3}} \dfrac{1}{1 + x^2} \, \mathrm{d}x$;

(6) $\displaystyle\int_{-\frac{1}{2}}^{\frac{1}{2}} \dfrac{1}{\sqrt{1 - x^2}} \, \mathrm{d}x$;

(7) $\displaystyle\int_0^1 10^{2x+1} \, \mathrm{d}x$;

(8) $\displaystyle\int_0^{\frac{\pi}{2}} (2\sin x + \cos x) \, \mathrm{d}x$;

(9) $\displaystyle\int_0^4 (2 - \sqrt{x})^2 \, \mathrm{d}x$;

(10) $\displaystyle\int_0^{2a} (a^2 y - \dfrac{1}{2} y^3 + \dfrac{1}{16a^2} y^5) \, \mathrm{d}y$;

(11) $\displaystyle\int_1^{\sqrt{3}} \dfrac{1 + 2x^2}{x^2(1 + x^2)} \, \mathrm{d}x$;

(12) $\displaystyle\int_{-1}^0 \dfrac{1 + 3x^2 + 3x^4}{x^2(1 + x^2)} \, \mathrm{d}x$;

(13) $\displaystyle\int_{-\pi}^{\pi} \cos^2 \dfrac{x}{2} \, \mathrm{d}x$;

(14) $\displaystyle\int_0^{\frac{\pi}{4}} \tan^2 \theta \, \mathrm{d}\theta$;

(15) $\displaystyle\int_0^{\frac{\pi}{4}} \dfrac{1 + \sin^2 \theta}{\cos^2 \theta} \, \mathrm{d}\theta$;

(16) $\displaystyle\int_0^{\pi} \sqrt{1 + \sin 2\theta} \, \mathrm{d}\theta$.

5. 计算下列定积分

(1) $\displaystyle\int_0^2 | 1 - x | \, \mathrm{d}x$;

(2) $\displaystyle\int_{-2}^1 x^2 | x | \, \mathrm{d}x$;

(3) $\displaystyle\int_0^{2\pi} | \sin x | \, \mathrm{d}x$;

(4) $\displaystyle\int_1^{\sqrt{3}} \dfrac{1}{x^2(1 + x^2)} \, \mathrm{d}x$;

(5) $\displaystyle\int_0^{\pi} \cos(\dfrac{x}{4} + \dfrac{\pi}{4}) \, \mathrm{d}x$;

(6) $\displaystyle\int_1^e \dfrac{\ln x}{2x} \, \mathrm{d}x$.

6. 设 $f(x) = \begin{cases} 1 + x^2, & 0 \leqslant x \leqslant 1, \\ 2 - x, & 1 \leqslant x \leqslant 2. \end{cases}$ ，求 $\displaystyle\int_0^2 f(x) \, \mathrm{d}x$.

7. 证明：函数 $\varPhi(x) = \displaystyle\int_0^{x^2} t e^{-t} \, \mathrm{d}t$ ，当 $x > 0$ 时单调增加.

第三节　定积分的换元法与分部积分法

根据牛顿-莱布尼茨公式可知，计算定积分最终归结为求原函数或不定积分. 在上一章中已经介绍过不定积分的换元法与分部积分法，本节介绍定积分的换元法与分部积分法.

一、定积分的换元积分法

定理　设函数 $f(x)$ 在区间 $[a, b]$ 上连续，函数 $x = \varphi(t)$ 满足

(1) 在区间 $[\alpha, \beta]$ 上是单值对应，且有连续导数；

(2) 当 t 在区间 $[\alpha, \beta]$ 上变化时，$x = \varphi(t)$ 的值在区间 $[a, b]$ 上变化，且 $\varphi(\alpha) = a$，$\varphi(\beta) = b$.

则
$$\int_a^b f(x)\,dx = \int_\alpha^\beta f[\varphi(t)]\,\varphi'(t)\,dt$$

证明 设 $\int f(x)\,dx = F(x) + C$ ，那么由不定积分的换元法得

$$\int f[\varphi(t)]\varphi'(t)\,dt = F[\varphi(t)] + C.$$

于是有

$$\int_a^b f(x)\,dx = F(b) - F(a) = F[\varphi(\alpha)] - F[\varphi(\beta)] = \int_\alpha^\beta f[\varphi(t)]\varphi'(t)\,dt.$$

利用上述公式时，既换积分变量，同时又换积分上下限，所以找出新变量的原函数后不必换成原变量而直接利用牛顿-莱布尼茨公式，这就是它的简便之处.

例 1 求定积分 $\int_0^4 \dfrac{1}{1+\sqrt{x}}dx$.

解 被积函数是一个无理函数，根据不定积分中的第二类换元积分法

令 $\qquad\qquad\qquad x = t^2(t \geqslant 0)$ ，$dx = 2t\,dt$ ，

引进变量的同时，积分的上下限也随之变化，

即 $\qquad\qquad$ 当 $x = 0$ 时，$t = 0$ $\quad$ 当 $x = 4$ 时，$t = 2$.

所以 $\qquad\qquad\qquad \int_0^4 \dfrac{1}{1+\sqrt{x}}dx = \int_0^2 \dfrac{1}{1+t} \times 2t\,dt$.

具体的计算过程为

$$\int_0^4 \frac{1}{1+\sqrt{x}}dx = \int_0^2 \frac{2t}{1+t}dt = 2\int_0^2 \frac{t}{1+t}dt$$

$$= 2\int_0^2 \frac{t+1-1}{1+t}dt = 2\int_0^2 \left(1 - \frac{1}{1+t}\right)dt$$

$$= 2\left[t - \ln(1+t)\right]_0^2 = 4 - 2\ln 3.$$

例 2 计算定积分 $\int_0^{\frac{1}{2}} \dfrac{x^2}{\sqrt{1-x^2}}dx$.

解 设 $x = \sin t$ ，则 $dx = \cos t\,dt$ ，且当 $x = 0$ 时，$t = 0$ ，当 $x = \dfrac{1}{2}$ 时，$t = \dfrac{\pi}{6}$.

于是

$$\int_0^{\frac{1}{2}} \frac{x^2}{\sqrt{1-x^2}}dx = \int_0^{\frac{\pi}{6}} \sin^2 t\,dt = = \frac{1}{2}\int_0^{\frac{\pi}{6}}(1 - \cos 2t)\,dt$$

$$= \left[\frac{t}{2} - \frac{1}{4}\sin 2t\right]\Big|_0^{\frac{\pi}{6}} = \frac{\pi}{12} - \frac{\sqrt{3}}{8}.$$

例 3 计算不定积分 $\int_{\ln 3}^{\ln 8} \sqrt{1 + e^x}\,dx$.

解 令 $\sqrt{1 + e^x} = t$ ，则 $x = \ln(t^2 - 1)$ ，$dx = \dfrac{2t}{t^2 - 1}dt$.

当 $x = \ln 3$ 时，$t = 2$ ；当 $x = \ln 8$ 时，$t = 3$.

所以

$$\int_{\ln3}^{\ln8} \sqrt{1 + e^x}\,dx = \int_2^3 \frac{2t^2\,dt}{t^2 - 1} = 2\int_2^3 \left(1 + \frac{1}{t^2 - 1}\right)dt$$

$$= 2\left(t + \frac{1}{2}\ln\left|\frac{t-1}{t+1}\right|\right)\Bigg|_2^3 = 2 + \ln\frac{3}{2}.$$

例 4 设函数 $f(x)$ 在闭区间 $[-a, a]$ 上连续，求证

$$\int_{-a}^a f(x)\,dx = \int_0^a [f(-x) + f(x)]\,dx$$

（1）如果 $f(x)$ 为奇函数，则 $\int_{-a}^a f(x)\,dx = 0$；

（2）如果 $f(x)$ 为偶函数，那么 $\int_{-a}^a f(x)\,dx = 2\int_0^a f(x)\,dx$.

证明 根据定积分的可加性，有

$$\int_{-a}^a f(x)\,dx = \int_{-a}^0 f(x)\,dx + \int_0^a f(x)\,dx.$$

在积分 $\int_{-a}^0 f(x)\,dx$ 中，令 $x = -t$，且当 $x = -a$ 时，$t = a$，当 $x = 0$ 时，$t = 0$，那么

$$\int_{-a}^0 f(x)\,dx = \int_a^0 f(-t)\,d(-t) = \int_0^a f(-t)\,dt = \int_0^a f(-x)\,dx.$$

代入上式，得

$$\int_{-a}^a f(x)\,dx = \int_0^a [f(-x) + f(x)]\,dx.$$

（1）如果 $f(x)$ 为奇函数，即 $f(-x) = -f(x)$，故 $f(-x) + f(x) = 0$，

从而有 $$\int_{-a}^a f(x)\,dx = 0.$$

（2）如果 $f(x)$ 为偶函数，即 $f(-x) = f(x)$，故 $f(-x) + f(x) = 2f(x)$，

从而有 $$\int_{-a}^a f(x)\,dx = 2\int_0^a f(x)\,dx.$$

本例中的两个结果，用定积分的几何意义也很容易看出结果，由于这两个结论今后要经常使用，希望记住它们。

例 5 计算定积分 $\int_{-1}^1 \frac{x^2\sin x}{1 + x^4}\,dx$.

解 因为被积函数 $f(x) = \frac{x^2\sin x}{1 + x^4}$ 是奇函数，又区间对称于原点，因此

$$\int_{-1}^1 \frac{x^2\sin x}{1 + x^4}\,dx = 0.$$

例 6 若函数 $f(x)$ 在闭区间 $[0, 1]$ 上连续，证明：

（1）$\int_0^{\frac{\pi}{2}} f(\sin x)\,dx = \int_0^{\frac{\pi}{2}} f(\cos x)\,dx$；

（2）$\int_0^\pi x f(\sin x)\,dx = \frac{\pi}{2}\int_0^\pi f(\sin x)\,dx$，由此计算 $\int_0^\pi \frac{x\sin x}{1 + \cos^2 x}\,dx$.

证明 （1）设 $x = \frac{\pi}{2} - t$，则 $dx = -dt$，且当 $x = 0$ 时，$t = \frac{\pi}{2}$，当 $x = \frac{\pi}{2}$ 时，$t = 0$

所以

$$\int_0^{\frac{\pi}{2}} f(\sin x)\,\mathrm{d}x = -\int_{\frac{\pi}{2}}^0 f\left[\sin\left(\frac{\pi}{2}-t\right)\right]\mathrm{d}t = \int_0^{\frac{\pi}{2}} f(\cos t)\,\mathrm{d}t = \int_0^{\frac{\pi}{2}} f(\cos x)\,\mathrm{d}x.$$

（2）设 $x = \pi - t$，则 $\mathrm{d}x = -\mathrm{d}t$，且当 $x = 0$ 时，$t = \pi$，当 $x = \pi$ 时，$t = 0$，
所以

$$\int_0^{\pi} xf(\sin x)\,\mathrm{d}x = -\int_{\pi}^0 (\pi - t)f[\sin(\pi - t)]\,\mathrm{d}t = \pi\int_0^{\pi} f(\sin t)\,\mathrm{d}t - \int_0^{\pi} tf(\sin t)\,\mathrm{d}t$$

$$= \pi\int_0^{\pi} f(\sin x)\,\mathrm{d}x - \int_0^{\pi} xf(\sin x)\,\mathrm{d}x$$

移项，得

$$\int_0^{\pi} xf(\sin x)\,\mathrm{d}x = \frac{\pi}{2}\int_0^{\pi} f(\sin x)\,\mathrm{d}x.$$

利用此公式可得：

$$\int_0^{\pi} \frac{x\sin x}{1+\cos^2 x}\mathrm{d}x = \frac{\pi}{2}\int_0^{\pi} \frac{\sin x}{1+\cos^2 x}\mathrm{d}x = -\frac{\pi}{2}\int_0^{\pi} \frac{1}{1+\cos^2 x}\mathrm{d}\cos x$$

$$= -\frac{\pi}{2}\big[\arctan(\cos x)\big]\bigg|_0^{\pi} = \frac{\pi^2}{4}.$$

二、定积分的分部积分法

设函数 $u'(x)$，$v'(x)$ 在闭区间 $[a, b]$ 上连续，由乘积的微分公式

$$d(uv) = uv'\mathrm{d}x + u'v\mathrm{d}x$$

两边求定积分，得

$$uv\big|_a^b = \int_a^b uv'\mathrm{d}x + \int_a^b u'v\mathrm{d}x$$

移项得

$$\int_a^b u\,\mathrm{d}v = uv\big|_a^b - \int_a^b v\,\mathrm{d}u.$$

这就是定积分的**分部积分公式**.

例 7 计算定积分 $\displaystyle\int_0^{\frac{\pi}{2}} x\cos x\,\mathrm{d}x$.

解 $\displaystyle\int_0^{\frac{\pi}{2}} x\cos x\,\mathrm{d}x = \int_0^{\frac{\pi}{2}} x\,\mathrm{d}\sin x = x\sin x\bigg|_0^{\frac{\pi}{2}} - \int_0^{\frac{\pi}{2}} \sin x\,\mathrm{d}x$

$$= \frac{\pi}{2} + \cos x\bigg|_0^{\frac{\pi}{2}} = \frac{\pi}{2} - 1.$$

例 8 计算定积分 $\displaystyle\int_0^{\frac{1}{2}} \arcsin x\,\mathrm{d}x$.

解 设 $u = \arcsin x$，$v = x$，则

$$\int_0^{\frac{1}{2}} \arcsin x\,\mathrm{d}x = [x\arcsin x]\bigg|_0^{\frac{1}{2}} - \int_0^{\frac{1}{2}} x\cdot\frac{1}{\sqrt{1-x^2}}\mathrm{d}x$$

$$= \frac{1}{2}\arcsin\frac{1}{2} - \int_0^{\frac{1}{2}} x\cdot\frac{1}{\sqrt{1-x^2}}\mathrm{d}x = \frac{\pi}{12} + \frac{\sqrt{3}}{2} - 1.$$

例 9 计算定积分 $\int_0^1 e^{\sqrt{x}} dx$.

解 先用换元法，令 $\sqrt{x} = t$ ，则 $x = t^2$ ， $dx = 2tdt$ ，且当 $x = 0$ 时， $t = 0$ ； $x = 1$ 时， $t = 1$.

$$\int_0^1 e^{\sqrt{x}} dx = 2\int_0^1 te^t dt .$$

再用分部积分法计算上式右端的积分.

令 $u = t$ ，则 $dv = e^t dt$ ，

于是

$$\int_0^1 te^t dt = te^t \Big|_0^1 - \int_0^1 e^t dt = e - e^t \Big|_0^1 = e - (e - 1) = 1 .$$

因此
$$\int_0^1 e^{\sqrt{x}} dx = 2 .$$

例 10 计算 $\int_0^\pi e^x \sin x dx$.

解 $\int_0^\pi e^x \sin x dx = \int_0^\pi \sin x de^x = \left[e^x \sin x \right]_0^\pi - \int_0^\pi e^x \cos x dx = -\int_0^\pi e^x \cos x dx$

$$= -\left[(e^x \cos x)_0^\pi + \int_0^\pi e^x \sin x dx \right) = -(-e^\pi - 1) \int_0^\pi e^x \sin x dx) .$$

移项可得
$$\int_0^\pi e^x \sin x dx = \frac{e^\pi + 1}{2} .$$

例 11 证明定积分公式（ $n>1$ ）

$$\int_0^{\frac{\pi}{2}} \sin^n x dx = \int_0^{\frac{\pi}{2}} \cos^n x dx = \begin{cases} \dfrac{n-1}{n} \times \dfrac{n-3}{n-2} \cdots \dfrac{3}{4} \times \dfrac{1}{2} \times \dfrac{\pi}{2}, & n \text{ 为偶数}, \\[3mm] \dfrac{n-1}{n} \times \dfrac{n-3}{n-2} \cdots \dfrac{4}{5} \times \dfrac{2}{3}, & n \text{ 为奇数}. \end{cases}$$

证明 $\int_0^{\frac{\pi}{2}} \sin^n x dx = \int_0^{\frac{\pi}{2}} \sin^{n-1} x \sin x dx = -\int_0^{\frac{\pi}{2}} \sin^{n-1} d\cos x$

$$= -\cos x \sin^{n-1} x \Big|_0^{\frac{\pi}{2}} + \int_0^{\frac{\pi}{2}} \cos x \times (n-1) \times \sin^{n-2} x \times \cos x dx$$

$$= (n-1) \int_0^{\frac{\pi}{2}} (1 - \sin^2 x) \sin^{n-2} x dx$$

$$= (n-1) \int_0^{\frac{\pi}{2}} \sin^{n-2} x dx - (n-1) \int_0^{\frac{\pi}{2}} \sin^n x dx .$$

右边又出现 $\int_0^{\frac{\pi}{2}} \sin^n x dx$ ，移项得 $\int_0^{\frac{\pi}{2}} \sin^n x dx = \dfrac{(n-1)}{n} \int_0^{\frac{\pi}{2}} \sin^{n-2} x dx$.

上述公式称为递推公式.

当 n 为偶数时，结果中最后一个因子为 $\dfrac{\pi}{2}$ ；当 n 为奇数时，结果中最后一个因子为 1 ，即

$$\int_0^{\frac{\pi}{2}} \sin^n x dx = \begin{cases} \dfrac{n-1}{n} \times \dfrac{n-3}{n-2} \cdots \dfrac{3}{4} \times \dfrac{1}{2} \times \dfrac{\pi}{2}, & n \text{ 为偶数}, \\[3mm] \dfrac{n-1}{n} \times \dfrac{n-3}{n-2} \cdots \dfrac{4}{5} \times \dfrac{2}{3} \times 1, & n \text{ 为奇数}. \end{cases}$$

同理可证 $\int_0^{\frac{\pi}{2}} \cos^n x dx = \int_0^{\frac{\pi}{2}} \sin^n x dx$

如定积分 $\int_0^{\frac{\pi}{2}} \sin^6 x dx = \frac{5}{6} \int_0^{\frac{\pi}{2}} \sin^4 x dx = \frac{5}{6} \times \frac{3}{4} \int_0^{\frac{\pi}{2}} \sin^2 x dx$

$$= \frac{5}{6} \times \frac{3}{4} \times \frac{1}{2} \int_0^{\frac{\pi}{2}} dx = \frac{5}{6} \times \frac{3}{4} \times \frac{1}{2} \times \frac{\pi}{2} = \frac{5}{32}\pi.$$

例 12 设函数 $f(x)$ 连续，且 $F(x) = \int_0^x f(t)dt$，证明：

$$\int_0^1 F(x)dx = \int_0^1 (1-x)f(x)dx.$$

证明 $\int_0^1 F(x)dx = xF(x)\Big|_0^1 - \int_0^1 xF'(x)dx = F(1) - \int_0^1 xF'(x)dx$

$$= \int_0^1 f(x)dx - \int_0^1 xf(x)dx = \int_0^1 (1-x)f(x)dx.$$

注意：解此类问题要注意条件与结论之间的关系，要使条件能够得到应用，就必须将问题朝着有利于条件的方向转化。

习题 5.3

1. 计算下列定积分

(1) $\int_0^1 \frac{x}{\sqrt{1+x^2}}dx$；

(2) $\int_0^{\frac{\pi}{2}} \cos^5 x \sin x dx$；

(3) $\int_{\frac{1}{\pi}}^{\frac{2}{\pi}} \frac{\sin\frac{1}{y}}{y^2}dy$；

(4) $\int_{\frac{\pi^2}{36}}^{\frac{\pi^2}{4}} \frac{\sin\sqrt{x}}{\sqrt{x}}dx$；

(5) $\int_{\frac{1}{e}}^{e} \frac{\ln x}{x}dx$；

(6) $\int_1^e \frac{(1+\ln x)^4}{x}dx$；

(7) $\int_1^{e^2} \frac{1}{x\sqrt{1+\ln x}}dx$；

(8) $\int_0^{\pi} \sqrt{\sin^3 x - \cos^5 x}\,dx$；

(9) $\int_{-\frac{\pi}{2}}^{\frac{\pi}{2}} \sqrt{\sin x - \cos^3 x}\,dx$；

(10) $\int_0^{\frac{\pi}{2}} \cos^4 x dx$；

(11) $\int_0^{\frac{\pi}{2}} \sin^7 x dx$.

2. 计算下列定积分

(1) $\int_0^4 \frac{1}{1+\sqrt{x}}dx$；

(2) $\int_4^9 \frac{\sqrt{x}}{\sqrt{x}-1}dx$；

(3) $\int_{-1}^1 \frac{x}{\sqrt{5-4x}}dx$；

(4) $\int_1^5 \frac{\sqrt{x-1}}{x}dx$；

(5) $\int_0^3 \frac{x}{1+\sqrt{1+x}}dx$；

(6) $\int_{-2}^2 \frac{1}{x\sqrt{x^2-1}}dx$；

(7) $\int_0^a \sqrt{a^2-x^2}\,dx\,(a>0)$；

(8) $\int_0^{\sqrt{2}} \sqrt{2-x^2}\,dx$；

(9) $\int_{\frac{\sqrt{2}}{2}}^{1} \frac{\sqrt{1-x^2}}{x^2}dx$;

(10) $\int_0^1 x^2\sqrt{1-x^2}dx$;

(11) $\int_0^{\ln2} \sqrt{e^x-1}dx$;

(12) $\int_0^{\ln5} \frac{e^x \cdot \sqrt{e^x-1}}{e^x+3}dx$.

3. 计算下列定积分

(1) $\int_0^{\pi} x\sin xdx$;

(2) $\int_0^1 xe^{-x}dx$;

(3) $\int_1^e x\ln xdx$;

(4) $\int_0^1 \arctan xdx$;

(5) $\int_0^{\pi} (x+1)\cos xdx$;

(6) $\int_0^1 x\arctan xdx$;

(7) $\int_0^{\frac{\pi}{2}} x^2\sin xdx$;

(8) $\int_1^e x^2\ln xdx$;

(9) $\int_0^{\frac{\pi^2}{4}} \cos\sqrt{x}dx$;

(10) $\int_1^e \sqrt[3]{x}\ln xdx$;

(11) $\int_0^{\frac{\pi}{2}} e^{2t}\cos tdt$;

(12) $\int_1^e \sin(\ln x)dx$.

4. 计算下列定积分

(1) $\int_{-\pi}^{\pi} x\cos xdx$;

(2) $\int_{-\frac{\pi}{2}}^{\frac{\pi}{2}} x^4\cos xdx$;

(3) $\int_{-1}^1 \frac{x}{\sqrt{1+x^2}}dx$;

(4) $\int_{-\frac{\pi}{2}}^{\frac{\pi}{2}} \frac{x+\cos x}{1+\sin^2 x}dx$;

(5) $\int_{-a}^a \frac{x+a}{\sqrt{a^2-x^2}}dx(a>0)$;

(6) $\int_{-1}^1 (x+\sqrt{1-x^2})dx$.

5. 设 $f(0)=1$, $f(2)=3$, $f'(2)=5$, 求 $\int_0^1 xf''(2x)dx$.

6. 验证 $\int_{-\pi}^{\pi} \cos mx\cos nxdx = \begin{cases} 0, & m\neq n, \\ \pi, & m=n. \end{cases}$

第四节 广义积分

前面讨论的定积分，均要求是闭区间上的连续函数，而在实际问题中，我们经常遇到积分区间为无穷区间，或者被积函数为无界的. 它们已经不属于前面所学的定积分了. 因此，我们对定积分作如下推广，从而形成了广义积分的概念.

一、无穷区间的广义积分

例1 求由曲线 $y=e^{-x}$，y 轴及 x 轴所围成的开口曲边梯形的面积，如图 5-14.

解 这是一个开口曲边梯形，为求其面积，任取 $b\in[0,+\infty)$，

在有限区间 $[0,b]$ 上，以曲线 $y=e^{-x}$ 为曲边的曲边梯形面积为

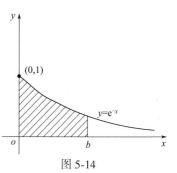

图 5-14

$$\int_0^b e^{-x} dx = e^{-x} \Big|_0^b = 1 - \frac{1}{e^b}.$$

如图 5-14 阴影部分所示. 显然, 当 $b \to +\infty$ 时, 阴影部分曲边梯形面积的极限就是开口曲边梯形面积的精确值. 即

$$A = \lim_{b \to +\infty} \int_0^b e^{-x} dx = \lim_{b \to +\infty} (1 - \frac{1}{e^b}) = 1.$$

定义 1 设函数 $f(x)$ 在区间 $[a, +\infty)$ 上连续, 取 $b > a$. 如果极限 $\lim\limits_{b \to +\infty} \int_a^b f(x) dx$ 存在, 则称此极限为函数 $f(x)$ 在**无穷区间** $[a, +\infty)$ **上的广义积分**, 记作 $\int_a^{+\infty} f(x) dx$,

即 $$\int_a^{+\infty} f(x) dx = \lim_{b \to +\infty} \int_a^b f(x) dx.$$

这时也称**广义积分** $\int_a^{+\infty} f(x) dx$ **收敛**; 如果上述极限不存在, 函数 $f(x)$ 在无穷区间 $[a, +\infty)$ 上的广义积分 $\int_a^{+\infty} f(x) dx$ 就没有意义, 习惯上称为**广义积分** $\int_a^{+\infty} f(x) dx$ **发散**, 这时记号 $\int_a^{+\infty} f(x) dx$ 不再表示数值了.

类似地, 可定义 $f(x)$ 在无穷区间 $(-\infty, b]$ 上的广义积分.

定义 2 设函数 $f(x)$ 在区间 $[a, +\infty)$ 上连续, 取 $a < b$. 如果极限 $\lim\limits_{a \to -\infty} \int_a^b f(x) dx$ 存在, 则称此极限为函数 $f(x)$ 在无穷区间 $[a, +\infty)$ 上的广义积分, 记作 $\int_{-\infty}^b f(x) dx$, 即 $\int_{-\infty}^b f(x) dx = \lim\limits_{a \to -\infty} \int_a^b f(x) dx$. 这时也称**广义积分** $\int_{-\infty}^b f(x) dx$ **收敛**. 如果上述极限不存在, 就称**广义积分** $\int_{-\infty}^b f(x) dx$ **发散**.

定义 3 设函数 $f(x)$ 在区间 $(-\infty, +\infty)$ 上连续, 如果广义积分 $\int_{-\infty}^0 f(x) dx$ 和 $\int_0^{+\infty} f(x) dx$ 都收敛, 则称上述两广义积分之和为函数 $f(x)$ 在**无穷区间** $(-\infty, +\infty)$ **上的广义积分**, 记作 $\int_{-\infty}^{+\infty} f(x) dx$, 即

$$\int_{-\infty}^{+\infty} f(x) dx = \int_{-\infty}^0 f(x) dx + \int_0^{+\infty} f(x) dx$$

$$= \lim_{a \to -\infty} \int_a^0 f(x) dx + \lim_{b \to +\infty} \int_0^b f(x) dx.$$

这时也称**广义积分** $\int_{-\infty}^{+\infty} f(x) dx$ **收敛**; 否则就称**广义积分** $\int_{-\infty}^{+\infty} f(x) dx$ **发散**.

上述各广义积分统称为无穷区间的广义积分. 可见, 广义积分的基本思想是先计算定积分, 再取极限.

若 $F(x)$ 是 $f(x)$ 的一个原函数, 并记

$$F(+\infty) = \lim_{x \to +\infty} F(x), \ F(-\infty) = \lim_{x \to -\infty} F(x).$$

则定义 1、定义 2、定义 3 中的广义积分可表示为

$$\int_a^{+\infty} f(x)\,\mathrm{d}x = F(x)\Big|_a^{+\infty} = F(+\infty) - F(a).$$

$$\int_{-\infty}^b f(x)\,\mathrm{d}x = F(x)\Big|_{-\infty}^b = F(b) - F(-\infty).$$

$$\int_{-\infty}^{+\infty} f(x)\,\mathrm{d}x = F(x)\Big|_{-\infty}^{+\infty} = F(+\infty) - F(-\infty).$$

例2　计算广义积分 $\displaystyle\int_1^{+\infty} \frac{1}{x^2}\mathrm{d}x$.

解　$\displaystyle\int_1^{+\infty} \frac{1}{x^2}\mathrm{d}x = -\frac{1}{x}\Big|_1^{+\infty}\mathrm{d}x = 1$，所以此广义积分收敛.

例3　计算广义积分 $\displaystyle\int_{-\infty}^{+\infty} \frac{1}{1+x^2}\mathrm{d}x$

解　$\displaystyle\int_{-\infty}^{+\infty} \frac{1}{1+x^2}\mathrm{d}x = \int_{-\infty}^0 \frac{1}{1+x^2}\mathrm{d}x + \int_0^{+\infty} \frac{1}{1+x^2}\mathrm{d}x$

$$= \lim_{a\to-\infty}\int_a^0 \frac{1}{1+x^2}\mathrm{d}x + \lim_{b\to-\infty}\int_0^b \frac{1}{1+x^2}\mathrm{d}x$$

$$= \lim_{a\to-\infty}\arctan x\Big|_a^0 + \lim_{b\to+\infty}\arctan x\Big|_0^b$$

$$= 0 - \left(-\frac{\pi}{2}\right) + \frac{\pi}{2} = \pi.$$

这个广义积分值的几何意义是：当 $a\to-\infty$，$b\to+\infty$ 时，虽然图 5-15 中曲线与 x 轴，$x=a$，$x=b$ 所围图形向左、右无限延伸，但其面积却有极限值 π. 简单地说，它是位于曲线 $y=\dfrac{1}{1+x^2}$ 的下方，x 轴上方的图形面积.

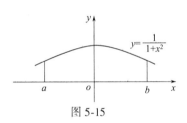

图 5-15

例4　证明：广义积分 $\displaystyle\int_1^{+\infty} \frac{1}{x^p}\mathrm{d}x\,(p>0)$，当 $p>1$ 时收敛；当 $p\leqslant 1$ 时发散.

证明　当 $p=1$ 时，$\displaystyle\int_1^{+\infty} \frac{1}{x^p}\mathrm{d}x = \int_1^{+\infty} \frac{1}{x}\mathrm{d}x = [\ln x]_1^{+\infty} = +\infty$.

当 $p\neq 1$，$\displaystyle\int_1^{+\infty} \frac{1}{x^p}\mathrm{d}x = \left[\frac{x^{1-p}}{1-p}\right]_1^{+\infty} = \begin{cases} +\infty, & p<1, \\[2mm] \dfrac{1}{p-1}, & p>1. \end{cases}$

因此，当 $p>1$ 时，这时广义积分收敛，其值为 $\dfrac{1}{p-1}$；当 $p\leqslant 1$ 时，这时广义积分发散.

注意：例4记住结果可以直接应用.

二、无界函数的广义积分

对于被积函数为无界的情形，可采用类似于无穷区间的广义积分的定义.

定义4　设函数 $f(x)$ 在 (a,b) 上连续，而 $\lim\limits_{x\to a^+} f(x) = \infty$，如果极限 $\lim\limits_{A\to a^+}\displaystyle\int_A^b f(x)\,\mathrm{d}x$ 存

在，则称此极限为函数 $f(x)$ 在 $(a, b]$ 上的广义积分，记作 $\int_a^b f(x)\,\mathrm{d}x$.

即
$$\int_a^b f(x)\,\mathrm{d}x = \lim_{A \to a^+} \int_A^b f(x)\,\mathrm{d}x .$$

这时也称**广义积分** $\int_a^b f(x)\,\mathrm{d}x$ **收敛**.

如果上述极限不存在，就称广义积分 $\int_a^b f(x)\,\mathrm{d}x$ 发散，发散时仍用记号 $\int_a^b f(x)\,\mathrm{d}x$ 表示.

定义 5 设函数 $f(x)$ 在 (a, b) 上连续，而 $\lim\limits_{x \to b^-} f(x) = \infty$ ，如果极限 $\lim\limits_{B \to b^-} \int_a^B f(x)\,\mathrm{d}x$ 存在，

则称此极限为函数 $f(x)$ 在 $[a, b)$ 上的**广义积分**，记作 $\int_a^b f(x)\,\mathrm{d}x$.

即
$$\int_a^b f(x)\,\mathrm{d}x = \lim_{B \to b^-} \int_a^B f(x)\,\mathrm{d}x .$$

这时也称**广义积分** $\int_a^b f(x)\,\mathrm{d}x$ **收敛**. 如果上述极限不存在，就称**广义积分** $\int_a^b f(x)\,\mathrm{d}x$ **发散**，发散时仍用记号 $\int_a^b f(x)\,\mathrm{d}x$.

定义 6 设函数 $f(x)$ 在 $[a, b]$ 上除点 $c \in [a, b]$ 外连续，且 $\lim\limits_{x \to c} f(x) = \infty$ ，如果下面两个广义积分 $\int_a^c f(x)\,\mathrm{d}x$ 和 $\int_c^b f(x)\,\mathrm{d}x$ 都**收敛**，则称这两个广义积分之和为函数 $f(x)$ 在 $[a, b]$ 上的**广义积分**，记作 $\int_a^b f(x)\,\mathrm{d}x$ ，即

$$\int_a^b f(x)\,\mathrm{d}x = \int_a^c f(x)\,\mathrm{d}x + \int_c^b f(x)\,\mathrm{d}x .$$

这时也称**广义积分** $\int_a^b f(x)\,\mathrm{d}x$ **收敛**；否则称**广义积分发散**.

若 $F(x)$ 是 $f(x)$ 的一个原函数，并记若 $F(x)$ 是 $f(x)$ 的一个原函数，并记
$$F(a) = \lim_{x \to a^+} F(x) , \quad F(b) = \lim_{x \to b^-} F(x)$$
则定义 4、定义 5、定义 6 中的广义积分可表示为

$$\int_a^b f(x)\,\mathrm{d}x = F(x)\Big|_a^b = F(b) - F(a) .$$

$$\int_a^b f(x)\,\mathrm{d}x = \int_a^c f(x)\,\mathrm{d}x + \int_c^b f(x)\,\mathrm{d}x$$
$$= F(x)\Big|_a^{c^-} + F(x)\Big|_{c^+}^b = F(c^-) - F(a) + F(b) - F(c^+) .$$

例 5 计算广义积分 $\int_0^a \dfrac{\mathrm{d}x}{\sqrt{a^2 - x^2}}$ $(a > 0)$.

解 因为 $\lim\limits_{x \to a} \dfrac{1}{\sqrt{a^2 - x^2}} = \infty$ ，所以 $\int_0^a \dfrac{\mathrm{d}x}{\sqrt{a^2 - x^2}}$ 是广义积分.

$$\int_0^a \frac{\mathrm{d}x}{\sqrt{a^2 - x^2}} = \arcsin\frac{x}{a}\Big|_0^a = \arcsin 1 - \arcsin 0 = \frac{\pi}{2} .$$

例 6　讨论广义积分 $\int_0^1 \dfrac{1}{x^p}\mathrm{d}x$ 的收敛性.

解　当 $p = 1$ 时，则 $\int_0^1 \dfrac{1}{x}\mathrm{d}x = \ln|x|\big|_0^1 = -\infty$ ，故 $\int_0^1 \dfrac{1}{x}\mathrm{d}x$ 发散；

当 $p \neq 1$ 时，$\int_0^1 \dfrac{1}{x^p}\mathrm{d}x = \dfrac{1}{1-p} x^{1-p}\Big|_0^1 = \begin{cases} \dfrac{1}{1-p}, & \text{当 } p < 1 \text{ 时,} \\ \text{发散,} & \text{当 } p > 1 \text{ 时.} \end{cases}$

综上所述，当 $p < 1$ 时，该广义积分收敛，其值为 $\dfrac{1}{1-p}$ ；当 $p \geqslant 1$ 时，该广义积分发散.

习题 5.4

1. 判断下列无穷区间上广义积分的敛散性，如果收敛，计算出它的值.

(1) $\int_0^{+\infty} \mathrm{e}^{-x}\mathrm{d}x$;

(2) $\int_2^{+\infty} \dfrac{1}{x\ln x}\mathrm{d}x$;

(3) $\int_{-\infty}^0 x\mathrm{e}^x\mathrm{d}x$;

(4) $\int_1^{+\infty} \dfrac{1}{x^4}\mathrm{d}x$;

(5) $\int_1^{+\infty} \dfrac{1}{\sqrt{x}}\mathrm{d}x$;

(6) $\int_{\frac{2}{\pi}}^{+\infty} \dfrac{1}{x^2}\sin\dfrac{1}{x}\mathrm{d}x$;

(7) $\int_{-\infty}^0 x\mathrm{e}^{-x^2}\mathrm{d}x$;

(8) $\int_{-\infty}^{+\infty} \dfrac{1}{x^2 + 2x + 2}\mathrm{d}x$.

(9) $\int_0^{+\infty} \mathrm{e}^{-kx}\mathrm{d}x$.

2. 判断下列无界函数广义积分的敛散性，如果收敛，计算出它的值.

(1) $\int_0^1 \dfrac{x}{\sqrt{1-x^2}}\mathrm{d}x$;

(2) $\int_0^1 \dfrac{\mathrm{d}x}{\sqrt{x}}$;

(3) $\int_0^2 \dfrac{1}{(x-1)^2}\mathrm{d}x$;

(4) $\int_1^2 \dfrac{x}{\sqrt{x-1}}\mathrm{d}x$;

(5) $\int_1^{\mathrm{e}} \dfrac{\mathrm{d}x}{x\sqrt{1-\ln^2 x}}$;

(6) $\int_2^{+\infty} \dfrac{\mathrm{d}x}{x(\ln x)^k}$;

(7) $\int_a^b \dfrac{\mathrm{d}x}{(x-a)^k}(b > a, \ k > 0)$.

本章小结

一、基本概念

曲边梯形　定积分　定积分的几何意义　变上限的定积分　广义积分

二、基本定理

微积分基本定理（牛顿-莱布尼茨公式）变上限定积分的性质定理　定积分的性质定理　原函数存在定理

三、基本方法

1. 变上限的定积分对上、下限的求导方法.

2. 直接应用牛顿-莱布尼兹公式计算定积分的方法.

3. 应用换元积分法和分部积分法计算定积分的方法.

4. 两种广义积分的计算方法.

四、疑点解析

1. 应用换元积分计算定积分时应注意的问题

换元积分法包括第一换元法与第二换元法，在应用时应注意以下两点：

（1）应用第一类换元积分法时，一般不需要引入新的积分变量，所以积分限不变；

（2）应用第二类换元积分法时，因为引入新的积分变量，所以换元时必须换积分限.

2. 曲边梯形的面积与定积分的关系

（1）当在闭区间 $[a, b]$ 上连续的函数 $f(x) \geq 0$ 时，由 $y = f(x)$，$x = a$，$x = b$，$y = 0$ 围成的曲边梯形的面积 A 与定积分 $\int_a^b f(x)\mathrm{d}x$ 相等，即 $A = \int_a^b f(x)\mathrm{d}x$.

（2）当在闭区间 $[a, b]$ 上连续的函数 $f(x) \leq 0$ 时，由 $y = f(x)$，$x = a$，$x = b$，$y = 0$ 围成的曲边梯形的面积 A 与定积分 $\int_a^b f(x)\mathrm{d}x$ 互为相反数，即 $A = -\int_a^b f(x)\mathrm{d}x$.

3. 当被积函数含有绝对值符号时，定积分的计算

当被积函数中含有绝对值符号时，被积基函数一般在积分区间上是分段函数，计算分段函数的定积分可以采用区间可加性，进行分段积分后再相加.

4. 变上限的定积分对上限的求导问题

如果定积分的上限是 x 的函数，则利用符号函数的求导法则解决这个问题；如果定积分的下限是 x 的函数，那么将变下限的定积分变为变上限的定积分，利用复合函数的求导法则对上限求导；如果定积分的上下限都是 x 的函数，则利用区间可加性将定积分写成两个定积分的和，其中一个是变上限的定积分；另一个为变下限的定积分，都可以化为变上限的定积分对上限求导.

五、常见题型

1. 利用定积分性质证明有关不等式、等式.

2. 微积分的基本公式计算积分.

3. 求变上限定积分函数的极限、导数.

4. 换元积分法和分部积分法计算定积分.

5. 计算广义积分.

复习题五

1. 填空题

（1）$\dfrac{\mathrm{d}}{\mathrm{d}x}\int_0^{2x} t\cos^2 t\,\mathrm{d}t = $ _____.

（2）$\dfrac{\mathrm{d}}{\mathrm{d}x}\int_x^b \sqrt{1+t^2}\,\mathrm{d}t = $ _____.

（3）$\dfrac{\mathrm{d}}{\mathrm{d}x}\int_{\frac{1}{x}}^{\sqrt{x}} \cos^2 t\,\mathrm{d}t = $ _____.

（4）$\lim\limits_{x\to 0}\dfrac{\int_0^x \sin t^3\,\mathrm{d}t}{x^4} = $ _____.

（5）比较大小，$\int_0^1 x^2\,\mathrm{d}x$ _____ $\int_0^1 x^3\,\mathrm{d}x$

（6）$\int_{-1}^1 \dfrac{x^4\sin^3 x}{1+x^2}\,\mathrm{d}x = $ _____.

(7) $\int_0^1 \dfrac{3x^2}{1+x^2}dx = $ _____.

(8) $\int_0^x (t+t^2)dt$ 在区间 $[0, 1]$ 上的最大值为 _____.

(9) $\int_0^1 \sqrt{1-x^2}\,dx = $ _____.

(10) $\int_0^1 dx = $ _____.

(11) $\int_{-\pi}^{\pi} \dfrac{x^2 \sin x}{1+x^2}dx = $ _____.

2. 选择题

(1) 如果函数 $f(x)$ 在区间 $[a, b]$ 上可积, 则 $\int_a^b f(x)dx - \int_b^a f(x)dx$ 等于 (　　).

   A. 0 　　　　　B. $-2\int_a^b f(x)dx$　　　　C. $2\int_a^b f(x)dx$　　　　D. $2\int_b^a f(x)dx$

(2) 变上限定积分 $\int_a^x f(t)dt$ 是 (　　).

   A. $f(x)$ 的一个原函数　　　　　　　　B. $f(x)$ 的全体原函数
   C. $f'(x)$ 的一个原函数　　　　　　　　D. $f'(x)$ 的全体原函数

(3) 若 $f(0)=1$, $f(2)=3$, $f'(2)=5$, 则 $\int_0^1 xf''(2x)dx$ 的值为 (　　).

   A. 0 　　　　　B. 1 　　　　　C. 2 　　　　　D. -2

(4) 定积分的值与 (　　) 无关.

   A. 积分区间　　　B. 被积函数　　　C. 积分变量　　　D. 以上都不对

(5) 函数 $f(x)$ 在区间 $[a, b]$ 上连续是它在该区间上可积的 (　　).

   A. 必要条件　　　B. 充分条件　　　C. 充要条件　　　D. 无关条件

(6) 设 $f(x)$ 在区间 $[a, b]$ 上连续, $F(x) = \int_{x^2}^{e^x} f(t)dt$, 则 $F'(0) = $ (　　).

   A. $f(1)$　　　　B. $f(0)$　　　　C. 1 　　　　　D. $f(0)-f(1)$

(7) 若 $f(x) = \begin{cases} \int_0^x (e^{t^2}-1)dt, & x \neq 0, \\ a, & x = 0, \end{cases}$ 且 $f(x)$ 在 $x=0$ 处连续, 则 (　　).

   A. $a=1$　　　B. $a=2$　　　　C. $a=0$　　　　D. $a=-1$

(8) 下列式子正确的是 (　　).

   A. $\int_0^1 e^x dx < \int_0^1 e^{x^2} dx$　　　　　B. $\int_0^1 e^x dx > \int_0^1 e^{x^2} dx$
   C. $\int_0^1 e^x dx = \int_0^1 e^{x^2} dx$　　　　　D. 以上都不对

(9) 利用定积分的几何意义, 判断下列定积分中错误的是 (　　).

   A. $\int_0^{2\pi} \cos x dx = \int_{-\pi}^{\pi} \cos x dx$　　　　B. $\int_{-\pi}^{\pi} \sin x dx = 0$
   C. $\int_0^1 \sqrt{1-x^2}\,dx = \dfrac{\pi}{4}$　　　　　　　D. $\int_0^{\pi} \sin x dx = 0$

(10) 下列广义积分中, 收敛的是 (　　).

   A. $\int_1^{+\infty} \dfrac{1}{x}dx$　　B. $\int_1^{+\infty} \dfrac{1}{\sqrt{x}}dx$　　C. $\int_1^{+\infty} \dfrac{1}{x^2}dx$　　D. $\int_0^1 \dfrac{1}{x^2}dx$

(11) $\dfrac{d}{dx}\int_a^b \arcsin x dx = $ (　　).

   A. $\arcsin x$　　　B. $\dfrac{1}{\sqrt{1-x^2}}$　　　C. $\arcsin b - \arcsin a$　　D. 0

3. 计算题

(1) $\int_{-\frac{\pi}{2}}^{\frac{\pi}{2}} \sqrt{\cos x - \cos^3 x}\, dx$;

(2) $\int_0^2 |1 - x|\, dx$;

(3) $\int_0^1 x e^x\, dx$;

(4) $\int_e^{+\infty} \frac{1}{x \ln x}\, dx$;

(5) $\int_{-1}^1 \frac{1}{x^4}\, dx$;

(6) $\int_0^{\frac{\pi}{4}} \frac{1 + \sin^2 t}{\cos^2 t}\, dt$;

(7) $\int_1^{e^2} \frac{1}{x \sqrt{1 + \ln x}}\, dx$;

(8) $\int_0^1 x^2 \sqrt{1 - x^2}\, dx$;

(9) $\int_0^{\ln 5} \frac{e^x \sqrt{e^x - 1}}{e^x + 3}\, dx$;

(10) $\int_{-\infty}^{+\infty} \frac{2x}{1 + x^2}\, dx$;

(11) $\int_0^3 \frac{x}{1 + \sqrt{1 + x}}\, dx$;

(12) $\int_0^{\pi} \sqrt{1 + \sin 2x}\, dx$;

(13) $\int_{-\frac{\pi}{2}}^{\frac{\pi}{2}} \frac{x + \cos x}{1 + \sin^2 x}\, dx$;

(14) $\int_0^2 x^2 \sqrt{4 - x^2}\, dx$.

第六章　定积分的应用

【**教学目标**】理解微积分的精髓——"微元法"的解题理念，掌握微元法的解题的过程，并会用微元法来分析和解决一些几何、物理和经济中的变量问题.

本节在定积分的基础上，讲述定积分在几何、物理及经济中的应用.

第一节　定积分的微元法

在定积分的应用中，经常采用微元法. 为了说明这种方法，我们先来回顾一下上一章讨论过的求曲边梯形面积的过程.

设 $y = f(x)$ 在闭区间 $[a, b]$ 上连续且 $f(x) \geqslant 0$，求以曲线 $y = f(x)$ 为曲边，底为 $[a, b]$ 的曲边梯形面积 S. 这个面积 S 表示为定积分的步骤是：

（1）分割　用任意一组分点把区间 $[a, b]$ 分成长度为：$\Delta x_i = x_i - x_{i-1}(i = 1, 2, \cdots, n)$ 的小区间，相应地把曲边梯形分成 n 个小曲边梯形，第 i 个小曲边梯形面积设为 ΔS_i，于是有 $S = \sum_{i=1}^{n} \Delta S_i$；

（2）近似　计算 ΔS_i 的近似值 $\Delta S_i \approx f(\xi_i) \Delta x_i (x_{i-1} \leqslant \xi_i \leqslant x_i)$；

（3）求和　曲边梯形面积 S 的近似值 $S \approx \sum_{i=1}^{n} f(\xi_i) \Delta x_i$；

（4）求极限　曲边梯形面积 $S = \lim_{\lambda \to 0} \sum_{i=1}^{n} f(\xi_i) \Delta x_i = \int_a^b f(x) dx$.

在上述问题中，所求量面积 S 与区间 $[a, b]$ 有关；如果把区间 $[a, b]$ 分成许多部分区间，则所求量相应地分成许多部分量（即 ΔS_i），而所求量等于所有部分量之和（$S = \sum_{i=1}^{n} \Delta S_i$），这一性质称为所求量对于区间 $[a, b]$ 具有可加性. 我们还要指出，以 $f(\xi_i) \Delta x_i$ 近似代替部分量 ΔS_i 时，它们只相差一个比 Δx_i 高阶的无穷小，因此和式 $\sum_{i=1}^{n} f(\xi_i) \Delta x_i$ 的极限是 S 的精确值，而 S 可以表示为定积分 $S = \int_a^b f(x) dx$.

在给出 S 的积分表达式的四个步骤中，主要是第二步，这一步是确定 ΔS_i 的近似值 $f(\xi_i) \Delta x_i$，使得 $S = \lim_{\lambda \to 0} \sum_{i=1}^{n} f(\xi_i) \Delta x_i = \int_a^b f(x) dx$.

为了简便起见，省略下标 i，用 ΔS 表示任一小区间 $[x, x + dx]$ 上的小曲边梯形的面积，这样 $S = \sum \Delta S$．取 $[x,\ x + \mathrm{d}x]$ 的左端点 x 为 ξ，以点 x 处的函数值 $f(x)$ 为高，$\mathrm{d}x$ 为底的矩形面积 $f(x)\mathrm{d}x$ 为 ΔS 的近似值（如图 6-1 阴影部分所示），即 $\Delta S \approx f(x)\mathrm{d}x$．上式右端 $f(x)\mathrm{d}x$ 叫做面积元素，记为 $\mathrm{d}A = f(x)\mathrm{d}x$．

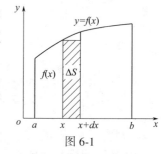

图 6-1

于是 $S \approx \sum f(x)\mathrm{d}x$，而 $S = \lim \sum f(x)\mathrm{d}x = \int_a^b f(x)\mathrm{d}x$．

一般地，对于一个实际问题，如果用定积分来表达这个量 F，那么通常写出这个量 F 的积分表达式的步骤是：

（1）根据问题的具体情况，选取一个积分变量（比如以 x 为积分变量），并确定它的变化区间 $[a,\ b]$；

（2）设想把区间 $[a,\ b]$ 分成 n 个小区间，取其中任一小区间并记作 $[x,\ x + \mathrm{d}x]$，求出相应于这个小区间的部分量 ΔF 的近似值，如果 ΔF 能近似地表示为 $[a,\ b]$ 上的一个连续函数在 x 处的微分且记作 $\mathrm{d}F$，即 $\mathrm{d}F = f(x)\mathrm{d}x$；

（3）以所求量 F 的微分 $f(x)\mathrm{d}x$ 为被积表达式，在区间 $[a,\ b]$ 上作定积分，得

所求量
$$F = \int_a^b f(x)\mathrm{d}x．$$

这就是所求量 F 的积分表达式．

这个方法通常叫做微元法．

简单地说，微元法的一般步骤是（以对 x 积分为例）：

（1）作图，选取积分变量 x，确定积分区间 $[a,\ b]$；

（2）微分，计算 $[x,\ x + \mathrm{d}x]$ 上，所求量 F 的微元 $\mathrm{d}F = f(x)\mathrm{d}x$；

（3）积分，确定并计算定积分，得所求量 $F = \int_a^b f(x)\mathrm{d}x$．

以后我们将用这种方法来讨论几何、物理和经济中的一些问题．

习题 6.1

1. 什么叫微元法？用微元法解决实际问题的思路及步骤如何？
2. 用微元法求平面图形的面积一般分为几步？
3. 质点做圆周运动，在时刻 t 的角速度为 $\omega = \omega(t)$，试用定积分表示该质点从时刻 t_1 到 t_2 所转过的角度 θ．

第二节　定积分的几何应用

一、平面图形的面积

1. 直角坐标中平面图形的面积

由上一节知道：如果 $f(x) \geqslant 0$，则由曲线 $y = f(x)$ 及直线 $x = a$，$x = b(a < b)$ 及 x 轴所围成的曲边梯形面积的微元是 $\mathrm{d}S = f(x)\mathrm{d}x$，它表示高为 $f(x)$，底为 $\mathrm{d}x$ 的一个矩形面积．

如果 $f(x)$ 在 $[a,\ b]$ 上有正有负，那么它的面积 S 的微元应是以 $|f(x)|$ 为高，$\mathrm{d}x$ 为底的矩形面积（如图 6-2），即

$$\mathrm{d}S = |f(x)|\mathrm{d}x$$

于是，总有

$$S = \int_a^b |f(x)| \, dx \,.$$

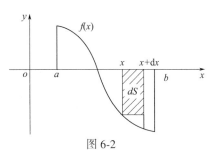

图 6-2

例 1　求由 $y = x^3$ 与直线 $x = -1$，$x = 2$ 及 x 轴所围平面图形的面积.

解　由上述公式得

$$S = \int_{-1}^2 |x^3| \, dx = \int_{-1}^0 (-x^3) \, dx + \int_0^2 x^3 \, dx = \frac{17}{4} \,.$$

也可以先画出 $y = x^3$ 与直线 $x = -1$，$x = 2$ 及 x 轴所围的平面图形，如图 6-3 所示，则由定积分的几何意义知

$$S = \int_{-1}^0 (-x^3) \, dx + \int_0^2 x^3 \, dx \,.$$

就不必用公式了.

应用定积分，不仅可以计算曲边梯形的面积，还可以计算一些比较复杂的平面图形的面积.

求由两条曲线 $y = f(x)$、$y = g(x)$ 与两条直线 $x = a$，$x = b$ 所围成的平面图形的面积（图6-4 所示）.

面积微元　　　　　　　　$dS = |f(x) - g(x)| \, dx \,.$

所以　　　　　　　　　　$S = \int_a^b |f(x) - g(x)| \, dx \,.$

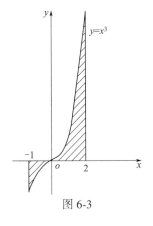

图 6-3

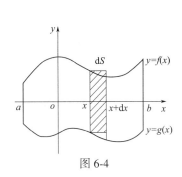

图 6-4

例 2　计算由两条抛物线 $y^2 = x$，$y = x^2$ 所围图形的面积.

解　这两条抛物线所围成的图形如图 6-5 所示.

先求两条抛物线的交点. 解方程组 $\begin{cases} y^2 = x, \\ y = x^2, \end{cases}$ 得到两组解 $\begin{cases} x = 0, \\ y = 0, \end{cases}$ 及 $\begin{cases} x = 1, \\ y = 1. \end{cases}$

即这两条抛物线的交点为 $(0,0)$ 及 $(1,1)$.

（1）取 x 为积分变量，积分区间 $[0, 1]$；

（2）微分，计算在 $[x, x + dx]$ 上，面积微元 $dS = (\sqrt{x} - x^2) \, dx$；

（3）积分，面积 $S = \int_0^1 (\sqrt{x} - x^2) \, dx = \left(\frac{2}{3} x^{\frac{3}{2}} - \frac{x^3}{3} \right) \Big|_0^1 = \frac{1}{3} \,.$

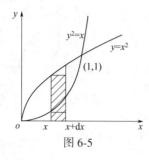

图 6-5

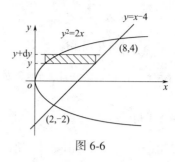

图 6-6

例 3 计算抛物线 $y^2 = 2x$ 与直线 $y = x - 4$ 所围图形的面积.

解 如图 6-6. 解方程组 $\begin{cases} y^2 = 2x, \\ y = x - 4. \end{cases}$ 得交点为 $(2, -2)$ 及 $(8, 4)$.

（1）取 y 为积分变量，积分区间 $[-2, 4]$；

（2）微分，计算 $[y, y + dy]$ 上，面积微元 $dS = (y + 4 - \frac{1}{2}y^2)dy$；

（3）积分，面积 $S = \int_{-2}^{4} (y + 4 - \frac{1}{2}y^2)dy = (\frac{1}{2}y^2 + 4y - \frac{y^3}{6})\Big|_{-2}^{4} = 18$.

从例 3 可以看到，本题以 y 为积分变量，可使计算简便.

例 4 求椭圆 $\frac{x^2}{a^2} + \frac{y^2}{b^2} = 1(a > 0, b > 0)$ 的面积.

解 这椭圆关于两坐标轴都对称（图 6-7），所以椭圆的面积为 $S = 4S_1$，其中 S_1 为椭圆在第一象限部分的面积，因此 $S = 4S_1 = 4\int_0^a y dx$.

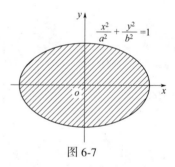

图 6-7

从方程中解出 y，得 $y = \frac{b}{a}\sqrt{a^2 - x^2}$，代入上式，得

$$S = 4\int_0^a \frac{b}{a}\sqrt{a^2 - x^2}\,dx,$$

用定积分的第二类换元积分法（或定积分的几何意义），

$$令\ x = a\sin t,\ dx = a\cos t dt,$$

$$原式 = 4ab\int_0^{\frac{\pi}{2}} \cos^2 t dt = \pi ab.$$

椭圆的面积等于 πab，我们应该把它记住，作为公式使用.

2. 极坐标系中平面图形的面积

当一个图形的边界曲线用极坐标方程 $r = r(\theta)$ 来表示时，如果能在极坐标系中求它的面积，就不必把它换为直角坐标系中去求面积. 为了阐明这种方法的实质，我们从最简单的曲边扇形的面积谈起.

由曲线 $r = r(\theta)$ 及两条半直线 $\theta = a$，$\theta = b$（$a < b$）所围成的图形称为曲边扇形. 如图 6-8 所示.

求曲边扇形的面积 S，积分变量为 θ，$\theta \in [a, b]$，下面应用微元法找面积 S 的微元 dS，任取一个子区间 $[\theta, \theta + d\theta] \in$

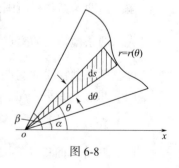

图 6-8

$[a，b]$，用 θ 处的极径 $r(\theta)$ 为半径，以 $\mathrm{d}\theta$ 为圆心角的圆扇形的面积作为面积微元，如图中斜线部分的面积. 即

$$\mathrm{d}S = \frac{1}{2}\left[r(\theta)\right]^2\mathrm{d}\theta$$

于是

$$S = \frac{1}{2}\int_\alpha^\beta\left[r(\theta)\right]^2\mathrm{d}\theta .$$

例5 求心形线 $r=a(1+\cos\theta)$ 所围成的图形的面积（$a>0$）.

解 作出它的草图，如图 6-9 所示. 由上述公式，再利用图形的对称性，得

$$S = \int_0^\pi\left[a(1+\cos\theta)\right]^2\mathrm{d}\theta$$

$$= a^2\int_0^\pi(1+2\cos\theta+\cos^2\theta)\mathrm{d}\theta$$

$$= a^2\int_0^\pi(\frac{3}{2}+2\cos\theta+\frac{1}{2}\cos2\theta)\mathrm{d}\theta$$

$$= a^2\left[\frac{3}{2}\theta+2\sin\theta+\frac{1}{4}\sin2\theta\right]\Big|_0^\pi$$

$$= \frac{3}{2}\pi a^2 .$$

对于由多个曲边扇形拼凑而成的平面图形，都可以化为几个曲边扇形来计算.

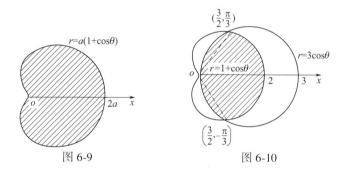

图 6-9 图 6-10

例6 求由两条曲线 $r=3\cos\theta$ 和 $r=1+\cos\theta$ 所围成的公共部分图形的面积.

解 作出它的草图，如图 6-10 所示. 再求两条曲线的交点，

解方程组 $\begin{cases}r=3\cos\theta,\\r=1+\cos\theta\end{cases}$ 得交点为 $(\frac{3}{2}，\frac{\pi}{3})$ 及 $(\frac{3}{2}，-\frac{\pi}{3})$.

考虑到图形的对称性，得面积

$$S = 2\int_0^{\frac{\pi}{3}}\frac{1}{2}(1+\cos\theta)^2\mathrm{d}\theta + 2\int_{\frac{\pi}{3}}^{\frac{\pi}{2}}\frac{1}{2}(3\cos\theta)^2\mathrm{d}\theta$$

$$= \int_0^{\frac{\pi}{3}}(1+2\cos\theta+\cos^2\theta)\mathrm{d}\theta + \int_{\frac{\pi}{3}}^{\frac{\pi}{2}}9\cos^2\theta\mathrm{d}\theta$$

$$= \left[\frac{3}{2}\theta+2\sin\theta+\frac{1}{4}\sin2\theta\right]\Big|_0^{\frac{\pi}{3}} + \left[\frac{9}{2}\theta+\frac{9}{4}\sin2\theta\right]\Big|_{\frac{\pi}{3}}^{\frac{\pi}{2}}$$

$$= \frac{5}{4}\pi .$$

二、立体的体积

1. 旋转体的体积

旋转体就是由一个平面图形绕着平面内一条直线旋转一周而形成的立体. 这直线叫做旋转轴. 圆柱、圆锥、圆台、球体可以分别看成是由矩形绕它的一条边、直角三角形绕它的直角边、直角梯形绕它的直角腰、半圆绕它的直径旋转一周而成的立体, 所以它们都是旋转体. 上述旋转体都可以看作是由曲线 $y = f(x)$、直线 $x = a$、$x = b$ 及 x 轴所围成的曲边梯形绕 x 轴旋转一周而成的立体. 现在我们考虑用定积分来计算这种旋转体的体积.

取 x 为积分变量, 积分区间为 $[a, b]$, 相应于 $[a, b]$ 上的任一小区间 $[x, x + dx]$ 的小曲边梯形绕 x 轴旋转而成的薄片的体积近似于以 $f(x)$ 为底半径、dx 为高的扁圆柱体的体积 (图 6-11), 即体积微元 $dV = \pi f^2(x) dx$, 以 $dV = \pi f^2(x) dx$ 为被积表达式, 在区间 $[a, b]$ 上作定积分, 便得所求旋转体体积为 $V = \pi \int_a^b f^2(x) dx$.

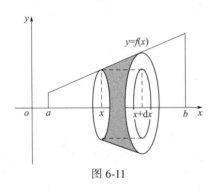
图 6-11

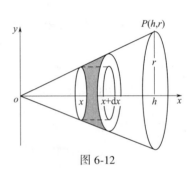
图 6-12

利用微元法求旋转体的体积的一般步骤 (以对 x 积分为例):

(1) 作图, 确定积分变量 x, 积分区间 $[a, b]$;

(2) 微分, 计算在 $[x, x + dx]$ 上, 体积微元 $dV = \pi f^2(x) dx$;

(3) 积分, 确定定积分, 得体积 $V = \pi \int_a^b f^2(x) dx$.

例 7 求底半径为 r, 高为 h 的圆锥体体积.

解 圆锥体可看作由直线 $x = \dfrac{r}{h}x$, $y = 0$, $x = h$ 围成的三角形绕 x 轴旋转而成的旋转体 (图 7-12),

(1) 作图, 取 x 为积分变量, 积分区间 $[0, h]$;

(2) 微分, 计算 $[x, x + dx]$ 上, 体积微元 $dV = \pi \left(\dfrac{r}{h}x\right)^2 dx$;

(3) 积分, 确定定积分, 得体积 $V = \pi \int_0^h \dfrac{r^2}{h^2}x^2 dx = \dfrac{1}{3}\pi r^2 h$.

例 8 求椭圆 $\dfrac{x^2}{a^2} + \dfrac{y^2}{b^2} = 1 (a > 0, b > 0)$ 分别绕 x 轴, y 轴旋转一周所形成的旋转体的体积.

解 绕 x 轴旋转, 如图 6-13(a),

（1）取 x 为积分变量，积分区间 $[-a, a]$；

（2）微分，$y^2 = \dfrac{b^2}{a^2}\sqrt{a^2 - x^2}$，体积微元 $\mathrm{d}V_x = \dfrac{\pi b^2}{a^2}(a^2 - x^2)\mathrm{d}x$；

（3）积分，确定定积分，得体积

$$V_x = \pi \int_{-a}^{a} \frac{b^2}{a^2}(a^2 - x^2)\mathrm{d}x = \frac{2\pi b^2}{a^2}\int_0^a (a^2 - x^2)\mathrm{d}x = \frac{2\pi b^2}{a^2}\left(a^2 x - \frac{x^3}{3}\right)\Big|_0^a = \frac{4\pi ab^2}{3}.$$

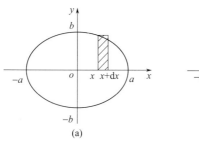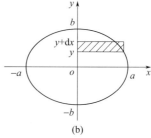

图 6-13

绕 y 轴旋转，如图 6-13(b)，

（1）取 y 为积分变量，积分区间 $[-b, b]$；

（2）微分，$x^2 = \dfrac{a^2}{b^2}\sqrt{b^2 - y^2}$，体积微元 $\mathrm{d}V_y = \dfrac{\pi a^2}{b^2}(b^2 - y^2)\mathrm{d}y$；

（3）积分，确定定积分，得体积

$$V_y = \pi \int_{-b}^{b} \frac{a^2}{b^2}(b^2 - y^2)\mathrm{d}y = \frac{2\pi a^2}{b^2}\int_0^b (b^2 - y^2)\mathrm{d}y = \frac{2\pi a^2}{b^2}\left(b^2 y - \frac{y^3}{3}\right)\Big|_0^b = \frac{4\pi a^2 b}{3}.$$

例 9　求圆 $x^2 + (y - b)^2 = a^2 (0 < a < b)$ 绕 x 轴旋转一周所形成的旋转体的体积.

解　绕 x 轴旋转，如图 6-14，

（1）取 x 为积分变量，积分区间 $[-a, a]$；

（2）微分，$y = b \pm \sqrt{a^2 - x^2}$，体积微元

$\mathrm{d}V_x = \pi\left[\left(b + \sqrt{a^2 - x^2}\right)^2 - \left(b - \sqrt{a^2 - x^2}\right)^2\right]\mathrm{d}x$；

（3）积分，确定定积分，得体积

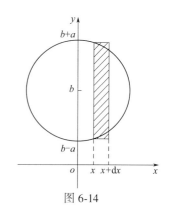

图 6-14

$$V_x = \pi \int_{-a}^{a} \frac{b^2}{a^2}(a^2 - x^2)\mathrm{d}x = \frac{2\pi b^2}{a^2}\int_0^a (a^2 - x^2)\mathrm{d}x$$

$$= \pi \int_{-a}^{a} 2b \cdot 2\sqrt{a^2 - x^2}\,\mathrm{d}x$$

$$= 8\pi \int_0^a \sqrt{a^2 - x^2}\,\mathrm{d}x = 2\pi^2 a^2 b.$$

绕 x 轴旋转是半径为 a 的球，体积为 $V_y = \dfrac{4\pi a^3}{3}$.

2. 平行截面面积为已知的立体体积

设一物体被垂直于某直线的平面所截的面积可求，则可用定积分求该物体的体积.

设上述直线为 x 轴，且截面面积 $S(x)$ 是 x 的可求的连续函数，求该物体介于 $x = a$ 和 $x = b (a < b)$ 之间的体积（如图 6-15），利用微元法，基本步骤：

（1）取 x 为积分变量，积分区间 $[a, b]$ ；

（2）微分，计算 $[x, x + \mathrm{d}x]$ 上，体积微元 $\mathrm{d}V = S(x)\mathrm{d}x$ ；

（3）积分，确定定积分，得体积 $V = \int_a^b S(x)\mathrm{d}x$.

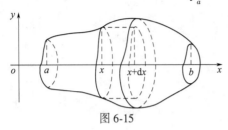

图 6-15

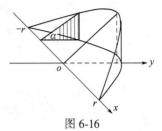

图 6-16

例 10 设有一半径为 r 的圆柱，被一与圆柱底面成 α 角且过底圆中心的平面所截，求截下的楔形的体积（如图 6-16）.

解 如图 6-16 所示，选取坐标系，则底圆的方程为 $x^2 + y^2 = r^2$ ，

（1）取 x 为积分变量，积分区间 $[-r, r]$ ；

（2）微分，计算 $[x, x + \mathrm{d}x]$ 上，截面面积 $S(x) = \dfrac{1}{2}y \cdot y\tan\alpha = \dfrac{1}{2}(r^2 - x^2)\tan\alpha$ ，

体积微元 $\mathrm{d}V = S(x)\mathrm{d}x = \dfrac{1}{2}(r^2 - x^2)\tan\alpha \mathrm{d}x$ ；

（3）积分，确定定积分，得体积

$$V = \int_{-r}^r S(x)\mathrm{d}x = \frac{\tan\alpha}{2}\int_{-r}^r (r^2 - x^2)\mathrm{d}x$$

$$= \tan\alpha \int_0^r (r^2 - x^2)\mathrm{d}x = \tan\alpha \left(r^2 x - \frac{x^3}{3}\right)\bigg|_0^r = \frac{2}{3}r^3\tan\alpha .$$

不难看出，我们也可以用垂直于 y 轴的平面去截立体，这时所得的截面是矩形. 也就是说取 y 为积分变量，它的截面面积 $S(x)$ 是什么？体积如何计算？请读者思考.

三、平面曲线的弧长

一根直线的长度可以直接度量. 但一条曲线段的"长度"，一般却不能直接度量. 因此需要用下面的方法来求.

设函数 $y = f(x)$ 在区间 $[a, b]$ 上具有一阶连续的导数，计算曲线 $y = f(x)$ 从 $x = a$ 到 $x = b$ 之间的一段圆弧的长度.

先复习弧长微分的表达式.

平面曲线 $y = f(x)$ 具有连续导数，则曲线 $y = f(x)$ 上弧长微分的表达式是

$$\mathrm{d}L = \sqrt{(\mathrm{d}x)^2 + (\mathrm{d}y)^2} = \sqrt{1 + (y')^2}\mathrm{d}x .$$

因此利用微元法，求弧长的基本步骤是：

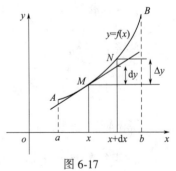

图 6-17

（1）取 x 为积分变量，积分区间 $[a, b]$ ；

（2）微分，在 $[x, x + \mathrm{d}x]$ 上，由弧微分的几何意义

（如图 6-17），弧长微元 $\mathrm{d}L = \sqrt{(\mathrm{d}x)^2 + (\mathrm{d}y)^2} = \sqrt{1 + (y')^2}\mathrm{d}x$ ；

（3）积分，确定定积分，得弧长 $L = \int_a^b \sqrt{1 + (y')^2}\,\mathrm{d}x$.

例 11 计算曲线 $2y = x^2$ 在 $[0,1]$ 上的弧长.

解 因为 $y = \dfrac{x^2}{2}$，$y' = x$，所以弧长

$$
\begin{aligned}
L &= \int_0^1 \sqrt{1 + (y')^2}\,\mathrm{d}x = \int_0^1 \sqrt{1 + x^2}\,\mathrm{d}x \\
&= \frac{1}{2}\big[\, x\sqrt{1 + x^2}\,) + \ln(\sqrt{1 + x^2} + x)\,\big]\,\Big|_0^1 \\
&= \frac{1}{2}\big[\sqrt{2} + \ln(\sqrt{2} + 1)\,\big].
\end{aligned}
$$

例 12 两根电线杆之间的电线，由于自身质量成曲线，
这一曲线称为悬链线（如图 6-18）. 其方程为 $y = \dfrac{a}{2}\big(\mathrm{e}^{\frac{x}{a}} +$

$\mathrm{e}^{-\frac{x}{a}}\big)(a > 0)$，试求从 $-b$ 到 b 这段曲线的长度.

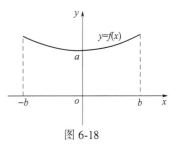

图 6-18

解 如图 6-18 所示，

由 $y = \dfrac{a}{2}\big(\mathrm{e}^{\frac{x}{a}} + \mathrm{e}^{-\frac{x}{a}}\big)(a > 0)$，有 $y' = \dfrac{1}{2}\big(\mathrm{e}^{\frac{x}{a}} - \mathrm{e}^{-\frac{x}{a}}\big)$

$(a > 0)$，于是

$$
\sqrt{1 + (y')^2} = \sqrt{1 + \frac{1}{4}\big(\mathrm{e}^{\frac{x}{a}} - \mathrm{e}^{-\frac{x}{a}}\big)^2} = \frac{1}{2}\big(\mathrm{e}^{\frac{x}{a}} + \mathrm{e}^{-\frac{x}{a}}\big)
$$

由弧长公式 $L = \int_{-b}^b \sqrt{1 + (y')^2}\,\mathrm{d}x = \dfrac{1}{2}\int_{-b}^b \big(\mathrm{e}^{\frac{x}{a}} + \mathrm{e}^{-\frac{x}{a}}\big)\,\mathrm{d}x$

$$
= \int_0^b \big(\mathrm{e}^{\frac{x}{a}} + \mathrm{e}^{-\frac{x}{a}}\big)\,\mathrm{d}x = a\big(\mathrm{e}^{\frac{x}{a}} - \mathrm{e}^{-\frac{x}{a}}\big)\,\Big|_0^b = a\big(\mathrm{e}^{\frac{b}{a}} - \mathrm{e}^{-\frac{b}{a}}\big).
$$

习题 6.2

1. 由曲线 $y = f(x)$，$x = a$，$x = b$ 及 x 轴围成的曲边梯形的面积微元 $\mathrm{d}S$ 是什么？给出 $\mathrm{d}S$ 的几何解释.

2. 由曲线 $y = x^3$，直线 $x = 1$，$x = 3$ 及 x 轴所围成的曲边梯形，试用定积分表示该曲边梯形的面积.

3. 由曲线 $r = r(\theta)$，$\theta = \alpha$，$\theta = \beta$ 围成的曲边扇形的面积微元 $\mathrm{d}S$ 是什么？给出 $\mathrm{d}S$ 的几何解释.

4. 求下列曲线所围成的平面图形的面积.

（1）$xy = 1$，$y = x$，$x = 2$；　　　　（2）$y^2 = \pi x$，$x^2 + y^2 = 2\pi^2$；

（3）$y = \mathrm{e}^x$，$y = \mathrm{e}^{-x}$，$x = 1$；　　　（4）$y = x^2$，$x + y = 2$；

（5）$y = x^2$，$y = (x - 2)^2$，$y = 0$；　（6）$y = \sin x$，$y = \cos x$，$x = 0$，$x = \dfrac{\pi}{2}$.

5. 从点 $(0,0)$ 作抛物线 $y = 1 + x^2$ 的切线.

（1）求由切线、抛物线所围成区域的面积.

（2）上述图形绕 y 轴旋转所得的旋转体的体积.

6. 求由曲线 $y = \dfrac{r}{h}\cdot x$ 及直线 $x = 0$，$x = h(h > 0)$ 和 x 轴所围成的三角形绕 x 轴旋转而生成的立体的
体积.

7. 用定积分求由 $y = x^2 + 1$，$y = 0$，$x = 1$，$x = 0$ 所围平面图形绕 x 轴旋转一周所得旋转体的体积.

8. 计算摆线的一拱 $\begin{cases} x = a(t - \sin t), \\ y = a(1 - \cos t), \end{cases}$ （$0 \leqslant t \leqslant 2\pi$）以及 $y = 0$ 所围成的平面图形的面积及平面图形绕 y 轴旋转而生成的立体的体积.

9. 求下列曲线所围成的平面图形的面积.

(1) 三叶玫瑰线 $r = 8\sin 3\theta$；　　(2) 心形线 $r = 3(1 - \sin\theta)$；

(3) $r = 1 + \sin\theta$ 与 $r = 1$；　　(4) 四叶玫瑰线 $r = a\cos 2\theta (a > 0)$.

10. 求两圆 $r = 2$ 与 $r = 4\cos\theta$ 的公共部分的面积.

11. 求下列曲线在指定区间的弧长.

(1) $y = \dfrac{1}{2}(\ln x - \dfrac{1}{2}x^2)$，$[1, 2]$；　(2) $y = \ln\cos x$，$[0, \dfrac{\pi}{4}]$；

(3) $y = \dfrac{2}{3}x^{\frac{2}{3}}$，$[0, 1]$；　　　　(4) $r = a(1 + \cos\theta)$，$[0, 2\pi]$.

12. 有一立体，底面为椭圆 $\dfrac{x^2}{100} + \dfrac{y^2}{25} = 1$，而垂直于长轴的所有截面都是高为 5 的等腰三角形，求该立体的体积.

13. 求以半径为 R 的圆为底，平行且等于直径的线段为顶，高为 h 的正劈锥体的体积.

* 第三节　定积分在物理方面的应用

前面介绍了微元法在几何上的应用，本节讲述微元法在物理上的应用.

一、引力

质量为 m_1 和 m_2，相距为 r 的两质点间的引力为 $F = G\dfrac{m_1 m_2}{r^2}$（$G$ 为引力常数）. 两个物体之间的引力，一般是不能用定积分来计算的，但是对一些简单情形，还是可以用定积分来计算的.

例 1　设长为 l，质量为 M 的均匀分布的杆，在杆的一端的延长线上距该端点为 a 的位置有一质量为 m 的质点. 求杆与质点之间的引力（如图 6-19）.

图 6-19 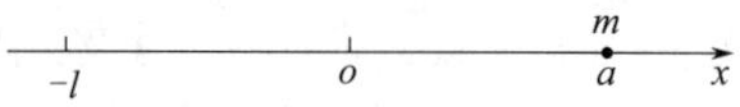　　　　　图 6-20

解　取坐标如图 6-20，由于杆不能看成一个质点，不能直接使用万有引力公式. 在区间 $[0, l]$ 上任取一个小区间 $[x, x + dx]$. 由于小区间的长度很短，可近似地看成一个质点，设 μ 为单位长度上杆的质量（称为线密度），这个质点的质量为 μdx. 这样小区间 $[x, x + dx]$ 上小段杆与质量为 m 的质点之间的万有引力可用万有引力公式，得引力 f 的微元：$df = \dfrac{\mu km dx}{(a + l - x)^2}$，其中 k 为引力系数，积分得

$$f = \int_0^l \dfrac{\mu km dx}{(a + l - x)^2} = \dfrac{\mu km}{a + l - x}\Big|_0^b = \dfrac{\mu kml}{a(a + l)} = \dfrac{\mu Mm}{a(a + l)}，其中 M 是杆的质量（M = \mu l）.$$

题中坐标系可随方便而取，不影响结果. 如取图 6-21 的坐标系也可以，在此坐标系下可以试算一下，以检验自己是否已掌握微元法.

例 2 设质量为 M 的半圆弧细铁丝，半径为 r，质量均匀分布. 在圆心处有一质量为 m 的质点. 求该铁丝与质点之间的引力.

解 由于对称性，铁丝与质点之间引力在 x 轴上的分力为零，故只需求引力在 y 轴上的分力，记为 f_y. 将圆心角在 0 到 π 之间任意划分. 在 $[0, \pi]$ 上任取一个小区间 $[\theta, \theta + \mathrm{d}\theta]$，其上的圆弧长为 $r\mathrm{d}\theta$（如图 6-21）. 设线密度为 μ，由于圆弧上各点距圆心的距离均为 r，所以 f_y 的微元为 $\mathrm{d}f_y = \dfrac{\mu kmr\mathrm{d}\theta}{r^2}\sin\theta$

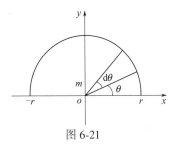

图 6-21

（其中 k 为与引力有关的常数），因而

$$f_y = \int_0^\pi \frac{\mu kmr\mathrm{d}\theta}{r^2}\sin\theta\mathrm{d}\theta$$

$$= \frac{\mu km}{r}(-\cos\theta)\bigg|_0^\pi = \frac{2km\mu}{r} = \frac{2kmM}{\pi r^2},$$

其中 M 为半圆铁丝的质量.

二、变力做的功

在高中学习过恒力做的功等于力乘位移，即 $W = F \cdot S$. 学习了微积分的微元法，对于变力 $F(x)$ 做的功为 $W = \int_a^b F(x)\mathrm{d}x$. 下面讲述变力做的功.

1. 引力做功

例 3 在一个位于坐标原点 o 处且带 $+q$ 电量的点电荷所形成的电场中，求单位正电荷沿 r 轴的方向从 $r = a$ 移动到 $r = b(a < b)$ 处时，电场力所做的功? 又如果单位正电荷移至无穷远处，电场力所做的功是多少?

解 如图 6-22 所示，由物理学知，电场力 $f = k \cdot \dfrac{q}{x^2}$.

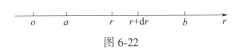

图 6-22

在小区间 $[r, r + \mathrm{d}r]$ 上电场力可近似看作不变，用点 r 处单位正电荷受到的电场力代替，功的微元为 $\mathrm{d}W = k \cdot \dfrac{q}{x^2}\mathrm{d}r$. 所以电场力对单位正电荷在 $[a, b]$ 上移动所做的功 $W = \int_a^b k \cdot$

$\dfrac{q}{x^2}\mathrm{d}r = -kq \cdot \dfrac{1}{r}\bigg|_a^b = kq\left(\dfrac{1}{a} - \dfrac{1}{b}\right)$.

将单位正电荷移至无穷远处时，电场力所做的功称为电场中该点的电位 V，于是电场在 a 处的电位为 $V = \int_a^{+\infty} \dfrac{kq}{r^2}\mathrm{d}r = -kq\dfrac{1}{r}\bigg|_a^{+\infty} = \dfrac{kq}{a}$.

2. 吸水做功

例 4 有一高为 10m，半径为 3m 的圆柱形蓄水池，要把池内的水全部吸到池面以上 5m 的水塔中去，需做多少功?（$\rho_{\text{水}} = 10^3\text{kg/m}^3$）

解 如图 6-23 所示建立坐标系，水塔所在平面为 y 轴，垂直向下为 x 轴，积分变量为

x，积分区间为 $[5，15]$，相应于 $[x，x + dx]$ 的一薄层水的高度为 dx，这薄层水的重量为 $9\rho g\pi dx$，吸出这薄层水需做的功的微元为

$$dW = 9\rho g\pi dx \cdot x = 9\pi\rho gxdx.$$

所以所做功为

$$W = \int_5^{15} 9\pi\rho gxdx = 9\pi\rho g \cdot \frac{x^2}{2}\bigg|_5^{15}$$

$$= 4.5\pi\rho g(225 - 25) \approx 2.77 \times 10^7 (\text{J}).$$

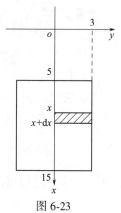

图 6-23

三、液体的压力

由物理学知道，水深为 h 处的水的压强为 $p = \rho gh$，这里 ρ 为水的密度. 如果有一面积为 S 的平板水平地放置在水深为 h 处，那么平板一侧所受的水压力为 $P = p \cdot S$. 如果平板垂直地放置在水中，那么由于水深不同的点处的压强不相等，平板一侧所受的水压力就不能用上述方法计算. 下面我们举例说明它的计算方法.

例5 某水渠中，有一等腰梯形闸门（图 6-24）. 当水面与渠道顶部相齐时，求闸门所受的压力 P.

解 选取坐标系如图 6-24 所示. 根据闸门关于 x 轴的对称性，只要计算梯形 $oBCF$ 所受的压力，再二倍即为所求.

边 BC 的方程为 $y = -\dfrac{x}{4} + 2$.

在 $[x，x + dx]$ 上，压力微元为

$$dP = \rho g\left(-\frac{x}{4} + 2\right)dx \cdot x，$$

$$= \rho g\left(-\frac{x^2}{4} + 2x\right)dx$$

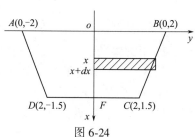

图 6-24

故在 $[0，2]$ 上梯形 $ABCD$ 所受压力

$$P = 2\int_0^2 \rho g\left(-\frac{x^2}{4} + 2x\right)dx = 2\rho g\left(4 - \frac{2}{3}\right) = \frac{20}{3}\rho g.$$

四、平均值

n 个数 $y_1，y_2，\cdots，y_n$ 的算术平均值（用 $\bar{y}$ 表示）为

$$\bar{y} = \frac{y_1 + y_2 + \cdots + y_n}{n} = \frac{1}{n}\sum_{i=1}^n y_i.$$

现在介绍连续函数 $y = f(x)$ 在区间 $[a，b]$ 上的平均值.

解决问题的思路是：将 $[a，b]n$ 等分，当 n 很大时，每个子区间 $[x_i，x_i+\Delta x]$（$i = 1，2，\cdots，n$）的长度 $\Delta x = \dfrac{b - a}{n}$ 就很小，由于函数 $f(x)$ 在 $[a，b]$ 上连续，它的子区间 $[x_i，x_i+\Delta x]$ 上的函数值差别就很小，因此可以取 $f(x_i)$ 作为函数在该子区间上的平均值的近似值，于是函数在 $[a，b]$ 上的平均值近似为

$$\bar{y} \approx \frac{f(x_1) + f(x_2) + \cdots + f(x_n)}{n} = \frac{1}{b - a}\sum_{i=1}^n f(x_i)\Delta x.$$

当 n 愈大，近似值的精度愈高，当 $n \to \infty$ 时得函数的平均值为

$$\overline{y} = \lim_{n \to \infty} \frac{1}{n} \sum_{i=1}^{n} f(x_i) = \lim_{\Delta x \to 0} \frac{1}{b-a} \sum_{i=1}^{n} f(x_i) \Delta x = \frac{1}{b-a} \int_a^b f(x) \, dx.$$

即

$$\overline{y} = \frac{1}{b-a} \int_a^b f(x) \, dx.$$

例 6　求从 0 至 t 秒到这段时间内自由落体的平均速度.

解　因为自由落体的速度为 $v = gt$，所以

$$v = \frac{1}{t-0} \int_0^t gu \, du = \frac{1}{2} gt.$$

例 7　设交流电流的电动势 $E = E_0 \sin \omega t$. 求在半周期内，即 $\left[0, \dfrac{\pi}{\omega}\right]$ 上的平均电动势 $\overline{E}$.

解　代入公式，得

$$\overline{E} = \frac{1}{\frac{\pi}{\omega}} \int_0^{\frac{\pi}{\omega}} E_0 \sin \omega t \, dt = \frac{\omega}{\pi} \cdot \frac{E_0}{\omega} (-\cos \omega t) \Big|_0^{\frac{\pi}{\omega}} = \frac{2}{\pi} E_0.$$

习题6.3

1. 设一物体受连续的变力 $F(x)$ 作用，沿力的方向作直线运动，则物体从 $x = a$ 运动到 $x = b$，变力所做的功为 $W = $ _____，其中_____为变力 $F(x)$ 使物体由 $[a, b]$ 内的任一闭区间 $[x, x+dx]$ 的左端点 x 到右端点 $x + dx$ 所做功的近似值，也称其为_____.

2. 已知电流强度 i 与时间 t 的函数关系为 $i = i(t)$，试用定积分表示从时刻 0 到 t 这一段时间流过导线横截面的电量 Q.

3. 设有一质量非均匀的细棒，长度为 l，取棒的一端为原点，假设细棒上任一点处的线密度为 $\rho(x)$，试用定积分表示细棒的质量.

4. 如何计算铅直放置在液体中的曲边梯形薄板的侧压力？

5. 一个密度不均匀分布的直杆，长为 l，线密度为 $\rho(x)$，求它的质量.

6. 设半径为 R，总质量为 M 的均匀细半圆环，其圆心处有一质量为 m 的质点，求半圆环与质点之间的引力.

7. 一个底半径为 $R(\mathrm{m})$，高为 $H(\mathrm{m})$ 的圆柱形水桶装满了水，要把桶内的水全部吸出，需要做多少功（水的密度为 $10^3 \mathrm{kg/m^3}$，g 取 $10\mathrm{m/s^2}$）？

8. 一边长为 $a(\mathrm{m})$ 的正方形薄板垂直放入水中，使该薄板的上边距水面 1m，试求该薄板的一侧所受的水的压力（水的密度为 $10^3 \mathrm{kg/m^3}$，g 取 $10\mathrm{m/s^2}$）.

9. 在一个位于坐标原点 o 处且带 $+q$ 电量的点电荷所形成的电场中，求单位正电荷沿 r 轴的方向从 $r = a$ 移动到 $r = b(a < b)$ 处时，电场力对它做的功.

10. 已知定滑轮距光滑的玻璃平面的高为 h，一物体受到通过定滑轮绳子的牵引（如图 6-25），其力的大小为常数 F，沿着玻璃平面从点 A 沿直线 AB 移到点 B 处时. 设点 AB 及定滑轮所在平面垂直于玻璃板. 求力 F 对物体所做的功.

11. 水利工程中要计算拦水闸门所受的水压力（如图 6-26）. 已知闸门上水的压强 p 是水深 h 的函数，且有 $p = h(\mathrm{t/m^2})$. 若闸门高 $H = 3\mathrm{m}$，宽 $L = 2\mathrm{m}$，求水面与闸门顶相齐时闸门所受的水压力 P（如图 6-26 示）.

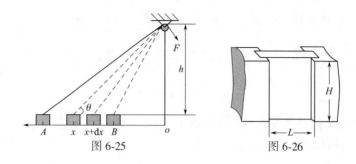

图 6-25　　　　　　　图 6-26

12. 一个电阻为 R 的纯电阻电路中正弦交流电为 $i(t) = I_m \sin\omega t$，求在一个周期上功率的平均值（简称平均功率）.

第四节　定积分在经济中的应用

前面已经介绍了经济学中几种常见函数，如成本函数 $C(Q)$，收益函数 $R(Q)$，利润函数 $L(Q)$，需求函数 $Q = f(P)$，供给函数 $Q = \varphi(P)$；又介绍了它们的导数，分别为边际成本函数 $C'(Q)$，边际收益函数 $R'(Q)$，边际利润函数 $L'(Q)$，边际需求函数 $Q = f'(P)$，以及边际供给函数 $Q' = \varphi'(P)$，其中 Q 表示产量、销售量、需求量或供给量，P 为价格. 由某一经济函数求它的边际函数是求导运算，在实际问题中也有相反的要求，即已知边际函数，需考虑对应的经济函数，这就是积分运算. 下面通过具体例子说明定积分在经济中的应用.

例 1　已知某产品的总重量的变化率为 $Q'(t) = 40 + 12t - \dfrac{3}{2}t^2$（单位/天），求从第二天到第十天产品的总重量 Q.

解　$Q = \displaystyle\int_2^{10} Q'(t)\,dt = \int_2^{10}(40 + 12t - \dfrac{3}{2}t^2)\,dt$

$= (40t + 6t^2 - \dfrac{1}{2}t^3)\Big|_2^{10}$

$= 40 \times 10 + 6 \times 10^2 - \dfrac{1}{2} \times 10^3 - (40 \times 2 + 6 \times 2^2 - \dfrac{1}{2} \times 2^3)$

$= 400$ 单位.

例 2　每天生产某产品 Q 单位时，固定成本为 20 元，边际成本函数 $C'(Q) = 0.4Q + 2$（元/单位）.

（1）求成本函数 $C(Q)$；

（2）如果这种产品销售价为 18 元/单位，且产品可以全部售出，求利润函数 $L(Q)$；

（3）每天生产多少单位产品时，才能获得最大利润？

解　（1）边际成本的某个原函数 $C_1(Q)$ 为可变成本，它满足 $C_1(0) = 0$，故

$C_1(Q) = \displaystyle\int_0^Q(0.4t + 2)\,dt = 0.2Q^2 + 2Q$，成本函数为可变成本 $C_1(Q)$ 与固定成本 C_0 之和，于是 $C(Q) = C_1(Q) + C_0 = 0.2Q^2 + 2Q + 20$.

（2）利润函数是收益函数与成本函数之差，于是

$L(Q) = R(Q) - C(Q) = 18Q - (0.2Q^2 + 2Q + 20) = 16Q - 0.2Q^2 - 20$.

（3）$L'(Q) = 16 - 0.4Q$.

令 $L'(Q) = 0$ 得 $Q = 40$，即当每天售出 40 单位产品时，利润最大，最大利润为 $L(40) = 16 \times 40 - 0.2 \times 40^2 - 20 = 300$（元）.

例3　某厂购置一台机器，该机器在时刻 t 所生产出的产品，其追加盈利（追加收益减去追加生产成本）为 $E(t) = 225 - \dfrac{1}{4}t^2$（万元/年），在时刻 t 机器的追加维修成本为 $F(t) = 2t^2$（万元/年）. 在不计购置成本的情况下，工厂追求最大利润. 假设在任何时刻拆除这台机器，它都没有残留价值，使用这台机器可获得的最大利润是多少？

分析　这里追加收益就是总收益对时间 t 的变化率，追加成本就是总成本对时间 t 的变化率，而 $E(t) - F(t)$ 就是在时刻 t 的追加净利润，或者说是利润对时间 t 的变化率. $F(t)$ 是增函数，$E(t)$ 是减函数，这意味着维修费用逐年增加，而所得盈利（没有考虑维修成本时的利润）逐年减少.

解　使用这台机器，在时刻 t 的追加净利润为

$$E(t) - F(t) = 225 - \frac{9}{4}t^2 \text{（万元/年）.}$$

由极值存在的必要条件：$E(t) - F(t) = 0$，即

$225 - \dfrac{9}{4}t^2 = 0$，可解得 $t = 10$（只取正值）. 又当 $t \in (0, 10)$ 时，$E(t) - F(t) > 0$；当 $t \in (10, +\infty)$ 时，$E(t) - F(t) < 0$，所以利润最大的时刻是 $t = 10$. 即到 10 年末，使用这台机器可获得最大利润，其值为

$$L = \int_0^{10} [E(t) - F(t)] \mathrm{d}t = \int_0^{10} \left(225 - \frac{9}{4}t^2\right) \mathrm{d}t = 1500 \text{（万元）.}$$

习题 6.4

1. 某企业的经营成本 C 随产量 x 增加而增加，其边际成本为 $\dfrac{\mathrm{d}C}{\mathrm{d}x} = 2 + x$，且固定成本为 5，求成本函数 $C(x)$.

2. 某厂生产某种产品，边际产量 Q' 为时间 t 的函数，且

$Q'(t) = 200 + 14t - 0.3t^2$（千件/小时），试用定积分表示从 $t = 1$ 到 $t = 3$ 两个小时内的总产量.

3. 某厂生产每批产品 Q 单位时，边际成本为 5 元/单位，边际收益为 $10 - 0.02Q$（单位：元/单位），当生产 10 单位产品时总成本为 250 元. 问每批生产多少单位产品时利润最大？并求最大利润.

4. 某产品的边际收益和边际成本函数分别为 $R'(Q) = 18$（单位：万元/吨）和 $C'(Q) = 3Q^2 - 18Q + 33$（单位：万元/吨），其中 Q 为产量，单位为吨，$0 \leq Q \leq 10$，且固定成本为 10 万元，当产量为多少吨时，利润最大？并求出最大利润.

本章小结

一、基本概念
微元法　平面图形的面积　旋转体的体积　变力做的功　液体的压力　边际导数
二、基本方法
1. "微元法" 的步骤.

2. "微元法"在几何上的应用

求平面图形的面积

$$S = \int_a^b |f(x) - g(x)| \mathrm{d}x \text{ 或 } S = \int_c^d |\varphi(y) - \phi(y)| \mathrm{d}y.$$

求旋转体的体积

$$V = \pi \int_a^b f^2(x) \mathrm{d}x \quad \text{或} \quad V = \pi \int_c^d \varphi^2(y) \mathrm{d}y.$$

3. 微元法在物理上的应用

求变力做的功

$$W = \int_a^b F(x) \mathrm{d}x.$$

4. 微元法在经济中的应用

已知边际函数求原函数问题

$$C(Q) = \int_a^b F(Q) \mathrm{d}Q$$

三、常见题型

1. 求平面图形的面积.

2. 求旋转体的体积.

3. 求变力做的功.

4. 求直立在液体中平面薄板所受的压力.

5. 求收益、利润、成本等经济中的应用.

复习题六

1. 填空题

(1) 由曲线 $y = \dfrac{1}{x}$ 与直线 $y = x$ 及 $x = 2$ 所围成图形的面积为_____.

(2) 由曲线 $r = 2a\cos\theta$ 与射线 $\theta = -\dfrac{\pi}{2}$ 及 $\theta = \dfrac{\pi}{2}$ 所围成图形的面积为_____.

2. 选择题

(1) 由曲线 $y = \mathrm{e}^x$, $y = \mathrm{e}^{-x}$ 与直线 $x = 2$ 所围成图形的面积为 (   ).

    A. $\int_0^2 (\mathrm{e}^{-x} - \mathrm{e}^x) \mathrm{d}x$ B. $\int_{-\infty}^2 \mathrm{e}^x \mathrm{d}x - \int_0^2 \mathrm{e}^{-x} \mathrm{d}x$

    C. $\int_{-\infty}^2 \mathrm{e}^x \mathrm{d}x + \int_0^2 \mathrm{e}^{-x} \mathrm{d}x$ D. $\int_0^2 (\mathrm{e}^x - \mathrm{e}^{-x}) \mathrm{d}x$

(2) 曲线 $y = \sin^{\frac{3}{2}} x (0 \leqslant x \leqslant \pi)$ 与 x 轴围成的图形绕 x 轴旋转一周所得旋转体的体积为 (   ).

    A. $\dfrac{4}{3}$ B. $\dfrac{4}{3}\pi$ C. $\dfrac{2}{3}\pi^2$ D. $\dfrac{2}{3}\pi$

(3) 由 x 轴、y 轴及 $y = (x+1)^2$ 所围成的平面图形的面积为定积分 (   ).

    A. $\int_0^1 (x+1)^2 \mathrm{d}x$ B. $\int_1^0 (x+1)^2 \mathrm{d}x$

    C. $\int_0^{-1} (x+1)^2 \mathrm{d}x$ D. $\int_{-1}^0 (x+1)^2 \mathrm{d}x$

(4) 由曲边梯形 $D: a \leqslant x \leqslant b, 0 \leqslant y \leqslant f(x)$ 绕 x 轴旋转一周所得旋转体的体积为 (   ).

    A. $\int_a^b f^2(x) \mathrm{d}x$ B. $\int_b^a f^2(x) \mathrm{d}x$

C. $\int_b^a \pi f^2(x)\,\mathrm{d}x$　　　　D. $\int_a^b \pi f^2(x)\,\mathrm{d}x$

3. 综合题

（1）求由曲线 $x = y^2$，$x + y = 2$ 所围成图形的面积.

（2）计算由 $y^2 = 4(1-x)$ 和 $y^2 = 4(1+x)$ 所围成图形的面积.

（3）求由曲线 $y = x^3 - 2x$，$y = x^2$ 所围成图形的面积.

（4）求由曲线 $y = \dfrac{1}{x}$，$y = x$ 及 $x = 2$ 所围成图形的面积.

（5）求由曲线 $y = x^2 - 16$，$y = x - 4$ 所围成图形的面积.

（6）求由曲线 $r = ae^{\theta}$，$\theta = -\pi$，$\theta = \pi$ 所围成图形的面积.

（7）求由曲线 $x^2 + (y-5)^2 = 16$ 绕 x 轴旋转一周所得旋转体的体积.

（8）求由曲线 $y = \sin x + 1$，$x = 0$，$y = 0$，$x = \pi$ 所围成平面图形绕 x 轴旋转一周所得旋转体的体积.

（9）求抛物线 $y = \sqrt{8x}$ 与它在点 $(2,4)$ 处的法线 l 及 x 轴所围成平面图形绕 x 轴旋转一周所得旋转体的体积.

（10）一弹簧弹性系数为 $k = 50\mathrm{N} \cdot \mathrm{m}^{-1}$，求将此弹簧从平衡位置拉长 $10\mathrm{cm}$ 需做多少功?

（11）物体按规律 $x = ct^3(c > 0)$ 作直线运动，设介质阻力与速度的平方成正比，求物体从 $x = 0$ 到 $x = a$ 时，阻力所做的功.

（12）有一横截面为 $20\mathrm{m}^2$，深为 $5\mathrm{m}$ 圆柱形的水池，现要将池中盛满的水全部抽到高为 $10\mathrm{m}$ 的水塔顶上去，需要做多少功?

第七章　向量代数与空间解析几何

【教学目标】通过学习掌握空间向量的概念，能进行空间向量的运算；掌握平面与空间直线的表示方法，能确定它们之间的位置关系；能根据曲面方程的特征判定曲面的类型.

本章在空间向量的基础上，学习空间平面、空间直线的方程，学习空间曲面及曲线的方程.

第一节　空间直角坐标系和向量的基本知识

一、空间直角坐标系

1. 三阶行列式

行列式

$$\begin{vmatrix} a_1 & b_1 & c_1 \\ a_2 & b_2 & c_2 \\ a_3 & b_3 & c_3 \end{vmatrix} = a_1 b_2 c_3 + a_2 b_3 c_1 + a_3 b_1 c_2 - a_3 b_2 c_1 - a_1 b_3 c_2 - a_2 b_1 c_3 \tag{7.1}$$

等式左端叫做三阶行列式，等式右端是它的值. 行列式中每一个字母叫做元素，横排叫做行，竖排叫做列. 式（7.1）右端相当复杂，我们可以借助下列图形得出它的计算法则（通常叫做对角线法则）：

行列式中从左上角到右下角的线段叫做**主对角线**，从右上角到左下角的线段叫做**次对角线**. 主对角线上的元素的乘积，以及位于主对角线的平行线上的元素与对角线上元素的乘积，前面都取正号；次对角线上元素的乘积，以及位于次对角线的平行线上的元素与对角上的元素的乘积，前面都取负号.

例1　求行列式 $\begin{vmatrix} 5 & 0 & 6 \\ 3 & 1 & 2 \\ 1 & 2 & 0 \end{vmatrix}$ 的值.

解　$\begin{vmatrix} 5 & 0 & 6 \\ 3 & 1 & 2 \\ 1 & 2 & 0 \end{vmatrix} = 5×1×0+0×2×1+3×2×6-6×1×1-3×0×0-2×2×5$

$$= 10.$$

2. 空间直角坐标系

过空间一定点 o 作以 o 为原点的三条互相垂直的数轴 ox、oy、oz、，且取相同的长度单位. 该三条数轴分别叫做 x 轴（横轴）、y 轴（纵轴）、z 轴（竖轴），都叫做**坐标轴**. 这样，三条轴就组成了一个**空间直角坐标系**. 定点 o 叫做**坐标原点**.

空间直角坐标系的各轴正向之间的顺序通常按左手法则和右手法则来确定，本书均采用**右手法则**. 即当 x 轴正向按右手握拳方向以 $\dfrac{\pi}{2}$ 的角度转向 y 轴正向时，大拇指的指向就是 z 轴的指向.

每两条坐标轴确定的平面有三个，分别是 xoy、yoz、zox 平面，统称之为**坐标面**. 它们把整个空间分成八个部分，每一个部分叫做一个**卦限**. 位于 xoy 坐标面的第 Ⅰ、Ⅱ、Ⅲ、Ⅳ 象限上方部分按逆时针依次叫做第 Ⅰ、Ⅱ、Ⅲ、Ⅳ 卦限；而位于其下方部分按逆时针依次叫做第 Ⅴ、Ⅵ、Ⅶ、Ⅷ 卦限. 如图 7-1 所示.

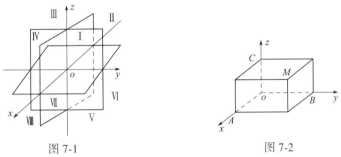

图 7-1　　　　　　　　　　图 7-2

当空间直角坐标系取定后，空间的点与有序实数组 (x, y, z) 之间就可建立起对应关系. 过空间一点 M 分别做三个与 x 轴、y 轴、z 轴垂直的平面，分别交三个坐标轴于点 A、B、C，对应的三个实数分别为 x、y、z（如图 7-2）. 则点 M 确定了唯一一个有序实数组 (x, y, z)；反之，如果给定一有序实数组 (x, y, z)，依次在 x 轴、y 轴、z 轴上取与 x、y、z 相应的点 A、B、C，然后过 A、B、C 作三个分别垂直于 x 轴、y 轴、z 轴的平面，三个平面交空间一点 M. 因此有序实数组 (x, y, z) 与空间的点 M 一一对应. 这个有序实数组 (x, y, z) 叫做**点 M 的直角坐标**，依次称 x、y、z 为点 M 的横坐标、纵坐标和竖坐标，记作 $M(x, y, z)$.

易知，原点的坐标为 $(0, 0, 0)$；x 轴、y 轴、z 轴上的点的坐标依次是 $(x, 0, 0)$、$(0, y, 0)$、$(0, 0, z)$；xoy、yoz、zox 面上的坐标依次是 $(x, y, 0)$、$(0, y, z)$、$(x, 0, z)$.

二、空间两点间的距离公式

已知 $M_1(x_1, y_1, z_1)$、$M_2(x_2, y_2, z_2)$ 为空间两点，求它们之间的距离 $d = |M_1M_2|$. 过 M_1、M_2 分别作三张垂直于坐标轴的平面（三角形 M_1BM_2 和三角形 M_1AB 都是直角三角形），形成如图 7-3 的长方体. 易知

$$d^2 = |M_1M_2|^2$$

$$= |M_1B|^2 + |BM_2|^2$$
$$= |M_1A|^2 + |AB|^2 + |BM_2|^2$$
$$= |M_1{}'A'|^2 + |A'M_2{}'|^2 + |BM_2|^2$$
$$= (x_2-x_1)^2 + (y_2-y_1)^2 + (z_2-z_1)^2$$

因此

$$d = \sqrt{(x_2-x_1)^2 + (y_2-y_1)^2 + (z_2-z_1)^2}. \tag{7.2}$$

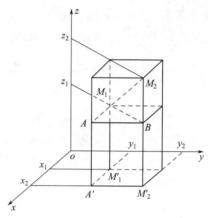

图 7-3

特殊地，点 M (x, y, z) 与原点 o $(0, 0, 0)$ 的距离

$$d = |oM| = \sqrt{x^2 + y^2 + z^2}. \tag{7.3}$$

例 2 求两点 A $(1, -2, 3)$，B $(2, 1, -4)$ 间的距离.

解 由式 (7.2) 得：

$$|AB| = \sqrt{(1-2)^2 + (-2-1)^2 + (3+4)^2} = \sqrt{59}.$$

三、向量的概念及其坐标表示法

1. 向量的概念及线性运算

在物理学中，经常会遇到有大小且有方向的量，如位移、速度、力等都是具有此特征的量，为叙述方便，我们引入如下定义.

定义 1 **既有大小又有方向的量称为向量或矢量**，上述的位移、速度、力等都是向量.

在几何上我们用有向线段表示向量. 起点为 A、终点为 B 的有向线段表示的向量记为 $\overrightarrow{AB}$ (图 7-4)，印刷体用黑体字母表示，如 $\boldsymbol{a}$、$\boldsymbol{b}$、$\boldsymbol{c}$…；为与数量区别起见，手写体必须在表示向量的字母上方加箭头，如 $\vec{a}$、$\vec{b}$、$\vec{c}$….

图 7-4

向量 $\boldsymbol{a}$ 的大小叫做该向量的长度或模，记作 $|\boldsymbol{a}|$. 长度为 1 的向量叫做单位向量，与 $\boldsymbol{a}$

方向相同的单位向量记为 $a°$. 易知

$$a=|\,a\,|\,a°\text{或}a=\frac{a}{|\,a\,|}$$

长度为零的向量叫做**零向量**，记作 0，其方向不确定. 同向且等长的向量叫做**相等向量**，记作 $a=b$，即把 a 或 b 平移后会完全重合. 允许平行移动的向量称为**自由向量**，本书所讨论的向量均为自由向量.

定义2　设有两个非零向量 a、b，以 a 的终点作为 b 的起点，则由 a 的起点到 b 的终点的向量，叫做 a 与 b 的**和向量**，记作 $a+b$. 这是向量加法的三角形法则.

若以 a、b 首尾相连作平行四边形，则其从 a 的起点指向 b 终点的对角线所表示的向量，也是 a 与 b 的**和向量**.

从图7-5和图7-6可以看出：向量的加法满足如下两条运算规律：

交换律　$a+b=b+a$，

结合律　$(a+b)+c=a+(b+c)$.

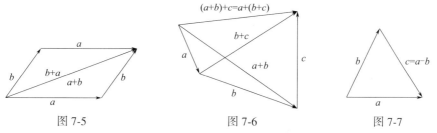

图 7-5　　　　　　　图 7-6　　　　　　　图 7-7

若 $b+c=a$，则向量 c 称为 a 与 b 的差向量，记为 $c=a-b$（如图7-7）.

下面给出数乘向量的定义.

定义3　实数 λ 与向量 a 的乘积 λa，仍是一个向量，它的模是 $|\,\lambda a\,|=|\,\lambda\,|\,|\,a\,|$，它的方向是，当 $\lambda>0$ 时，与 a 同向；当 $\lambda<0$ 时，与 a 反向. 若 $\lambda=0$ 或 $a=0$ 时，规定 $\lambda a=0$.

易验证，数乘向量满足如下运算规律：

$$\lambda(\mu a)=(\lambda\mu)a,$$
$$(\lambda+\mu)a=\lambda a+\mu a,$$
$$\lambda(a+b)=\lambda a+\lambda b.$$

其中，λ、μ 都是实数.

至此，我们已介绍了向量的加法、减法和数乘向量，它们的综合运算叫做向量的线性运算.

2. 向量的坐标表示法

向量的运算仅靠几何方法来研究很不方便，所以需要用代数方法来对向量进行运算. 下面首先介绍向量的坐标表示法.

在空间直角坐标系内，设 i、j、k 分别是与 x 轴、y 轴、z 轴的正向同向的单位向量，叫做**基本单位向量**.

现有向量 a 的起点与坐标原点 O 重合，终点为 $D(x,y,z)$. 过 a 的终点 $M(x,y,z)$ 分别作三个垂直于坐标轴的平面，垂足分别为 A、B、C（如图7-8），则点 A 在 x 轴的坐

标为 x，所以向量 $\overrightarrow{OA}=x\boldsymbol{i}$；同理，$\overrightarrow{OB}=y\boldsymbol{j}$，$\overrightarrow{OC}=z\boldsymbol{k}$. 于是

$$\boldsymbol{a} = \overrightarrow{OD} = \overrightarrow{OE} + \overrightarrow{ED}$$

$$= \overrightarrow{OA} + \overrightarrow{OB} + \overrightarrow{OC} = x\boldsymbol{i} + y\boldsymbol{j} + z\boldsymbol{k}.$$

把 $\boldsymbol{a} = x\boldsymbol{i} + y\boldsymbol{j} + z\boldsymbol{k}$ 叫做向量 $\boldsymbol{a}$ 的坐标表示式，记作

$$\boldsymbol{a} = \{x, \ y, \ z\}.$$

这里 x、y、z 叫做向量 $\boldsymbol{a}$ 的坐标.

若记

$$\boldsymbol{a} = \{a_x, \ a_y, \ a_z\}, \ \boldsymbol{b} = \{b_x, \ b_y, \ b_z\}.$$

则

$$\boldsymbol{a} \pm \boldsymbol{b} = \{a_x \pm b_x, \ a_y \pm b_y, \ a_z \pm b_z\},$$

$$\lambda \boldsymbol{a} = \{\lambda a_x, \ \lambda a_y, \ \lambda a_z\}.$$

事实上

$$\boldsymbol{a} = a_x\boldsymbol{i} + a_y\boldsymbol{j} + a_z\boldsymbol{k}, \ \boldsymbol{b} = b_x\boldsymbol{i} + b_y\boldsymbol{j} + b_z\boldsymbol{k},$$

则

$$\boldsymbol{a} \pm \boldsymbol{b} = (a_x\boldsymbol{i} + a_y\boldsymbol{j} + a_z\boldsymbol{k}) \pm (b_x\boldsymbol{i} + b_y\boldsymbol{j} + b_z\boldsymbol{k})$$

$$= (a_x \pm b_x)\boldsymbol{i} + (a_y \pm b_y)\boldsymbol{j} + (a_z \pm b_z)\boldsymbol{k}$$

$$= \{a_x \pm b_x, \ a_y \pm b_y, \ a_z \pm b_z\},$$

$$\lambda \boldsymbol{a} = \lambda (a_x\boldsymbol{i} + a_y\boldsymbol{j} + a_z\boldsymbol{k})$$

$$= \lambda a_x\boldsymbol{i} + \lambda a_y\boldsymbol{j} + \lambda a_z\boldsymbol{k}$$

$$= \{\lambda a_x, \ \lambda a_y, \ \lambda a_z\}.$$

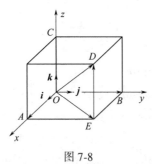

图 7-8 　　　　　　　图 7-9

例 3　已知两点 $A\ (x_1, \ y_1, \ z_1)$，$B\ (x_2, \ y_2, \ z_2)$ （如图 7-9），求向量 $\overrightarrow{AB}$ 的坐标表示式.

解　$\overrightarrow{AB} = \overrightarrow{OB} - \overrightarrow{OA} = (x_2\boldsymbol{i} + y_2\boldsymbol{j} + z_2\boldsymbol{k}) - (x_1\boldsymbol{i} + y_1\boldsymbol{j} + z_1\boldsymbol{k})$

$$= (x_2 - x_1)\ \boldsymbol{i} + (y_2 - y_1)\ \boldsymbol{j} + (z_2 - z_1)\ \boldsymbol{k}$$

$$= \{x_2 - x_1, \ y_2 - y_1, \ z_2 - z_1\}\ .$$

注意：上述结论可作为公式适用.

即：向量的坐标等于终点与起点的对应坐标之差.

例 4　已知 $a=\{1,\ -2,\ -3\}$，$b=\{2,\ -1,\ 4\}$，求 $a+b$，$a-b$，$2a+3b$.

解　$a+b=\{1+2,\ -2-1,\ -3+4\}=\{3,\ -3,\ 1\}$，

$\qquad a-b=\{1-2,\ -2+1,\ -3-4\}=\{-1,\ -1,\ -7\}$，

$\quad 2a+3b=\{2,\ -4,\ -6\}+\{6,\ -3,\ 12\}=\{8,\ -7,\ 6\}$．

模和方向确定了向量．已知向量 a（$a\neq0$）的坐标为 $(a_x,\ a_y,\ a_z)$，则它的模和方向也可以用坐标来表示．

把 a 的起点与坐标原点重合（如图 7-10），则它的终点 $M\ (a_x,\ a_y,\ a_z)$，易知

$$|\,a\,|=|\overrightarrow{OM}|=\sqrt{a_x{}^2+a_y{}^2+a_z{}^2} \tag{7.4}$$

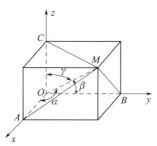

图 7-10

显然，向量 a 的方向可以由它与三坐标轴的正向夹角 α、β、γ（$0\leqslant\alpha\leqslant\pi$，$0\leqslant\beta\leqslant\pi$，$0\leqslant\gamma\leqslant\pi$）称为**方向角**，或 $\cos\alpha$、$\cos\beta$、$\cos\gamma$ 称为**方向余弦**来表示．

在直角三角形 OAM、直角三角形 OBM、直角三角形 OCM 中，有

$$\left. \begin{aligned} \cos\alpha&=\frac{a_x}{|\,a\,|}=\frac{a_x}{\sqrt{a_x{}^2+a_y{}^2+a_z{}^2}},\\[2mm] \cos\beta&=\frac{a_y}{|\,a\,|}=\frac{a_y}{\sqrt{a_x{}^2+a_y{}^2+a_z{}^2}},\\[2mm] \cos\gamma&=\frac{a_z}{|\,a\,|}=\frac{a_z}{\sqrt{a_x{}^2+a_y{}^2+a_z{}^2}}. \end{aligned} \right\} \tag{7.5}$$

易知

$$\cos^2\alpha+\cos^2\beta+\cos^2\gamma=1.$$

这里，若 $|\,a\,|=1$，则

$$\cos\alpha=a_x,\ \cos\beta=a_y,\ \cos\gamma=a_z.$$

所以，单位向量 $a^{\circ}=(\cos\alpha,\ \cos\beta,\ \cos\gamma)$．

例 5　已知 $M_1\ (2,\ -1,\ 3)$、$M_2\ (1,\ -1,\ 2)$，求 $\overrightarrow{M_1M_2}$ 的模和方向余弦．

解　$\overrightarrow{M_1M_2}=\{1-2,\ -1-(-1),\ 2-3\}=\{-1,\ 0,\ -1\}$，

$\quad |\overrightarrow{M_1M_2}|=\sqrt{(-1)^2+0^2+(-1)^2}=\sqrt2$，

$$\cos\alpha=\frac{-1}{\sqrt2}=-\frac{\sqrt2}{2},\ \cos\beta=\frac{0}{\sqrt2}=0,\ \cos\gamma=\frac{-1}{\sqrt2}=-\frac{\sqrt2}{2}.$$

例 6 已知向量 $\boldsymbol{a}$ 的两个方向余弦是 $\cos\alpha = -\dfrac{1}{3}$，$\cos\beta = -\dfrac{2}{3}$，$|\boldsymbol{a}| = 12$，求 $\boldsymbol{a}$ 的坐标及单位向量．

解 由式（7.5）得

$$\cos\gamma = \pm\sqrt{1-\cos^2\alpha-\cos^2\beta} = \pm\sqrt{1-\left(-\frac{1}{3}\right)^2-\left(-\frac{2}{3}\right)^2} = \pm\frac{2}{3},$$

所以 $a_x = |\boldsymbol{a}|\cos\alpha = 12\times\left(-\dfrac{1}{3}\right) = -4$，

$a_y = |\boldsymbol{a}|\cos\beta = 12\times\left(-\dfrac{2}{3}\right) = -8$，

$a_z = |\boldsymbol{a}|\cos\gamma = 12\times\left(\pm\dfrac{2}{3}\right) = \pm 8$．

$\boldsymbol{a} = \{-4,\ -8,\ 8\}$ 或 $\boldsymbol{a} = \{-4,\ -8,\ -8\}$．

单位向量 $\boldsymbol{a}^\circ = \left\{-\dfrac{1}{3},\ -\dfrac{2}{3},\ \pm\dfrac{2}{3}\right\}$．

习题 7.1

1. 计算下列行列式的值

(1) $\begin{vmatrix} 1 & 2 & 3 \\ 2 & 4 & 5 \\ 7 & 6 & 8 \end{vmatrix}$；
　　　　　(2) $\begin{vmatrix} 7 & -6 & 3. \\ 2 & 0 & 1 \\ 4 & 0 & 5 \end{vmatrix}$

2. 在空间直角坐标系中作出点 $A\,(1,\ 3,\ 2)$、$B\,(2,\ 1,\ -3)$，并写出

(1) 关于各坐标轴的对称点的坐标；

(2) 关于原点的对称点的坐标；

(3) 关于各坐标面的对称点的坐标．

3. 已知点 $P\,(3,\ -2,\ 4)$，求它到

(1) 坐标原点的距离；

(2) 各坐标轴的距离；

(3) 各坐标面的距离．

4. 已知点 $A\,(8,\ 2,\ 18)$、$B\,(20,\ -2,\ 12)$、$C\,(4,\ 8,\ 6)$ 为三角形的三个顶点，求证 $\triangle ABC$ 是直角三角形．

5. 已知 $\Box ABCD$ 的对角线交点为 O，且 $\overrightarrow{AB} = \boldsymbol{a}$，$\overrightarrow{AD} = \boldsymbol{b}$，试用向量 $\boldsymbol{a}$、$\boldsymbol{b}$ 表示 $\overrightarrow{CA}$、$\overrightarrow{DB}$、$\overrightarrow{OA}$、$\overrightarrow{OB}$、$\overrightarrow{OC}$、$\overrightarrow{OD}$．

6. 用向量法证明三角形的中位线定理．

7. 已知向量 $\boldsymbol{a} = \{2,\ 3,\ -2\}$，$\boldsymbol{b} = \{1,\ 2,\ 1\}$，$\boldsymbol{c} = \{2,\ -1,\ -2\}$．求：

(1) $3\boldsymbol{a}-2\boldsymbol{b}+5\boldsymbol{c}$；　　　　(2) $k\boldsymbol{a}+t\boldsymbol{b}$．

8. 已知（1）$\boldsymbol{a} = 3\boldsymbol{i}-2\boldsymbol{j}+2\boldsymbol{k}$；（2）$\boldsymbol{b} = \boldsymbol{i}-2\boldsymbol{j}-\boldsymbol{k}$．求它们的模、方向余弦及与它们同方向的单位向量．

9. 已知三点 $A\,(1,\ 2,\ 3)$、$B\,(4,\ -3,\ 5)$、$C\,(2,\ -1,\ 7)$，求向量 $\overrightarrow{AB}$、$\overrightarrow{BC}$、$\overrightarrow{CA}$ 的坐标，并验证 $\overrightarrow{AB}+\overrightarrow{BC}+\overrightarrow{CA} = 0$．

10. 已知 α、β、γ 是向量 a 的方向角，且 $\beta=\alpha$，$\gamma=2\alpha$，求向量 a 的方向余弦.

第二节 向量的数量积与向量积

一、向量的数量积

1. 向量的数量积的定义及其性质

设有非零向量 a、b，使它们的起点重合，如图 7-11 所示，两向量 a 与 b 的夹角记作 θ，我们规定：$0\leqslant\theta<180°$

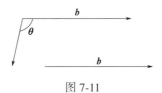

图 7-11

定义 1 $|a|\cos\theta$，叫做向量 a 在向量 b 上的投影（图 7-12）；$|b|\cos\theta$，叫做向量 b 在向量 a 上的投影（图 7-13）.

图 7-12   图 7-13

定义 2 a 的模与 b 在 a 上的投影的乘积叫做向量 a、b 的数量积或点积，记作 $a\cdot b$，即

$$a\cdot b=|a|\,|b|\cos\theta \tag{7.6}$$

易验证，数量积满足如下运算规律：

交换律 $a\cdot b=b\cdot a$，

结合律 $\lambda(a\cdot b)=(\lambda a)\cdot b=a\cdot(\lambda b)$，

分配律 $a\cdot(b+c)=a\cdot b+a\cdot c$.

由数量积的定义可知，它有如下性质：

（1）$a\cdot a=|a|^2$，

（2）$a\perp b\Leftrightarrow a\cdot b=0$.

该性质的证明留给读者思考.

由这个结论可得：

$i\cdot i=j\cdot j=k\cdot k=1$；

$i\cdot j=j\cdot k=k\cdot i=0$.

2. 数量积的坐标计算式

设 $a=a_x i+a_y j+a_z k$，$b=b_x i+b_y j+b_z k$，利用数量积的运算规律有：

$$a\cdot b=(a_x i+a_y j+a_z k)\cdot(b_x i+b_y j+b_z k)$$

$$= a_x b_x \mathbf{i} \cdot \mathbf{i} + a_x b_y \mathbf{i} \cdot \mathbf{j} + a_x b_z \mathbf{i} \cdot \mathbf{k} + a_y b_x \mathbf{j} \cdot \mathbf{i} + a_y b_y \mathbf{j} \cdot \mathbf{j} + a_y b_z \mathbf{j} \cdot \mathbf{k} + a_z b_x \mathbf{k} \cdot \mathbf{i} + a_z b_y \mathbf{k} \cdot \mathbf{j} + a_z b_z \mathbf{k} \cdot \mathbf{k}$$

$$= a_x b_x + a_y b_y + a_z b_z.$$

即
$$\mathbf{a} \cdot \mathbf{b} = a_x b_x + a_y b_y + a_z b_z. \tag{7.7}$$

由此可知，两向量的数量积等于它们相应坐标乘积之和.

3. 两非零向量夹角余弦的坐标表示式

设 $\mathbf{a} = a_x \mathbf{i} + a_y \mathbf{j} + a_z \mathbf{k}$、$\mathbf{b} = b_x \mathbf{i} + b_y \mathbf{j} + b_z \mathbf{k}$ 均为非零向量，则由数量积的定义可得：

$$\cos\theta = \frac{\mathbf{a} \cdot \mathbf{b}}{|\mathbf{a}| \, |\mathbf{b}|} = \frac{a_x b_x + a_y b_y + a_z b_z}{\sqrt{a_x{}^2 + a_y{}^2 + a_z{}^2} \cdot \sqrt{b_x{}^2 + b_y{}^2 + b_z{}^2}}. \tag{7.8}$$

例 1 已知 $\mathbf{a} = 2\mathbf{i} - \mathbf{j}$，$\mathbf{b} = \mathbf{i} + 2\mathbf{k}$，求 $\mathbf{a} \cdot \mathbf{b}$、$\cos<\mathbf{a}, \mathbf{b}>$.

解 由式 (7.4)、式 (7.7) 和式 (7.8) 得

$$\mathbf{a} \cdot \mathbf{b} = \{2, -1, 0\} \cdot \{1, 0, 2\} = 2 + 0 + 0 = 2,$$

$$\cos\theta = \frac{\mathbf{a} \cdot \mathbf{b}}{|\mathbf{a}| \, |\mathbf{b}|} = \frac{2}{\sqrt{2^2 + (-1)^2 + 0^2} \cdot \sqrt{1^2 + 0^2 + 2^2}} = \frac{2}{5}.$$

例 2 在 xoy 坐标面上，求一单位向量与向量 $\mathbf{a} = 2\mathbf{i} + 3\mathbf{j} - \mathbf{k}$ 垂直.

解 设所求向量为 $\mathbf{b} = \{x_0, y_0, z_0\}$，由于它在 xy 坐标面上，所以 $z_0 = 0$；又因为 $\mathbf{b}$ 是单位向量，所以 $|\mathbf{b}| = 1$；又因为 $\mathbf{b} \perp \mathbf{a}$，所以 $\mathbf{a} \cdot \mathbf{b} = 0$. 所以

$$\begin{cases} z_0 = 0, \\ x_0{}^2 + y_0{}^2 + z_0{}^2 = 1, \\ 2x_0 + 3y_0 - z_0 = 0. \end{cases}$$

解之得

$$x_0 = \pm \frac{3}{\sqrt{13}}, \quad y_0 = \mp \frac{2}{\sqrt{13}}, \quad z_0 = 0.$$

所以 $\quad \mathbf{b} = \dfrac{3}{\sqrt{13}}\mathbf{i} - \dfrac{2}{\sqrt{13}}\mathbf{j}$，或 $\mathbf{b} = -\dfrac{3}{\sqrt{13}}\mathbf{i} + \dfrac{2}{\sqrt{13}}\mathbf{j}$.

二、向量的向量积

1. 向量积的定义及其性质

设轴 l 上 P 点受的作用力为 $\mathbf{F}$，轴 L 的支点为 O，θ 为 $\mathbf{F}$ 与 $\overrightarrow{OP}$ 的夹角 ［如图 7-14（a）］. 由物理学知识可知，力矩 $\mathbf{M}$ 也是一个向量. 力的大小与力臂的乘积就是力矩 $\mathbf{M}$ 的模，即：

$$|\mathbf{M}| = |\overrightarrow{OP}| \, |\mathbf{F}| \sin\theta.$$

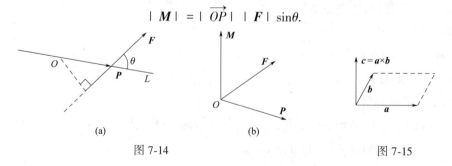

(a) (b)

图 7-14　　　　　　　　　　　　　图 7-15

其方向垂直于 $\boldsymbol{F}$ 与 $\overrightarrow{OP}$ 所在的平面，它的方向按右手法则确定，即：当右手四指以小于 π 的角度从 $\overrightarrow{OP}$ 到 $\boldsymbol{F}$ 方向握拳时，大拇指伸直所指的方向就是 $\boldsymbol{M}$ 的方向.

为了说明此类问题，我们给出两个向量的向量积概念.

定义 3　设有两个向量 $\boldsymbol{a}$、$\boldsymbol{b}$，如果向量 $\boldsymbol{c}$ 满足：

（1）$|\boldsymbol{c}|=|\boldsymbol{a}||\boldsymbol{b}|\sin\theta$；

（2）$\boldsymbol{c}$ 垂直于 $\boldsymbol{a}$、$\boldsymbol{b}$ 所确定的平面，其正方向由右手法则确定.

那么向量 $\boldsymbol{c}$ 称为 $\boldsymbol{a}$ 与 $\boldsymbol{b}$ 的向量积，记为 $\boldsymbol{a}\times\boldsymbol{b}$. 即

$$\boldsymbol{c}=\boldsymbol{a}\times\boldsymbol{b}.$$

因此向量积也叫做叉乘积. 于是上述力矩 $\boldsymbol{M}$ 也可以表示为

$$\boldsymbol{M}=\overrightarrow{OP}\times\boldsymbol{F}.$$

由向量积的定义可知，其**几何意义**是，$\boldsymbol{a}\times\boldsymbol{b}$ 的模是以 $\boldsymbol{a}$、$\boldsymbol{b}$ 为邻边的平行四边形的面积（图 7-15）.

向量积满足下列运算律：

（1）$\boldsymbol{a}\times\boldsymbol{b}=-\boldsymbol{b}\times\boldsymbol{a}$；

（2）$(\lambda\boldsymbol{a})\times\boldsymbol{b}=\lambda(\boldsymbol{a}\times\boldsymbol{b})=\boldsymbol{a}\times(\lambda\boldsymbol{b})$

（3）$\boldsymbol{a}\times(\boldsymbol{b}+\boldsymbol{c})=\boldsymbol{a}\times\boldsymbol{b}+\boldsymbol{a}\times\boldsymbol{c}$.

由向量积的定义可知：

（1）$\boldsymbol{i}\times\boldsymbol{j}=\boldsymbol{k}$，$\boldsymbol{j}\times\boldsymbol{k}=\boldsymbol{i}$，$\boldsymbol{k}\times\boldsymbol{i}=\boldsymbol{j}$；

（2）$\boldsymbol{i}\times\boldsymbol{i}=\boldsymbol{0}$，$\boldsymbol{j}\times\boldsymbol{j}=\boldsymbol{0}$，$\boldsymbol{k}\times\boldsymbol{k}=\boldsymbol{0}$；

（3）$\boldsymbol{a}/\!/\boldsymbol{b}$ $(\boldsymbol{a}\neq\boldsymbol{0},\ \boldsymbol{b}\neq\boldsymbol{0})$ $\Leftrightarrow\boldsymbol{a}\times\boldsymbol{b}=\boldsymbol{0}$.

这几个等式与运算律的证明留给读者自己思考.

2. 向量积的坐标计算式

设 $\boldsymbol{a}=a_x\boldsymbol{i}+a_y\boldsymbol{j}+a_z\boldsymbol{k}$，$\boldsymbol{b}=b_x\boldsymbol{i}+b_y\boldsymbol{j}+b_z\boldsymbol{k}$，则由向量积的运算律可知：

$\boldsymbol{a}\times\boldsymbol{b}=(a_x\boldsymbol{i}+a_y\boldsymbol{j}+a_z\boldsymbol{k})\times(b_x\boldsymbol{i}+b_y\boldsymbol{j}+b_z\boldsymbol{k})$

$=a_xb_x\boldsymbol{i}\times\boldsymbol{i}+a_xb_y\boldsymbol{i}\times\boldsymbol{j}+a_xb_z\boldsymbol{i}\times\boldsymbol{k}+a_yb_x\boldsymbol{j}\times\boldsymbol{i}+a_yb_y\boldsymbol{j}\times\boldsymbol{j}+a_yb_z\boldsymbol{j}\times\boldsymbol{k}+a_zb_x\boldsymbol{k}\times\boldsymbol{i}+a_zb_y\boldsymbol{k}\times\boldsymbol{j}+a_zb_z\boldsymbol{k}\times\boldsymbol{k}$

$=(a_yb_z-a_zb_y)\boldsymbol{i}-(a_xb_z-a_zb_x)\boldsymbol{j}+(a_xb_y-a_yb_x)\boldsymbol{k}$.

我们采用行列式记号来对上式进行记忆，把上式表示为

$$\boldsymbol{a}\times\boldsymbol{b}=\begin{vmatrix} \boldsymbol{i} & \boldsymbol{j} & \boldsymbol{k} \\ a_x & a_y & a_z \\ b_x & b_y & b_z \end{vmatrix}. \tag{7.9}$$

因为 $\boldsymbol{a}/\!/\boldsymbol{b}\Leftrightarrow\boldsymbol{a}\times\boldsymbol{b}=\boldsymbol{0}$，所以，$\boldsymbol{a}$、$\boldsymbol{b}$ 平行的充要条件又可以表示为

$$a_yb_z-a_zb_y=0,\ a_zb_x-a_xb_z=0,\ a_xb_y-a_yb_x=0 \tag{7.10}$$

即

$$\frac{a_x}{b_x}=\frac{a_y}{b_y}=\frac{a_z}{b_z} \qquad (其中，b_xb_yb_z\neq 0) \tag{7.11}$$

当 b_x、b_y、b_z 中出现零时，我们仍用式（7.11）表示，但应理解为相应分子也为零，例如，$\dfrac{a_x}{0}=\dfrac{a_y}{b_y}=\dfrac{a_z}{b_z}$，应理解为 $a_x=0$，$\dfrac{a_y}{b_y}=\dfrac{a_z}{b_z}$. 利用式（7.11）可以很方便地判断两向量是否平行．

例 3 已知 $a=2i-3j+k$，$b=3i+j-2k$，求 $a\times b$.

解 由式（7.9）得

$$a\times b=\begin{vmatrix} i & j & k \\ 2 & -3 & 1 \\ 3 & 1 & -2 \end{vmatrix}=5i+7j+11k.$$

例 4 已知向量 a、b，$a=\{3,4,2\}$，$b=\{2,3,1\}$，$c\perp a$，$c\perp b$，求 c 上的单位向量 c°.

解 因为 $c\perp a$，$c\perp b$，所以，$c=a\times b$，从而有

$$c=a\times b=\begin{vmatrix} i & j & k \\ 3 & 4 & 2 \\ 2 & 3 & 1 \end{vmatrix}=-2i+j+k,$$

因此，c 上的单位向量有两个

$$c^{\circ}=\pm\frac{c}{|c|}=\frac{-2i+j+k}{\sqrt{(-2)^2+1^2+1^2}}=\pm\frac{1}{\sqrt{6}}\ (-2i+j+k),$$

例 5 已知三点 $A(1,-1,0)$、$B(-2,0,2)$、$C(2,2,3)$. 求以 A、B、C 为顶点的三角形 ABC 的面积．

解 根据向量积的定义可知，三角形 ABC 的面积

$$S=\frac{1}{2}|\overrightarrow{AB}||\overrightarrow{AC}|\sin\angle A=\frac{1}{2}|\overrightarrow{AB}\times\overrightarrow{AC}|.$$

因为 $\overrightarrow{AB}=\{-3,1,2\}$，$\overrightarrow{AC}=\{1,3,3\}$，所以

$$\overrightarrow{AB}\times\overrightarrow{AC}=\begin{vmatrix} i & j & k \\ -3 & 1 & 2 \\ 1 & 3 & 3 \end{vmatrix}=-3i+11j-10k,$$

从而

$$S=\frac{1}{2}|-3i+11j-10k|=\frac{1}{2}\sqrt{(-3)^2+11^2+(-10)^2}=\frac{1}{2}\sqrt{230}.$$

习题 7.2

1. 已知 $|a|=3$，$|b|=2$，$<a,b>=\dfrac{\pi}{6}$. 求：

（1）$a\cdot a$；　　　（2）$a\cdot b$；　　　（3）$(3a-2b)\cdot(2a+b)$.

2. 已知 $a=2i-j-2k$，$b=3i-j+k$. 求：

（1）$a\cdot a$；　　　（2）$a\cdot b$；　　　（3）$(2a-3b)\cdot(a+2b)$.

3. 已知 $a=6i-4j+2k$，$b=8i+18j+12k$. 求证：$a\perp b$.

4. 已知 $a = 2i + j - 2k$，$b = i - j + k$. 求 $\cos \langle a, b \rangle$.

5. 已知 $a + b + c = 0$，求证 $a \times b = b \times c = c \times a$.

6. 设力 $F = 2i - 3j + 4k$ 作用在一质点上，质点由 $A(1, 2, -1)$ 沿直线移动到 $B(3, 1, 2)$.

(1) 力 F 所作的功；

(2) 力 F 与位移 $\overrightarrow{AB}$ 的夹角的余弦.

7. 已知 $|a| = 5$，$b = 2i - j + \sqrt{3}k$，$a // b$. 求 a.

8. 已知 $a = 2i + j + 2k$，$b = i - j + k$. 求 $a \times b$.

9. 已知 $a = \{1, 2, -1\}$，$b = \{0, -1, 1\}$. 求同时与 a、b 垂直的单位向量.

10. 已知 $a = i + 2j + 4k$，求与 a 和 x 轴垂直的单位向量.

11. 已知三点 $A(3, 4, 1)$、$B(2, 3, 0)$、$C(3, 5, 1)$，求以 A、B、C 为顶点的三角形的面积.

第三节　空间的平面方程

一、平面的点法式方程

如果非零向量垂直于一个平面，则该向量称为平面的**法向量**. 显然，一个平面的法向量有无数个，它们都垂直于平面内的任意向量. 由立体几何知识知道，已知空间一点和一直线，那么过该点且和直线垂直的平面有唯一一个. 下面我们用这个结论来建立平面的方程.

设平面 α 过点 $P_0(x_0, y_0, z_0)$，平面 α 的法向量 $n = \{A, B, C\}$（如图 7-16），下面来建立平面 α 的方程.

设点 $P(x, y, z)$ 是平面 α 内任一点，则点 P 在平面 α 上的充要条件是

$$\overrightarrow{P_0P} \perp n, \quad 即 \overrightarrow{P_0P} \cdot n = 0.$$

由于 $\overrightarrow{P_0P} = \{x - x_0, y - y_0, z - z_0\}$，$n = \{A, B, C\}$，所以

$$A(x - x_0) + B(y - y_0) + C(z - z_0) = 0 \tag{7.12}$$

该方程即为**平面 α 的点法式方程**.

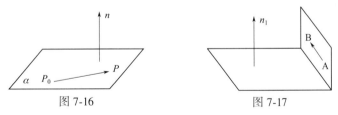

图 7-16　　　　　　　　　　图 7-17

例 1 已知点 $P_0(3, 2, 2)$ 和 $a = 2i + j + 2k$，求过 P_0 且和 a 垂直的平面方程.

解 显然，我们可以取 $n = 2i + j + 2k$ 作为所求平面的法向量，由于平面过点 $P_0(3, 2, 2)$，所以由式（7.12）可得该平面的方程为

$$2(x - 3) + (y - 2) + 2(z - 2) = 0,$$

即

$$2x + y + 2z - 12 = 0.$$

例 2 求过点 $A(2, 1, -1)$、$B(1, 3, 2)$ 且和平面 $2x - y + 3z - 1 = 0$ 垂直的平面方程.

解 由已知条件可知，向量 $\overrightarrow{AB} = \{-1, 2, 3\}$ 在所求平面上，而已知平面的法向量

$n_1 = (2, -1, 3)$，所以可取所求平面的法向量

$$n = \overrightarrow{AB} \times n_1 = \begin{vmatrix} i & j & k \\ -1 & 2 & 3 \\ 2 & -1 & 3 \end{vmatrix} = 9i + 9j - 3k.$$

因为该平面过点 $A(2, 1, -1)$，所以由平面的点法式方程（7.12）可知所求平面的方程为

$$9(x-2) + 9(y-1) - 3(z+1) = 0$$

即

$$3x + 3y - z - 10 = 0.$$

二、平面的一般方程

把平面的点法式方程（7.12）展开，得

$$Ax + By + CZ - Ax_0 - By_0 - Cz_0 = 0,$$

令 $D = -Ax_0 - By_0 - Cz_0$，则该方程为

$$Ax + By + Cz + D = 0. \qquad (7.13)$$

这是关于 x，y，z 的三元一次方程，所以平面可用关于 x，y，z 三元一次方程来表示；反之，任意的关于 x，y，z 的三元一次方程（7.13）是否都表示平面呢（其中 **A**，**B**，**C** 不全为零）？假设 x_0、y_0、z_0 是方程（7.13）的一组解，则得

$$Ax_0 + By_0 + Cz_0 + D = 0.$$

用式（7.13）减去上式得

$$A(x-x_0) + B(y-y_0) + C(z-z_0) = 0,$$

这就是方程（7.12），它表示过点 (x_0, y_0, z_0)，且法向量为 $n = \{A, B, C\}$ 的平面.

所以，关于 x，y，z 的三元一次方程（7.13）都表示平面. 方程（7.13）称为**平面的一般方程**.

下面我们来讨论方程（7.13）的一些特殊情况.

（1）当 $A = 0$ 时，方程（7.13）变为 $By + Cz + D = 0$，其法向量 $n = \{0, B, C\}$ 与 $i = \{1, 0, 0\}$ 垂直. 因此，该平面与 x 轴平行（如图 7-18）.

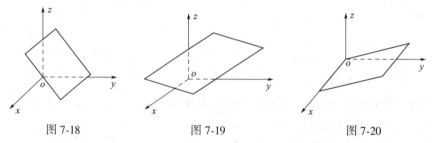

图 7-18   图 7-19   图 7-20

（2）当 $D = 0$ 时，方程（7.13）变为 $Ax + By + Cz = 0$. 易知平面过原点（如图 7-19）.

（3）当 $A = D = 0$ 时，方程（7.13）变为 $By + Cz = 0$. 显然，平面通过 x 轴（如图 7-20）.

其他情况留给读者自己讨论.

例3 已知点 $A(2, 0, -4)$、$B(2, 4, 4)$，求过点 A，B 且与向量 $a = \{2, 2, 2\}$ 平

行的平面方程.

　　解　设所求平面方程为 $Ax+By+Cz=0$. 因为平面过点 A、B，所 A、B 的坐标满足方程，从而有

$$2A-4C+D=0 \qquad\qquad ①$$

$$2A+4B+4C+D=0 \qquad\qquad ②$$

　　又因为所求平面与向量 a 平行，所以它的法向量与 a 垂直. 因此，

$$2A+2B+2C=0 \qquad\qquad ③$$

联立方程组①、②、③，解得

$$A=\frac{1}{2}D, \quad B=-D, \quad C=\frac{1}{2}D.$$

因此有

$$\frac{1}{2}Dx-Dy+\frac{1}{2}Dz+D=0.$$

消去 D，得

$$x-2y+z+2=0.$$

即为所求平面方程.

　　例 4　求通过点 $P(2，-1，-3)$ 和 x 轴的平面方程.

　　解　由于所求平面过 x 轴，故可设它的方程是

$$By+Cz=0 \qquad\qquad ①$$

因为平面又通过点 P，所以点 P 的坐标满足方程，所以

$$-B-3C=0.$$

解得 $B=-3C$，将其代入①式并化简得

$$3y-z=0,$$

即为所求平面方程.

三、两平面的夹角

　　设两平面 π_1、π_2 的方程分别为

$$A_1x+B_1y+C_1z+D_1=0,$$

$$A_2x+B_2y+C_2z+D_2=0.$$

　　由图 7-21 可看出，**该两平面夹角 θ（$0\leqslant\theta\leqslant\pi$）等于它们的法向量 n_1 与 n_2 的夹角**. 所以由两向量夹角余弦公式（7.8）可得

$$\cos\theta=\frac{n_1\cdot n_2}{\mid n_1\mid\mid n_2\mid} \qquad (7.14)$$

$$=\frac{A_1A_2+B_1B_2+C_1C_2}{\sqrt{A_1{}^2+B_1{}^2+C_1{}^2}\cdot\sqrt{A_2{}^2+B_2{}^2+C_2{}^2}}$$

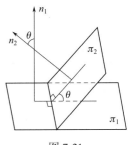

图 7-21

　　例 5　求平面 $2x-y+z-2=0$ 与平面 $x+y+2z-7=0$ 的夹角.

　　解　由式（7.14）得

$$\cos\theta = \frac{2\times1+(-1)\times1+1\times2}{\sqrt{2^2+(-1)^2+1^2}\sqrt{1^2+1^2+2^2}} = \frac{1}{2},$$

所以 $\theta = \dfrac{\pi}{3}$.

由两向量平行与垂直的充要条件，很容易就可得到两平面垂直与平行的充要条件. 设平面的方程分别为

$$\pi_1: A_1x+B_1y+C_1z+D_1=0,$$

$$\pi_2: A_2x+B_2y+C_2z+D_2=0.$$

则 $\pi_1 /\!/ \pi_2 \Leftrightarrow \dfrac{A_1}{A_2}=\dfrac{B_1}{B_2}=\dfrac{C_1}{C_2}$；$\pi_1 \perp \pi_2 \Leftrightarrow A_1A_2+B_1B_2+C_1C_2=0$.

习题 7.3

1. 已知点 $P(1, 2, -1)$ 和向量 $\boldsymbol{n} = 2\boldsymbol{i} - \boldsymbol{j} + 2\boldsymbol{k}$，求过点 P 且以 $\boldsymbol{n}$ 为法向量的平面方程.

2. 已知点 $P(3, -2, 1)$ 和平面 $\pi: 2x - y + 3z - 5 = 0$，求过点 P 且与平面 π 平行的平面方程.

3. 已知点 $A(1, -2, 1)$、$B(5, -3, 2)$，求过点 A 且与 $\overrightarrow{AB}$ 垂直的平面方程.

4. 求过三点 $A(a, 0, 0)$、$B(0, b, 0)$ 和 $C(0, 0, c)(abc \neq 0)$ 的平面方程.

5. 说明下列各题中各平面的位置特点：

(1) $x = 0$；　　　　　(2) $y = 1$；　　　　　(3) $2x - y = 1$；

(4) $3x + 2y = 0$；　　(5) $2x + y - 3z = 0$；　(6) $x + y + z - 2 = 0$.

6. 求满足下列各条件的平面方程：

(1) 过点 $(2, -1, 3)$，垂直于 y 轴；

(2) 过点 $(-2, 3, -1)$，通过 y 轴.

7. 已知平面上有向量 $\boldsymbol{a} = \{-1, 2, 2\}$ 和 $\boldsymbol{b} = \{0, 1, 2\}$ 且过点 $(1, 0, 1)$，求该平面方程.

8. 已知平面过点 $(2, -3, 1)$，且在坐标轴上的截距相等，求该平面方程.

9. 求两平面 $x + y + 2z - 1 = 0$ 与 $x - 2y - z - 2 = 0$ 的夹角.

10. 判断下列各题中，各对平面的位置关系：

(1) $x - y + z - 3 = 0$，$3x - 3y + 3z - 1 = 0$；

(2) $3x + 2y - 7z - 1 = 0$，$x + 2y + z + 2 = 0$.

11. 求过点 $(2, 1, 3)$ 且同时垂直于平面 $2x - y + 3z - 3 = 0$ 及 $x + 2y - 4z + 3 = 0$ 的平面方程.

第四节　空间直线的方程

一、空间直线的点向式方程和参数方程

若非零向量平行于直线，则该向量叫做**直线的方向向量**. 显然，一条直线的方向向量有无数个. 由立体几何知识可知，过空间一点只能作唯一一条直线与已知直线平行. 下面我们用该结论来建立空间直线的方程.

设点 $M_0(x_0, y_0, z_0)$ 是直线 l 的已知点，直线 l 的方向向量是 $s = \{m, n, p\}$（如图 7-22），设 $M(x, y, z)$ 为直线 l 的任一点，那么，$\overrightarrow{M_0M} = \{x-x_0, y-y_0, z-z_0\}$，且 $\overrightarrow{M_0M} /\!/ s$. 由向量平行的充要条件可得

$$\frac{x-x_0}{m}=\frac{y-y_0}{n}=\frac{z-z_0}{p}, \qquad (7.15)$$

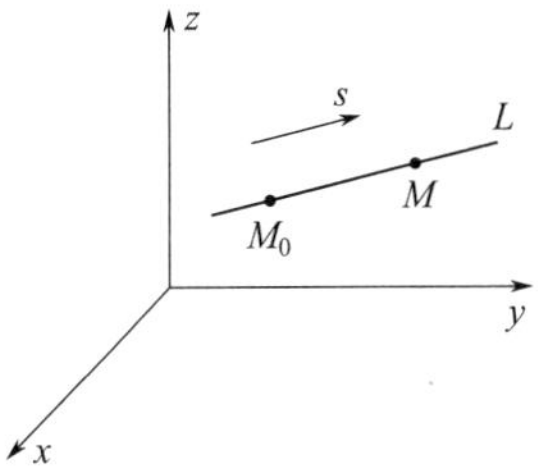

该方程叫做**直线的点向式方程**（或**标准方程**），方向向量的坐标 m，n，p 叫做直线的一组**方向数**（若 m，n，p 中有一个或两个为零时，应理解为相应分子也为零）.

若设平面 π：Ax+By+Cz = 0，则不难知道：$\pi /\!/ l \Leftrightarrow mA+nB+pC=0$；$\pi \perp l \Leftrightarrow \dfrac{m}{A}=\dfrac{n}{B}=\dfrac{p}{C}$.

图 7-22

在方程（7.15）中，如果令各个比值为另一变量 t（称为**参数**），则又有

$$\begin{cases} x = x_0 + mt \\ y = y_0 + nt \\ z = z_0 + pt \end{cases} \qquad (7.16)$$

这样，坐标 x，y，z 都是 t 的函数. 当 t 取遍一切实数时，就得到直线上的所有点. 方程（7.16）叫做直线的参数方程.

例 1　已知点 M（1，-2，3）和平面 π：$2x-3y+z+3=0$，求过点 M 且和平面 π 垂直的直线方程.

解　可设所求直线的方程为

$$\frac{x-1}{m}=\frac{y+2}{n}=\frac{z-3}{p},$$

由题意可知平面 **π** 的法向量 $\boldsymbol{n}$ = ｛2，-3，1｝即为所求直线的方向向量 $\boldsymbol{s}$，所以

$$\boldsymbol{s} = \{m, n, p\} = \{2, -3, 1\}$$

因此，所求直线的方程是

$$\frac{x-1}{2}=\frac{y+2}{-3}=\frac{z-3}{1}.$$

例 2　求过点 M_1（x_1，y_1，z_1）、M_2（x_2，y_2，z_2）的直线方程.

解　由题意可取所求直线的方向向量为

$$\boldsymbol{s} = \overrightarrow{M_1 M_2} = \{x_2-x_1, y_2-y_1, z_2-z_1\}$$

所以，由直线的点向式方程可得

$$\frac{x-x_1}{x_2-x_1}=\frac{y-y_1}{y_2-y_1}=\frac{z-z_1}{z_2-z_1}$$

即为所求直线方程.

例 3　求过点（1，-2，1）且平行于两平面 $3x-2y+z+1=0$ 和 $x-2y-3z+2=0$ 的直线方程.

解　设所求直线方程为

$$\frac{x-1}{m}=\frac{y+2}{n}=\frac{z-1}{p}.$$

因为所求直线与两平面直线平行，所以直线的方向向量 $\boldsymbol{s}$ 垂直于两平面的法向量 $\boldsymbol{n}_1$ =（3，-2，1）和 $\boldsymbol{n}_2$ =（1，-2，-3）. 故可取

$$s = \{m, n, p\} = \boldsymbol{n}_1 \times \boldsymbol{n}_2 = \begin{vmatrix} \boldsymbol{i} & \boldsymbol{j} & \boldsymbol{k} \\ 3 & -2 & 1 \\ 1 & -2 & -3 \end{vmatrix} = 8\boldsymbol{i} + 10\boldsymbol{j} - 4\boldsymbol{k},$$

因此，所求直线方程为

$$\frac{x-1}{8} = \frac{y+2}{10} = \frac{z-1}{-4},$$

即

$$\frac{x-1}{4} = \frac{y+2}{5} = \frac{z-1}{-2}.$$

二、空间直线的一般方程

因为空间每一条直线都可看成两平面的交线，设两平面的方程分别为 $\pi_1: A_1x + B_1y + C_1z + D_1 = 0$，$\pi_2: A_2x + B_2y + C_2z + D_2 = 0$，则该直线上任一点的坐标同时应满足这两个方程，所以方程组

$$\begin{cases} A_1x + B_1y + C_1z + D_1 = 0 \\ A_2x + B_2y + C_2z + D_2 = 0 \end{cases}$$

就是两个平面交线的方程，称为空间**直线的一般方程**.

例 4 化直线方程

$$\begin{cases} 2x - y + 2z - 7 = 0 \\ x + 2y + z + 4 = 0 \end{cases}$$

为点向式方程和参数方程.

解 首先在直线上找一点，令 $z = 0$，则得

$$\begin{cases} 2x - y = 7 \\ x + 2y = -4 \end{cases}$$

解得
$$x = 2, \quad y = -3,$$

即 $(2, -3, 0)$ 为直线上一点.

然后再求出直线的方向向量 $\boldsymbol{s}$，因为两个平面的法向 $\boldsymbol{n}_1 = \{2, -1, 2\}$ 和 $\boldsymbol{n}_2 = \{1, 2, 1\}$ 都和两平面的交线垂直，所以可取

$$\boldsymbol{s} = \begin{vmatrix} \boldsymbol{i} & \boldsymbol{j} & \boldsymbol{k} \\ 2 & -1 & 2 \\ 1 & 2 & 1 \end{vmatrix} = \{-5, 0, 5\},$$

因此，所求直线的点向式方程为

$$\frac{x-2}{-5} = \frac{y+3}{0} = \frac{z}{5}$$

所以所求直线的参数方程为

$$\begin{cases} x = 2 - 5t, \\ y = -3, \\ z = 5t. \end{cases}$$

三、空间两直线的夹角

设两直线的点向式方程分别为

$$l_1: \frac{x-x_1}{m_1} = \frac{y-y_1}{n_1} = \frac{z-z_1}{p_1},$$

$$l_2: \frac{x-x_2}{m_2} = \frac{y-y_2}{n_2} = \frac{z-z_2}{p_2},$$

则方向向量 $s_1 = \{m_1, n_1, p_1\}$ 与 $s_2 = \{m_2, n_2, p_2\}$ 的夹角 $\theta(0 \leqslant \theta \leqslant \pi)$ 即为直线 l_1、l_2 的夹角. 于是,

$$\cos\theta = \frac{s_1 \cdot s_2}{|s_1| \cdot |s_2|} \tag{7.17}$$

$$= \frac{m_1 m_2 + n_1 n_2 + p_1 p_2}{\sqrt{m_1^2 + n_1^2 + p_1^2} \cdot \sqrt{m_2^2 + n_2^2 + p_2^2}}.$$

易知 $l_1 \perp l_2 \Leftrightarrow m_1 m_2 + n_1 n_2 + p_1 p_2 = 0$; $l_1 // l_2 \Leftrightarrow \frac{m_1}{m_2} = \frac{n_1}{n_2} = \frac{p_1}{p_2}$.

例 5 已知直线 l_1、l_2, 判断它们之间的位置关系:

(1) $l_1: \frac{x+1}{3} = \frac{y-2}{-2} = \frac{z+2}{1}$, $l_2: \frac{x-2}{6} = \frac{y-1}{-4} = \frac{z+3}{2}$;

(2) $l_1: \frac{x+1}{2} = \frac{y-3}{-1} = \frac{z-2}{-4}$, $l_2: \frac{x-2}{3} = \frac{y-4}{2} = \frac{z+1}{1}$.

解 (1) 因为直线 l_1 和 l_2 的方向向量分别为 $s_1 = \{3, -2, 1\}$、$s_2 = \{6, -4, 2\}$, $s_1 // s_2$, 所以, $l_1 // l_2$;

(2) 因为直线 l_1 和 l_2 的方向向量分别为 $s_1 = \{2, -1, -4\}$、$s_2 = \{3, 2, 1\}$, $s_1 \perp s_2$, 所以 $l_1 \perp l_2$.

例 6 已知直线 l 和平面 π, 判断它们之间的关系:

(1) $l: \frac{x+1}{3} = \frac{y-1}{2} = \frac{z+1}{2}$, $\pi: 2x - y - 2z - 1 = 0$;

(2) $l: \frac{x-1}{1} = \frac{y+1}{3} = \frac{z+3}{2}$, $\pi: 4x - 2y + z - 3 = 0$;

(3) $l: \frac{x-1}{2} = \frac{y+2}{-4} = \frac{z-3}{3}$, $\pi: 4x - 8y + 6z + 1 = 0$.

解 (1) 因为直线 l 的方向向量 $s = \{3, 2, 2\}$ 与平面 π 的法向量 $n = \{2, -1, -2\}$ 互相垂直, 所以 $l // \pi$;

(2) 因为直线 l 的方向向量 $s = \{1, 3, 2\}$ 与平面 π 的法向量 $n = \{4, -2, 1\}$ 互相垂直, 所以 $l // \pi$, 又因为直线 l 上的点 $M(1, -1, -3)$ 满足平面 π 的方程, 所以 M 在平面 π 上, 所以直线 l 也在平面 π 上;

(3) 因为直线 l 的方向向量 $s = \{2, -4, 3\}$ 与平面 π 的法向量 $n = \{4, -8, 6\}$ 互相平行, 所以 $l \perp \pi$.

例 7 求两直线 $l_1: \frac{x-2}{3} = \frac{y-3}{-2} = z+1$ 与 $l_2: \frac{x}{2} = y+2 = \frac{z-3}{3}$ 的夹角.

解 直线 l_1 和 l_2 的方向向量分别为 $s_1 = \{3, -2, 1\}$ 和 $s_2 = \{2, 1, 3\}$, 所以由公式 (7.17) 得 l_1 和 l_2 的夹角 θ 的余弦为

$$\cos\theta = \frac{3\times2+(-2)\times1+1\times3}{\sqrt{3^2+(-2)^2+1^2}\times\sqrt{2^2+1^2+3^2}} = \frac{1}{2},$$

所以 $\theta = \dfrac{\pi}{3}$.

习题 7.4

1. 把下列直线方程化为参数方程及一般方程：

(1) $\dfrac{x-3}{3} = \dfrac{y+1}{2} = \dfrac{z-2}{1}$;　　　　　(2) $3x-2 = 2-y = 3z$;

(3) $\dfrac{x+2}{2} = \dfrac{y-1}{0} = \dfrac{z-3}{3}$;　　　　　(4) $\dfrac{x-2}{1} = \dfrac{y+1}{0} = \dfrac{z-3}{0}$.

2. 把下列直线的一般方程化为点向式方程及参数方程：

(1) $\begin{cases} x+y-z-2=0, \\ 3x-5y+4z-14=0. \end{cases}$　　　　(2) $\begin{cases} 2x-3y+z+4=0, \\ z=-6+2y. \end{cases}$

(3) $\begin{cases} z=2, \\ 3x-y=3. \end{cases}$　　　　　　　(4) $\begin{cases} x-3z-7=0, \\ y+2z+3=0. \end{cases}$

3. 求过点 $M_1(1, 3, 2)$ 和 $M_2(-2, 1, 0)$ 的直线方程.

4. 已知一直线过点 $(2, 3, -1)$ 且与直线 $\begin{cases} x=2+3t, \\ y=2t, \\ z=2-t. \end{cases}$ 平行，求此直线方程.

5. 求过点 $(1, -2, 5)$ 且垂直于平面 $3x-y+3z=4$ 的直线方程.

6. 确定下列直线与直线的位置关系：

(1) $\dfrac{x}{1} = \dfrac{y}{-1} = \dfrac{x+2}{2}$ 与 $\begin{cases} 2x-y+2z+5=0, \\ x-y+2z+2=0; \end{cases}$

(2) $\dfrac{x+7}{1} = \dfrac{y-1}{3} = \dfrac{z+6}{-1}$ 与 $\begin{cases} x=1-3t, \\ y=-2-9t, \\ z=3+3t. \end{cases}$

7. 确定下列直线与平面的位置关系：

(1) $\dfrac{x+1}{-1} = \dfrac{y+3}{-3} = \dfrac{z}{6}$ 与 $3x+y+z-4=0$;

(2) $\dfrac{x+2}{2} = \dfrac{y-1}{-3} = \dfrac{z}{5}$ 与 $2x-3y+5z-7=0$;

(3) $\dfrac{x-1}{3} = \dfrac{y+2}{1} = \dfrac{z-3}{-3}$ 与 $2x+3y+3z-5=0$.

8. 求过点 $(1, -2, 0)$ 且与直线 $\dfrac{x-3}{1} = \dfrac{y+2}{-1} = \dfrac{z-1}{2}$ 垂直的平面方程.

9. 求过点 $(1, 2, 1)$ 且与直线 $\begin{cases} x=1+t, \\ y=2-2t, \\ z=-1-3t \end{cases}$ 及 $\begin{cases} x=3, \\ y=1-t, \\ z=2-t \end{cases}$ 平行的平面方程.

10. 求过点 $(3, 1, -2)$ 及直线 $\dfrac{x-4}{5} = \dfrac{y+3}{2} = \dfrac{z}{1}$ 的平面方程.

第五节　二次曲面与空间曲线

一、曲面方程的概念

曲线是满足一定条件的动点的轨迹，类似地，我们把曲面也理解为满足一定条件的动点的轨迹．如果曲面上的点的坐标都满足方程 $F(x, y, z)=0$；不在曲面上的点的坐标不满足方程 $F(x, y, z)=0$，那么我们把方程 $F(x, y, z)=0$ 称为**曲面的方程**，而曲面就称为方程 $F(x, y, z)=0$ 的图形.

二、常见的二次曲面及其方程

1. 球面方程

设一球面半径为 R，球心坐标为 $M_0(x_0, y_0, z_0)$，试建立球面方程.

设球面上任一点 $M(x, y, z)$，则 $|MM_0|=R$，由两点间的距离公式得

$$\sqrt{(x-x_0)^2+(y-y_0)^2+(z-z_0)^2}=R,$$

即
$$(x-x_0)^2+(y-y_0)^2+(z-z_0)^2=R^2,$$

该方程就是**球面方程**.

若球心在原点，则 $x_0=y_0=z_0=0$，此时球面方程为

$$x^2+y^2+z^2=R^2.$$

例1　方程 $x^2+y^2+z^2+4x-4y-6z+8=0$ 表示怎样的曲面？

解　将原方程配方得

$$(x+2)^2+(y-2)^2+(z-3)^2=3^2,$$

由此可知，所给方程表示以 $M_0(-2, 2, 3)$ 为球心，3 为半径的球面.

2. 母线平行于坐标轴的柱面方程

一动直线 l 沿定曲线 C 平行移动所形成的曲面叫做**柱面**，动直线 l 叫做该**柱面的母线**，定曲线 C 叫做该柱面的准线（如图7-23）.

现在我们来建立母线平行于某一坐标轴的柱面方程.

我们已经知道，缺某一变量的一次方程，表示平行于该变量对应坐标轴的平面．比如，方程 $x+y-2=0$ 表示平行于 z 轴的平面 π（如图7-24），如果我们把直线

$$\begin{cases} x+y-2=0, \\ z=0 \end{cases}$$

看作准线，把平面 π 上与 z 轴平行的直线看作母线，则平面 π 就是母线平行于 z 轴的柱面．该结论具有一般性.

一般地，设柱面平行于 z 轴，C 是 $z=0$ 平面上的准线，则它在 $z=0$ 平面中的方程为

$$f(x, y)=0,$$

则这个缺 z 项的方程就表示母线平行于 z 轴的空间柱面.

事实上，只有当 $M(x, y, z)$ 在柱面上时，它在 $z=0$ 平面上的垂足 $M_1(x, y, 0)$ 的坐标满足方程 $f(x, y)=0$，就是说 M 的坐标满足该方程（如图7-25）.

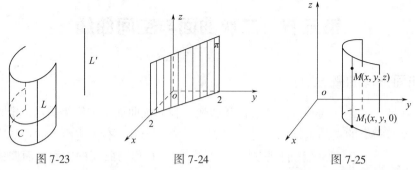

图 7-23   图 7-24   图 7-25

类似地，缺 y 的方程 $g(x, y) = 0$ 和缺 x 的方程 $h(x, y) = 0$ 分别表示母线平行于 y 轴和 x 轴的空间柱面.

比如，方程 $x^2 + y^2 = 4$ 在空间表示以 $z = 0$ 坐标面上的圆为准线，平行于 z 轴的直线为母线的圆柱面（如图 7-26）.

方程 $y = 2x^2$ 表示以 $z = 0$ 的坐标面上的抛物线为准线、平行于 z 轴的直线为母线的空间抛物柱面（如图 7-27）.

方程 $x^2 + \dfrac{z^2}{9} = 1$ 表示以 $y = 0$ 的坐标面上的椭圆为准线、平行于 y 轴的直线为母线的空间椭圆柱面（如图 7-28）.

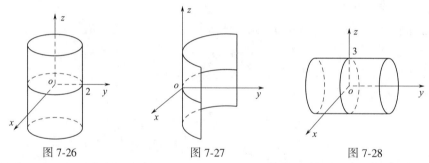

图 7-26   图 7-27   图 7-28

3. 以坐标轴为旋转轴的旋转曲面的方程

我们把平面曲线 C 绕同一平面上的定直线 l 旋转所形成的曲面叫做**旋转曲面**，l 叫做**旋转轴**.

已知 yoz 坐标面上的曲线 C：$f(y, z) = 0$，绕 z 轴旋转，现在来求旋转曲面方程（如图 7-29）.

设旋转曲面上任一点 $M(x, y, z)$，过点 M 作垂直于 z 轴的平面，与 z 轴交点为 $P(0, 0, z)$，与曲线 C 交点为 $M_1(0, y_1, z_1)$. 因为，点 M 可以由点 M_1 绕 z 轴旋转而得到，所以，

$$|PM| = |PM_1|, \quad z = z_1. \tag{①}$$

由于 $|PM| = \sqrt{x^2 + y^2}$，$|PM_1| = |y_1|$，因此

$$y_1 = \pm\sqrt{x^2 + y^2}, \tag{②}$$

又由于 M_1 在曲线 C 上，因此

$$f(y_1, z_1) = 0. \tag{③}$$

将式①、②代入式③得

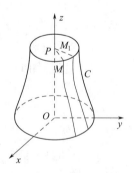

图 7-29

$$f(\pm\sqrt{x^2+y^2},\ z)=0$$

即为旋转曲面方程. 所以, 要求平面曲线 $f(y,\ z)=0$ 绕 z 轴旋转的旋转曲面方程, 只需将 $f(y,\ z)=0$ 中的 y 变为 $\pm\sqrt{x^2+y^2}$, 而 z 保持不变, 即得旋转曲面方程.

类似地, 曲线 C 绕 y 轴旋转的旋转曲面方程是

$$f(y,\ \pm\sqrt{x^2+z^2})=0.$$

例 2　把下列曲线绕 z 轴旋转, 求所得旋转曲面方程.

（1）$x=0$ 坐标面上的直线, $z=ky(k\neq0)$；

（2）$x=0$ 坐标面上的抛物线, $z=ty^2$（$t>0$）$z=ty^2$.

解　（1）由于是 $x=0$ 坐标面上的直线 $z=ky(k\neq0)$ 绕 z 轴旋转, 所以把 z 保持不变, y 换成 $\pm\sqrt{x^2+y^2}$ 得

$$z=k(\pm\sqrt{x^2+y^2}),$$

即

$$z^2=k^2(x^2+y^2)$$

它就是所求旋转曲面方程, 它表示的曲面为**圆锥面**（如图 7-30）.

（2）由于是 $x=0$ 面上的抛物线 $z=ty^2$（$t>0$）绕 z 轴旋转, 所以把 z 保持不变, y 换成 $\pm\sqrt{x^2+y^2}$ 得

$$z=t(x^2+y^2),$$

即为所求旋转曲面方程, 它表示的曲面为**旋转抛物面**（如图 7-31）.

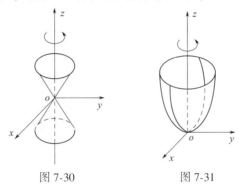

图 7-30　　　　　　　　图 7-31

三、空间曲线的方程

1. 空间曲线的一般方程

我们知道直线可以看成是两平面的交线. 一般地, 空间曲线也可以看作是**两曲面的交线**. 假设, $F_1(x,\ y,\ z)=0$ 和 $F_2(x,\ y,\ z)=0$ 依次为曲面 S_1 和 S_2 的方程,

则其**交线方程**为

$$\begin{cases}F_1(x,\ y,\ z)=0,\\ F_2(x,\ y,\ z)=0.\end{cases}$$

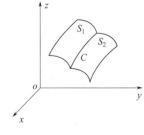

图 7-32

该方程称为空间曲线的一般方程. 需要说明的是, 空间曲线的一般方程不唯一（为什么?）.

例 3　方程组

$$\begin{cases} z = \sqrt{1-x^2-y^2} & ① \\ \left(x-\dfrac{1}{2}\right)^2 + y^2 = \dfrac{1}{4} & ② \end{cases}$$

表示怎样的曲线?

解 方程①表示以原点为球心、1 为半径的上半球面;方程②表示母线平行于 z 轴的圆柱面,其准线是 xoy 面上以点 $\left(\dfrac{1}{2},\ 0\right)$ 为圆心、$\dfrac{1}{2}$ 为半径的圆. 所以这个方程组表示上述半球面与圆柱面的交线(如图 7-33).

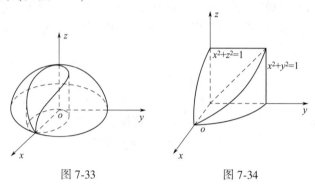

图 7-33　　　　　　　图 7-34

例 4 方程组

$$\begin{cases} x^2 + y^2 = 1 & ① \\ x^2 + z^2 = 1 & ② \end{cases}$$

(其中 $x \geqslant 0,\ y \geqslant 0,\ z \geqslant 0$)表示怎样的曲线?

解 方程①表示母线平行于 z 轴的圆柱面在第一卦限的部分,方程②表示母线平行于 y 轴的圆柱面在第一卦限的部分,它们的准线分别是 xoy 面和 xoz 面上的 $\dfrac{1}{4}$ 单位圆. 所以所给方程组就表示两个圆柱面在第一卦限的交线(如图 7-34).

2. 空间曲线的参数方程

我们知道,空间直线有参数方程. 类似地,空间曲线也有参数方程. 设 $M(x,\ y,\ z)$ 是空间曲线上任一点,则坐标 $x,\ y,\ z$ 也可以用另外一个变量 t 的函数来表示,即

$$\begin{cases} x = x(t), \\ y = y(t), \\ z = z(t). \end{cases}$$

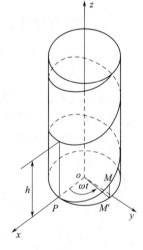

当 t 取某一固定数值时,可得曲线上一个点,随着 t 的变动,就可得到曲线上所有点,该方程叫做**空间曲线的参数方程**.

例 5 已知圆柱面 $x^2 + y^2 = k^2$,一动点 $M(x,\ y,\ z)$,以角速度 ω 在上面绕 z 轴旋转,同时又以线速度 v 沿 z 轴正向上升(这里 $\omega,\ v$ 均为正常数),试建立动点 M 的轨迹的参数方程.

解 我们取时间 t 作为参数,动点运动开始时($t = 0$),位于 x 轴上的点 $P(k,\ 0,\ 0)$,经过时间 t 运动到 $M(x,\ y,\ z)$(如图 7-35). 从 M 向 xoy 面作垂线于 M',则 M' 点的坐标是 $(x,\ y,\ 0)$,不难知道,

图 7-35

$$\begin{cases} x = k\cos\omega t, \\ y = k\sin\omega t, \\ z = vt, \end{cases}$$

即为所求动点的轨迹的参数方程.

四、空间曲线在坐标面上的投影

已知空间曲线 C 的方程为

$$\begin{cases} f_1(x, y, z) = 0, \\ f_2(x, y, z) = 0. \end{cases} \quad ①$$

现在，我们来求它在 xoy 坐标面上的**投影曲线**（简称**投影**）C' 的方程（如图 7-36）.

由图 7-36 可看出，通过曲线 C 且母线平行于 z 轴的柱面与 xoy 面的交线就是曲线 C'，所以，只要得到柱面 S 的方程，即可写出 C' 的方程.

在方程组①中消去 z 得 $f(x, y) = 0$，正是通过 C 而母线平行于 z 轴的柱面 S 的方程，于是，C' 的方程为

$$\begin{cases} f(x, y) = 0, \\ z = 0. \end{cases}$$

类似地，可得曲线 C 在 yoz 面上的投影曲线方程是

$$\begin{cases} g(y, z) = 0, \\ x = 0. \end{cases}$$

曲线 C 在 xoz 面上的投影曲线方程是

$$\begin{cases} h(x, z) = 0, \\ y = 0. \end{cases}$$

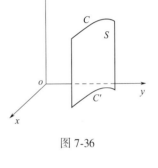

图 7-36

例 6 已知球面 $x^2+y^2+z^2=8$ 和旋转抛物面 $x^2+y^2-2z=0$，求它们的交线在 xoy 面上的投影.

解 先求通过这曲线而母线平行于 z 轴的柱面，在两个方程中消去变量 z，将两方程相减可得

$$z^2+2z-8=0,$$

即 $$(z-2)(z+4)=0,$$

所以 $$z=2 \text{ 或 } z=-4 \text{（舍去）},$$

再把 $z=2$ 代入任一个方程得

$$x^2+y^2=4,$$

于是，所求投影曲线是

$$\begin{cases} x^2+y^2=4, \\ z=0, \end{cases}$$

它是 xoy 坐标面上的圆（如图 7-37）.

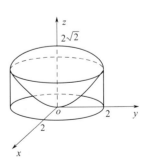

图 7-37

习题 7.5

1. 已知两定点 $M(a, 0, 0)$、$N(-a, 0, 0)$，求与 M、N 的距离之和为定值 $2b(b > a > 0)$ 的动点的轨迹.

2. 求球心在点 $(-2, -3, 1)$ 处，且通过点 $(1, -1, 1)$ 的球面方程.

3. 求过两点 $(0, 1, 1)$、$(2, 0, 0)$，球心在 y 轴上的球面方程.

4. 求下列球心坐标和半径

$(1) x^2 + y^2 + z^2 + 2x - 4y - 6z + 5 = 0$;

$(2) 2x^2 + 2y^2 + 2z^2 + 2x - 2z - 1 = 0$.

5. 已知曲线 $\begin{cases} \dfrac{x^2}{2} + \dfrac{z^2}{5} = 1 \\ y = 0 \end{cases}$，求它绕 x 轴及 z 轴旋转的旋转曲面的方程.

6. 已知曲线 $\begin{cases} y = \sqrt{x} \\ z = 0 \end{cases}$，求它绕 x 轴及 y 轴旋转的旋转曲面的方程.

7. 已知曲线 $\begin{cases} \dfrac{x^2}{a^2} + \dfrac{y^2}{c^2} = 1 \\ z = 0 \end{cases}$，求它绕 x 轴及 y 轴旋转的旋转曲面的方程.

8. 说出下列各题中方程所表示的曲面名称

$(1) x^2 + 4y^2 = 1$;　　$(2) x^2 + 4y^2 = z$;　　$(3) 3x^2 + 3y^2 = z$;

$(4) x^2 + 3y^2 = z^2$;　　$(5) x^2 + 4y^2 = 1 - z^2$.

9. 方程组 $\begin{cases} z = \sqrt{R^2 - x^2 - y^2} \\ (x - R)^2 + y^2 = R^2 \end{cases}$ $(R > 0)$ 表示怎样的曲线?

10. 把曲线方程 $\begin{cases} 2x^2 + z^2 - 4y - 4z = 0 \\ x^2 + 3z^2 + 8y - 12z = 0 \end{cases}$ 换成母线平行于 y 轴及 z 轴的柱面交线的方程.

本章小结

一、基本概念

空间向量　向量的模　自由向量　单位向量　向量的方向角　方向余弦　向量的夹角　向量的数量积　向量的向量积　平面的法线向量　直线的方向向量　曲面的方程　空间曲线的方程

二、基本定理

向量的方向余弦的性质　两个向量垂直的充要条件　两个向量平行的充要条件　向量加法、减法数乘满足的运算律　向量的数量积满足的运算规律　向量积满足的运算规律

三、基本公式

三阶行列式的展开式　空间坐标系下两点间的距离公式　向量的模的计算公式　向量的坐标的计算公式　几何表示法下向量的加法、减法和数乘的计算公式　坐标表示法下向量的加法、减法和数乘的计算公式　向量的数量积的计算公式　向量的向量积的计算公式　两个向量的夹角的余弦的计算公式　向量的向量积的几何意义

四、基本方法

求平面的法线向量的方法　求直线的方向向量的方法　直线的点向式、参数式和一般式方程的相互转化　判断平面与平面、平面与直线、直线与直线的位置关系　点在平面上的投影的求法　点在空间直线上的投影的求法　求球面的方程　求旋转曲面的方程　求柱面的方程　求空间曲线在坐标面上的投影曲线的方程

五、疑点解析

1. 空间向量的坐标与向量的终点坐标相同吗?

首先要说明的是:空间向量的坐标与空间直角坐标系下点的坐标记法不同,空间向量的坐标用花括号括起来,而空间直角坐标系下点的坐标用小括号括起来;另一方面一般情况下空间向量的坐标等于它的终点与起点的对应坐标之差,只有当向量的起点在坐标原点时向量的坐标才与向量终点的坐标相同.

2. 向量的数量积与向量的向量积的不同点

首先向量的数量积与向量积的结果的属性不同:向量的数量积的结果是一个只有大小的数值,这个数值可能是正数,也可能是负数,还可能是零;而向量的向量积的结果是一个既有大小又有方向的向量,这个向量的方向与已知两个向量都垂直,且符合右手准则,它的大小等于已知两个向量的模与它们之间夹角的正弦的乘积,是非负的.

3. 如何求空间中一点在已知直线上的投影?

求一点在一条直线上的投影的方法是:首先过该点作已知直线的垂直平面(注意是作已知直线的垂直平面,而不是作已知直线的垂线),已知直线与所作的垂直平面的交点就是所求的点在直线上的投影.

4. 方程 $x^2 + y^2 = a^2$ 表示什么图形?

在平面直角坐标系下方程 $x^2 + y^2 = a^2$ 表示的图形是一个圆,而在空间直角坐标系下方程 $x^2 + y^2 = a^2$ 表示的是一个以 xoy 坐标面内的一原点为圆心,半径为 a 的圆为准线,母线平行于 z 轴的圆柱面,所以要判别方程 $x^2 + y^2 = a^2$ 所表示的图形先确定此方程是什么坐标系的方程,然后才能判别此方程所表示的图形.

六、基本题型

1. 几何表示下向量的代数运算;

2. 坐标表示下向量的代数运算;

3. 求平面的方程;

4. 求空间直线的方程;

5. 直线的三种形式的相互转化;

6. 判别平面与平面、平面与直线、直线与直线的位置关系;

7. 求平面与平面的夹角、直线与直线的夹角、直线与平面的夹角;

8. 求球面的方程或已知球面方程求球心与半径;

9. 求柱面、旋转曲面的方程或由二次曲面方程判别曲面类型;

10. 求空间曲线在坐标面上的投影.

复习题七

1. 填空

(1) 已知 $a = 2i-j+2k$, $b = i+2j-k$. 则 $3a-4b =$ ＿＿＿＿.

(2) 已知 $M_1(1, -2, 3)$, $M_2(4, 1, -1)$,则 $\overrightarrow{M_1M_2}$ 的方向余弦依次为 ＿＿＿＿.

(3) 已知 $a = i-2j+k$, $b = 3i+j-2k$,则 $a \cdot b =$ ＿＿＿＿.

(4) 已知 $a = 4i-2j-4k$, $b = 6i-3j+2k$,则 $(3a-2b) \cdot (a+3b) =$ ＿＿＿＿.

(5) 已知 $a = 2i-j+k$, $b = i+2j-k$,则 $a \times b =$ ＿＿＿＿.

(6) 已知 $a = i-j-k$, $b = i+2j-3k$,则 $(a+b) \times (a-b) =$ ＿＿＿＿.

(7) 过点 $M_1(1, 2, -1)$、$M_2(2, 3, 1)$ 且和平面 $x - y + z + 1 = 0$ 垂直的平面方程是 ＿＿＿＿.

(8) 两平面 $x-y+2z+3=0$ 与 $2x+y+z-5=0$ 的夹角为 ＿＿＿＿.

(9) 直线 $\begin{cases} x=1-t \\ y=2+t \\ z=3-2t \end{cases}$ 与平面 $2x+y-z-5=0$ 的交点坐标为 ＿＿＿＿.

(10) 已知直线 l_1：$\dfrac{x-3}{4}=\dfrac{y+2}{0}=\dfrac{z-1}{-4}$，$l_2$：$\dfrac{x}{-3}=\dfrac{y-1}{-3}=\dfrac{z+1}{0}$，则 l_1 与 l_2 的夹角为 _____．

2. 选择题

（1）已知 $A(2,-2,0)$，$B(-1,0,1)$，$C(1,1,2)$，则 $\triangle ABC$ 的面积为（　　）．

A. $5\sqrt{3}$　　　　　　B. $\dfrac{5}{2}$　　　　　　C. $\dfrac{5}{2}\sqrt{3}$　　　　　　D. $\sqrt{3}$

（2）设平面 π_1：$A_1x+B_1y+C_1z+D_1=0$，π_2：$A_2x+B_2y+C_2z+D_2=0$，则 $\pi_1\perp\pi_2$ 的充要条件是（　　）．

A. $A_1B_1+A_2B_2+C_1C_2=0$　　　　　　B. $A_1A_2+B_1B_2+C_1C_2=0$

C. $\dfrac{A_1}{A_2}=\dfrac{B_1}{B_2}=\dfrac{C_1}{C_2}$　　　　　　D. 无法确定

（3）设直线 l：$\dfrac{x-x_0}{m}=\dfrac{y-y_0}{n}=\dfrac{z-z_0}{p}$ 和平面 π：$Ax+By+Cz+D=0$，则 $l/\!/\pi$ 的充要条件是（　　）．

A. $mA+nB+pC=0$　　　　　　B. $AB+BC+CA=0$

C. $\dfrac{m}{A}=\dfrac{n}{B}=\dfrac{p}{C}$　　　　　　D. 无法确定

（4）设平面 π_1：$A_1x+B_1y+C_1z+D_1=0$，π_2：$A_2x+B_2y+C_2z+D_2=0$，则 $\pi_1/\!/\pi_2$ 的充要条件是（　　）．

A. $A_1A_2+B_1B_2+C_1C_2=0$　　　　　　B. $\dfrac{A_1}{A_2}=\dfrac{B_1}{B_2}=\dfrac{C_1}{C_2}$

C. $A_1B_1+A_2B_2+C_1C_2=0$　　　　　　D. 无法确定

（5）已知直线 l：$\dfrac{x-x_0}{m}=\dfrac{y-y_0}{n}=\dfrac{z-z_0}{p}$ 和平面 π：$Ax+By+Cz+D=0$，则 $l\perp\pi$ 的充要条件是（　　）．

A. $ma+nB+pC=0$　　　　　　B. $\dfrac{A}{m}=\dfrac{B}{n}=\dfrac{C}{p}$

C. $mC+nB+pA=0$　　　　　　D. 无法确定

（6）设直线 l_1：$\dfrac{x-x_1}{m_1}=\dfrac{y-y_1}{n_1}=\dfrac{z-z_1}{p_1}$ 和直线 l_2：$\dfrac{x-x_2}{m_2}=\dfrac{y-y_2}{n_2}=\dfrac{z-z_2}{p_2}$，则 $l_1\perp l_2$ 的充要条件是（　　）．

A. $m_1m_2+n_1n_2+p_1p_2=0$　　　　　　B. $\dfrac{m_1}{m_2}=\dfrac{n_1}{n_2}=\dfrac{p_1}{p_2}$

C. $m_1n_1+m_2n_2+p_1p_2=0$　　　　　　D. 无法确定

（7）在空间直角坐标系中，已知方程 $\dfrac{x^2}{a^2}-\dfrac{y^2}{b^2}=1$ 且母线平行于 z 轴，则该图形是（　　）．

A. 圆柱面　　　　B. 双曲线　　　　C. 双曲柱面　　　　D. 抛物柱面

（8）已知直线 l_1：$\dfrac{x-x_1}{m_1}=\dfrac{y-y_1}{n_1}=\dfrac{z-z_1}{p_1}$ 和直线 l_2：$\dfrac{x-x_2}{m_2}=\dfrac{y-y_2}{n_2}=\dfrac{z-z_2}{p_2}$，则 $l_1/\!/l_2$ 的充要条件是（　　）．

A. $m_1m_2+n_1n_2+p_1p_2=0$　　　　　　B. $m_1n_1+m_2n_2+p_1p_2=0$

C. $\dfrac{m_1}{m_2}=\dfrac{n_1}{n_2}=\dfrac{p_1}{p_2}$　　　　　　D. 无法确定

3. 化简

（1）$i\times(j+k)-j\times(i+k)+(i+j+k)$；

（2）$2i\cdot(j+k)+3j\cdot(i+k)+4k\cdot(i\times j)$；

（3）$(a+b+c)\times c+(a+b+c)\times b+(b-c)\times a$；

（4）$(2a+b)\times(c-a)+(b+c)\times(a+b)$．

4. 已知直线 l_1、l_2，确定它们之间的位置关系

（1）l_1：$\dfrac{x-2}{2}=\dfrac{y-1}{-1}=\dfrac{z+3}{3}$，$l_2$：$\dfrac{x+1}{4}=\dfrac{y+2}{-2}=\dfrac{z-3}{6}$；

（2）l_1：$\dfrac{x-4}{1}=\dfrac{y+3}{2}=\dfrac{z-2}{2}$，$l_2$：$\dfrac{x+2}{2}=\dfrac{y-5}{4}=\dfrac{z+1}{-5}$.

5. 已知直线 l 和平面 $\boldsymbol{\pi}$，试确定它们之间的位置关系

（1）l：$\dfrac{x-1}{2}=\dfrac{y+1}{3}=\dfrac{z-2}{6}$，$\pi$：$3x-4y+z+2=0$；

（2）l：$\dfrac{x+2}{3}=\dfrac{y-1}{2}=\dfrac{z+3}{1}$，$\pi$：$x+3y-9z-28=0$；

（3）l：$\dfrac{x+3}{4}=\dfrac{y-2}{2}=\dfrac{z-1}{-3}$，$\pi$：$8x+4y-6z+11=0$.

6. 用向量法证明

（1）平面三角中的余弦定理；

（2）对角线互相垂直的平行四边形是菱形.

7. 化直线方程 $\begin{cases}2x+y+3z-3=0\\3x+2y+z-4=0\end{cases}$ 为点向式方程和参数方程.

8. 求曲线 $\boldsymbol{\Gamma}$： $\begin{cases}z=x^2+y^2\\3x+5y-z=0\end{cases}$ 在 xoy 坐标面上的投影曲线方程.

9. 求曲线 $\boldsymbol{\Gamma}$： $\begin{cases}x^2+y^2+z^2=64\\x^2+y^2=8y\end{cases}$ 在 yoz 轴坐标面上的投影曲线方程.

10. 指出下列旋转曲线的一条母线和旋转轴

（1）$z=4(x^2+y^2)$；　　　　　　　（2）$\dfrac{x^2}{16}+\dfrac{y^2}{4}+\dfrac{z^2}{16}=1$；

（3）$z^2=5(x^2+y^2)$；　　　　　　（4）$x^2-\dfrac{y^2}{9}-\dfrac{z^2}{9}=1$.

11. 求球面 $x^2+y^2+z^2=3$ 与旋转抛物面 $x^2+y^2=2z$ 的交线在 xoy 面上的投影.

12. 求点 $P(1,1,4)$ 到直线 l：$\dfrac{x-2}{1}=\dfrac{y-3}{1}=\dfrac{z-4}{2}$ 的距离.

13. 求过点 $(-1,0,1)$ 且平行于平面 $3x-4y+z-10=0$ 又与直线 $\dfrac{x+1}{1}=\dfrac{y-3}{1}=\dfrac{z}{2}$ 相交的直线方程.

14. 求曲线 $\begin{cases}z=2-x^2-y^2\\z=(x-1)^2+(y-1)^2\end{cases}$ 在三个坐标面上的投影的曲线方程.

15. 求锥面 $z=\sqrt{x^2+y^2}$ 与 $z^2=2x$ 所围成立体在三个坐标面上的投影.

第八章 多元函数微分学

【教学目标】通过学习，理解二元函数的极限和连续的概念，掌握二元偏导数和全微分的求法，掌握二元函数极值的求法，并会应用在实际中.

本章在一元函数微分学的基础上，讲述二元函数的极限、连续、偏导数和全微分的概念、计算及其应用.

第一节 二元函数的概念、极限、连续

本节在一元函数及其极限与连续的基础，讲述具有多个自变量情况下的多元函数，着重介绍具有两个自变量的二元函数及其极限和连续.

一、二元函数的概念

在实际生活中，销售某种产品，其价格为 P(元／件) 销售量为 Q 件，要求收益，我们知道收益就是毛利润，如果设为 R(元)，它是随着价格 P 和销售量 Q 的变化而变化的，可得

$$R = PQ \ (P > 0, \ Q \geqslant 0)$$

对于 $P > 0$，$Q \geqslant 0$ 任何一组数 P，Q 代入上式，就对应一个收益 R 的一个确定值. 我们就说收益 R 是销售量 Q 和价格 P 的二元函数.

1. 二元函数的概念

定义 1 设 D 是平面上的一个点集，如果对于区域 D 内的每一组变量 (x, y)（或称点 $P(x, y)$），变量 z 按一定的规则 f，都对应着一个唯一确定的值，则称变量 z 是变量 x，y 的**二元函数**. 记作

$$z = f(x, y) \quad (x, y) \in D.$$

其中量 x，y 称为**自变量**，自变量的取值范围 D 称为**二元函数的定义域**.

当点 $(x_0, y_0) \in D$ 确定后，函数 z 有唯一的函数值 z_0 相对应，则 z_0 称为**二元函数的函数值**，表示为

$$z_0 = f(x_0, y_0)$$

同理，当有三个自变量时称为**三元函数**，可以记作 $u = f(x, y, z)$；当有 n 个变量时，$u = f(x_1, x_2, \cdots, x_n)$ 称为 **n 元函数**. 多于一个自变量的函数统称多元函数.

上述例子中的收益是价格和销售量的二元函数，当 $P = 3$，$Q = 10$ 时，其函数值 $R = 30$ 元，或表示为 $R \big|_{\substack{P=3 \\ Q=10}} = 30$.

例1　已知二元函数 $z = f(x, y) = \ln(x + y)$，求 $f(2, 1)$ 的函数值.

解　该二元函数是一个对数函数，要求 $f(2, 1)$ 的函数值，也就是把 $x = 2$，$y = 1$ 时，代入二元函数中得

$$f(2, 1) = \ln(2 + 1) = \ln 3,$$

或表示为

$$z\Big|_{\substack{x=2\\y=1}} = \ln (x+y)\Big|_{\substack{x=2\\y=1}} = \ln 3.$$

2. 二元函数的定义域

一元函数的定义域一般来说是一个或几个区间. 二元函数的定义域通常是由平面上一条或几段光滑曲线围成的部分平面. 这样的部分平面称为**区域**. 围成区域的曲线称为**区域的边界**. 边界上的点称为**边界点**. 包括边界在内的区域称为**闭区域**，不包括边界在内的区域称为**开区域**.

如果一个区域 D（开域或闭域）内任意两点之间的距离都不超过某一常数 M，则称 D 为**有界区域**；否则称 D 为**无界区域**.

常见的区域有开区域或闭区域，通常可以表示为 $\{(x, y) \mid x, y \in D\}$.

如图 8-1 表示的矩形区域，是一个有界的闭区域，其定义域可以表示为：

$$\{(x, y) \mid a \leqslant x \leqslant b, c \leqslant y \leqslant d\}.$$

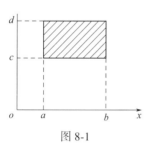

图 8-1

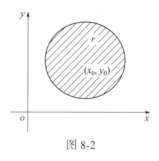

图 8-2

如图 8-2 表示的圆域，

（1）当不包含边界时，是一个开的区域，其定义域可以表示为：

$$\{(x, y) \mid (x - x_0)^2 + (y - y_0)^2 < r^2\};$$

（2）当包含边界时，是一个闭区域，可以表示为：

$$\{(x, y) \mid (x - x_0)^2 + (y - y_0)^2 \leqslant r^2\} 等.$$

例2　求下列各函数的定义域，并在平面上用阴影表示.

（1）$z = \ln(R^2 - x^2 - y^2)$；　　　　　　（2）$z = \dfrac{\sqrt{y - x^2}}{\sqrt{9 - x^2 - y^2}}$；

（3）$z = \arcsin \dfrac{x}{5} + 2\arccos \dfrac{y}{4}$；　　　　（4）$z = \dfrac{\sin(xy)}{x}$.

解　（1）要使函数 $z = \ln(R^2 - x^2 - y^2)$ 有意义，必须有 $R^2 - x^2 - y^2 > 0$，即

$$x^2 + y^2 < R^2.$$

故　所求函数的定义域为 $D = \{(x, y) \mid x^2 + y^2 < R^2\}$，是平面上的圆域（不包括边界），如图 8-3 所示.

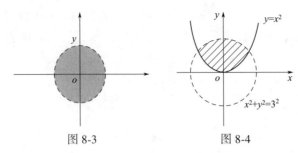

图 8-3   图 8-4

（2）要使函数 $z=\dfrac{\sqrt{y-x^2}}{\sqrt{9-x^2-y^2}}$ 有意义，必须有 $y-x^2\geqslant 0$，$9-x^2-y^2>0$.

故 所有函数的定义域为 $D=\{(x,y)\mid y\geqslant x^2,\ x^2+y^2<3^2\}$，是平面的一条抛物线与圆围成的区域，如图 8-4 所示.

（3）要使函数 $z=\arcsin\dfrac{x}{5}+2\arccos\dfrac{y}{4}$ 有意义，必须有 $-1\leqslant\dfrac{x}{5}\leqslant 1$，$-1\leqslant\dfrac{y}{4}\leqslant 1$.

故 该函数的定义域为 $D=\{(x,y)\mid -5\leqslant x\leqslant 5,\ -4\leqslant y\leqslant 4\}$，是平面上矩形域，如图 8-5 所示.

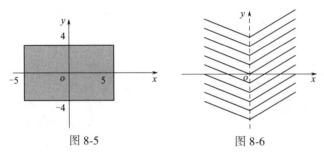

图 8-5   图 8-6

（4）要使函数 $z=\dfrac{\sin(xy)}{x}$ 有意义，必须有 $x\neq 0$.

故 该函数的定义域为 $D=\{(x,y)\mid x\neq 0\}$，是 y 轴左半平面域与右半平面域的并集，如图 8-6 所示.

关于二元函数的定义及区域的概念都可以推广到三个或更多个自变量的情形. 对三元函数 $u=f(x,y,z)$ 来说，它的定义域通常是三维空间中的一个区域. 如以 (x_0,y_0,z_0) 为中心、半径为 r 的球形域为 $\{(x,y,z)\mid (x-x_0)^2+(y-y_0)^2+(z-z_0)^2\leqslant r^2\}$.

3. 二元函数 $z=f(x,y)$ 的图形

设函数 $z=f(x,y)$ 的定义域为 D，任意取定 $P(x,y)\in D$，对应的函数值为 $z=f(x,y)$；这样，以 x 为横坐标、y 为纵坐标、z 为竖坐标就确定了空间一点 $M(x,y,z)$，当 $P(x,y)$ 取遍 D 上一切点时，就得到一空间点集 $\{(x,y,z)\mid z=f(x,y),\ (x,y)\in D\}$，这个点集称为**二元函数 $z=f(x,y)$ 的图形**. 通常是空间中一张曲面，如图 8-7 所示. 其定义域就是这张曲面在 xoy 平面上的投影.

例 3　作二元函数 $z=x^2+y^2$ 的草图.

解　此函数的定义域为 xoy 平面，且有 $z\geqslant 0$，即曲面在 xoy 平面的上方，当 x 或 y 是固定常数时，都是开口向上的抛物线，从而其图形是以 z 轴为旋转轴的旋转抛物面，如图 8-8 所示.

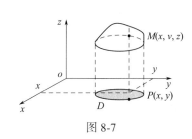
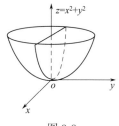

图 8-7   图 8-8

二、二元函数的极限

与一元函数类似，对于二元函数 $z = f(x, y)$，我们需要考察当自变量 x, y 分别无限趋近于常数 x_0, y_0 时，对应的函数值的变化趋势，这就是二元函数的极限问题. 但是二元函数的情况要比一元函数复杂得多，因为在平面 xoy 上，(x, y) 趋向 (x_0, y_0) 的方式可以是多种多样的.

定义 2 如果当点 (x, y) 以任意方式趋向点 (x_0, y_0) 时，$f(x, y)$ 总是趋向于一个确定的常数 A，那么就称 A 是二元函数 $f(x, y)$ 当 $(x, y) \to (x_0, y_0)$ 时的极限. 这种极限通常称为**二重极限**，记作

$$\lim_{\substack{x \to x_0 \\ y \to y_0}} f(x, y) = A \ \text{或} \ \lim_{(x, y) \to (x_0, y_0)} f(x, y) = A,$$

也可记作当 $(x, y) \to (x_0, y_0)$ 时，$f(x, y) \to A$.

由二元函数的极限定义可以看出，如果点 $P(x, y)$ 沿不同的路径趋向于点 P_0 时函数趋向于不同的值，则函数的极限一定不存在.

注意：(1) 定义中 $P \to P_0$ 的方式是任意的；

(2) 函数在点 (x_0, y_0) 的某去心邻域内有定义；

(3) 二元函数极限也有与一元函数类似的运算法则.

例 4 求极限 (1) $\lim\limits_{\substack{x \to 0 \\ y \to 0}} \dfrac{\sin(xy)}{y}$;   (2) $\lim\limits_{\substack{x \to 0 \\ y \to 0}} \arcsin(x^2 - y)$.

解 (1) $\lim\limits_{\substack{x \to 0 \\ y \to 0}} \dfrac{\sin(xy)}{y} = \lim\limits_{\substack{x \to 0 \\ y \to 0}} \dfrac{x \sin(xy)}{xy} = \lim\limits_{\substack{x \to 0 \\ y \to 0}} x \cdot \lim\limits_{\substack{x \to 0 \\ y \to 0}} \dfrac{\sin(xy)}{xy} = 0 \times 1 = 0$;

(2) $\lim\limits_{\substack{x \to 0 \\ y \to 0}} \arcsin(x^2 - y) = \arcsin 0 = 0.$

例 5 考察函数 $f(x, y) = \begin{cases} \dfrac{xy}{x^2 + y^2}, & x^2 + y^2 \neq 0 \\ 0, & x^2 + y^2 = 0 \end{cases}$ 在 $(0, 0)$ 点的极限.

解 显然，当点 $P(x, y)$ 沿 x 轴趋于点 $(0, 0)$ 时，

$\lim\limits_{\substack{x \to 0 \\ y = 0}} f(x, y) = \lim\limits_{x \to 0} f(x, 0) = \lim\limits_{x \to 0} 0 = 0,$

当点 $P(x, y)$ 沿 y 轴趋于点 $(0, 0)$ 时，$\lim\limits_{\substack{x = 0 \\ y \to 0}} f(x, y) = \lim\limits_{y \to 0} f(0, y) = \lim\limits_{y \to 0} 0 = 0.$

虽然点 $P(x, y)$ 沿以上述两种特殊方式(沿 x 轴或沿 y 轴)趋于原点时函数的极限存在并

且相等，但是 $\lim\limits_{\substack{x\to 0 \\ y\to 0}} f(x, y)$ 并不存在. 这是因为当点 $P(x, y)$ 沿着直线 $y = kx$ 趋于点 $(0, 0)$

时，有

$$\lim\limits_{\substack{x\to 0 \\ y=kx\to 0}} f(x, y) = \lim\limits_{x\to 0} \frac{kx^2}{x^2 + k^2 x^2} = \frac{k^2}{1 + k^2},$$

显然它是随着 k 的值的不同而改变的，故极限 $\lim\limits_{\substack{x\to 0 \\ y\to 0}} f(x, y)$ 不存在.

三、二元函数的连续性

1. 二元函数连续的定义

与一元函数的连续性相类似，我们给出二元函数 $z = f(x, y)$ 在点 $P_0(x_0, y_0)$ 处连续的定义.

定义 3 设函数 $f(x, y)$ 在 $P_0(x_0, y_0)$ 的某一领域有定义，如果 $\lim\limits_{\substack{x\to x_0 \\ y\to y_0}} f(x, y) = f(x_0, y_0)$，

则称函数 $f(x, y)$ **在点 $P_0(x_0, y_0)$ 处连续**.

与一元函数类似，二元函数的连续的定义也可以用另一种形式表述：

若令 $x = x_0 + \Delta x$，$y = y_0 + \Delta y$，这时称 $\Delta z = f(x_0 + \Delta x, y_0 + \Delta y) - f(x_0, y_0)$ 为函数 $f(x, y)$ 在点 $P_0(x_0, y_0)$ 对应于增量 Δx 与 Δy 的全增量. 于是当 $x \to x_0$ 时，$\Delta x \to 0$；$y \to y_0$ 时，$\Delta y \to 0$，因此 $\lim\limits_{\substack{x\to x_0 \\ y\to y_0}} [f(x_0 + \Delta x, y_0 + \Delta y) - f(x_0, y_0)] = 0$，即 $\lim\limits_{\substack{\Delta x\to 0 \\ \Delta y\to 0}} \Delta z = 0$，则称函数 $z = f(x, y)$ 在点 (x_0, y_0) 处连续.

如果函数 $f(x, y)$ 在开区域（或闭区域）D 内的每一点连续，那么就称函数 $f(x, y)$ 在 D 内连续，或者称 $f(x, y)$ 是 D 内的连续函数.

二元连续函数的图形是一个没有孔隙和裂缝的曲线.

2. 有界闭区域上连续函数的性质

性质 1（最大值和最小值定理） 在有界闭区域 D 上连续的二元函数，在 D 上一定有最大值和最小值.

性质 2（介值定理） 在有界闭区域 D 上连续的二元函数，必取得介于最大值和最小值之间的任何值.

性质 3 二元连续函数的和、差、积仍为连续函数. 在分母不为零的点处，连续函数的商也是连续函数.

设函数 $z = f(u, v)$，且 $u = \varphi(x, y)$，$v = \psi(x, y)$. 如果 $z = f[\varphi(x, y), \psi(x, y)]$ 定义了一个 x，y 的二元函数，那么 z 叫做 x，y 的复合函数，其中 u，v 叫做中间变量. 对于复合函数有下述性质：

性质 4 二元连续函数的复合函数仍是连续函数.

由多元初等函数的连续性可知，如果要求它在点 P_0 处的极限，而该点又在此函数的定义区域内，则极限值就是函数在该点的函数值，即 $\lim\limits_{P\to P_0} f(P) = f(P_0)$.

以上关于二元函数极限与连续的讨论完全可以推广到三元以及三元以上的函数.

习题 8.1

1. 设函数 $f(x, y) = \dfrac{2xy}{x^2 + y^2}$，求

$(1)f(-2, 3)$；　$(2)f(\dfrac{1}{x}, \dfrac{2}{y})$；　$(3)\dfrac{f(x, y+h) - f(x, y)}{h}$；　$(4)f(1, \dfrac{y}{x})$.

2. 设 $f(u, v, w) = uv - w^{u-v}$，求 $f(x+y, x-y, \dfrac{x}{y})$.

3. 求下列函数的定义域，并画出图形

$(1)\ z = \sqrt{x} + y$；$(2)\ z = \sqrt{1 - \dfrac{x^2}{a^2} - \dfrac{y^2}{b^2}}$；　$(3)\ z = \arcsin\dfrac{x}{y}$；$(4)\ z = \sqrt{\dfrac{x^2+y^2-x}{2x-x^2-y^2}}$.

4. 求函数 $z = \ln[x(x-y)]$ 与 $z = \ln x + \ln(x-y)$ 的定义域. 问这两个函数是否为同一函数.

5. 设 $z = f(x+y) + x - y$，若当 $x = 0$ 时，$z = y^2$，求函数 $f(x)$ 及 z.

6. 设 $f(x, y) = \dfrac{x^2y^2}{x^2y^2 + (x-y)^2}$，证明 $\lim\limits_{\substack{x\to0\\y=0}}f(x, y)$ 不存在.

7. 求下列各极限

$(1)\ \lim\limits_{\substack{x\to0\\y\to0}}\dfrac{\sin3(x^2+y^2)}{x^2+y^2}$；　$(2)\ \lim\limits_{\substack{x\to0\\y\to0}}\dfrac{2-\sqrt{x^2+y^2+4}}{x^2+y^2}$；

$(3)\ \lim\limits_{\substack{x\to\infty\\y\to\infty}}\dfrac{1+x^2+y^2}{x^2+y^2}$；　$(4)\ \lim\limits_{\substack{x\to0\\y\to\frac{1}{2}}}\arccos\sqrt{x^2+y}$.

第二节　偏　导　数

一、偏导数的概念及其运算

在一元函数中，我们知道导数就是函数随自变量变化的变化率，它反映了函数在一点处随自变量变化的快慢程度. 与一元函数一样，二元函数也存在变化率的问题. 然而，由于自变量多了一个，情况就要复杂得多. 在 xoy 平面内，当 (x, y) 由 (x_0, y_0) 沿不同方向变化时，函数 $f(x, y)$ 的变化快慢一般来说是不同的. 因此就需要研究 $f(x, y)$ 在点 (x_0, y_0) 处沿各个不同方向的变化率. 我们只讨论 (x, y) 沿平行于 x 轴和平行于 y 轴两个特殊方位变动时的变化率. 这一方面是由于它们比较简单而又应用广泛；另一方面还因为它们是研究其他方向变化率的基础.

1. 偏导数的定义

定义（偏导数）　设函数 $z=f(x, y)$ 在点 (x_0, y_0) 的某一邻域内有定义，当 y 固定在 y_0，而 x 在 x_0 处有增量 Δx 时，相应地函数的增量

$$\Delta_x z = f(x_0+\Delta x, y_0) - f(x_0, y_0),$$

如果 $\lim\limits_{\Delta x\to0}\dfrac{f(x_0+\Delta x, y_0) - f(x_0, y_0)}{\Delta x}$ 存在，则称此极限为函数 $z=f(x, y)$ 在点 (x_0, y_0) 处对 x 的偏导数，记为

$$z'_x\Big|_{\substack{x=x_0\\y=y_0}},\ f'_x(x_0, y_0),\ \frac{\partial f}{\partial x}\Big|_{\substack{x=x_0\\y=y_0}} 或 \frac{\partial z}{\partial x}\Big|_{\substack{x=x_0\\y=y_0}}.$$

类似地，

当 x 固定在 x_0，而 y 在 y_0 有改变量 Δy，相应地函数的增量

$$\Delta_y z = f(x_0, \ y_0 + \Delta y) - f(x_0, \ y_0).$$

如果 $\lim\limits_{\Delta y \to 0} \dfrac{f(x_0, \ y_0 + \Delta y) - f(x_0, \ y_0)}{\Delta y}$ 存在，则称此极限为函数 $z = f(x, \ y)$ 在点 $(x_0, \ y_0)$

处**对 y 的偏导数**，记为

$$z'_y \bigg|_{\substack{x=x_0 \\ y=y_0}}, \ f'_y(x_0, \ y_0), \ \frac{\partial f}{\partial y}\bigg|_{\substack{x=x_0 \\ y=y_0}} 或 \frac{\partial z}{\partial y}\bigg|_{\substack{x=x_0 \\ y=y_0}}.$$

如果函数 $z = f(x, \ y)$ 在区域 D 内任一点 $(x, \ y)$ 处对 x 的偏导数都存在，那么，这个偏导数就是 x、y 的二元函数，称为函数 $z = f(x, \ y)$ **对自变量 x 的偏导函数**，

$$f'_x(x, \ y) = \lim\limits_{\Delta x \to 0} \frac{f(x + \Delta x, \ y) - f(x, \ y)}{\Delta x}.$$

记为

$$z'_x, \ f'_x(x, \ y), \ \frac{\partial f}{\partial x}或\frac{\partial z}{\partial x}.$$

同理，可以定义函数 $z = f(x, \ y)$ **对自变量 y 的偏导函数**，

$$f'_y(x, \ y) \ \lim\limits_{\Delta y \to 0} \frac{f(x, \ y + \Delta y) - f(x, \ y)}{\Delta y}.$$

记为

$$z'_y, \ f'_y(x, \ y), \ \frac{\partial f}{\partial y}或\frac{\partial z}{\partial y}.$$

偏导函数简称为偏导数.

$f(x, \ y)$ 在点 $(x_0, \ y_0)$ 处的偏导数 $f'_x(x_0, \ y_0)$、$f'_y(x_0, \ y_0)$，就是偏导数函数 $f'_x(x, \ y)$，$f'_y(x, \ y)$ 在 $(x_0, \ y_0)$ 处的函数值.

偏导数的概念可以推广到二元以上函数. 如 $u = f(x, \ y, \ z)$ 在 $(x, \ y, \ z)$ 处有

$$f'_x(x, \ y, \ z) = \lim\limits_{\Delta x \to 0} \frac{f(x + \Delta x, \ y, \ z) - f(x, \ y, \ z)}{\Delta x},$$

$$f'_y(x, \ y, \ z) = \lim\limits_{\Delta y \to 0} \frac{f(x, \ y + \Delta y, \ z) - f(x, \ y, \ z)}{\Delta y},$$

$$f'_z(x, \ y, \ z) = \lim\limits_{\Delta z \to 0} \frac{f(x, \ y, \ z + \Delta z) - f(x, \ y, \ z)}{\Delta z}.$$

2. 偏导数的求法

从偏导数的定义可以看出，对某一个变量求偏导，就是将其余变量看作常数，而对该变量求导. 所以一元函数的求导方法完全适用于求偏导数，只要记住对一个自变量求导时，把另一个自变量暂时看作常量就行了.

例 1 求下列函数的偏导数：

(1) $z = x^y (x > 0)$；   (2) $z = \sqrt{\ln xy}$.

解 (1) 把 y 看作常量对 x 求导，得 $\dfrac{\partial z}{\partial x} = yx^{y-1}$.

把 x 看作常量对 y 求导，得　$\dfrac{\partial z}{\partial y}=x^{y}\ln x.$

（2）把 y 看作常量对 x 求导，得 $\dfrac{\partial z}{\partial x}=\dfrac{1}{2\sqrt{\ln xy}}\cdot\dfrac{1}{xy}\cdot y=\dfrac{1}{2x\sqrt{\ln xy}}.$

把 x 看作常量对 y 求导，得　$\dfrac{\partial z}{\partial y}=\dfrac{1}{2\sqrt{\ln xy}}\cdot\dfrac{1}{xy}\cdot x=\dfrac{1}{2y\sqrt{\ln xy}}.$

例 2　求函数 $f(x,y)=\mathrm{e}^{-x}\sin(x+2y)$ 在指定点 $\left(0,\dfrac{\pi}{4}\right)$ 的偏导数.

解　把 y 看作常量对 x 求导，得 $f'_x(x,y)=-\mathrm{e}^{-x}\sin(x+2y)+\mathrm{e}^{-x}\cos(x+2y).$

把 x 看作常量对 y 求导，得　$f'_y(x,y)=2\mathrm{e}^{-x}\cos(x+2y).$

$f'_x\left(0,\dfrac{\pi}{4}\right)=-\mathrm{e}^{0}\sin\dfrac{\pi}{2}+\mathrm{e}^{0}\cos\dfrac{\pi}{2}=1,\ f'_y\left(0,\dfrac{\pi}{4}\right)=2\mathrm{e}^{0}\cos\dfrac{\pi}{2}=0.$

例 3　求函数 $u=\dfrac{1}{\sqrt{x^2+y^2+z^2}}$ 的三个偏导数.

解　把 y 和 z 看作常量对 x 求导，得

$$\dfrac{\partial u}{\partial x}=-\dfrac{1}{2}(x^2+y^2+z^2)^{-\frac{3}{2}}\cdot 2x=-x(x^2+y^2+z^2)^{-\frac{3}{2}}.$$

由于 u 对 x,y,z 具有对称性，故有

$$\dfrac{\partial u}{\partial y}=-y(x^2+y^2+z^2)^{-\frac{3}{2}},\ \dfrac{\partial u}{\partial z}=-z(x^2+y^2+z^2)^{-\frac{3}{2}}.$$

例 4　设 $f(x,y)=\begin{cases}\dfrac{xy}{x^2+y^2},&x^2+y^2\neq 0,\\ 0,&x^2+y^2=0.\end{cases}$ 求函数 $f(x,y)$ 在点 $(0,0)$ 处的偏导数.

解　函数 $f(x,y)$ 在点 $(0,0)$ 处对 x 的偏导数为

$$f'_x(0,0)=\lim_{\Delta x\to 0}\frac{f(0+\Delta x,0)-f(0,0)}{\Delta x}=\lim_{\Delta x\to 0}\frac{0-0}{\Delta x}=0,$$

函数 $f(x,y)$ 在点 $(0,0)$ 处对 y 的偏导数为

$$f'_y(0,0)=\lim_{\Delta y\to 0}\frac{f(0,0+\Delta y)-f(0,0)}{\Delta y}=\lim_{\Delta y\to 0}\frac{0-0}{\Delta y}=0.$$

上一节我们已指出 $f(x,y)$ 在点 $(0,0)$ 处极限不存在所以不连续. 本例表明 $f(x,y)$ 在点 $(0,0)$ 处两个偏导数都存在，因此对二元函数 $f(x,y)$ 来说，在点 (x_0,y_0) 处可导，并不能保证函数在该点连续.

3. 偏导数的几何意义

设 $M_0(x_0,y_0,f(x_0,y_0))$ 为曲面 $z=f(x,y)$ 上的一点，过 M_0 作平面 $y=y_0$ 与曲面 $z=f(x,y)$ 相交，其交线为一条曲线，此曲线在平面 $y=y_0$ 上的方程为 $z=f(x,y_0)$，则偏导数 $f'_x(x_0,y_0)$ 的几何意义是该曲线在点 M_0 处的切线 M_0T_x 对 x 轴的斜率（图 8-9）. 同样，偏导数 $f'_y(x_0,y_0)$ 的几何意义是该曲面被平面 $x=x_0$ 所截得的曲线在点 M_0 处的切线 M_0T_y 对 y 轴的

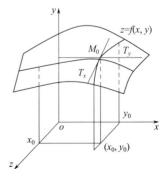

图 8-9

斜率.

二、高阶偏导数

设函数 $z=f(x,y)$ 在区域 D 内具有偏导数 $\dfrac{\partial z}{\partial x}=f'_x(x,y)$, $\dfrac{\partial z}{\partial y}=f'_y(x,y)$,

那么在 D 内 $f'_x(x,y)$, $f'_y(x,y)$ 都是 x,y 的函数. 如果这两个函数的偏导数也存在，则称它们是函数 $z=f(x,y)$ 的**二阶偏导数**. 按照对变量求导次序的不同有下列四个二阶偏导数：

$$\frac{\partial}{\partial x}\left(\frac{\partial z}{\partial x}\right)=\frac{\partial^2 z}{\partial x^2}=f''_{xx}(x,y), \qquad \frac{\partial}{\partial y}\left(\frac{\partial z}{\partial x}\right)=\frac{\partial^2 z}{\partial x\partial y}=f''_{xy}(x,y),$$

$$\frac{\partial}{\partial x}\left(\frac{\partial z}{\partial y}\right)=\frac{\partial^2 z}{\partial y\partial x}=f''_{yx}(x,y), \qquad \frac{\partial}{\partial y}\left(\frac{\partial z}{\partial y}\right)=\frac{\partial^2 z}{\partial y^2}=f''_{yy}(x,y),$$

其中 $f''_{xy}(x,y)$ 与 $f''_{yx}(x,y)$ 叫做**二阶混合偏导数**.

例 5 设 $z=x^3y^2-3xy^3-xy+1$, 求 $\dfrac{\partial^2 z}{\partial x^2}$, $\dfrac{\partial^2 z}{\partial x\partial y}$, $\dfrac{\partial^2 z}{\partial y\partial x}$, $\dfrac{\partial^2 z}{\partial y^2}$.

解 $\dfrac{\partial z}{\partial x}=3x^2y^2-3y^3-y$, $\dfrac{\partial z}{\partial y}=2x^3y-9xy^2-x$,

$\dfrac{\partial^2 z}{\partial x^2}=6xy^2$, $\qquad \dfrac{\partial^2 z}{\partial x\partial y}=6x^2y-9y^2-1$,

$\dfrac{\partial^2 z}{\partial y\partial x}=6x^2y-9y^2-1$, $\dfrac{\partial^2 z}{\partial y^2}=2x^3-18xy$.

从上面例子看到两个混合偏导数相等，即 $\dfrac{\partial^2 z}{\partial x\partial y}=\dfrac{\partial^2 z}{\partial y\partial x}$. 这个结论具有一般性.

定理 如果 $z=f(x,y)$ 的两个混合偏导数 $\dfrac{\partial^2 z}{\partial x\partial y}$, $\dfrac{\partial^2 z}{\partial y\partial x}$ 在区域 D 内连续，则在该区域内这两个混合偏导数相等.

这个定理也适用于三元及三元以上的函数.

例 6 验证函数 $z=\ln\sqrt{x^2+y^2}$ 满足方程 $\dfrac{\partial^2 z}{\partial x^2}+\dfrac{\partial^2 z}{\partial y^2}=0$.

证明 因为 $z=\ln\sqrt{x^2+y^2}=\dfrac{1}{2}\ln(x^2+y^2)$，所以

$\dfrac{\partial z}{\partial x}=\dfrac{x}{x^2+y^2}$, $\qquad \dfrac{\partial z}{\partial y}=\dfrac{y}{x^2+y^2}$,

$\dfrac{\partial^2 z}{\partial x^2}=\dfrac{x^2+y^2-x\cdot 2x}{(x^2+y^2)^2}=\dfrac{y^2-x^2}{(x^2+y^2)^2}$,

$\dfrac{\partial^2 z}{\partial y^2}=\dfrac{x^2+y^2-y\cdot 2y}{(x^2+y^2)^2}=\dfrac{x^2-y^2}{(x^2+y^2)^2}$,

因此 $\dfrac{\partial^2 z}{\partial x^2}+\dfrac{\partial^2 z}{\partial y^2}=\dfrac{y^2-x^2}{(x^2+y^2)^2}+\dfrac{x^2-y^2}{(x^2+y^2)^2}=0$.

例 7 设 $z=\arctan\dfrac{y}{x}$, 求 $\dfrac{\partial^2 z}{\partial y\partial x}$, $\dfrac{\partial^2 z}{\partial x\partial y}$.

解　$\dfrac{\partial z}{\partial x}=\dfrac{1}{1+\left(\dfrac{y}{x}\right)^2}\cdot\dfrac{-y}{x^2}=\dfrac{-y}{x^2+y^2}$,

$\dfrac{\partial z}{\partial y}=\dfrac{1}{1+\left(\dfrac{y}{x}\right)^2}\cdot\dfrac{1}{x}=\dfrac{x}{x^2+y^2}$,

$\dfrac{\partial^2 z}{\partial x\partial y}=\dfrac{\partial}{\partial y}\left(\dfrac{-y}{x^2+y^2}\right)=\dfrac{(-1)(x^2+y^2)-(-y)(0+2y)}{(x^2+y^2)^2}=\dfrac{y^2-x^2}{(x^2+y^2)^2}$,

$\dfrac{\partial^2 z}{\partial y\partial x}=\dfrac{\partial}{\partial x}\left(\dfrac{x}{x^2+y^2}\right)=\dfrac{1(x^2+y^2)-x(2x+0)}{(x^2+y^2)^2}=\dfrac{y^2-x^2}{(x^2+y^2)^2}$.

例 8　设 $u=\mathrm{e}^{xyz}$，求 $\dfrac{\partial^3 u}{\partial x^2\partial y}$，$\dfrac{\partial^3 u}{\partial x\partial y\partial z}$.

解　$\dfrac{\partial z}{\partial x}=yz\mathrm{e}^{xyz}$,　　　$\dfrac{\partial^2 z}{\partial x^2}=y^2z^2\mathrm{e}^{xyz}$,

$\dfrac{\partial^2 u}{\partial x\partial y}=\dfrac{\partial}{\partial y}(yz\mathrm{e}^{xyz})=z\dfrac{\partial}{\partial y}(y\mathrm{e}^{xyz})=z[\mathrm{e}^{xyz}+y\mathrm{e}^{xyz}xz]=z(1+xyz)\mathrm{e}^{xyz}$,

$\dfrac{\partial^3 u}{\partial x^2\partial y}=\dfrac{\partial}{\partial y}(y^2z^2\mathrm{e}^{xyz})=2yz^2\mathrm{e}^{xyz}+y^2z^2xz\mathrm{e}^{xyz}=yz^2(2+xyz)\mathrm{e}^{xyz}$,

$\dfrac{\partial^3 u}{\partial x\partial y\partial z}=\dfrac{\partial}{\partial z}\left(\dfrac{\partial^2 u}{\partial x\partial y}\right)=\dfrac{\partial}{\partial z}[z(1+xyz)\mathrm{e}^{xyz}]$

$=(1+xyz)\mathrm{e}^{xyz}+zxy\mathrm{e}^{xyz}+z(1+xyz)\mathrm{e}^{xyz}$

$=(1+3xyz+x^2y^2z^2)\mathrm{e}^{xyz}$.

习题 8.2

1. 求下列各函数的一阶偏导数

(1) $z=y^{2x}$；

(2) $z=x\ln(xy)$；

(3) $z=x^3-y^3+3x^2+3y^2-9x$；

(4) $z=\ln(3x-2y)$；

(5) $z=\dfrac{x}{\sqrt{x^2+y^2}}$；

(6) $z=(\sin x)^{\cos y}$；

(7) $z=\ln\left(x+\dfrac{y}{2x}\right)$；

(8) $u=\tan(1+x+y^2+z^3)$；

(9) $z=\arctan\dfrac{y}{x}$；

(10) $u=\sqrt{x^2+y^2+z^2}$.

2. 求下列函数在指定点对各自变量的一阶偏导数值

(1) 设 $f(x,y)=x+y-\sqrt{x^2+y^2}$，求 $f'_x(4,3)$，$f'_y(3,4)$；

(2) 设 $f(x,y)=x+(y-1)\arcsin\sqrt{\dfrac{x}{y}}$，求 $f'_x(x,1)$，$f'_y\left(\dfrac{1}{4},1\right)$.

3. 求下列各函数的二阶偏导数

(1) $z=\mathrm{e}^x(\cos y+x\sin y)$；

(2) $z=\ln(\mathrm{e}^x+\mathrm{e}^y)$；

(3) $z=\arctan\dfrac{x+y}{1-xy}$；

(4) $z=\sin^2(ax+by)$；

(5) $z=x^3y^2-xy+\mathrm{e}^{xy}$；

(6) $z=\ln(x+\sqrt{x^2+y^2})$.

4. 求下列函数在指定点对各自变量的二阶偏导数值

（1）设 $z=x^2+3xy+y^2$，求点（1，2）处的二阶偏导数；

（2）设 $u=xy^2+yz^2+zx^2$，求 f''_{xx}（0，0，1），f''_{xz}（1，0，2），f''_{yz}（0，-1，0）.

5. 设 $u=\sqrt{x^2+y^2+z^2}$，证明 $\dfrac{\partial^2 u}{\partial x^2}+\dfrac{\partial^2 u}{\partial y^2}+\dfrac{\partial^2 u}{\partial z^2}=\dfrac{2}{u}$.

6. 证明：若 $z=f(xy)$，则 $x\dfrac{\partial z}{\partial x}-y\dfrac{\partial z}{\partial y}=0$.

第三节　全微分及其应用

一、全微分的概念

一元函数微分定义为函数增量的线性主部，用函数的微分来近似地代替函数的增量，其误差是一个 Δx 的高阶无穷小，对于多元函数也有类似情况.

定义　设函数 $z=f(x, y)$ 在点（x_0，y_0）处的**全增量**

$$\Delta z=f(x_0+\Delta x, y_0+\Delta y)-f(x_0, y_0)$$

可以表示为

$$\Delta z=A\Delta x+B\Delta y+o(\rho),$$

其中 A，B 不依赖于 Δx，Δy，而仅与 x，y 有关，$\rho=\sqrt{(\Delta x)^2+(\Delta y)^2}$，$o(\rho)$ 表示当 $\rho \to 0$ 时比 ρ 高阶的无穷小量，则称函数 $z=f(x, y)$ 在点（x_0，y_0）处可微，且 $A\Delta x+B\Delta y$ 称为函数 $z=f(x, y)$ 在点（x_0，y_0）处的**全微分**，记作 dz，即

$$\mathrm{d}z=A\Delta x+B\Delta y.$$

这时也称**函数 $z=f(x, y)$ 在点（x_0，y_0）处可微**.

如果函数 $z=f(x, y)$ 在区域 D 内每一点都可微，则称**函数 $z=f(x, y)$ 在区域 D 内可微**.

在第二节中曾指出，多元函数在某点的各个偏导数即使都存在，却不能保证函数在该点连续. 但是，由上述定义可知，**如果函数 $z=f(x, y)$ 在点（x_0，y_0）可微，那么函数在该点必定连续**. 事实上，这时由 $\Delta z=A\Delta x+B\Delta y+o(\rho)$，可得 $\lim\limits_{\rho \to 0}\Delta z=0$. 反之，如果函数 $z=f(x, y)$ 在点（x_0，y_0）处不连续，那么函数在该点一定不可微.

定理 1　如果函数 $z=f(x, y)$ 在点（x_0，y_0）处可微，则函数 $z=f(x, y)$ 在点（x_0，y_0）处的两个偏导数 $\dfrac{\partial z}{\partial x}$、$\dfrac{\partial z}{\partial y}$ 必定存在. 且函数 $z=f(x, y)$ 在点（x_0，y_0）处的全微分为

$$\mathrm{d}z=\left.\dfrac{\partial z}{\partial x}\right|_{(x_0, y_0)}\Delta x+\left.\dfrac{\partial z}{\partial y}\right|_{(x_0, y_0)}\Delta y,$$

像一元函数一样，规定 $\Delta x=\mathrm{d}x$，$\Delta y=\mathrm{d}y$，则

$$\mathrm{d}z=\left.\dfrac{\partial z}{\partial x}\right|_{(x_0, y_0)}\mathrm{d}x+\left.\dfrac{\partial z}{\partial y}\right|_{(x_0, y_0)}\mathrm{d}y=f'_x(x_0, y_0)\mathrm{d}x+f'_y(x_0, y_0)\mathrm{d}y$$

定理 2　如果函数 $z=f(x, y)$ 的偏导数 $\dfrac{\partial z}{\partial x}$、$\dfrac{\partial z}{\partial y}$ 在点（x_0，y_0）处连续，则函数在该点可微.

全微分的概念也可推广到三元或更多元的函数. 如三元函数 $u=f(x, y, z)$，在点（x_0，

y_0，z_0）处的全微分的表达式为

$$\mathrm{d}u = \frac{\partial u}{\partial x}\bigg|_{(x_0,y_0,z_0)} \mathrm{d}x + \frac{\partial u}{\partial y}\bigg|_{(x_0,y_0,z_0)} \mathrm{d}y + \frac{\partial u}{\partial z}\bigg|_{(x_0,y_0,z_0)} \mathrm{d}z.$$

例 1 设 $f(x, y) = \begin{cases} \dfrac{xy}{x^2+y^2}, & x^2+y^2 \neq 0, \\ 0, & x^2+y^2 = 0 \end{cases}$ 试讨论 $f(x, y)$ 在点（0，0）处是否可微.

解 函数 $f(x, y)$ 在点（0，0）处偏导数存在，且 $f'_x(0, 0) = f'_y(0, 0) = 0$.

$\Delta z = f(0+\Delta x, 0+\Delta y) - f(0, 0)$

$$= \frac{(0+\Delta x)(0+\Delta y)}{\sqrt{(0+\Delta x)^2 + (0+\Delta y)^2}} - 0$$

$$= \frac{\Delta x \Delta y}{\sqrt{(\Delta x)^2 + (\Delta y)^2}}$$

因此 $\Delta z = f'_x(0, 0) \Delta x + f'_y(0, 0) \Delta y = \dfrac{\Delta x \Delta y}{\sqrt{(\Delta x)^2 + (\Delta y)^2}}$，

而 $\lim\limits_{\substack{\Delta x \to 0 \\ \Delta y \to 0}} \dfrac{\Delta x \Delta y}{\sqrt{(\Delta x)^2 + (\Delta y)^2}}$ 不存在，所以当 $\rho \to 0$ 时，$\dfrac{\Delta x \Delta y}{\sqrt{(\Delta x)^2 + (\Delta y)^2}}$ 不是关于 ρ 的高阶无穷小. 因此函数在点（0，0）处不可微.

若函数在区间内每一点都可微，则称函数在区间可微.

例 2 计算函数 $z = xy^2 + x^2$ 在点（1，2）处当 $\Delta x = 0.01$，$\Delta y = -0.02$ 时的全微分和全增量.

解 因为 $\dfrac{\partial z}{\partial x} = y^2 + 2x$，$\dfrac{\partial z}{\partial y} = 2xy$，$\dfrac{\partial z}{\partial x}\bigg|_{\substack{x=1 \\ y=2}} = 6$，$\dfrac{\partial z}{\partial y}\bigg|_{\substack{x=1 \\ y=2}} = 4$，

所以 $\mathrm{d}z = 6 \times 0.01 + 4 \times (-0.02) = -0.02$，

$\Delta z = (1+0.01)(2-0.02)^2 + (1+0.01)^2 - (1 \times 2^2 + 1^2) = -0.0203$.

例 3 求函数 $u = x^y + z^2$ 的全微分.

解 因 $\dfrac{\partial u}{\partial x} = yx^{y-1}$，$\dfrac{\partial u}{\partial y} = x^y \ln x$，$\dfrac{\partial u}{\partial z} = 2z$，

所以 $\mathrm{d}u = \dfrac{\partial u}{\partial x}\mathrm{d}x + \dfrac{\partial u}{\partial x}\mathrm{d}y + \dfrac{\partial u}{\partial z}\mathrm{d}z = yx^{y-1}\mathrm{d}x + x^y\ln x\mathrm{d}y + 2z\mathrm{d}z.$

二、全微分的应用

由全微分的定义可知，当函数 $z = f(x, y)$ 在点（x_0，y_0）处的全微分存在时，全微分 $\mathrm{d}z$ 与全增量 Δz 的差是 ρ 的高阶无穷小，因此当 $|\Delta x|$ 与 $|\Delta y|$ 都相当小时，有近似等式 $\Delta z \approx \mathrm{d}z = f'_x(x_0, y_0) \Delta x + f'_y(x_0, y_0) \Delta y$

或 $f(x_0+\Delta x, y_0+\Delta y) \approx f(x_0, y_0) + f'_x(x_0, y_0) \Delta x + f'_y(x_0, y_0) \Delta y$

与一元函数的情况类似，我们利用上面两式计算全增量 Δz 的近似值和估计误差，计算函数在某一点的近似值.

例 4 某厂造一无盖圆柱形铜罐，其内半径 $R = 1$ m，高 $H = 5$ m，厚为 0.05 m，问需铜多少（铜的密度为 $8.9 \times 10^3 \mathrm{kg/m}^3$）？

解 根据题意，求圆柱体积增量的近似值. 设圆柱体体积为 V，则 $V = \pi R^2 H$，$\Delta R = \Delta H = 0.05$，所以

$$\Delta V \approx dV = \frac{\partial V}{\partial R} \Delta R + \frac{\partial V}{\partial H} \Delta H = 2\pi RH \Delta R + \pi R^2 \Delta H,$$

于是 $\Delta V \approx 2\pi \times 1 \times 5 \times 0.05 + \pi \times 1^2 \times 0.05 = 0.55\pi.$

所以 $0.55\pi \times 8.9 \times 10^3 = 4895\pi \approx 1.537 \times 10^4.$

答：约需铜 1.537×10^4 kg.

例5 计算 $(1.04)^{2.02}$ 的近似值.

解 设函数 $f(x, y) = x^y$，取 $x = 1$，$y = 2$，$\Delta x = 0.04$，$\Delta y = 0.02$，由于 $f(1, 2) = 1$，$f'_x(x, y) = yx^{y-1}$，$f'_y(x, y) = x^y \ln x$，故 $f'_x(1, 2) = 2$，$f'_y(1, 2) = 0$.

所以由全微分近似公式有

$(1.04)^{2.02} \approx 1 + 2 \times 0.04 + 0 \times 0.02 = 1.08.$

例6 电阻 R_1、R_2 并联，测得 $R_1 = 1000$ （±10）Ω，$R_2 = 10$ （±0.1）Ω. 若由所测得的 R_1、R_2 计算并联电路的等效电阻 R，试估计 R 的绝对误差和相对误差.

解 因为 $R = \dfrac{R_1 R_2}{R_1 + R_2}$，$\dfrac{\partial R}{\partial R_1} = \dfrac{R_2(R_1 + R_2) - R_1 R_2}{(R_1 + R_2)^2} = \dfrac{R_2^2}{(R_1 + R_2)^2}$,

$\dfrac{\partial R}{\partial R_2} = \dfrac{R_1^2}{(R_1 + R_2)^2}$，$\dfrac{\partial R}{\partial R_1} \Big|_{\substack{R_1 = 1000 \\ R_2 = 10}} = \dfrac{10^2}{1010^2}$，$\dfrac{\partial R}{\partial R_2} \Big|_{\substack{R_1 = 1000 \\ R_2 = 10}} = \dfrac{1000^2}{1010^2}$,

再将 $\Delta R_1 = 10$，$\Delta R_2 = 0.1$，$R_1 = 1000$，$R_2 = 10$ 代入得，

$$\Delta R = \frac{1}{1010^2} (10^2 \times 10 + 1000^2 \times 0.1) = 0.099\Omega$$

$$\frac{\Delta R}{|R|} = \frac{\Delta R}{\dfrac{R_1 R_2}{R_1 + R_2}} = 0.099 \times \frac{1010}{10000} = 1\%$$

即 R 的绝对误差和相对误差分别为 0.099Ω 和 1%.

习题 8.3

1. 求函数 $z = 2x + 3y^2$，当 $x = 10$，$y = 8$，$\Delta x = 0.2$，$\Delta y = 0.3$ 的全微分和全增量.

2. 求函数 $z = \dfrac{xy}{x^2 - y^2}$，当 $x = 2$，$y = 1$，$\Delta x = 0.01$，$\Delta y = 0.03$ 时的全微分和全增量.

3. 求下列函数的全微分

(1) $z = e^x \sin(x + y)$；   (2) $z = \ln(x^2 + y^2)$；   (3) $z = \arcsin(xy)$；

(4) $z = \arctan \dfrac{y}{x}$；   (5) $z = (1 + xy)^x$；   (6) $u = x^{y^z}$.

4. 利用全微分计算下列各式的近似值

(1) $\sqrt{1.02^3 + 1.97^3}$；   (2) $\sin 29° \tan 46°$.

5. 当圆锥体变形时，它的底半径 R 由 30cm 增加到 30.1cm，高 H 由 60cm 减少到 59.5cm，试求体积变化的近似值.

6. 某种变速箱体的侧面如图 8-10 所示. 图上给定的尺寸是 $AB = 100$ mm，$AC = 80$ mm，可以算出 $BC = 60$ mm. 在镗床上加工 A、B 两孔的程

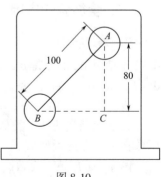

图 8-10

序是:

镗完 A 孔后, 先将镗杆下降 80 mm 至 C 点, 然后移动拖板 60 mm, 再镗 B 孔, 已知镗杆升降与拖板移动中可能产生的最大误差为 0.02 mm. 试估计这样加工后 A、B 两孔中心距的绝对误差.

第四节 多元复合函数与隐函数的微分法

一、多元复合函数的求导法则

在一元函数中, 复合函数的求导法则非常重要. 对于多元函数来说, 也是如此. 下面先就二元函数的复合函数进行讨论.

一般地, 称函数 $z=f[\phi(x, y), \psi(x, y)]$ 是由 $z=f(u, v)$ 和 $u=\phi(x, y)$, $v=\psi(x, y)$ 复合而成的 x, y 的复合函数, 其中 u, v 叫做中间变量, x, y 叫做自变量.

类似于一元复合函数的求导法则, 多元复合函数也可以直接从函数 $z=f(u, v)$ 的偏导数和函数 $u=\phi(x, y)$, $v=\psi(x, y)$ 的偏导数来求 $\dfrac{\partial z}{\partial x}$ 和 $\dfrac{\partial z}{\partial y}$.

1. 链导公式

如果函数 $u=\phi(x, y)$, $v=\psi(x, y)$ 在点 (x, y) 处有连续偏导数, 函数 $z=f(u, v)$ 在对应点 (u, v) 处有连续偏导数, 那么复合函数 $z=f[\phi(x, y), \psi(x, y)]$ 在点 (x, y) 处有对 x 和对 y 的连续偏导数, 且

$$\frac{\partial z}{\partial x}=\frac{\partial z}{\partial u}\cdot\frac{\partial u}{\partial x}+\frac{\partial z}{\partial v}\cdot\frac{\partial v}{\partial x},$$

$$\frac{\partial z}{\partial y}=\frac{\partial z}{\partial u}\cdot\frac{\partial u}{\partial y}+\frac{\partial z}{\partial v}\cdot\frac{\partial v}{\partial y}.$$

我们称上述公式为链导公式. 为了掌握这一公式, 可以画一个"变量关系图"来帮助分析中间变量和自变量. 对照链导公式, 可以这样来理解和记忆:

如图 8-11 中的每一条射线表示一个偏导数, 它是位于线段左端的变量对位于线段右端的变量的偏导数, 例如"z→u"

表示 $\dfrac{\partial z}{\partial u}$; 每两条连接 z 和自变量的线段构造一条"链", 表示两

个偏导数是相乘的, 如"z→u→x"表示 $\dfrac{\partial z}{\partial u}\cdot\dfrac{\partial u}{\partial x}$; 从 z 出发到 x 的所

有"链"相加, 就是 z 对 x 的偏导数. 如图 8-11 中, z 到 x 有两条

"链" z→u→x 和 z→v→x,

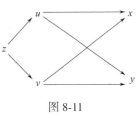

图 8-11

即 $\dfrac{\partial z}{\partial u}\cdot\dfrac{\partial u}{\partial x}$ 和 $\dfrac{\partial z}{\partial v}\cdot\dfrac{\partial v}{\partial x}$, 两者相加, 就得到

$$\frac{\partial z}{\partial x}=\frac{\partial z}{\partial u}\cdot\frac{\partial u}{\partial x}+\frac{\partial z}{\partial v}\cdot\frac{\partial v}{\partial x}$$

例 1 设 $z=v^2\ln u$ 而 $u=3x-2y$, $v=\dfrac{x}{y}$, 求 $\dfrac{\partial z}{\partial x}$ 和 $\dfrac{\partial z}{\partial y}$.

解 根据链导公式

$$\frac{\partial z}{\partial x} = \frac{\partial z}{\partial u} \cdot \frac{\partial u}{\partial x} + \frac{\partial z}{\partial v} \cdot \frac{\partial v}{\partial x} = \frac{v^2}{u} \cdot 3 + 2v\ln u \cdot \frac{1}{y}$$

$$= \frac{3x^2}{y^2(3x-2y)} + \frac{2x\ln(3x-2y)}{y^2}$$

$$\frac{\partial z}{\partial y} = \frac{\partial z}{\partial u} \cdot \frac{\partial u}{\partial y} + \frac{\partial z}{\partial v} \cdot \frac{\partial v}{\partial y} = \frac{v^2}{u} \cdot (-2) + 2v\ln u \cdot \left(-\frac{x}{y^2}\right)$$

$$= \frac{-2x^2}{y^2(3x-2y)} - \frac{2x^2\ln(3x-2y)}{y^3}$$

链导公式可以推广到更多元的函数. 例如有三个自变量的函数
$z = f(u, v, w)$
而 u, v, w 都是 x, y 的函数, 那么有以下的链导公式 (图 8-12):

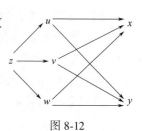

图 8-12

$$\frac{\partial z}{\partial x} = \frac{\partial z}{\partial u} \cdot \frac{\partial u}{\partial x} + \frac{\partial z}{\partial v} \cdot \frac{\partial v}{\partial x} + \frac{\partial z}{\partial w} \cdot \frac{\partial w}{\partial x}$$

$$\frac{\partial z}{\partial y} = \frac{\partial z}{\partial u} \cdot \frac{\partial u}{\partial y} + \frac{\partial z}{\partial v} \cdot \frac{\partial v}{\partial y} + \frac{\partial z}{\partial w} \cdot \frac{\partial w}{\partial y}$$

由此可见, 一个多元复合函数, 其一阶偏导数的个数取决于此复合函数自变量的个数. 在一阶偏导数的链导公式中, 项数的多少取决于此自变量有关的中间变量的个数. 例如上面公式中, 与 x 有关的中间变量有三个, 因此 $\frac{\partial z}{\partial x}$ 的链导公式中有四项. 每一项相乘因式的个数, 取决于复合的层数, 例如上面公式中复合函数对每一自变量都只有两层复合, 所以链导公式中每一项都有两个因式相乘.

多元复合函数的复合是多种多样的, 我们要善于分析函数间的复合关系, 灵活地运用链导公式, 例如函数 $u = f(x, y, z)$ 具有一阶连续偏导数, 而 $z = \varphi(x, y)$ 为可导函数, 那么复合函数 $u = f[x, y, \varphi(x, y)]$ 是 x, y 的函数, 它的一阶偏导数有两个, 即 $\frac{\partial u}{\partial x}$ 与 $\frac{\partial u}{\partial y}$ (图 8-13).

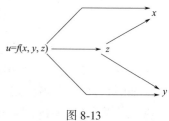

图 8-13

在求 $\frac{\partial u}{\partial x}$ 时, 我们可以把上述复合函数看作是由函数 $u = f(s, t, z)$ 与函数 $s = x, t = y$, $z = \varphi(x, y)$ 复合而成的, 从而有

$$\frac{\partial u}{\partial x} = \frac{\partial f}{\partial s} \cdot \frac{\partial s}{\partial x} + \frac{\partial f}{\partial t} \cdot \frac{\partial t}{\partial x} + \frac{\partial f}{\partial z} \cdot \frac{\partial z}{\partial x}$$

但是 $\frac{\partial s}{\partial x} = 1$, $\frac{\partial t}{\partial x} = 0$, 又 $s = x$, 故有 $\frac{\partial u}{\partial x} = \frac{\partial f}{\partial x} + \frac{\partial f}{\partial z} \cdot \frac{\partial z}{\partial x}$.

就是说 $\frac{\partial u}{\partial x}$ 为两项之和组成, 其中第一项 $\frac{\partial f}{\partial x}$ 为 $f(x, y, z)$ 直接对 x 的偏导数; 第二项 $\frac{\partial f}{\partial z} \cdot \frac{\partial z}{\partial x}$ 则是 $f(x, y, z)$ 通过中间变量 z 对 x 的偏导数.

同理 $\frac{\partial u}{\partial y} = \frac{\partial f}{\partial y} + \frac{\partial f}{\partial z} \cdot \frac{\partial z}{\partial y}$.

注意：(1) 这里 u 到 x 有两条"链"，其中有一条没有经过中间变量. 为了避免混淆，上式右端的 u 换成了 f.

(2) $\dfrac{\partial u}{\partial x}$ 与 $\dfrac{\partial f}{\partial x}$ 的含义是不同的，$\dfrac{\partial u}{\partial x}$ 是把 $u=f[x,y,\varphi(x,y)]$ 中的 y 看作常数而对 x 的偏导数；$\dfrac{\partial f}{\partial x}$ 是把 $u=f(x,y,z)$ 中的 y、z 看作常数而对 x 的偏导数.

$\dfrac{\partial u}{\partial y}$ 与 $\dfrac{\partial f}{\partial y}$ 也有类似的区别.

例 2　设 $u=(x-y)^z$，$z=x^2+y^2$，$(x-y>0)$，求 $\dfrac{\partial u}{\partial x}$ 和 $\dfrac{\partial u}{\partial y}$.

解　令 $u=f(x,y,z)=(x-y)^z$，$z=x^2+y^2$，从而根据 $\dfrac{\partial u}{\partial x}=\dfrac{\partial f}{\partial x}+\dfrac{\partial f}{\partial z}\cdot\dfrac{\partial z}{\partial x}$

有　　$\dfrac{\partial u}{\partial x}=z(x-y)^{z-1}+(x-y)^z[\ln(x-y)]\cdot 2x$；

同理　$\dfrac{\partial u}{\partial y}=-z(x-y)^{z-1}+(x-y)^z[\ln(x-y)]\cdot 2y$

例 3　设 $z=f(\dfrac{y}{x},x+2y,y\sin x)$，求 $\dfrac{\partial z}{\partial x}$ 和 $\dfrac{\partial z}{\partial y}$.

解　令 $u=\dfrac{y}{x}$，$v=x+2y$，$w=y\sin x$，于是 $z=f(u,v,w)$.

因为　$\dfrac{\partial u}{\partial x}=-\dfrac{y}{x^2}$，$\dfrac{\partial v}{\partial x}=1$，$\dfrac{\partial w}{\partial x}=y\cos x$；$\dfrac{\partial u}{\partial y}=\dfrac{1}{x}$，$\dfrac{\partial v}{\partial y}=2$，$\dfrac{\partial w}{\partial y}=\sin x$，

所以　$\dfrac{\partial z}{\partial x}=f'_u\left(-\dfrac{y}{x^2}\right)+f'_v\cdot 1+f'_w y\cos x=-\dfrac{y}{x^2}f'_1+f'_2+y\cos x f'_3$，

式中的 f'_i 表示 z 对第 i 个中间变量的偏导数（$i=1,2,3$），有了这种记法，就不一定要明显地写出中间变量 u,v,w.

类似地，可求得

$$\dfrac{\partial z}{\partial y}=\dfrac{1}{x}f'_1+2f'_2+\sin x f'_3.$$

例 4　设 $z=xyf\left(\dfrac{x}{y},\dfrac{y}{x}\right)$，求 $\dfrac{\partial z}{\partial x}$ 和 $\dfrac{\partial z}{\partial y}$.

解　在这个函数的表达式中，乘法中有复合函数，所以先用乘法求导公式.

$\dfrac{\partial z}{\partial x}=yf\left(\dfrac{x}{y},\dfrac{y}{x}\right)+xy[f'_1\cdot\dfrac{1}{y}+f'_2\cdot(-\dfrac{y}{x^2})]=yf\left(\dfrac{x}{y},\dfrac{y}{x}\right)+xf'_1-\dfrac{y^2}{x}f'_2$，

$\dfrac{\partial z}{\partial y}=xf\left(\dfrac{x}{y},\dfrac{y}{x}\right)+xy[f'_1\cdot(-\dfrac{x}{y^2})+f'_2\cdot\dfrac{1}{x}]=xf\left(\dfrac{x}{y},\dfrac{y}{x}\right)-\dfrac{x^2}{y}f'_1+yf'_2$.

2. 全导数

在只有一个自变量的情形下，我们有全导数的概念及其求导公式.

由二元函数 $z=f(u,v)$ 和两个一元函数 $u=\varphi(x)$，$v=\psi(x)$ 复合而成的函数 $z=f[\varphi(x),\psi(x)]$ 是 x 的一元函数. 这时复合函数的导数就是一个一元函数的导数，称为全

导数. 这时链导公式成为

$$\frac{dz}{dx} = \frac{\partial z}{\partial u} \cdot \frac{du}{dx} + \frac{\partial z}{\partial v} \cdot \frac{dv}{dx}.$$

例 5 设 $z = u^v$ （$u > 0$）, $u = \sin 2x$, $v = \sqrt{x^2 - 1}$, 求 $\dfrac{dz}{dx}$.

解 因 $\dfrac{\partial z}{\partial u} = v u^{v-1}$, $\dfrac{\partial z}{\partial v} = u^v \ln u$, $\dfrac{du}{dx} = 2\cos 2x$, $\dfrac{dv}{dx} = \dfrac{x}{\sqrt{x^2 - 1}}$.

故　$\dfrac{dz}{dx} = v u^{v-1} \cdot 2\cos 2x + u^v \ln u \cdot \dfrac{x}{\sqrt{x^2 - 1}}$

$= u^v \left(\dfrac{2v\cos 2x}{u} + \dfrac{x\ln u}{\sqrt{x^2 - 1}} \right)$

$= (\sin 2x)^{\sqrt{x^2-1}} \left(2\sqrt{x^2 - 1}\cot 2x + \dfrac{x\ln\sin 2x}{\sqrt{x^2 - 1}} \right).$

如果把 $u = \sin 2x$ 与 $v = \sqrt{x^2 - 1}$ 代入 $z = u^v$ 中, 再用一元函数求导方法解题, 将得到同一答案.

二、隐函数的求导公式

在一元函数中, 我们已经学过由方程 $F(x, y) = 0$ 所确定的隐函数的求导方法. 现在利用二元函数的求导法, 导出隐函数的求导公式.

1. 一元隐函数的求导公式

设由方程 $F(x, y) = 0$ 确定的一元隐函数为 $y = f(x)$, 将它代入方程中, 得恒等式

$$F[x, f(x)] = 0.$$

上式左端可看作 x 的一个复合函数, 按复合函数的微分法, 两端对 x 求导得,

$$F'_x + F'_y \cdot \frac{dy}{dx} = 0,$$

若 $F'_y \neq 0$, 则　　　　　$\dfrac{dy}{dx} = -\dfrac{F'_x}{F'_y}.$

这就是一元隐函数的求导公式.

例 6 求由方程 $\arctan\dfrac{x+y}{a} = \dfrac{y}{a}$ 确定的隐函数 $y = f(x)$ 的一阶和二阶导数.

解 令 $F(x, y) = \arctan\dfrac{x+y}{a} - \dfrac{y}{a}$, 则

$$F'_x = \frac{1}{1 + \left(\dfrac{x+y}{a}\right)^2} \cdot \frac{1}{a} = \frac{a}{a^2 + (x+y)^2},$$

$$F'_y = \frac{1}{1 + \left(\dfrac{x+y}{a}\right)^2} \cdot \frac{1}{a} - \frac{1}{a} = \frac{-(x+y)^2}{a\left[a^2 + (x+y)^2\right]}.$$

故
$$\frac{\mathrm{d}y}{\mathrm{d}x}=-\frac{F'_x}{F'_y}=-\frac{\dfrac{a}{a^2+(x+y)^2}}{\dfrac{-(x+y)^2}{a\left[a^2+(x+y)^2\right]}}=\frac{a^2}{(x+y)^2}.$$

注意到 y 是 x 的函数, 于是有

$$\frac{\mathrm{d}^2y}{\mathrm{d}x^2}=\frac{\mathrm{d}}{\mathrm{d}x}\left(\frac{\mathrm{d}y}{\mathrm{d}x}\right)=\frac{\mathrm{d}}{\mathrm{d}x}\left[\frac{a^2}{(x+y)^2}\right]=-\frac{2a^2}{(x+y)^3}\ (1+y')$$

$$=-\frac{2a^2}{(x+y)^3}\left[1+\frac{a^2}{(x+y)^2}\right]=-\frac{2a^2\left[a^2+(x+y)^2\right]}{(x+y)^5}$$

2. 二元隐函数的求导公式

设方程 $F(x,y,z)=0$ 确定了二元隐函数 $z=f(x,y)$, 若 F'_x, F'_y, F'_z 连续, 且 $F'_z\neq0$, 则可仿照一元隐函数的求导公式, 得出 z 对 x, y 的两个偏导数的求导公式.

将 $z=f(x,y)$ 代入方程 $F(x,y,z)=0$ 中, 得恒等式

$$F[x,y,f(x,y)]=0$$

两端分别对 x, y 求偏导得,

$$F'_x+F'_z\cdot\frac{\partial z}{\partial x}=0,$$

$$F'_y+F'_z\cdot\frac{\partial z}{\partial y}=0.$$

因为 $F'_z\neq0$, 所以 $\dfrac{\partial z}{\partial x}=-\dfrac{F'_x}{F'_z}$, $\dfrac{\partial z}{\partial y}=-\dfrac{F'_y}{F'_z}$.

这就是二元隐函数的求导公式.

例 7 求方程 $\dfrac{x^2}{a^2}+\dfrac{y^2}{b^2}+\dfrac{z^2}{c^2}=1$ 所确定的函数 $z=z(x,y)$ 的一阶偏导数及二阶偏导数 $\dfrac{\partial^2z}{\partial x^2}$, $\dfrac{\partial^2z}{\partial x\partial y}$.

解 令 $F(x,y,z)=\dfrac{x^2}{a^2}+\dfrac{y^2}{b^2}+\dfrac{z^2}{c^2}-1$, 则

$$F'_x=\frac{2x}{a^2},\ F'_y=\frac{2y}{b^2},\ F'_z=\frac{2z}{c^2},$$

所以当 $z\neq0$ 时, 得 $\dfrac{\partial z}{\partial x}=-\dfrac{F'_x}{F'_z}=-\dfrac{c^2x}{a^2z}$,

$$\frac{\partial z}{\partial y}=-\frac{F'_y}{F'_z}=-\frac{c^2y}{b^2z}.$$

$$\frac{\partial^2z}{\partial x^2}=\frac{\partial}{\partial x}\left(-\frac{c^2x}{a^2z}\right)=-\frac{c^2}{a^2}\cdot\frac{\partial}{\partial x}\left(\frac{x}{z}\right)=-\frac{c^2}{a^2}\left(\frac{z-x\dfrac{\partial z}{\partial x}}{z^2}\right)$$

$$=-\frac{c^2}{a^2}\left(\frac{1}{z}+\frac{c^2x^2}{a^2z^3}\right),$$

$$\frac{\partial^2 z}{\partial x \partial y} = \frac{\partial}{\partial y}\left(-\frac{c^2 x}{a^2 z}\right) = -\frac{c^2 x}{a^2} \cdot \frac{\partial}{\partial y}\left(\frac{1}{z}\right) = -\frac{c^2}{a^2}\left(-\frac{1}{z^2}\frac{\partial z}{\partial y}\right)$$

$$= -\frac{c^4 xy}{a^2 b^2 z^3}.$$

习题 8.4

1. 求下列函数对各自变量的一阶偏导数

（1）$z = e^u \cos v$，$u = xy$，$v = 2x - y$；

（2）$z = \ln (u^2 + v)$，$u = e^{x+y^2}$，$v = x^2 + y$；

（3）$z = \arctan (1 + uv)$，$u = x + y$，$v = x - y$；

（4）$z = \dfrac{u^2}{v}$，$u = x - 2y$，$v = 2x + y$；

（5）$z = (x + 2y)^{2x+y}$；

（6）$z = x^{xy}$；

（7）$u = e^{x+y+z}$，$x = s + t$，$y = 2s + t$，$z = s + 2t$.

2. 求下列函数对各自变量的一阶偏导数

（1）设 $u = \arcsin (x + y + z)$，而 $z = \sin (xy)$.

（2）设 $u = f(x, y, s, t) = (x + y)^s \cdot t$，而 $s = x - y$，$t = 2y$.

3. 求下列函数对各自变量 x，y，z 的一阶偏导数

（1）$u = f(x^3 + xy + xyz)$；　　　　　（2）$z = f(x^2 - y^2, e^{xy})$；

（3）$z = f(x^2 - y^2, \tan xy)$；　　　　　（4）$u = f\left(\dfrac{x}{y}, \dfrac{y}{z}\right)$；

（5）$z = xyf(x + y, x - y)$；　　　　　（6）$z = x^2 yf(x^2 - y^2, xy)$.

4. 求下列各函数的导数

（1）$z = u^v$，$u = \sin 2x$，$v = \sqrt{x^2 - 1}$；　　　（2）$z = \arctan xy$，$y = \tan x$；

（3）$z = \arccos (u - v)$，$u = 3t$，$v = 4t^3$；　　　（4）$z = e^x(y - z)$，$x = t$，$y = \sin t$，$z = \cos t$.

5. 求下列方程所确定的隐函数的导数

（1）$x^2 + y^2 = 2 (x + y)$；　　　　　（2）$\ln \sqrt{x^2 + y^2} = \arctan \dfrac{y}{x}$；

（3）$\sin y + e^x - xy^2 = 0$；　　　　　（4）$y = 2x \arctan \dfrac{y}{x}$.

6. 求下列方程所确定的隐函数的偏导数

（1）$e^z = xyz$；　　　　　（2）$x - y \tan z = 0$；

（3）$x^2 + 2y^2 + 3z^2 - 4 = 0$；　　　　　（4）$2xz - 2xyz + \ln xyz = 10$；

（5）$\dfrac{x}{z} = \ln \dfrac{z}{y}$；　　　　　（6）$z^3 + 3xyz = 14$；

（7）$x + y + z = e^{-(x+y+z)}$；　　　　　（8）$2\sin (x + 2y - 3z) = x + 2y - 3z$；

（9）$F (x - az, y - bz) = 0$；　　　　　（10）$F \left(\dfrac{x}{z}, \dfrac{y}{z}\right) = 0$.

7. 设 $2\sin (x + 2y - 3z) = x + 2y - 3z$，证明：$\dfrac{\partial z}{\partial x} + \dfrac{\partial z}{\partial y} = 1$.

8. 设 $x + z = yf(x^2 - z^2)$，其中 f 可微，证明：$z\dfrac{\partial z}{\partial x} + y\dfrac{\partial z}{\partial y} = x$.

9. 设 $\varphi(cx - az, cy - bz) = 0$，证明：$a\dfrac{\partial z}{\partial x} + b\dfrac{\partial z}{\partial y} = c$，其中 a，b，c 为常数，函数 φ 可微，且 $a\varphi'_1 + b\varphi'_2 \neq 0$.

10. 求下列各函数的二阶导数：

（1）$x^2+y^2+z^2=4z$;　　　　　（2）$z^3-2xz+y=0$;

（3）$z=f(x+y,\ x-y)$;　　　　　（4）$z=f(x^2+y^2)$.

第五节　偏导数的应用

一、偏导数的几何应用

1. 空间曲线的切线与法平面

定义 1　设 M_0 是空间曲线 Γ 上的一点，M 是 Γ 上的另一点，当点 M 沿曲线 Γ 趋向于 M_0 时，割线 M_0M 的极限位置 M_0T，称为**曲线 Γ 在点 M_0 处的切线**. 过 M_0 且垂直于 Γ 在该点切线的平面称为**曲线 Γ 在点 M_0 处的法平面**.

设空间曲线 Γ 的参数方程为

$$x=x(t),\ y=y(t),\ z=z(t),\ \alpha\le t\le\beta \qquad\qquad ①$$

这里假定式①的三个函数都是 t 的可微函数. 下面求曲线 Γ 上对应于 $t=t_0$ 的点 $M_0(x_0,\ y_0,\ z_0)$ 处的切线方程与法平面方程.

在曲线上取对应于 $t=t_0$ 的点 $M_0(x_0,\ y_0,\ z_0)$ 及对应于 $t=t_0+\Delta t$ 的点 $M(x_0+\Delta x,\ y_0+\Delta y,\ z_0+\Delta z)$. 根据空间解析几何知，曲线的割线 M_0M 的方程是

$$\frac{x-x_0}{\Delta x}=\frac{y-y_0}{\Delta y}=\frac{z-z_0}{\Delta z}.$$

用 Δt 除上式的各分母，得

$$\frac{x-x_0}{\dfrac{\Delta x}{\Delta t}}=\frac{y-y_0}{\dfrac{\Delta y}{\Delta t}}=\frac{z-z_0}{\dfrac{\Delta z}{\Delta t}},$$

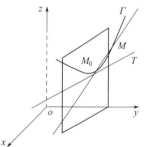

图 8-14

当 M 沿着 Γ 趋于 M_0，即 $\Delta t\to0$ 时，割线 M_0M 的极限位置 M_0T 就是曲线 Γ 在点 M_0 处的切线（图 8-14）. 所以对上式令 $\Delta t\to0$ 取极限，且 $x'(t_0)$，$y'(t_0)$，$z'(t_0)$ 不全为 0，便得到曲线在点 M_0 处的切线方程为

$$\frac{x-x_0}{x'(t_0)}=\frac{y-y_0}{y'(t_0)}=\frac{z-z_0}{z'(t_0)}.$$

切线的方向向量可取为 $\vec{s}=\{x'(t_0),\ y'(t_0),\ z'(t_0)\}$.

同时我们还得到曲线 Γ 在点 M_0 处的法平面方程为

$$x'(t_0)(x-x_0)+y'(t_0)(y-y_0)+z'(t_0)(z-z_0)=0.$$

例 1　求曲线 Γ：$x=t$，$y=t^2$，$z=t^3$ 在点（1，1，1）处的切线及法平面方程.

解　因为 $x'(t)=1$，$y'(t)=2t$，$z'(t)=3t^2$，$t=x=1$，

所以　$x'(1)=1$，$y'(1)=2$，$z'(1)=3$，

于是曲线 Γ 在点（1，1，1）处的切线方程为

$$\frac{x-1}{1}=\frac{y-1}{2}=\frac{z-1}{3}.$$

法平面方程为

$$x - 1 + 2(y - 1) + 3(z - 1) = 0,$$

即
$$x + 2y + 3z - 6 = 0$$

如果空间曲线 Γ 的方程以 $y = y(x)$，$z = z(x)$ 的形式给出时，可取 t 为参数，空间曲线 Γ 就可以用参数方程的形式 $x = t$，$y = y(t)$，$z = z(t)$ 表示.

若 $y(t)$，$z(t)$ 都在 t_0 处可导，那么根据上面的讨论可知，$\vec{s} = \{1,\ y'(x_0),\ z'(x_0)\}$，因此曲线在点 $M_0(x_0,\ y_0,\ z_0)$ 处的切线方程为

$$\frac{x - x_0}{1} = \frac{y - y_0}{y'(x_0)} = \frac{z - z_0}{z'(x_0)},$$

在点 $M_0(x_0,\ y_0,\ z_0)$ 处的法平面方程为

$$(x - x_0) + y'(x_0)(y - y_0) + z'(x_0)(z - z_0) = 0.$$

例 2 求曲线 Γ：$y^2 = 2x$，$z^2 = 1 - x$ 在点 $\left(\dfrac{1}{2},\ -1,\ \dfrac{\sqrt{2}}{2}\right)$ 处的切线及法平面方程.

解 令 $x = t$，得曲线 Γ 的参数方程为 $x = t$，$y^2 = 2t$，$z^2 = 1 - t$.

因为 $x'(t) = 1$，$y'(t) = -\dfrac{1}{\sqrt{2t}}$，$z'(t) = -\dfrac{1}{2z}$，$t = x = \dfrac{1}{2}$，

所以 $x'\left(\dfrac{1}{2}\right) = 1$，$y'\left(\dfrac{1}{2}\right) = -1$，$z'\left(\dfrac{\sqrt{2}}{2}\right) = -\dfrac{\sqrt{2}}{2}$，

于是曲线 Γ 在点 $\left(\dfrac{1}{2},\ -1,\ \dfrac{\sqrt{2}}{2}\right)$ 处的切线方程为

$$\frac{x - \dfrac{1}{2}}{1} = \frac{y + 1}{-1} = \frac{z - \dfrac{\sqrt{2}}{2}}{-\dfrac{\sqrt{2}}{2}}.$$

法平面方程为

$$x - \frac{1}{2} - (y + 1) - \frac{\sqrt{2}}{2}\left(z - \frac{\sqrt{2}}{2}\right) = 0,$$

即
$$x - y - \frac{\sqrt{2}}{2}z - 1 = 0.$$

2. 曲面的切平面与法线方程

定义 2 设 M_0 为曲面 Σ 上的一点，若曲面 Σ 上过点 M_0 的所有曲线的切线都位于同一平面上，则称该平面为**曲面 Σ 在点 M_0 处的切平面**，过点 M_0 且垂直于切平面的直线，称为**曲面 Σ 在点 M_0 处的法线**.

设曲面 Σ 的方程 $F(x,\ y,\ z) = 0$，$M_0(x_0,\ y_0,\ z_0)$ 是曲面 Σ 上的一点. 若函数 $F(x,\ y,\ z)$ 连续且在点 M_0 的偏导数 F'_x，F'_y，F'_z 不同时为零，则曲面上过点 M_0 的任何曲线的切线都在同一平面上. 即该平面就是曲面 Σ 在点 M_0 的切平面，且其方程为

$$F'_x(x_0,\ y_0,\ z_0)(x - x_0) + F'_y(x_0,\ y_0,\ z_0)(y - y_0) + F'_z(x_0,\ y_0,\ z_0)(z - z_0) = 0.$$

曲面 Σ 在点 $M_0(x_0,\ y_0,\ z_0)$ 处的法线方程为

$$\frac{x - x_0}{F'_x(x_0, y_0, z_0)} = \frac{y - y_0}{F'_y(x_0, y_0, z_0)} = \frac{z - z_0}{F'_z(x_0, y_0, z_0)}.$$

若曲面方程为 $z = f(x, y)$，则令 $F(x, y, z) = f(x, y) - z$，于是 $F(x, y, z) = f(x, y) - z = 0$，因为 $F'_x = f'_x$，$F'_y = f'_y$，$F'_z = -1$，所以切平面方程为

$$f'_x(x_0, y_0)(x - x_0) + f'_y(x_0, y_0)(y - y_0) - (z - z_0) = 0,$$

或　　　　$z - z_0 = f'_x(x_0, y_0)(x - x_0) + f'_y(x_0, y_0)(y - y_0).$

而法线方程为

$$\frac{x - x_0}{f'_x(x_0, y_0)} = \frac{y - y_0}{f'_y(x_0, y_0)} = \frac{z - z_0}{-1}.$$

例 3　求球面 $x^2 + y^2 + z^2 = 14$ 在点 $(1, 2, 3)$ 处的切平面及法线方程.

解　令 $F(x, y, z) = x^2 + y^2 + z^2 - 14$，则 $F'_x = 2x$，$F'_y = 2y$，$F'_z = 2z$，

又 $\vec{n} = (F'_x, F'_y, F'_z)$，故 $\vec{n}\big|_{(1, 2, 3)} = (2, 4, 6).$

所以在点 $(1, 2, 3)$ 处此球面的切平面方程为

$$2(x - 1) + 4(y - 2) + 6(z - 3) = 0,$$

即　　　　　　　　　　$x + 2y + 3z - 14 = 0,$

法线方程为

$$\frac{x-1}{1} = \frac{y-2}{2} = \frac{z-3}{3},$$

即　　　　　　　　　　　$\frac{x}{1} = \frac{y}{2} = \frac{z}{3}.$

由此可见，法线经过原点（即球心）.

例 4　问抛物面 $z = 3x^2 + 2y^2$ 上哪一点的切平面与平面 $12x - 4y - z - 8 = 0$ 平行，并求此切平面方程.

解　因为 $F(x, y, z) = 3x^2 + 2y^2 - z$，所以 $F'_x = 6x$，$F'_y = 4y$，$F'_z = -1$，又因为抛物面 $z = 3x^2 + 2y^2$ 上点 $M_0(x_0, y_0, z_0)$ 处的切平面与平面 $12x - 4y - z - 8 = 0$ 平行，所以有 $\dfrac{F'_x}{12} = \dfrac{F'_y}{-4} = \dfrac{F'_z}{-1}$，即 $\dfrac{6x_0}{12} = \dfrac{4y_0}{-4} = \dfrac{-1}{-1}$，解得 $x_0 = 2$，$y_0 = -1$，又 $M_0(x_0, y_0, z_0)$ 在抛物面上，所以有 $z_0 = 3x_0^2 + 2y_0^2 = 14$，所以在该抛物面上的点 $(2, -1, 14)$ 处的切平面与平面 $12x - 4y - z - 8 = 0$ 平行，且切平面方程为

$$12(x - 2) - 4(y + 1) - (z - 14) = 0,$$

即　　　　　　　　　　$12x - 4y - z - 14 = 0.$

二、二元函数的极值

在一元函数中，我们已经学过，利用导数可以求得函数的极值，从而进一步解决一些有关最大、最小值的问题，在多元函数中也有类似的问题. 现在我们来讨论二元函数的极值.

定义 3　设函数 $z = f(x, y)$ 在 (x_0, y_0) 的某一领域内有定义. 如果在该领域内对异于 (x_0, y_0) 的任意点 (x, y) 都有 $f(x, y) < f(x_0, y_0)$，则 $f(x_0, y_0)$ 叫做**函数 $f(x, y)$ 的极大**

值. (x_0, y_0) 叫做函数 $f(x, y)$ 的**极大值点**.

如果恒有不等式 $f(x, y) > f(x_0, y_0)$，则 $f(x_0, y_0)$ 叫做函数 $f(x, y)$ 的**极小值**. (x_0, y_0) 叫做函数 $f(x, y)$ 的**极小值点**.

极大值、极小值统称为**极值**. 使函数取得极值的点 (x_0, y_0) 称为**极值点**.

例 5 函数 $z = f(x, y) = 3x^2 + 4y^2$ 在点 $(0, 0)$ 处有极小值 $f(0, 0) = 0$. 因为在 $(0, 0)$ 的任一领域内对异于 $(0, 0)$ 的点处函数 $f(x, y) = 3x^2 + 4y^2 > f(0, 0)$. 在几何上看这是显然的，点 $(0, 0)$ 是开口向上的椭圆抛物面 $z = 3x^2 + 4y^2$ 的顶点，如图 8-15.

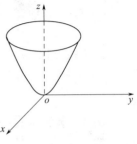

图 8-15

又如函数 $z = xy$ 在点 $(0, 0)$ 处既不取得极大值也不取得极小值. 因为在点 $(0, 0)$ 处的函数值为零，而在 $(0, 0)$ 的任一领域内异于 $(0, 0)$ 的点 (x, y) 处，x, y 都不为零且同号时函数值为正，异号时函数值为负.

应当注意的是，二元函数的极大（小）值与整个区域上的最大（小）值不可混淆，极值只说明函数的局部性质，而最值是函数在整个区域上的最大（小）值，是整体性的.

类似于一元函数，我们来分析二元函数极值的问题.

定理 1 二元可导函数 $z = f(x, y)$ 在点 (x_0, y_0) 处取得极值的必要条件是 $f'_x(x_0, y_0) = 0$，$f'_y(x_0, y_0) = 0$.

事实上，如果函数 $z = f(x, y)$ 在点 (x_0, y_0) 处取得极值，那么将 y 固定在 y_0，对一元可导函数 $z = f(x, y_0)$ 来说，也必然在点 (x_0, y_0) 处取得极值，根据一元函数取得极值的必要条件可知 $f'_x(x_0, y_0 v) = 0$，同理 $f'_y(x_0, y_0) = 0$.

凡是使 $f'_x(x_0, y_0) = 0$，$f'_y(x_0, y_0) = 0$ 的点 (x_0, y_0) 称为函数 $f(x, y)$ 的**驻点**. 所以可导函数的极值点必为驻点，但驻点却不一定是极值点.

例如 $z = 2x^2 - y^2$ 有偏导数 $\frac{\partial z}{\partial x} = 4x$，$\frac{\partial z}{\partial y} = -2y$，两者在点 $(0, 0)$ 处均为零. 所以点 $(0, 0)$ 是此函数的驻点，但它却不是极值点. 因为 $z|_{(0,0)} = 0$，而在点 $(0, 0)$ 处的任意一个领域内函数既可取正值，也可取负值.

与一元函数一样，驻点不一定是极值点，但却为可导函数极值点的寻求划定了范围. 满足什么条件的驻点才是极值点？

定理 2 设函数 $z = f(x, y)$ 在点 (x_0, y_0) 的某邻域内连续且有一阶及二阶连续偏导数，又 $f'_x(x_0, y_0) = 0$，$f'_y(x_0, y_0) = 0$，令

$f''_{xx}(x_0, y_0) = A$，$f''_{xy}(x_0, y_0) = B$，$f''_{yy}(x_0, y_0) = C$，$\Delta = B^2 - AC$，

则 $f(x, y)$ 在 (x_0, y_0) 处是否取得极值的条件如下：

（1）当 $\Delta < 0$ 时有极值，且当 $A < 0$ 时有极大值，当 $A > 0$ 时有极小值；

（2）当 $\Delta > 0$ 时没有极值；

（3）当 $\Delta = 0$ 时可能有极值，也可能没有极值.

综上所述，连续可导函数 $z = f(x, y)$ 的极值的求法如下：

第一步　解方程组 $f'_x(x_0, y_0) = 0$，$f'_y(x_0, y_0) = 0$，求得一切实数解，即可以得到一切驻点；

第二步　对于每一个驻点 (x_0, y_0)，求出二阶偏导数的值 A，B 和 C；

第三步　定出 B^2-AC 的符号，按定理 2 的结论判定 $f(x_0, y_0)$ 是否是极值、是极大值还是极小值.

例 6　求函数 $f(x, y) = x^3 - y^3 + 3x^2 + 3y^2 - 9x$ 的极值.

解　先解方程组 $\begin{cases} f'_x(x, y) = 3x^2 + 6x - 9 = 0, \\ f'_y(x, y) = -3y^2 + 6y = 0, \end{cases}$ 得驻点为 $(1, 0)$, $(1, 2)$, $(-3, 0)$, $(-3, 2)$.

再求出二阶偏导数

$$f''_{xx}(x, y) = 6x + 6, \quad f''_{xy}(x, y) = 0, \quad f''_{yy}(x, y) = -6y + 6,$$

在点 $(1, 0)$ 处，$A=12$，$B=0$，$C=6$，$B^2-AC=-72<0$，又 $A>0$，所以函数在点 $(1, 0)$ 处有极小值 $f(1, 0) = -5$；

在点 $(1, 2)$ 处，$A=12$，$B=0$，$C=-6$，$B^2-AC=72>0$，所以 $f(1, 2)$ 不是极值；

在点 $(-3, 0)$ 处，$A=-12$，$B=0$，$C=6$，$B^2-AC=72>0$，所以 $f(-3, 0)$ 不是极值；

在点 $(-3, 2)$ 处，$A=-12$，$B=0$，$C=-6$，$B^2-AC=-72<0$，又 $A<0$，所以函数在点 $(-3, 2)$ 处有极大值 $f(-3, 2) = 31$.

也可列表讨论如下：

驻点	A	B	C	Δ	极值
$(1, 0)$	12	0	6	<0	极小值 $f(1, 0) = -5$
$(1, 2)$	12	0	-6	>0	无极值
$(-3, 0)$	-12	0	6	>0	无极值
$(-3, 2)$	-12	0	-6	<0	极大值 $f(-3, 2) = 31$

例 7　求函数 $f(x, y) = xy(x^2 + y^2 - 1)$ 的极值.

解　$f'_x(x, y) = y(3x^2 + y^2 - 1)$，$f'_y(x, y) = x(x^2 + 3y^2 - 1)$，

先解方程组 $\begin{cases} f'_x(x, y) = y(3x^2 + y^2 - 1) = 0, \\ f'_y(x, y) = x(x^2 + 3y^2 - 1) = 0, \end{cases}$

得驻点为 $(0, 0)$, $(-1, 0)$, $(1, 0)$, $(0, -1)$, $(0, 1)$, $\left(-\dfrac{1}{2}, -\dfrac{1}{2}\right)$, $\left(-\dfrac{1}{2}, \dfrac{1}{2}\right)$, $\left(\dfrac{1}{2}, -\dfrac{1}{2}\right)$, $\left(\dfrac{1}{2}, \dfrac{1}{2}\right)$.

再求出二阶偏导数

$$f''_{xx}(x, y) = 6xy, \quad f''_{xy}(x, y) = 3x^2 + 3y^2 - 1, \quad f''_{yy}(x, y) = 6xy,$$

在驻点 $(0, 0)$ 处，$A=C=0$，$B=-1$，$\Delta=1>0$，所以在驻点 $(0, 0)$ 处函数没有极值.

在驻点 $(-1, 0)$, $(1, 0)$, $(0, -1)$, $(0, 1)$ 处，$A=C=0$，$B=2$，$\Delta=4>0$，所以在驻点 $(0, 0)$, $(-1, 0)$, $(1, 0)$, $(0, -1)$, $(0, 1)$ 处函数没有极值.

在驻点 $\left(-\dfrac{1}{2}, -\dfrac{1}{2}\right)$ 和 $\left(\dfrac{1}{2}, \dfrac{1}{2}\right)$ 处，$A=C=\dfrac{3}{2}>0$，$B=\dfrac{1}{2}$，$\Delta=-2<0$，所以函数在 $\left(-\dfrac{1}{2}, -\dfrac{1}{2}\right)$ 和 $\left(\dfrac{1}{2}, \dfrac{1}{2}\right)$ 处有极小值 $f\left(-\dfrac{1}{2}, -\dfrac{1}{2}\right) = f\left(\dfrac{1}{2}, \dfrac{1}{2}\right) = -\dfrac{1}{8}$；

在驻点 $\left(-\dfrac{1}{2}, \dfrac{1}{2}\right)$ 和 $\left(\dfrac{1}{2}, -\dfrac{1}{2}\right)$ 处，$A=C=-\dfrac{3}{2}<0$，$B=\dfrac{1}{2}$，$\Delta=-2<0$，

所以函数在 $\left(-\dfrac{1}{2}, \dfrac{1}{2}\right)$ 和 $\left(\dfrac{1}{2}, -\dfrac{1}{2}\right)$ 处有极大值 $f\left(-\dfrac{1}{2}, \dfrac{1}{2}\right) = f\left(\dfrac{1}{2}, -\dfrac{1}{2}\right) = \dfrac{1}{8}$.

三、二元函数的最值

与极值概念密切相关的还有函数的最大值与最小值概念. 我们已经知道, 在闭区域上连续的函数一定有最大值和最小值. 因此与一元函数的情形类似, 要求二元可微函数在有界闭区域上的最大值或最小值, 可以先求出函数在该区域内一切驻点上的值及函数在边界上的最大值或最小值, 其中最大的就是最大值, 最小的就是最小值. 如果函数在区域内只有唯一的驻点, 那么这个驻点处的值就是函数在该区域内部的最大值或最小值.

例8 求函数 $f(x, y) = x^2 y(5-x-y)$ 在区域 D: $x \geq 0$, $y \geq 0$, $x+y \leq 4$ 上的最大 (最小) 值.

解 函数在 D 内处处可导.

$$f'_x(x, y) = xy(10-3x-2y), \quad f'_y(x, y) = x^2(5-x-2y),$$

先解方程组 $\begin{cases} f'_x(x, y) = xy(10-3x-2y) = 0, \\ f'_y(x, y) = x^2(5-x-2y) = 0, \end{cases}$

得函数在 D 内部的驻点为 $\left(\dfrac{5}{2}, \dfrac{5}{4}\right)$. 在此驻点上的函数值为 $f\left(\dfrac{5}{2}, \dfrac{5}{4}\right) = \dfrac{625}{64}$.

再考虑在域 D 边界上的情况. 在边界 $x=0$, $y=0$ 上函数 $f(x, y)$ 的值为 0; 在边界 $x+y=4$ 上, 函数 z 成为变量 x 的一元函数: $f(x, y) = x^2(4-x)$, $0 \leq x \leq 4$.

为求函数 $f(x, y) = x^2(4-x)$ 在边界 $x+y=4$ 上的最大、最小值, 先求函数的驻点. 由于 $\dfrac{\mathrm{d}z}{\mathrm{d}x} = x(8-3x)$, 可知函数在区间 $(0, 4)$ 内的驻点为 $x = \dfrac{8}{3}$. 这时函数值为 $f\left(\dfrac{8}{3}, \dfrac{4}{3}\right) = \dfrac{256}{27}$, 而在区间的两端点 $x=0$, $x=4$ 处 $f(0, 4) = f(4, 0) = 0$. 所以二元函数在闭区域 D 上的最大值为 $f\left(\dfrac{5}{2}, \dfrac{5}{4}\right) = \dfrac{625}{64}$. 最小值显然为 $f(x, y) = 0$, 在 D 的边界 $x=0$ 及 $y=0$ 上取得.

求多元函数的最大值、最小值问题常常在实际问题中碰到. 这时求解的步骤是:

第一步 根据实际问题建立函数关系, 确定其定义域;

第二步 求出驻点;

第三步 结合实际意义判定最大、最小值.

例9 要造一个无盖的长方体水槽, 已知它的底部造价为 20 元/m², 侧面造价为 10 元/m², 设计的总造价为 200 元, 问如何选取它的尺寸, 才能使水槽容积最大?

解 设水槽的长、宽、高分别为 x, y, z, 则容积 $V = xyz (x>0, y>0, z>0)$,

由题设知 $20xy + 10(2xz+2yz) = 200$, 即 $xy+xz+yz = 10$, 解得 $z = \dfrac{10-xy}{x+y}$.

代入体积函数中得二元函数 $V = \dfrac{xy(10-xy)}{x+y} = \dfrac{10xy-x^2 y^2}{x+y}$.

求一阶偏导数, 得

$$\dfrac{\partial V}{\partial x} = \dfrac{y^2(10-x^2-2xy)}{(x+y)^2}, \quad \dfrac{\partial V}{\partial y} = \dfrac{-x^2(y^2+2xy-10)}{(x+y)^2},$$

令 $\dfrac{\partial V}{\partial x}=0$，$\dfrac{\partial V}{\partial y}=0$，解方程组 $\begin{cases} -y^2\,(x^2+2xy-10)=0, \\ -x^2\,(y^2+2xy-10)=0, \end{cases}$

得实际问题中的驻点为 $x=y=\sqrt{\dfrac{10}{3}}$，即 $\left(\sqrt{\dfrac{10}{3}},\ \sqrt{\dfrac{10}{3}}\right)$.

代入得 $z=\sqrt{\dfrac{10}{3}}$.

由问题的实际意义可知，函数 $V(x,\ y)$ 在 $x>0$，$y>0$ 时一定有最大值. 又 $V=xyz$ 可微，且在内部只有一个驻点，所以取长、宽、高各为 $\sqrt{\dfrac{10}{3}}$m 时，水槽的容积最大.

四、条件极值

在许多实际问题中，求多元函数的极值时，其自变量常常受到一些条件的限制. 如上例中，求函数 $V=xyz$ 的最大值，自变量 x，y，z 要受到条件 $xy+xz+yz=10$ 的限制，这类问题称为条件极值问题. 若自变量仅限制在定义域内，这类问题称为非条件极值问题. 在上例中，我们把条件 $xy+xz+yz=10$ 解出 z 代入 V 中，把条件极值转化为非条件极值求解.

条件极值问题中的函数可以是二元或二元以上的多元函数，约束条件也可以是有许多个，这里我们仅以二元函数及一个约束条件为例来讲述拉格朗日乘数法.

假定二元函数 $z=f(x,\ y)$ 和 $\varphi(x,\ y)=0$ 在所考虑的区域内有连续的一阶偏导数，且 $\varphi'_x(x,\ y),\varphi'_y(x,\ y)$ 不同时为零. 求二元函数 $z=f(x,\ y)$ 在条件 $\varphi(x,\ y)=0$ 下的极值，可用下面步骤来求：

首先构造辅助函数 $F(x,\ y)=f(x,\ y)+\lambda\varphi(x,\ y)$，称为**拉格朗日函数**，$\lambda$ 称为**拉格朗日乘数**.

其次求函数 $F(x,\ y)$ 对 x，y 的一阶偏导数，并令它们等于零，即

$$\begin{cases} F'_x(x,\ y)=f'_x(x,\ y)+\lambda\varphi'_x(x,\ y)=0, \\ F'_y(x,\ y)=f'_y(x,\ y)+\lambda\varphi'_y(x,\ y)=0, \\ \varphi(x,\ y)=0. \end{cases}$$

由方程组解出 x，y，则其中 x，y 就是可能极值点的坐标.

上述拉格朗日乘数法可推广到三元或三元以上的多元函数.

下面我们用格朗日乘数法解例9.

函数 $V=xyz(x>0,\ y>0,\ z>0)$，条件 $xy+xz+yz=10$，

构造辅助函数 $F(x,\ y,\ z)=xyz+\lambda(xy+yz+xz-10)$，

解方程组 $\begin{cases} F'_x(x,\ y,\ z)=yz+\lambda(y+z)=0 & ① \\ F'_y(x,\ y,\ z)=xz+\lambda(x+z)=0 & ② \\ F'_z(x,\ y,\ z)=xy+\lambda(y+x)=0 & ③ \\ xy+yz+xz=10 & ④ \end{cases}$

由式①，式②得 $\dfrac{y}{x}=\dfrac{y+z}{x+z}$，解得 $x=y$，同理 $x=y=z$，代入式④得

$$x=y=z=\sqrt{\dfrac{10}{3}}.$$

实际问题确实存在最大值，且可能的极值点只有一个，所以当长宽高各为 $\sqrt{\dfrac{10}{3}}$ m 时，水槽的容积最大.

习题 8.5

1. 求下列曲线在指定点的切线及法平面方程

（1）$x=2t$, $y=t^2$, $z=\dfrac{2}{3}t^3$ 在点 $(6, 9, 18)$ 处；

（2）$x=2\cos t$, $y=2\sin t$, $z=\sqrt{2}t$ 在 $t=\dfrac{\pi}{4}$ 处；

（3）$x=\dfrac{t}{1+t}$, $y=\dfrac{1+t}{t}$, $z=t^2$ 在点 $\left(\dfrac{1}{2}, 2, 1\right)$ 处.

2. 在曲线 $\begin{cases} y=x^2 \\ z=x^3 \end{cases}$ 上求一点，使此点的切线平行于平面 $x+2y+z-4=0$.

3. 求下列曲面在指定点的切平面及法线方程

（1）$z=\sqrt{1-x^2-y^2}$ 在点 $\left(\dfrac{1}{2}, \dfrac{1}{2}, \dfrac{\sqrt{2}}{2}\right)$ 处；

（2）$e^z-z+xy=3$ 在点 $(2, 1, 0)$ 处；

（3）$3x^2+y^2-z^2=27$ 在点 $(3, 1, 1)$ 处；

（4）$z=\arcsin\dfrac{x}{\sqrt{x^2+y^2}}$ 在点 $\left(1, 1, \dfrac{\pi}{4}\right)$ 处.

4. 求曲线 $\begin{cases} x^2+y^2+z^2-3x=0 \\ 2x-3y+5z-4=0 \end{cases}$，在点 $(1, 1, 1)$ 处的切线及法平面方程.

5. （1）证明曲面 $\sqrt{x}+\sqrt{y}+\sqrt{z}=\sqrt{a}$ $(a>0)$ $(x\neq0, y\neq0, z\neq0)$ 的切平面在各坐标轴上的截距之和等于常数.

（2）证明曲面 $xyz=27$ 上任一点的切平面与坐标平面所构成的四面体的体积均相等.

6. 证明球面 $x^2+y^2+z^2=R^2$ 上任一点 (x_0, y_0, z_0) 处的法线均通过球心.

7. 求下列各函数的极值点及极值

（1）$z=x^3-4x^2+2xy-y^2+1$；　　（2）$z=x^3+y^3-3(x^2+y^2)$；

（3）$z=xy(a-x-y)$ $(a>0)$；　　（4）$x^2+y^2+z^2-2x+2y-4z=10$.

8. 在 xy 坐标面上找一点 P，使它到三点 $P_1(0, 0)$, $P_2(0, 0)$, $P_3(0, 0)$ 距离的平方和为最小.

9. 经过点 $(1, 1, 1)$ 的所有平面中，哪一个平面与坐标面在第一卦限所围的立体的体积最小，并求此最小体积.

10. 用周长为 10cm 的矩形，绕它的一边旋转构成圆柱体，求矩形的边长各为多少时，圆柱体的体积最大？

11. 现有 4π 平方米的铁板，要求利用这些材料做一个有盖的圆柱形水箱. 问水箱的底面半径和高各为多少时，所做水箱容积最大.

12. 将长为 l 的线段分为 3 段，分别围成圆、正方形和正三角形，问怎样分才能使它们的面积之和为最小.

本章小结

一、本章概念

二元函数函数　偏导数　全微分　条件极值

二、二元函数的极限、连续、偏导数、全微分的关系

可微⇒偏导数存在
⇓　　　　　　　　　　　　　　；偏导数存在且连续⇒可微；偏导数存在不一定连续，如函数 $f(x, y) =$
函数 $f(x, y)$ 连续⇒极限存在

$$\begin{cases} \dfrac{xy}{x^2+y^2}, & x^2+y^2 \neq 0 \\ 0, & x^2+y^2 = 0 \end{cases}$$，在点 $(0, 0)$ 处的偏导数存在，但极限不存在，故不连续.

三、本章计算方法

1. 偏导数的计算

求多元函数偏导数的方法，实质上就是一元函数求导法. 例如对 x 求偏导数，就是把其余自变量都看成是常量，从而函数就变成是 x 的一元函数. 这时一元函数的所有求导公式和法则都可以使用.

2. 多元复合函数求导公式

（1）若 $z = f(u, v)$，$u = \varphi(x, y)$，$v = \psi(x, y)$，则

$$\frac{\partial z}{\partial x} = \frac{\partial z}{\partial u} \cdot \frac{\partial u}{\partial x} + \frac{\partial z}{\partial v} \cdot \frac{\partial v}{\partial x},$$

$$\frac{\partial z}{\partial y} = \frac{\partial z}{\partial u} \cdot \frac{\partial u}{\partial y} + \frac{\partial z}{\partial v} \cdot \frac{\partial v}{\partial y}.$$

（2）若 $u = f(x, y, z)$，$z = \varphi(x, y)$，则

$$\frac{\partial u}{\partial x} = \frac{\partial f}{\partial x} + \frac{\partial f}{\partial z} \cdot \frac{\partial z}{\partial x},$$

$$\frac{\partial u}{\partial y} = \frac{\partial f}{\partial y} + \frac{\partial f}{\partial z} \cdot \frac{\partial z}{\partial y}.$$

（3）若 $z = f(u, v)$，$u = \varphi(x)$，$v = \psi(x)$，则

$$\frac{\mathrm{d}z}{\mathrm{d}x} = \frac{\partial z}{\partial u} \cdot \frac{\mathrm{d}u}{\mathrm{d}x} + \frac{\partial z}{\partial v} \cdot \frac{\mathrm{d}v}{\mathrm{d}x}.$$

3. 隐函数求导公式

（1）由 $F(x, y) = 0$ 确定的隐函数 $y = f(x)$，则 $\dfrac{\mathrm{d}y}{\mathrm{d}x} = -\dfrac{F'_x}{F'_y}(F'_y \neq 0)$.

（2）由 $F(x, y, z) = 0$ 确定的隐函数 $z = f(x, y)$，则

$$\frac{\partial z}{\partial x} = -\frac{F'_x}{F'_z}, \quad \frac{\partial z}{\partial y} = -\frac{F'_y}{F'_z}(F'_z \neq 0).$$

4. 全微分的计算

$$\mathrm{d}z = \frac{\partial z}{\partial x}\mathrm{d}x + \frac{\partial z}{\partial y}\mathrm{d}y.$$

四、本章应用

1. 近似计算

$$\Delta z \approx \mathrm{d}z = \frac{\partial z}{\partial x}\mathrm{d}x + \frac{\partial z}{\partial y}\mathrm{d}y.$$

2. 几何应用

（1）空间曲线的切线方程与法平面方程

空间曲线 Γ：$x = x(t)$，$y = y(t)$，$z = z(t)$，$\alpha \leqslant t \leqslant \beta$，则 Γ 在点 $M_0 (x_0, y_0, z_0)$ 处的切线方程为

$$\frac{x - x_0}{x'(t_0)} = \frac{y - y_0}{y'(t_0)} = \frac{z - z_0}{z'(t_0)},$$

法平面方程为　　　$x'(t_0)(x - x_0) + y'(t_0)(y - y_0) + z'(t_0)(z - z_0) = 0.$

（2）曲面的切平面与法线方程　　若曲面 $\sum$ 的方程 $F(x, y, z) = 0$，则曲面上点 $M_0 (x_0, y_0, z_0)$ 的

切平面方程为

$$F'_x(x_0,\ y_0,\ z_0)(x-x_0) + F'_y(x_0,\ y_0,\ z_0)(y-y_0) + F'_z(x_0,\ y_0,\ z_0)(z-z_0) = 0.$$

法线方程为

$$\frac{x-x_0}{F'_x(x_0,\ y_0,\ z_0)} = \frac{y-y_0}{F'_y(x_0,\ y_0,\ z_0)} = \frac{z-z_0}{F'_z(x_0,\ y_0,\ z_0)}.$$

若曲面方程为 $z = f(x,\ y)$，则曲面上点 $M_0(x_0,\ y_0,\ z_0)$ 的切平面方程为

$$f'_x(x_0,\ y_0)(x-x_0) + f'_y(x_0,\ y_0)(y-y_0) - (z-z_0) = 0,$$

法线方程为

$$\frac{x-x_0}{f'_x(x_0,\ y_0)} = \frac{y-y_0}{f'_y(x_0,\ y_0)} = \frac{z-z_0}{-1}.$$

3. 极值的判定

设 $(x_0,\ y_0)$ 为函数 $z = f(x,\ y)$ 的驻点，

$$f''_{xx}(x_0,\ y_0) = A,\ f''_{xy}(x_0,\ y_0) = B,\ f''_{yy}(x_0,\ y_0) = C,\ \Delta = B^2 - AC,$$

（1）当 $\Delta < 0$ 时有极值，且当 A<0 时有极大值，当 A>0 时有极小值；

（2）当 $\Delta > 0$ 时没有极值；

（3）当 $\Delta = 0$ 时可能有极值，也可能没有极值。

4. 最值的求法

在实际问题中，往往要求函数在给定区域中的最大值或最小值。最大值与最小值是整体概念，而极大值与极小值是局部概念，它们既有区别也有联系。如果连续函数的最大值、最小值在区间内部取得，那么它一定就是此函数的极大值、极小值。

在有界闭区域上的最大（小）值的求法：求出区域内的所有驻点处的函数值，再与函数在边界上的值比较，其中最大的为最大值，最小的为最小值。

如果函数在区域内只有唯一的驻点，那么这个驻点处的函数值就是函数在该区域内的最大值或最小值。

5. 条件极值的求法

求二元函数 $z = f(x,\ y)$ 在条件 $\varphi(x,\ y) = 0$ 下的极值的方法和步骤。

方法一：化条件极值为无条件极值。

（1）从条件 $\varphi(x,\ y) = 0$ 中解出 $y = \varphi(x)$；

（2）将 $y = \varphi(x)$ 代入二元函数 $z = f(x,\ y)$ 中化为一元函数 $z = f(x,\ \varphi(x))$，变成无条件极值；

（3）求出一元函数 $z = f(x,\ \varphi(x))$ 的极值即为所求。

方法二：拉格朗日乘数法

（1）作拉格朗日函数 $F(x,\ y) = f(x,\ y) + \lambda\varphi(x,\ y)$.

（2）由函数 $F(x,\ y)$ 的一阶偏导数组成方程组

$$\begin{cases} F'_x(x,\ y) = f'_x(x,\ y) + \lambda\varphi'_x(x,\ y) = 0, \\ F'_y(x,\ y) = f'_y(x,\ y) + \lambda\varphi'_y(x,\ y) = 0, \\ \varphi(x,\ y) = 0. \end{cases}$$

（3）解上述方程组得驻点 $(x_0,\ y_0)$，则 $(x_0,\ y_0)$ 就是函数的极值点，从而判断它是极大值或极小值。

上述方法可以推广到多元函数。

复习题八

1. 指出下列函数的定义域

（1）$z = \ln(1-x^2)$；　　　　　　　　　　　　（2）$z = \arccos\dfrac{x^2+y^2}{2}$；

$(3) z = \dfrac{1}{x+y} + \dfrac{1}{x-y}$；　　　　　　　　$(4) z = \sqrt{x - \sqrt{y}}$．

2. 计算函数值或函数表达式

(1) 已知 $f(x, y) = 3x^2 - 2xy + y^3$，试求：①$f(3, -2)$；②$f(tx, ty)$；③$f\left(\dfrac{2}{x}, \dfrac{1}{y}\right)$；

④$f(\sqrt{xy}, x-y)$；⑤$\dfrac{f(x+\Delta x, y) - f(x, y)}{\Delta x}$．

(2) 设 $f(x+y, x-y) = x^2 y + y^2$，求 $f(x, y)$．

(3) 设 $f\left(x-y, \dfrac{y}{x}\right) = x^2 - y^2$，求 $f(x, y)$．

3. 求极限

$(1)\ \displaystyle\lim_{\substack{x\to 0 \\ y\to 0}} \dfrac{\sin(xy)}{y}$；　　　　　　　$(2)\ \displaystyle\lim_{\substack{x\to\infty \\ y\to\infty}} \left(1 + \dfrac{1}{xy}\right)^{xy}$；

$(3)\ \displaystyle\lim_{\substack{x\to 0 \\ y\to 0}} \dfrac{x^2 + y^2}{\sin 2(x^2 + y^2)}$；　　　　$(4)\ \displaystyle\lim_{\substack{x\to 0 \\ y\to 0}} \dfrac{3xy}{\sqrt{xy}-1}$；

$(5)\ \displaystyle\lim_{\substack{x\to 0 \\ y\to\infty}} \left(1 - \dfrac{1}{y}\right)^{\frac{y^2}{x+y}}$；　　　　$(6)\ \displaystyle\lim_{\substack{x\to 1 \\ y\to 0}} \arcsin\sqrt{x^2 + y^2}$．

4. 求下列各函数的一阶偏导数

$(1) z = xy + \dfrac{x}{y}$；　　　　　　　$(2) z = \arcsin\dfrac{x}{y}$；

$(3) z = \sin(xy)\tan\dfrac{y}{x}$；　　　　$(4) z = e^{x+y}\cos x \sin y$；

$(5) z = \dfrac{x+y}{x-y}$；　　　　　　　$(6) z = \arctan\dfrac{x+y}{1-xy}$；

$(7) u = \ln(x^2 + y^2 + z^2)$；　　　$(8) u = x^{\frac{y}{z}}$．

5. 求下列各函数在指定点的偏导数

(1) 设 $f(x, y) = \sqrt{16 - x^2 - y^2}$，求 $f'_x(2\sqrt{2}, 2)$，$f'_y(2\sqrt{2}, 2)$．

(2) 设 $f(x, y) = x + y + (y-1)\arcsin\sqrt{\dfrac{x}{y}}$，求 $f'_x\left(\dfrac{1}{2}, 1\right)$，$f'_y\left(\dfrac{1}{2}, 1\right)$．

(3) 设 $f(x, y) = e^{-\sin x}(x + 2y)$，求 $f'_x(0, 1)$，$f'_y(0, 1)$．

(4) 设 $f(x, y) = \dfrac{\cos(x-y)}{\cos(x+y)}$，求 $f'_x\left(\pi, \dfrac{\pi}{4}\right)$，$f'_y\left(\pi, \dfrac{\pi}{4}\right)$．

6. 证明

(1) 设 $z = y^{\frac{y}{x}}\sin\dfrac{y}{x}$，求证：$x^2\dfrac{\partial z}{\partial x} + xy\dfrac{\partial z}{\partial y} = yz$；

(2) 设 $u = \sqrt{x^2 + y^2 + z^2}$，求证：$\left(\dfrac{\partial u}{\partial x}\right)^2 + \left(\dfrac{\partial u}{\partial y}\right)^2 + \left(\dfrac{\partial u}{\partial z}\right)^2 = 1$．

7. 求下列各函数的二阶偏导数

$(1) z = \arcsin(xy)$；　　　　　　$(2) z = \ln(e^x + e^y)$；

$(3) z = e^x\cos y$；　　　　　　　$(4) z = x^2\arctan\dfrac{y}{x} - y^2\arctan\dfrac{x}{y}$．

8. 证明

(1) 设 $u = \dfrac{1}{\sqrt{x^2 + y^2 + z^2}}$，求证：$\left(\dfrac{\partial u}{\partial x}\right)^2 + \left(\dfrac{\partial u}{\partial y}\right)^2 + \left(\dfrac{\partial u}{\partial z}\right)^2 = 0$；

(2) 求证：$z = \phi(x)\phi(y)$ 满足方程 $z\dfrac{\partial^2 z}{\partial x \partial y} = \dfrac{\partial z}{\partial x} \cdot \dfrac{\partial z}{\partial y}$.

9. 求下列各函数的三阶偏导数或偏导数的值

(1) 设 $u = e^{xyz}$，求 $\dfrac{\partial^3 u}{\partial x^2 \partial y}$，$\dfrac{\partial^3 u}{\partial x \partial y \partial z}$；

(2) 设 $f(x, y, z) = xy^2 + yz^2 + zx^2$，求 $f''_{xx}(0, 0, 1)$，$f''_{xy}(1, 0, 2)$，$f''_{yz}(0, -1, 0)$，$f'''_{zzx}(2, 0, 1)$.

10. 求函数 $z = \dfrac{y}{x}$ **在点** $(2, 1)$ **处当** $\Delta x = 0.1$，$\Delta y = 0.2$ **时的全增量和全微分.**

11. 求下列函数对各自变量的一阶偏导数

(1) $z = e^{uv}$，$u = \ln\sqrt{x^2 + y^2}$，$v = \arctan\dfrac{y}{x}$；　(2) $z = u^2 v - uv^2$，$u = x\cos y$，$v = x\sin y$；

(3) $z = \ln(e^{2(x+y^2)} + x^2 + y)$；　(4) $z = f\left(\dfrac{x}{y} + xy\right)$；

(5) $z = f(x, xy^2, xy^2z^3)$；　(6) $z = xyf\left(\dfrac{x}{y}\right)$；

(7) $u = x^2 + y^2 + z^2$，$x = \tan(yz)$；　(8) $u = f(x, y, z)$，$z = \varphi(x, y)$；

(9) $u = f(u, v, x)$，$u = \varphi(x)$，$v = \psi(x)$；　(10) $u = f(u, v, y)$，$u = \varphi(x, y)$，$v = \psi(x, y)$.

12. 求下列各函数的导数

(1) $z = \arctan(xy)$，$y = e^x$；　(2) $u = \dfrac{e^{ax}(y - z)}{a^2 + 1}$，$y = a\sin x$，$z = a\cos x$；

(3) $z = uv + \sin x$，$u = e^x$，$v = \cos x$；　(4) $z = 1 + xu^v$，$u = \sin x$，$v = \cos x$.

13. 求下列方程所确定的隐函数的导数

(1) $z + e^z = xy$；　(2) $x - y\tan(2z) = 0$；

(3) $e^{xy} - \arctan z + xyz = 0$；　(4) $z = f(xz, z - y)$.

14. 设 $u = x^k f\left(\dfrac{z}{x}, \dfrac{y}{x}\right)$，**证明**：$x\dfrac{\partial u}{\partial x} + y\dfrac{\partial u}{\partial y} + z\dfrac{\partial u}{\partial z} = ku$.

15. 求下列各函数的二阶偏导数

(1) $z = \dfrac{u}{v}$，$u = xy$，$v = x^2 + y^2$，求 $\dfrac{\partial^2 z}{\partial x^2}$ 和 $\dfrac{\partial^2 z}{\partial x \partial y}$；

(2) $z = f(x^2 - y^2, xy)$，求 $\dfrac{\partial^2 z}{\partial x^2}$.

16. 求下列曲线在指定点的切线及法平面方程

(1) $x = a\sin^2 t$，$y = b\sin t\cos t$，$z = c\cos^2 t$ 在 $t = \dfrac{\pi}{4}$ 处；

(2) $x = e^t\sin 2t$，$y = e^t\cos 2t$，$z = 2e^t$ 在 $t = 0$ 处；

(3) $y = 2x^2$，$z = 3x^2$ 在点 $(0, 0, 1)$ 处；

(4) $y^2 = 2mx$，$z^2 = m - x$ 在点 $P_0(x_0, y_0, z_0)$ 处.

17. 求下列曲面在指定点的切平面及法线方程

(1) 抛物面 $z = 4 - x^2 - 2y^2$ 在点 $(1, 1, 1)$ 处；

(2) 曲面 $z = \ln(1 + x^2 + 2y^2)$ 在点 $(1, 1, 2\ln 2)$ 处；

(3) 旋转椭球面 $3x^2 + y^2 + z^2 = 16$ 在点 $(-1, -2, 3)$ 处；

(4) 曲面 $e^{xyz} + x - y + z = 3$ 在点 $(1, 0, 1)$ 处.

18. 求下列函数的极值

(1) $z = 2x^3 - 2y^3 + 3x^2 + 3y^2 - 12x + 1$；

(2) $z = 2x^4 + y^4 - 2x^2 - 2y^2$；

（3）$2x^2 + 2y^2 + z^2 + 8xz - z + 8 = 0$；

（4）$z = e^{2x}(x + y^2 + 2y)$.

19. 应用题

（1）长方体内接于半径为 a 的球，问何时长方体的体积最大，并求其体积.

（2）某一化工厂需造大量的表面涂以贵重涂料的桶，桶的形状为无盖的长方体，容积为 256 m³. 问桶的长、宽、高各为多少米时，可使所用涂料最节省？

（3）一公司有 50 套公寓要出租，当月租金定为 2000 元时，公寓会全部租出去，当月租金每增加 100 元时，就会多一套公寓租不出去，而租出去的公寓每月需花费 200 元的维修费，试问租金定为多少可获得最大收入？最大收入是多少？

（4）某公司在甲城投入广告费 x 千元，则甲城的销售额可达 $\dfrac{240x}{x + 10}$ 千元；若在乙城投入广告费 y 千元，则甲城的销售额可达 $\dfrac{400x}{y + 13y}$ 千元. 假定利润是销售额的 $\dfrac{1}{3}$，而公司的广告费预算是 16.5 千元，则如何分配广告费，可使利润最大？

第九章　二重积分

【教学目标】理解二重积分的概念、性质；掌握二重积分的计算方法；会利用二重积分解决一些实际问题.

本章将介绍二重积分的概念、性质及其计算方法和二重积分在几何、物理方面的一些应用.

第一节　二重积分的概念与性质

一、二重积分的概念

引例 1　求曲顶柱体的体积.

设有一立体的底面是 xoy 坐标面上的有界闭区域 D，侧面是以 D 的边界曲线为准线、母线平行于 z 轴的柱面，顶面是由二元非负连续函数 $z = f(x，y)$ 所表示的曲面（图9-1）. 这个立体称为 D 上的曲顶柱体，试求该曲顶柱体的体积.

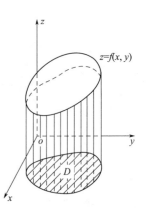

解　我们知道，对于平顶柱体，即当 $f(x，y) \equiv h$（h 为常数，$h > 0$）时，它的体积

$$V = 高 \times 底面积 = h \times \sigma$$

其中 σ 是有界闭区域 D 的面积.

图 9-1

现在柱体的顶面是曲面，它的高 $f(x，y)$ 在 D 上是变量，它的体积就不能用上面的公式来计算. 但是我们可仿照求曲边梯形面积的思路，把 D 分成许多小区域，由于 $f(x，y)$ 在 D 上连续. 因此它在每个小区域上的变化就很小，因而相应每个小区域上的小曲顶柱体的体积就可用平顶柱体的体积来近似替代，且区域 D 分割得愈细，近似值的精度就愈高，于是通过求和，取极限就能算得个曲顶柱体的体积，具体做法如下：

（1）分割　将区域 D 任意分成 n 个小区域，称为区域 D 的子域：$\Delta\sigma_1$、$\Delta\sigma_2$，…，$\Delta\sigma_n$，并以 $\Delta\sigma_i(i = 1，2，…，n)$ 表示第 i 个子域的面积，然后对每个子域作以它的边界曲线为准线、母线平行 z 轴的柱面，这些柱面就把原来的曲顶柱体分成 n 个小曲顶柱体.

（2）近似　在每个小曲顶柱体的底 $\Delta\sigma_i$ 上任取一点 $(\xi，\eta_1)(i = 1，2，…，n)$，用以 $f(\xi_i，\eta_i)$ 为高、$\Delta\sigma_i$ 为底的平顶柱体的体积 $f(\xi_i，\eta_i)\Delta\sigma_i$ 近似替代第 i 个小曲顶柱的体积（图9-2），即

$$\Delta V_i \approx f(\xi_i，\eta_i)\Delta\sigma_i$$

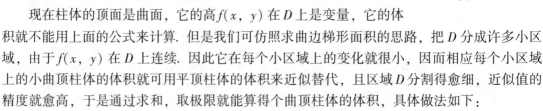

（3）求和　将这 n 个小平顶柱体的体积相加，得到原曲顶柱体积的近似值，即

$$V = \sum_{i=1}^{n} \Delta V_i \approx \sum_{i=1}^{n} f(\xi_i, \eta_i) \Delta \sigma_i.$$

（4）取极限　将区域 D 无限细分且每一个分子域趋向于缩成一点，这个近似值就趋向于原曲顶柱体的体积，即

$$V = \lim_{\lambda \to 0} \sum_{i=1}^{n} f(\xi_i, \eta_1) \Delta \sigma_i.$$

其中 λ 是这 n 个子域的最大直径（有界闭区域的直径是指区域中任意两点间距离的最大值）.

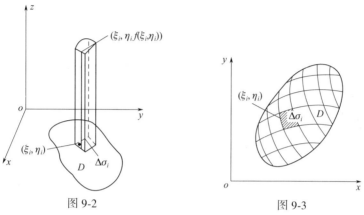

图 9-2　　　　　　　　　图 9-3

引例 2　平面薄片的质量.

设有一个平面薄片占有 xoy 平面上的区域 D（图 9-3），它的面密度（单位面积上的质量）为 D 上的连续函数 $\mu(x, y)$，求该平面薄片的质量.

解　我们知道，对于质量分布均匀的薄片，即当 $\mu(x, y) \equiv \mu_0$（μ_0 为常数，$\mu_0 > 0$），该薄片的质量

$m =$ 面密度×薄片面积 $= \mu_0 \sigma$

现在薄片的面密度 $\mu(x, y)$ 在 D 上是变量，因而它的质量就不能用上面的公式计算，但是它仍可仿照求曲顶柱体体积的思想方法求得，简单地说，非均匀分布的平面薄片的质量，可以通过"分割、近似、求和、限极限"这四个步骤求得，具体做法如下：

（1）分割　将薄片（即区域 D）任意分成 n 个子域：$\Delta \sigma_1$、$\Delta \sigma_2$、$\cdots$、$\Delta \sigma_n$，并以 $\Delta \sigma_i$（$i = 1, 2, \cdots, n$）表示第 i 个子域的面积.

（2）近似　由于 $\mu(x, y)$ 在 D 上连续，因此当 $\Delta \sigma_1$ 的直径很小时，这个子域上的面密度的变化也很小，即其质量可近似看成是均匀分布的，于是在 $\Delta \sigma_1$ 上任取一点 (ξ_i, η_i)，第 i 块薄片的质量近似值为

$$\Delta m_i \approx \mu(\xi_i, \eta_i) \Delta \sigma_i.$$

（3）求和　将这 n 个看成质量均匀分布的小块的质量相加得到整个平面薄片质量的近似值. 即 $m = \sum_{i=1}^{n} \Delta m_i \approx \sum_{i=1}^{n} \mu(\xi_1, \eta_1) \Delta \sigma_i.$

（4）**取极限**　当 n 个子域的最大直径 $\lambda \to 0$ 时，上述和式的极限就是所求薄片的质量，即

$$m = \sum_{i=1}^{n} \mu(\xi_i, \eta_i) \Delta \sigma_i.$$

1. 二重积分的定义

上面两个引例虽然来自于不同的领域，但是它们解决问题的方法却是一样的，归结为求二元函数在平面区域上和式的极限，在物理、力学、几何及工程技术中有许多都归结为求这种和式的极限，抽去它们的具体意义，就有如下的二重积分的定义。

定义　设二元函数 $z = f(x, y)$ 定义在有界闭区域 D 上，将区域 D 任意分成 n 个子域 $\Delta\sigma_i (i = 1, 2, \cdots, n)$，并以 $\Delta\sigma_i$ 表示第 i 个子域的面积．在 $\Delta\sigma_i$ 上任取一点 (ξ_i, η_i)，作和 $\sum\limits_{i=1}^{n} \mu(\xi_i, \eta_i)\Delta\sigma_i$．如果当各个子域的直径中的最大值 λ 趋于零时，此和式的极限存在，则称此极限为函数 $f(x, y)$ 在区域 D 上的**二重积分**，记为

$$\iint\limits_{D} f(x, y)\mathrm{d}\sigma = \lim_{\lambda \to 0} \sum_{i=1}^{n} f(\xi_i, \eta_i)\Delta\sigma_i.$$

这时，称 $f(x, y)$ **在区域 D 上可积**，其中 $f(x, y)$ 称为**被积函数**，$\mathrm{d}\sigma$ 称为**面积微元**，D 称为**积分区域**，$\iint$ 称为**二重积分号**.

与一元函数积分存在定理一样，如果 $f(x, y)$ 在有界闭区域 D 上连续，则无论 D 如何分法、点 (ξ_i, η_i) 如何取法，上述和式的极限一定存在，换句话说，在有界闭区域上连续的函数，一定可积(证明从略)，以后，本书将假定所讨论的函数在有界区域上都是可积的.

根据二重积分的定义，曲顶柱体的体积就是柱体的高 $f(x, y) \geqslant 0$ 在底面区域 D 上的二重积分，即

$$V = \iint\limits_{D} f(x, y)\mathrm{d}\sigma.$$

非均匀分布的平面薄片的质量就是它的面密度函数 $\mu(x, y)$ 在薄片所占有的区域 D 上的二重积分，即

$$m = \iint\limits_{D} \mu(x, y)d\sigma.$$

2. 二重积分的几何意义

（1）当 $f(x, y) \geqslant 0$ 时，二重积分 $\iint\limits_{D} f(x, y)\mathrm{d}\sigma$ 的几何意义就是图 9-1 所示的曲顶柱体的体积；

（2）当 $f(x, y) \leqslant 0$ 时，柱体在 xoy 平面的下方，二重积分 $\iint\limits_{D} f(x, y)\mathrm{d}\sigma$ 表示该柱体体积的相反值，即 $f(x, y)$ 的绝对值在 D 上的二重积分 $\iint\limits_{D} |f(x, y)|\mathrm{d}\sigma$ 才是该曲顶柱体的体积；

（3）当 $f(x, y)$ 在 D 上有正负时，如果我们规定在 xoy 平面上方的柱体体积取正号，在 xoy 平面下方的柱体体积取负号，则二重积分 $\iint\limits_{D} f(x, y)\mathrm{d}\sigma$ 的值就是它们上下方柱体体积的代数和.

二、 二重积分的性质

二重积分具有下列的性质，以上所遇到的函数假定均可积.

性质 1　被积函数中的常数因子可以提到二重积分号的外面，即

$$\iint\limits_{D} kf(x, y)\mathrm{d}\sigma = k\iint\limits_{D} f(x, y)\mathrm{d}\sigma (k \text{ 为常数}).$$

性质 2　如果区域 D 被分成两个子区域 D_1 与 D_2，则在 D 上的二重积分等于各子区域 D_1，D_2 上的二重积分之和，即

$$\iint\limits_{D}f(x,y)\mathrm{d}\sigma = \iint\limits_{D_1}f(x,y)\mathrm{d}\sigma + \iint\limits_{D_2}f(x,y)\mathrm{d}\sigma.$$

这个性质表明二重积分对于积分区域上有可加性.

性质 3　如果在 D 上，$f(x,y) \le g(x,y)$，则

$$\iint\limits_{D}f(x,y)\mathrm{d}\sigma \le \iint\limits_{D}g(x,y)\mathrm{d}\sigma$$

推论　函数在 D 上的二重积分的绝对值不大于函数的绝对值在 D 上的二重积分，即

$$\left|\iint\limits_{D}f(x,y)\mathrm{d}\sigma\right| \le \iint\limits_{D}|f(x,y)|\mathrm{d}\sigma$$

性质 4　如果 M，m 分别是函数 $f(x,y)$ 在 D 上的最大值与最小值，σ 为区域 D 的面积，则

$$m\sigma \le \iint\limits_{D}f(x,y)\mathrm{d}\sigma \le M\sigma$$

性质 5　(二重积分中值定理) 设函数 $f(x,y)$ 在有界闭区域 D 上连续，记 σ 是 D 的面积，则在 D 上至少存在一点 (ξ,η)，使得

$$\iint\limits_{D}f(x,y)\mathrm{d}\sigma = f(\xi,\eta)\sigma$$

习题 9.1

1. 设有一平板，占有 xoy 平面上的区域 D，已知平板上的压强分布为 $p(x,y)$，且 $p(x,y)$ 在 D 上连续，试给出平板上总压力 P 的二重积分表达式.

2. 设有一平面薄片(不计其厚度)，占有 xoy 平面上的区域 D，在点 (x,y) 处的薄片的面密度为 $\mu(x,y)$，且函数 $\mu(x,y)$ 在 D 上连续，试求出薄片上电荷 Q 的二重积分表达式.

3. 试用二重积分表达下列曲顶柱体的体积，并用不等式组表示出曲顶柱体在 xoy 坐标面上的底.

(1) 由平面 $\dfrac{x}{2} + \dfrac{y}{3} + \dfrac{z}{4} = 1$，$x=0$，$y=0$，$z=0$ 所围成的立体;

(2) 由椭圆抛物面 $z = 2x^2 + y^2$ 及平面 $z=0$ 所围成的立体;

(3) 由上半球面 $z = \sqrt{4-x^2-y^2}$、圆柱面 $x^2+y^2=1$ 及平面 $z=0$ 所围成的立体.

4. 利用二重积分的几何意义，不经计算直接给出下列二重积分的值.

(1) $\iint\limits_{D}\mathrm{d}\sigma$，$D: x^2+y^2 \le 1$;

(2) $\iint\limits_{D}\sqrt{R^2-x^2-y^2}\mathrm{d}\sigma$，$D: x^2+y^2 \le R^2$.

5. 设平面闭区域 D 关于 y 轴对称(即，若 $(x,y) \in D$，则有 $(-x,y) \in D$)，$f(x,y)$ 在 D 上连续，且对 D 上的任意点满足:

(1) $f(x,y) = -f(-x,y)$，求 $\iint\limits_{D}f(x,y)\mathrm{d}\sigma$;

(2) $f(x,y) = f(-x,y)$，求 $\iint\limits_{D}f(x,y)\mathrm{d}\sigma$.

其中 D_1 是由 y 轴分割 D 所得到的一半区域.

第二节　二重积分的计算方法

按定义来计算二重积分显然是很困难的，需要找一种实际可行的计算方法，我们将首先

介绍在直角坐标系中的计算方法，然后再介绍在极坐标系中的计算法.

一、直角坐标系中的累次积分法

我们知道，如果 $f(x, y) \geq 0$，那么二重积分 $\iint\limits_D f(x, y)\mathrm{d}\sigma$ 的值等于一个以 D 为底，以曲面 $z = f(x, y)$ 为顶的曲顶柱体的体积；我们用微元法解决二重积分的计算.

1. 设积分区域 D 可用不等式组表示为

$$\begin{cases} \varphi_1(x) \leq y \leq \varphi_2(x) \\ a \leq x \leq b \end{cases} \tag{9.1}$$

如图 9-4，下面我们用微元法来计算二重积分 $\iint\limits_D f(x, y)\mathrm{d}\sigma$ 所表示的柱体的体积.

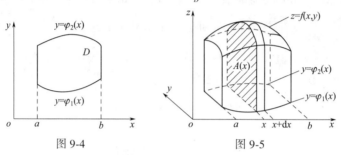

图 9-4   图 9-5

选 x 为积分变量，$x \in [a, b]$，任取子区间 $[x, x + \mathrm{d}x] \in [a, b]$，设 $A(x)$ 表示过点 x 且垂直 z 轴的平面与曲顶柱体相交的截面的面积(见图 10-5)，则曲顶柱体积 V 的微元 $\mathrm{d}V$

$$\mathrm{d}V = A(x)\mathrm{d}x.$$

$$V = \int_a^b A(x)\mathrm{d}x.$$

由图 9-5 可见，该截面是一个以区间 $[\varphi_1(x), \varphi_2(x)]$ 为底边，以曲线 $z = f(x, y)$ (x 是固定的) 为曲边的曲边梯形，其面积又可表示为

$$A(x) = \int_{\varphi_1(x)}^{\varphi_2(x)} f(x, y)\mathrm{d}y.$$

将 $A(x)$ 代入上式，则曲顶柱体的体积

$$V = \int_a^b \left[\int_{\varphi_1(x)}^{\varphi_2(x)} f(x, y)\mathrm{d}y \right] \mathrm{d}x.$$

于是，二重积分

$$\iint\limits_D f(x, y)\mathrm{d}\sigma = \int_a^b \left[\int_{\varphi_1(x)}^{\varphi_2(x)} f(x, y)\mathrm{d}y \right] \mathrm{d}x \tag{9.2}$$

由此看到，二重积分的计算可化为两次定积分来计算，第一次积分时，把 x 看作常数，对变量 y 积分，它的积分限一般地讲是 x 的函数；第二次是对变量 x 积分，它的积分限是常量，这种先对一个变量积分，然后再对另一个变量积分的方法，称为累次积分法，式(9.2) 称为先对 y 积分(也称内积分 y) 后对 x 积分(也称外积分 x) 的累次积分公式，它通常也可写成

$$\iint\limits_D f(x, y)\mathrm{d}\sigma = \int_a^b \left[\int_{\varphi_1(x)}^{\varphi_2(x)} f(x, y)\mathrm{d}y \right] \mathrm{d}x \tag{9.3}$$

这结果也适用于一般情形.

2. 设积分区域 D 可用不等式组表示为

$$\begin{cases} \varphi_1(y) \leqslant x \leqslant \varphi_2(y) \\ c \leqslant y \leqslant d \end{cases} \tag{9.4}$$

（图 9-6），则用垂直于 y 轴的平面截曲顶柱体，可类似地得到曲顶柱体的体积

$$V = \int_c^d \left[\int_{\varphi_1(x)}^{\varphi_2(y)} f(x, y)\,\mathrm{d}x \right] \mathrm{d}y$$

于是，二重积分

$$\iint\limits_D f(x, y)\,\mathrm{d}\sigma = \int_c^d \left[\int_{\varphi_1(y)}^{\varphi_2(y)} f(x, y)\,\mathrm{d}x \right] \mathrm{d}y \tag{9.5}$$

$$\iint\limits_D f(x, y)\,d\sigma = \int_c^d \int_{\varphi_1(y)}^{\varphi_2(y)} f(x, y)\,dx \tag{9.6}$$

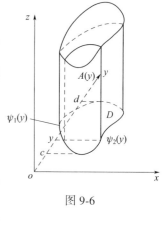

图 9-6

不难发现，把二重积分化为累次积分，其关键是根据所给出的各的积分域 D，定出两次定积分的上下限，其上下限的定法可用如下直观方法确定：

首先在 xoy 平面上画出曲线所围成的区域 D.

若是先对 y 积分后对 x 积分时，则把区域 D 投影到 x 轴上，得投影区间 $[a, b]$，这时 a 就是外积分变量 x 的下限，b 就是外积分变量 x 的上限；在 $[a, b]$ 上任意确定一个 x，过 x 画一条与 y 轴平行的直线，假定它与区域 D 的边界曲线（$x = a$，$x = b$ 可以除外）的交点总是不超过两个（称这种区域为凸域），且与边界曲线交点的纵坐标分别为 $y = \varphi_1(x)$ 和 $y = \varphi_2(x)$，如果 $\varphi_2(x) \geqslant \varphi_1(x)$，那么 $\varphi_1(x)$ 就是内积分变量 y 对 y 积分的下限，$\varphi_2(x)$ 就是内积分变量 y 对 y 积分的上限，图 9-7 是这个定限方法的示意图.

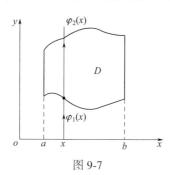

图 9-7

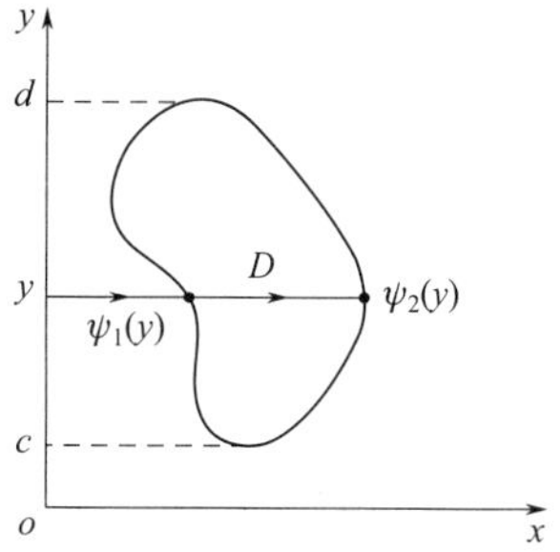

图 9-8

类似地，图 9-8 是先对 x 积分（内积分）后对 y 积分（外积分）时的定限示意图.

如果区域不属于凸域，我们就能直接应用式（9.2）和式（9.5），这时可以用平行于 y 轴（或平行于 x 轴）的直线，把 D 分成若干个小区域，使每个小区域都属于凸域，那么 D 上的二重积分就是这些小区域上的二重积分的和，例如，图 9-9 所示的区域 D，若先对 y 积分后对 x 积分，就要用如图所示的一条平行于 y 轴的虚线把 D 分割成 D_1，D_2，D_3 三部分.

例 1　画出积分区域 D（图 9-10），如果先对 y 积分后对 x 积分，则按照所述积分限确定法，有

$$\iint\limits_D f(x, y)\,\mathrm{d}\sigma = \int_a^b \mathrm{d}x \int_c^d f(x, y)\,\mathrm{d}y$$

如果先对 x 积分后对 y 积分，则可得

$$\iint\limits_D f(x, y)\,\mathrm{d}\sigma = \int_c^d \mathrm{d}y \int_a^b f(x, y)\,\mathrm{d}x$$

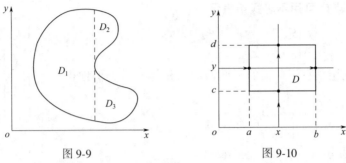

图 9-9 图 9-10

这个例子说明，边界分别与 x 轴、y 轴平行的矩形域上的累次积分，其内外积分上下限都是常数.

例2 试将 $\iint\limits_{D} f(x, y)\mathrm{d}\sigma$ 化为两种不同次序的累次积分，其中 D 是由 $y = x$，$y = 2 - x$ 和 x 轴所围成的区域.

解 首先画出积分区域 D(图 9-11)，并求出边界曲线的交点 $(1, 1)$，$(0, 0)$，$(2, 0)$.

如果先对 y 积分后对 x 积分，则将积分区域 D 投影到 x 轴上得区间 $[0, 2]$，0 与 2 就是对 x 积分的下限与上限，在 $[0, 2]$ 上任取一点 x，过 x 作与 y 轴平行的直线，我们发现 x 在不同的区间 $[0, 1]$ 和 $[1, 2]$ 上与积分区域 D 的边界的交点不同，因此需要将积分区域 D 分成两个 D_1 和 D_2(图 9-11)，然后在 D_1 和 D_2 上分别化为累次积分.

$$\iint\limits_{D_1} f(x, y)\mathrm{d}\sigma = \int_0^1 \mathrm{d}x \int_0^x f(x, y)\mathrm{d}y.$$

$$\iint\limits_{D_2} f(x, y)\mathrm{d}\sigma = \int_1^2 \mathrm{d}x \int_0^{2-x} f(x, y)\mathrm{d}y.$$

最后，根据二重积分对积分区域的可加性的性质，我们可以得到

$$\iint\limits_{D} f(x, y)\mathrm{d}\sigma = \iint\limits_{D_1} f(x, y)\mathrm{d}\sigma + \iint\limits_{D_2} f(x, y)\mathrm{d}\sigma$$

$$= \int_0^1 \mathrm{d}x \int_0^x f(x, y)\mathrm{d}y + \int_1^2 \mathrm{d}x \int_0^{2-x} f(x, y)\mathrm{d}y.$$

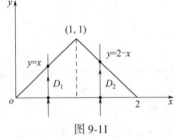

图 9-11

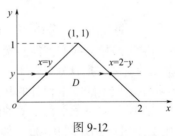

图 9-12

如果先对 x 积分后对 y 积分，则将积分区域 D 投影到 y 轴，得区间 $[0, 1]$，0 与 1 就是对 y 积分的下限与上限，在 $[0, 1]$ 上任意取一点 y，过 y 作与 x 轴平行的直线与积分区域 D 的边界交两点 $x = y$ 与 $x = 2 - y$，y 就是对 x 积分的下限，$2 - y$ 就是对 x 积分的上限(图 9-12)，所以

$$\iint\limits_{D} f(x, y)\mathrm{d}\sigma = \int_0^1 \mathrm{d}x \int_0^{2-y} f(x, y)\mathrm{d}x.$$

表明，恰当地选择积分次序，有时能使计算比较简便，关于这一点，请读者在计算二重积分时予以注意.

例3 计算二重积分 $\iint\limits_{D}xy\mathrm{d}\sigma$，其中 D 是抛物线 $y^2=x$ 与直线 $y=x-2$ 所围成的区域.

解 画出积分域 D（图 9-13），并求出边界曲线的交点 $(1,-1)$ 及 $(4,2)$，由图可见，先对 x 积分（内积分）后对 y 积分（外积分）较为简便.

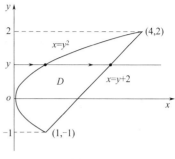

图 9-13

根据定限示意图 9-13，有

$$\iint\limits_{D}xy\mathrm{d}\sigma=\int_{-1}^{2}\mathrm{d}y\int_{y^2}^{y+2}xy\mathrm{d}x$$

$$=\int_{-1}^{2}\left[\frac{x^2}{2}y\right]_{y^2}^{y-2}\mathrm{d}y$$

$$=\frac{1}{2}\int_{-1}^{2}\left[y(y+2)^2-y^5\right]_{1}^{2}$$

$$=\frac{1}{2}\left[\frac{y^4}{4}+\frac{4}{3}y^3+2y^2-\frac{y^5}{6}\right]_{-1}^{2}$$

$$=5\frac{5}{8}.$$

在例3中，如果对 y 积分（内积分）后对 x 积分（外积分），应如何计算这个二重积分？请读者思考，并自行写出累次积分式.

例4 计算 $\iint\limits_{D}\mathrm{e}^{-y^2}\mathrm{d}\sigma$，其中 D 是由直线 $y=x$，$y=1$ 与 y 轴所围成的.

解 画出积分区域 D，作定限示意图（图 9-14），并求出边界曲线的交点 $(1,1)$，$(0,0)$ 及 $(0,1)$.

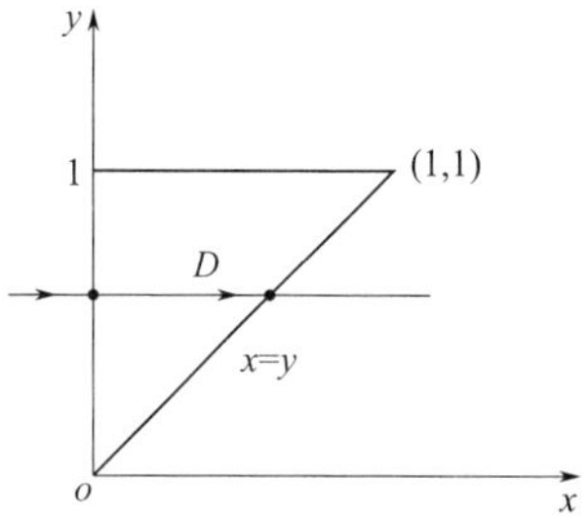

由图可见，这个二重积分采用哪一种积分次序，都不会出现积分区域 D 分块计算的情形，但是，如果先对 y 积分（内积分）后对 x 积分（外积分），e^{-y^2} 就无法积分（它的原函数不是初等函数），因此只能采用先对 x 积分（内积分）后对 y 积分（外积分）的积分次序进行计算.

由定限示意图 9-14，有

$$\iint\limits_{D}\mathrm{e}^{-y^2}\mathrm{d}\sigma=\int_{0}^{1}\mathrm{d}y\int_{0}^{y}\mathrm{e}^{-y^2}\mathrm{d}x$$

$$=\int_{0}^{1}\left[\mathrm{e}^{-y^2}x\right]_{0}^{y}\mathrm{d}y$$

$$=\int_{0}^{1}y\mathrm{e}^{-y^2}\mathrm{d}y=-\frac{1}{2}\left[\mathrm{e}^{-y^2}\right]_{0}^{1}$$

$$=\frac{1}{2}(1-\mathrm{e}^{-1}).$$

图 9-14

综上所述，积分次序的选择，不仅要看积分区域的特征，而且要考虑到被积函数的特点，原则是既要使计算能进行，又要使计算尽可能地简便，这需要读者通过自己的实践，逐渐灵活地掌握它.

二、极坐标系中的累次积分法

前面已经介绍了二重积分在直角坐标系中的计算法，便是对某些被积函数和某些积分域用极坐标计算会比较简便，下面我们来介绍二重积分在极坐标系中的累次积分法.

显然，将二重积分 $\iint\limits_{D} f(x,\ y)\,\mathrm{d}\sigma$ 化为极坐标形式，会遇到两个问题：一个问题是如何把被积分函数 $f(x,\ y)$ 化为极坐标形式，另一个问题是如何把面积元素 $\mathrm{d}\sigma$ 化为极坐标形式.

第一个问题是容易解决的，如果我们选取极点 o 为直角坐标系的原点，极轴为 x 轴的正半轴，则有直角坐标与极坐标的关系

$$\begin{cases} x = r\cos\theta, \\ y = r\sin\theta. \end{cases}$$

即有 $f(x,\ y) = f(r\cos\theta,\ r\sin\theta)$.

为了解决第二个问题，我们先考虑在直角坐标系中面积元素 $\mathrm{d}\sigma$ 的表达形式，因为在二重积分的定义中积分区域 D 的分割是任意的，所以直角坐标系中，我们可以用平行于 x 轴和平行于 y 轴的两簇直线，即 $x =$ 常数和 $y =$ 常数，把积分区域 D 分割成许多子域，这些子域除了靠边界曲线的一些子域外，绝大多数都是矩形域(图 9-15)(当分割更细时，这些不规则子域的面积之和趋向于 0，所以不必考虑)，于是，图 9-15 中阴影所示的小矩形 $\Delta\sigma_i$ 的面积为

$$\Delta\sigma_i = \Delta x_j \cdot \Delta y_k.$$

因此，在直角坐标系中的面积元素可记为

$$\mathrm{d}\sigma = \mathrm{d}x\mathrm{d}y.$$

而二重积分可记为

$$\iint\limits_{D} f(x,\ y)\,\mathrm{d}\sigma = \iint\limits_{D} f(x,\ y)\,\mathrm{d}x\mathrm{d}y.$$

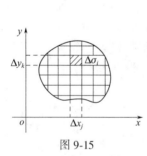

图 9-15

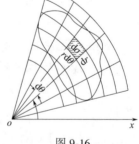

图 9-16

与此相类似，在极坐标系中，我们可以用 $\theta =$ 常数和 $r =$ 常数的两簇曲线，即一簇从极点出发的射线与另一簇圆心在极点的同心圆，把积分区域 D 分割成许多子域，这些子域除了靠边界线的一些子域外，绝大多数的都是扇形域(图 9-16)(当分割更细时，这些不规则子域的面积之和趋向于 0，所以不必考虑)，于是，图 9-16 中阴影所示的子域的面积近似等于以 $r\mathrm{d}\theta$ 为长、$\mathrm{d}r$ 为宽的矩形面积，因此在极坐标系中的面积元素可记为 $\mathrm{d}\sigma = r\mathrm{d}r\mathrm{d}\theta$.

注意面积元素 $\mathrm{d}\sigma$ 的极坐标形式中有一个因子 r，请读者在运用中切勿遗漏。

怎样把二重积分的极坐标形式化为累次积分？因为在极坐标系中，区域 D 的边界曲线方程，通常总是用 $r = r(\theta)$ 来表示，所以一般是选择先对 r 积分(内积分)后对 θ 积分(外积分)

的次序.

实际计算中，分两种情形来考虑：

（1）如果原点在积分区域 D 内，且边界方程 $r=r(\theta)$（如图9-18），则二重积分的累次积分为

$$\iint\limits_D f(r\cos\theta,\ r\sin\theta)r\mathrm{d}r\mathrm{d}\theta$$

$$=\int_0^{2x}\left[\int_0^{r(\theta)}f(r\cos\theta,\ r\sin\theta)r\mathrm{d}r\right]\mathrm{d}\theta.$$

或写为

$$\iint\limits_D f(r\cos\theta,\ r\sin\theta)r\mathrm{d}r\mathrm{d}\theta$$

$$=\int_0^{2\pi}\mathrm{d}\theta\int_0^{r(\theta)}f(r\cos\theta,\ r\sin\theta)r\mathrm{d}r.$$

（2）如果坐标原点不在积分区域 D 内部，则从原点作两条射线 $\theta=\alpha$ 和 $\theta=\beta(\alpha\le\beta)$（如图9-17、图9-19）夹紧积分区域 D，α，β 分别是对 θ 积分（外积分）的下限和上限，在 α 和 β 之间作任一条射线与积分区域 D 的边界交点，它们的极径分别为 $r=r_1(\theta)$，$r=r_2(\theta)$，假定 $r_1(\theta)\le r_2(\theta)$，那么 $r_1(\theta)$ 与 $r_2(\theta)$ 分别是对 r 积分（内积分）下限与上限，即

$$\iint\limits_D f(r\cos\theta,\ r\sin\theta)r\mathrm{d}r\mathrm{d}\theta$$

$$=\int_2^{\beta}\mathrm{d}\theta\int_{r_1(\theta)}^{r_2(\theta)}f(r\cos\theta,\ r\sin\theta)r\mathrm{d}r$$

(9.7)

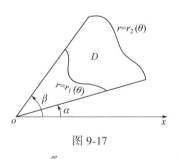 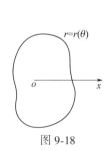 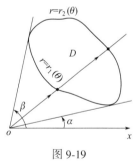

图 9-17　　　　　图 9-18　　　　　图 9-19

例5　把 $\iint\limits_D f(x,\ y)\mathrm{d}\sigma$ 化为极坐标系中的累次积分，其中积分区域 D 是由圆 $x^2+y^2=2Ry$ 所围成的区域.

解　在极坐标系中画出积分区域 D（图9-20），并把 D 的边界曲线 $x^2+y^2=2Ry$ 化为极坐标方程，即为　　　$r=2R\sin\theta.$

从定限示意图9-20看到原点不在积分区域 D 内部，作射线 $\theta=0$ 与 $\theta=\pi$ 夹紧积分区域 D，在 $[0,\ \pi]$ 中任作射线与积分区域 D 边界交两点 $r_1=0$，$r_2=2R\sin\theta$，得

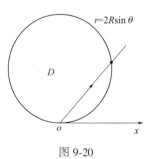

图 9-20

$$\iint\limits_D f(x,\ y)\mathrm{d}\sigma=\iint\limits_D f(r\cos\theta,\ r\sin\theta)r\mathrm{d}r\mathrm{d}\theta$$

$$=\int_0^{\pi}\mathrm{d}\theta\int_0^{2R\sin\theta}f(r\cos\theta,\ r\sin\theta)r\mathrm{d}r.$$

例6 在极坐标系中，计算二重积分 $\iint\limits_{D}(x^2 + y^2)\mathrm{d}\sigma$，$D$ 是由 $x^2 + y^2 = R_1^2$ 和 $x^2 + y^2 = R_2^2(R_1 < R_2)$ 所围成的环形区域在第一象限的部分.

解 在极坐标系中画出积分区域 D［（图9-21(a)）］，并将积分区域 D 的边界曲线化为极坐标方程，即为 $r = R_1$，$r = R_2$，

作两条射线 $\theta = 0$ 与 $\theta = \dfrac{\pi}{2}$ 夹紧积分区域 D，在 0 与 $\dfrac{\pi}{2}$ 之间任作一射线与积分区域 D 的边界交于两点 $r = R_1$ 与 $r = R_2$，所以有

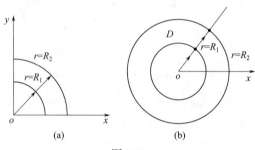

图 9-21

$$\iint\limits_{D}(x^2 + y^2)\mathrm{d}\sigma = \iint\limits_{D}r^2 r\mathrm{d}r\mathrm{d}\theta = \int_0^{\frac{\pi}{2}}\mathrm{d}\theta\int_{R_1}^{R_2}r^3\mathrm{d}r = \frac{\pi}{8}(R_2^4 - R_1^4).$$

如果积分区域 D 是整个环形，显然有

$$\iint\limits_{D}(x^2 + y^2)\mathrm{d}\sigma = \iint\limits_{D}r^2 \cdot r\mathrm{d}r\mathrm{d}\theta$$

$$= \int_0^{2x}\mathrm{d}\theta\int_{R_1}^{R_2}r^3\mathrm{d}r$$

$$= 2\pi\int_{R_1}^{R_2}r^3\mathrm{d}r = \frac{\pi}{2}\left[r^4\right]_{R_1}^{R_2}$$

$$= \frac{\pi}{2}(R_2^4 - R_1^4).$$

因为在这个一次积分中，被积函数与 θ 无关，且对 r 积分上下限都是常数，所以 θ 可以先单独积出，或内、外积分同时进行积分.

例7 计算 $\iint\limits_{D}\mathrm{e}^{-x^2-y^2}\mathrm{d}\sigma$，$D$ 是圆形区域 $x^2 + y^2 \leqslant a^2(a > 0)$.

解 这个二重积分在直角坐标系中无法计算（为什么？请读者想一想），现把它放在极坐标系中计算，由图9-22可见，因原点在积分区域 D 内，且边界曲线的方程为 $r = a$，所以有

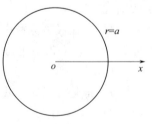

图 9-22

$$\iint\limits_{D}\mathrm{e}^{-x^2-y^2}\mathrm{d}\sigma = \iint\limits_{D}\mathrm{e}^{-r^2}r\mathrm{d}r\mathrm{d}\theta$$

$$= \int_0^{2\pi}\mathrm{d}\theta\int_0^a r\mathrm{e}^{-r^2}\mathrm{d}r$$

$$= -\pi\left[\mathrm{e}^{-r^2}\right]_0^a = \pi(1 - \mathrm{e}^{-\sigma^2}).$$

从上述几个例题可以看出，当积分区域 D 是圆形域、环形域、扇形域等时，那么，它在极坐标系中的计算一般要比在直角坐标系中的计算简单.

习题9.2

1. 化二重积分 $I = \iint\limits_{D} f(x, y)\mathrm{d}\sigma$ 为累次积分(用两种不同的次序)，其中积分区域 D 是

(1) 由 $1 \leqslant x \leqslant 2, 0 \leqslant y \leqslant \dfrac{\pi}{2}$ 所围成的区域;

(2) 由直线 $y = x$ 及抛物线 $y^2 = 4x$ 所围成的区域;

(3) 由 $x^2 + y^2 \leqslant 2y$ 所围成的区域;

(4) 由直线 $y = x$, $y = 2x$ 及双曲线 $xy = 2$ 所围成的第一象限部分的区域.

2. 画出下列累次积分所表示的二重积分区域并交换其积分次序

(1) $\displaystyle\int_0^a \mathrm{d}x \int_0^{\sqrt{a^2-x^2}} f(x, y)\mathrm{d}y$;

(2) $\displaystyle\int_0^{\frac{1}{2}} \mathrm{d}x \int_x^{1-x} f(x, y)\mathrm{d}y$;

(3) $\displaystyle\int_0^4 \mathrm{d}y \int_{-\sqrt{4-y}}^{\frac{1}{2}(y-4)} f(x, y)\mathrm{d}x$;

(4) $\displaystyle\int_0^1 \mathrm{d}y \int_0^{2x} f(x, y)\mathrm{d}x + \int_1^3 \mathrm{d}y \int_0^{3-y} f(x, y)\mathrm{d}x$.

3. 画出下列二重积分的积分区域并计算

(1) $\displaystyle\iint\limits_{D} \mathrm{e}^{x-y}\mathrm{d}\sigma$, D: $|x| \leqslant 1, |y| \leqslant 1$;

(2) $\displaystyle\iint\limits_{D} \left(\dfrac{x}{y}\right)^2 \mathrm{d}\sigma$, D 由 $y = x, xy = 1, x = 2$ 所围成;

(3) $\displaystyle\iint\limits_{D} \left(\dfrac{x}{y}\right)^2 \mathrm{d}\sigma$, D: $|x| + |y| \leqslant 1$;

(4) $\displaystyle\iint\limits_{D} \dfrac{\sin y}{y}\mathrm{d}\sigma$, D 由 $y = x, x = 0, y = \dfrac{\pi}{2}, y = \pi$ 围成.

4. 画出下列积分区域 D, 把二重积分 $I = \iint\limits_{D} f(x, y)\mathrm{d}\sigma$ 化为极坐标系中的累次积分[先对 r 积分(内积分) 后对 θ 积分(外积分)].

(1) D 是由 $x^2 + y^2 \leqslant 2x$ 所围成的区域;

(2) D 是由 $y = \sqrt{R^2 - x^2}, y = \pm x$ 围成的区域;

(3) D 是由 $2x \leqslant x^2 + y^2 \leqslant 4$ 所围成的区域.

5. 画出下列二重积分积分区域 D, 并计算

(1) $\displaystyle\iint\limits_{D} \ln(1 + x^2 + y^2)\mathrm{d}\sigma$, D: $x^2 + y^2 \leqslant R^2, x \geqslant 0, y \geqslant 0$;

(2) $\displaystyle\iint\limits_{D} \sin\sqrt{x^2 + y^2}\mathrm{d}\sigma$. D: $x^2 + y^2 \leqslant 1$;

(3) $\displaystyle\iint\limits_{D} \sqrt{R^2 - x^2 - y^2}\mathrm{d}\sigma$. D: $x^2 + y^2 \leqslant Rx$;

(4) $\displaystyle\iint\limits_{D} \arctan\dfrac{y}{x}\mathrm{d}\sigma$, D: $1 \leqslant x^2 + y^2 \leqslant 4, y \geqslant 0, y \leqslant x$;

(5) $\displaystyle\iint\limits_{D} \dfrac{x+y}{x^2+y}\mathrm{d}\sigma$, D: $x^2 + y^2 \leqslant 1, x + y \geqslant 1$.

第三节 二重积分的应用

一、几何上的应用

根据二重积分的几何意义，我们知道，当 $f(x, y) \geq 0$ 时，以 D 为底，曲面 $z = f(x, y)$ 为顶的曲顶柱体的体积等于 $\iint\limits_{D} f(x, y) \mathrm{d}\sigma$；当 $f(x, y) \leq 0$ 时，该曲顶柱体的体积为 $-\iint\limits_{D} f(x, y) \mathrm{d}\sigma$，现用上述结论解决以下问题.

例 1 求由旋转抛物面 $z = 6 - x^2 - y^2$ 与 xoy 坐标平面所围的立体的体积.

解 由图 9-23 可见，该立体是以曲面 $z = 6 - x^2 - y^2$ 为顶，$x^2 + y^2 = 6$ 为底的曲顶柱体，再利用对称性，得

$$V = 4 \iint\limits_{D} (6 - x^2 - y^2) \mathrm{d}\sigma.$$

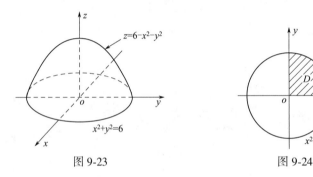

图 9-23   图 9-24

其中积分区域 D 见图 9-24，用极坐标计算较为方便

$$V = 4 \int_0^{\frac{\pi}{2}} \mathrm{d}\theta \int_0^{\sqrt{6}} (6 - r^2) r \mathrm{d}r = 18\pi.$$

例 2 求由锥面 $z = \sqrt{x^2 + y^2}$ 及旋转抛物面 $z = 6 - x^2 - y^2$ 所围成的立体的体积.

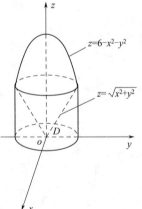

图 9-25

解 画出该立体的图形（图 9-25），求出这两个曲面的交线

$$\begin{cases} z = \sqrt{x^2 + y^2} \\ z = 6 - x^2 - y^2 \end{cases}, \text{在 } xoy \text{ 坐标面上的投影曲线为} \begin{cases} x^2 + y^2 = 4, \\ z = 0. \end{cases}$$

它是所求立体在 xoy 坐标面上的投影区域 D 的边界曲线，由图 9-25 可见，所求立体的体积 V 可以看作以 $z = 6 - x^2 - y^2$ 为顶、以 D 为底的曲顶柱体的体积 V_2 减去以 $z = \sqrt{x^2 + y^2}$ 为顶、在同一底上的曲顶柱体的体积 V_1 所得，即

$$V = V_2 - V_1$$

$$= \iint\limits_{D} (6 - x^2 - y^2) \mathrm{d}\sigma - \iint\limits_{D} \sqrt{x^2 + y^2} \mathrm{d}\sigma$$

$$= \iint\limits_{D} (6 - x^2 - y^2 - \sqrt{x^2 + y^2}) \mathrm{d}\sigma$$

显然，这个二重积分放在极坐标系中计算比较简单，即有

$$V = \iint_D (6 - r^2 - r) r \mathrm{d}r \mathrm{d}\theta$$

$$= \int_0^{2\pi} \mathrm{d}\theta \int_0^2 (6 - r^2 - r) r \mathrm{d}r$$

$$= 2\pi \int_0^2 (6r - r^3 - r^2) \mathrm{d}r = \frac{32}{3}\pi.$$

*二、物理上的应用

1. 平面薄片的重心

已知平面薄片的重心 $(\bar{x}, \bar{y})$ 是满足等式

$$M \cdot \bar{x} = M_x, \ M \cdot \bar{y} = M_y$$

的点，其中 M 为平面薄片的质量，M_x，M_y 分别是薄片关于 x 轴、y 轴的静力矩，于是，重心坐标为

$$\bar{x} = \frac{M_y}{M} \cdot \bar{y} = \frac{M_x}{M}.$$

因此，求平面薄片的重心的关键在于求出它关于坐标轴的静力矩 M_x，M_y.

我们知道，若质点 P 位于 xoy 坐标平面上点 (x, y) 处，且其质量为 m，则该质点关于 x，y 轴的静力矩分别为

$$M_x = my, \ M_y = mx.$$

现有一平面薄片，占有 xoy 坐标平面上的区域 D，在点 (x, y) 处的薄片的面密度为 $\mu(x, y)$，且函数 $\mu(x, y)$ 在 D 上连续，我们在 D 上任取子域 $\mathrm{d}\sigma$ 中的一点(图 9-26)，薄片关于两坐标轴的静力矩 $\mathrm{d}M_x$，$\mathrm{d}M_y$ 分别等于薄片 $\mathrm{d}\sigma$ 的质量全部集中在点 (x, y) 上时该点对 x 轴、y 轴的静力矩，因为子域 $\mathrm{d}\sigma$ 上薄片的质量为

$$\mathrm{d}M = \mu(x, y)\mathrm{d}\sigma.$$

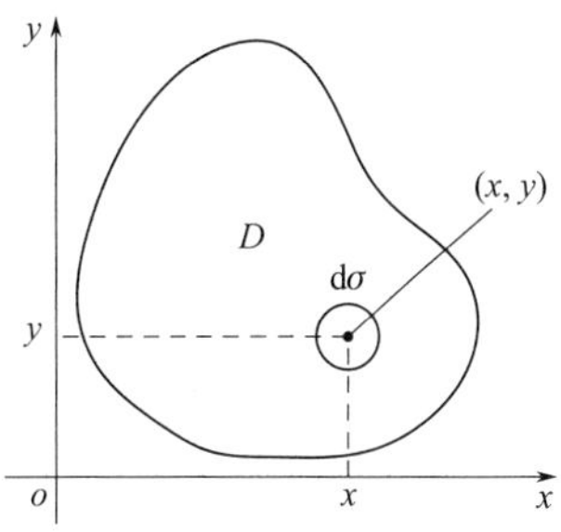

图 9-26

于是点 (x, y) 对 x 轴、y 轴的静力矩分别为 $y\mu(x, y)\mathrm{d}\sigma$，$x\mu(x, y)\mathrm{d}\sigma$，即

$$\mathrm{d}M_x = y\mu(x, y)\mathrm{d}\theta, \ \mathrm{d}M_y = x\mu(x, y)\mathrm{d}\sigma.$$

因此，整个薄片的质量和它关于 x 轴、y 轴的静力矩，分别为

$$M = \iint_D \mu(x, y)\mathrm{d}\sigma,$$

$$M_x = \iint_D y\mu(x, y)\mathrm{d}\sigma,$$

$$M_y = \iint_D x\mu(x, y)\mathrm{d}\sigma.$$

于是，得重心坐标 $(\bar{x}, \bar{y})$ 为

$$\bar{x} = \frac{M_y}{M} = \frac{\iint_D x\mu(x, y)\mathrm{d}\sigma}{\iint_D \mu(x, y)\mathrm{d}\sigma}, \ \bar{y} = \frac{M_x}{M} = \frac{\iint_D y\mu(x, y)\mathrm{d}\sigma}{\iint_D \mu(x, y)\mathrm{d}\sigma} \tag{9.8}$$

如果薄片是均匀的[即 $\mu(x, y) =$ 常数],则式(9.8)化为

$$\bar{x} = \frac{1}{\sigma}\iint_D x\mathrm{d}\sigma \cdot \bar{y} = \frac{1}{\sigma}\iint_D y\mathrm{d}\sigma \tag{9.9}$$

其中,σ 表示区域 D 的面积,这时也称点$(\bar{x}, \bar{y})$ 是平面图形的形心.

应用式(9.9)表示均匀薄片的重心,要比用定积分求重心更简单,如求半径为 R 的半圆形均匀薄片的重心(图9-27),则重心的横坐标(利用对称性重心的纵坐标为 O)

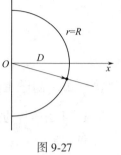

图 9-27

$$\bar{x} = \frac{1}{\sigma}\iint_D x\mathrm{d}\sigma = \frac{2}{\pi R^2}\iint_D x\mathrm{d}\sigma$$

$$= \frac{2}{\pi R^2}\int_{-\frac{\pi}{2}}^{\frac{\pi}{2}}\mathrm{d}\theta\int_0^R r^2\cos\theta\mathrm{d}r = \frac{4R}{3\pi}.$$

这要比用定积分计算简便得多.

2. 平面薄片的转动惯量

我们已经知道,某些特殊形状的均匀的平面薄片的转动惯量可用定积分来计算,但对于一般形状的非均匀的平面薄片,它的转动惯量就要用二重积分来计算.

设质点 P 位于 xoy 坐标平面上点(x, y) 处,且其质量为 m,则该质点关于 x 轴、y 轴的转动惯量依次为

$$I_x = my^2, \quad I_y = mx^2$$

现有一平面薄片,它占有 xoy 坐标平面上的区域 D,该薄片在点(x, y) 处的面密度为 $\mu(x, y)$,且函数 $\mu(x, y)$ 在 D 上连续,现在我们来确定这个平面薄片的转动惯量.

我们在 D 上任取一个子域 $\mathrm{d}\sigma$($\mathrm{d}\sigma$ 也表示子域的面积),点(x, y) 是 $\mathrm{d}\sigma$ 中的一点,薄片关于 x 轴、y 轴的转动惯量 $\mathrm{d}I_x$,$\mathrm{d}I_y$ 就是 $\mathrm{d}\sigma$ 的质量全部集中在点(x, y) 上,该点关于 x 轴、y 轴的转动惯量,即为

$$\mathrm{d}I_x = y^2\mathrm{d}m = y^2\mu(x, y)\mathrm{d}\sigma, \quad \mathrm{d}I_y = x^2\mathrm{d}m = x^2\mu(x, y)\mathrm{d}\sigma.$$

这样便得薄片的转动惯量

$$I_x = \iint_D y^2\mu(x, y)\mathrm{d}\sigma, \quad I_y = \iint_D x^2\mu(x, y)\mathrm{d}\sigma.$$

例3 求质量为 M,长与宽分别为 a,b 的长方形均匀薄片对长边的转动惯量.

解 如图9-28,面密度为 $\frac{M}{ab}$,任取一个子域 $\mathrm{d}\sigma$,则该子域对 x 轴的转动惯量(可认为子域上的质量全部集中在一点).

$$\mathrm{d}I_x = y^2\frac{M}{ab}\mathrm{d}\sigma$$

$$I_x = \iint_D \frac{M}{ab}y^2\mathrm{d}\sigma$$

$$= \frac{M}{ab}\int_0^a\mathrm{d}x\int_0^b y^2\mathrm{d}y = \frac{b^2}{3}M.$$

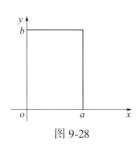

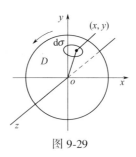

图 9-28   图 9-29

例 4 一质量为 M，半径为 R 的均匀薄圆片，设 z 轴是通过圆心且与薄片垂直的轴，求圆片对 z 轴的转动惯量.

解 任取一子域 $d\sigma$，坐标系如图 9-29 所示，$d\sigma$ 的质量为

$$dm = \frac{M}{\pi R^2}d\sigma.$$

设点 (x, y) 是 $d\sigma$ 中的一点，则该点与 z 轴的距离为 $\sqrt{x^2 + y^2}$，我们可以认为，在该点处集中了 $d\sigma$ 的质量，那么它关于 z 轴的转动惯量为

$$dI = \sqrt{(x^2 + y^2)^2}\frac{M}{\pi R^2}d\sigma.$$

因此

$$I = \iint\limits_{D} \frac{M}{\pi R^2}(x^2 + y^2)d\sigma$$

$$= \int_0^{2\pi}d\theta\int_0^R \frac{M}{\pi R^2}r^3 dr = \frac{\pi R^2}{2}.$$

需要读者注意的是例 4、例 5 也可以用定积分计算，但是不如用二重积分计算简便.

习题9.3

1. 求下列曲面所围成的立体的体积

(1) $x = 0$，$y = 0$，$z = 0$，$z = 2$，$y = 3$，$x + y + z = 4$;

(2) $z = \frac{1}{4}(x^2 + y^2)$，$z = 6 - 2x^2 - y^2$;

(3) $z = x^2 + 2y^2$，$z = 6 - 2x^2 - y^2$;

(4) $z^2 = x^2 + y^2$，$z = \sqrt{8 - x^2 - y^2}$.

2. 一个半径为 a 的金属球，中心被对称地钻上一个半径为 b 的圆柱形洞孔 $(a > b)$，求金属球被钻掉部分的体积.

3. 均匀的平面薄片，所占区域 D 由 $y = x$ 与 $y = x^2$ 围成，求该薄片的重心.

4. 求质量为 M、内外半径依次为 r 及 R 的均匀圆环状平面薄片关于垂直环面并过其中心的轴的转动惯量.

5. 一直角三角形，两直角边长分别为 a 和 b，计算这三角形对其中一直角边的转动惯量（密度 $\mu = 1$）.

6. 求由抛物线 $y = x^2$ 及直线 $y = 1$ 所围成的均匀薄片（密度为 μ_0）关于直线 $y = 1$ 的转动惯量.

本章小结

一、基本概念

二重积分　　二重积分的几何意义

二、基本定理

二重积分的性质定理

三、基本方法

在直角坐标系下二重积分的计算方法　　交换累次积分的积分次序的方法　　在极坐标系下二重积分的计算方法

四、疑点解析

1. 二重积分与定积分的区别和联系

二重积分是定积分概念的推广，两者的定义都表示为特定和式的极限，其极限都是通过"分割取近似，求和取极限"而得到的. 其结果都是一个数，还有相似的几何意义与性质. 只是定积分的被积函数是一元函数，积分区域是区间；而二重积分的被积函数是二元函数，积分区域是平面区域. 二重积分的计算是通过两次定积分的计算得到的.

2. 二重积分的面积元素 $d\sigma$ 的表示式

在直角坐标系下由于是用分别垂直于 x 轴和 y 轴的直线分割积分区域，所以面积元素 $d\sigma$ 大部分情况下等于边长为 dx 和 dy 的矩形的面积，于是就有 $d\sigma = dxdy$；在极坐标系下由于是用过极轴的射线和以极点为圆心的同心圆来分割积分区域，所以面积元素 $d\sigma$ 等于边长为 $rd\theta$ 和 dr 的矩形的面积，于是就有 $d\sigma = rdrd\theta$.

3. 如何选择适当的坐标系计算二重积分

二重积分在下列情况下用在极坐标系下的计算方法：一般来说，当积分区域为圆形区域、圆环区域或扇形区域时，选择用极坐标为好，其他情况用直角坐标为宜.

五、如何交换二重积分的积分次序？

交换二重积分的积分次序不是简单的积分限的交换，而是要重新配置，具体步骤如下：

（1）根据所给累次积分的上、下限列出积分区域 D 的联立不等式，利用联立不等式的"等号"部分画出积分区域的边界曲线，作出积分区域 D 的图形；

（2）将积分区域 D 向另一个坐标轴投影，并写出与另一个积分次序相应的 D 的联立不等式；

（3）写出在另一种积分次序下的累次积分的表示式.

复习题九

1. 填空题

（1）设 D 为闭区域：$x^2 + y^2 \leqslant a^2$，当 $a = $ _____ 时，$\iint\limits_{D} \sqrt{a^2 - x^2 - y^2} d\sigma = \pi$.

（2）交换累次积分的积分次序，则 $\int_0^1 dx \int_0^{1-x} f(x, y) dy = $ _____.

（3）把二重积分 $I = \int_0^2 dy \int_0^{\sqrt{2y-y^2}} f(x, y) dx$ 化为极坐标下的形式，则 $I = $ _____.

（4）设有平面 $x = 1$，$x = -1$，$y = 1$，$y = -1$ 围成的柱面，被坐标平面 $z = 0$ 及平面 $x + y + z = 3$ 所截，

则截得的立体体积为 _____.

(5) 设环形域 $D：4 \leqslant x^2 + y^2 \leqslant 16$，则 $\iint\limits_D x\mathrm{d}x\mathrm{d}y =$ _____.

(6) 交换积分次序 $\int_0^1 \mathrm{d}x \int_0^{x^2} f(x, y)\mathrm{d}y + \int_1^2 \mathrm{d}x \int_0^{\sqrt{1-(x-1)^2}} f(x, y)\mathrm{d}y =$ _____.

2. 选择题

(1) 设 $I = \iint\limits_D \sqrt[3]{x^2 + y^2 - 1}\mathrm{d}\sigma$，其中 D 是圆环：$1 \leqslant x^2 + y^2 \leqslant 2$ 所确定的闭区域，则必有（ ）.

A. $I > 0$ B. $I < 0$ C. $I = 0$ D. $I \neq 0$，但符号不确定

(2) 设积分区域 D 是由曲线 $y = 0$，$y = \sqrt{2 - x^2}$ 所围成的平面区域，则 $\iint\limits_D 2\mathrm{d}\sigma = $（ ）.

A. π B. 2π C. $\dfrac{\pi}{2}$ D. 4π

(3) 交换累次积分 $\int_0^1 \mathrm{d}y \int_0^{\sqrt{1-y}} f(x, y)\mathrm{d}x$ 的积分次序后的结果（ ）.

A. $\int_0^1 \mathrm{d}x \int_0^{\sqrt{1-x}} f(x, y)\mathrm{d}y$ B. $\int_0^{\sqrt{1-y}} \mathrm{d}x \int_0^1 f(x, y)\mathrm{d}y$

C. $\int_0^1 \mathrm{d}x \int_0^{1-x^2} f(x, y)\mathrm{d}y$ D. $\int_0^1 \mathrm{d}x \int_0^{1+x^2} f(x, y)\mathrm{d}y$

(4) 设区域 $D = \{(x, y) \mid x^2 + y^2 \leqslant a^2, a > 0, y \geqslant 0\}$，则 $\iint\limits_D (x^2 + y^2)\mathrm{d}x\mathrm{d}y$ 等于（ ）.

A. $\int_0^\pi \mathrm{d}\theta \int_0^a r^3 \mathrm{d}r$ B. $\int_0^\pi \mathrm{d}\theta \int_0^a r^2 \mathrm{d}r$ C. $\int_{-\frac{\pi}{2}}^{\frac{\pi}{2}} \mathrm{d}\theta \int_0^a r^3 \mathrm{d}r$ D. $\int_{-\frac{\pi}{2}}^{\frac{\pi}{2}} \mathrm{d}\theta \int_0^a r^2 \mathrm{d}r$

(5) 二重积分 $\iint\limits_D xy\mathrm{d}x\mathrm{d}y$（其中 $D：0 \leqslant y \leqslant x^2, 0 \leqslant x \leqslant 1$）的值为（ ）.

A. $\dfrac{1}{6}$ B. $\dfrac{1}{12}$ C. $\dfrac{1}{2}$ D. $\dfrac{1}{4}$

3. 计算下列二重积分

(1) $\iint\limits_D xy\mathrm{d}x\mathrm{d}y$ D：由 $y = \dfrac{1}{2}x^2 - 1$，$y = -x + 3$ 围成的区域；

(2) $\iint\limits_D \sqrt{1 - x^2 - y^2}\mathrm{d}x\mathrm{d}y$ D：由 $x \geqslant 0$，$y \geqslant 0$，$x^2 + y^2 \leqslant 1$ 所围成的区域；

(3) $\iint\limits_D \arctan\dfrac{y}{x}\mathrm{d}x\mathrm{d}y$ D：由 $1 \leqslant x^2 + y^2 \leqslant 4$ 和 $y = x$，$x = 0$ 所围成的区域；

(4) $\int_0^1 \mathrm{d}x \int_x^1 \mathrm{e}^{y^2}\mathrm{d}y$；

(5) $\iint\limits_D \dfrac{y^2}{x^2}\mathrm{d}x\mathrm{d}y$，其中 D 是由 $xy = 1$，$y^2 = x$，$y = 2$ 所围成的区域.

4. 求曲面 $z = \sqrt{x^2 + y^2}$，$z = 0$ 和 $x^2 + y^2 = 2x$ 所围成的立体的体积.

5. 半径为 R 的圆形薄板，其点密度与点到薄板中心的距离成正比，且薄板边缘处密度为 σ，求薄板的质量.

*第十章 曲线积分

【教学目标】通过学习理解两种曲线积分的概念，掌握对坐标曲线积分的计算，理解格林公式的条件与结论并会应用，掌握曲线积分与路径无关的条件.

本章在定积分和二重积分的基础上，讲述对弧长的曲线积分和对坐标的曲线积分的概念和计算.

第一节 对弧长的曲线积分

一、对弧长曲线积分的概念

引例 平面曲线的质量.

若平面曲线 Γ 的线密度是常数 ρ_0，曲线长为 l，则平面曲线的质量 $M = \rho_0 l$.

若平面曲线 Γ 的线密度不是常数，而是曲线上点的位置的函数，设密度函数为 $\rho = f(x, y)$. 那么如何计算该曲线的质量呢？

我们把曲线 Γ 任意分成 n 个子弧段 $\Delta l_i(i = 1, 2, \cdots, n)$，且以 Δl_i 表示第 i 个子弧段的长度；然后在每个子弧段 Δl_i 上任取一点 $P_i(\xi_i, \eta_i)$. 于是子弧段的质量近似地等于 $f(\xi_i, \eta_i)\Delta l_i$，曲线 Γ 的总质量近似地等于

$$\sum_{i=1}^{n} f(\xi_i, \eta_i)\Delta l_i.$$

令 $\lambda = \max_{1 \leqslant i \leqslant n}\{\Delta l_i\}$，当 $\lambda > 0$ 时，上式的极限如果存在，则这个极限就是曲线 Γ 的总质量，即

$$M = \lim_{\lambda \to 0}\sum_{i=1}^{a} f(\xi_i, \eta_i)\Delta l_i.$$

抽去上述问题具体的物理意义，有如下的对弧长的曲线积分的定义：

定义 1 设函数 $f(x, y)$ 在平面曲线 Γ 有定义，将曲线 Γ 任意成分 n 个子弧段，记为 $\Delta l_i(i = 1, 2, \cdots, n)$，且以 Δl_i 表示第 i 个子弧段的弧长；在 Δl_i 上任取一点 (ξ_i, η_i)，作和式

$$\sum_{i=1}^{n} f(\xi_i, \eta_i)\Delta l_i,$$

如果当子弧段的最大直径 λ 趋于零时，上述和式的极限存在，则称此极限值为函数 $f(x, y)$ 在平面曲线 Γ 上对弧长的曲线积分（或称第一类曲线积分），记作

$$\int_{\Gamma} f(x, y) \mathrm{d}l = \lim_{\lambda \to 0} \sum_{i=1}^{a} f(\xi_i, \eta_i) \Delta l_i.$$

其中 $f(x, y)$ 称为被积函数，$f(x, y) \mathrm{d}l$ 称为被积表达式，$\mathrm{d}l$ 称为弧长元素，Γ 称为积分路径，如果 Γ 是封闭曲线，则曲线积分记为 $\oint f(x, y) \mathrm{d}l$.

由于对弧长的曲线积分的定义与定积分、二重积分的定义十分相似，因此也有与它们相类似的一些性质，例如，设 Γ 由 Γ_1 与 Γ_2 组成，则

$$\int_{\Gamma} f(x, y) \mathrm{d}l = \int_{\Gamma_1} f(x, y) \mathrm{d}l + \int_{\Gamma_2} f(x, y) \mathrm{d}l$$

由定义不难知道，对弧长的曲线积分与积分路径 Γ 的方向无关，设 Γ 为平面曲线弧 $\overset{\wedge}{AB}$，则

$$\int_{\overset{\wedge}{AB}} f(x, y) \mathrm{d}l = \int_{\overset{\wedge}{AB}} f(x, y) \mathrm{d}l.$$

二、对弧长的曲线积分的计算法

设平面曲线 Γ 的方程为参数式

$$\begin{cases} x = \varphi(t), \\ y = \varphi(t) \end{cases} (a \leq t \leq \beta),$$

其中 $\varphi(t)$，$\phi(t)$ 在 $[\alpha, \beta]$ 上具有一阶连续导数，且 $[\varphi'(t)]^2 + [\phi'(t)]^2 \neq 0$，如果 $f(x, y)$ 在 Γ 上连续，则

$$\int_{\Gamma} f(x, y) \mathrm{d}l = \int_{\alpha}^{\beta} f[\varphi(t), \phi(t)] \sqrt{[\varphi'(t)]^2 + [\phi'(t)]^2} \mathrm{d}t.$$

需要注意的是：由于 $\mathrm{d}l > 0$，故应保证积分为正的，因此上述公式右端对变量 t 的定积分中，下限应不超过上限.

从上述公式看到，对弧长的曲线积分化为定积分计算的要点是：

（1）被积函数定义在曲线 Γ（或曲线 l）上，即点 (x, y) 在曲线 Γ 上变化；

（2）弧长元素 $\mathrm{d}l = \sqrt{(\mathrm{d}x)^2 + (\mathrm{d}y)^2}$；

（3）定积分的上、下限的确定.

例 1 试计算 $\int_l (x + y) \mathrm{d}l$，其中 l 为 x 轴上直线段 AB 与上半圆弧 BCA 组成的封闭曲线（图 10-1）.

解 由曲线积分的性质有

$$\int_l (x + y) \mathrm{d}l = \int_{AB} (x + y) \mathrm{d}l + \int_{BCA} (x + y) \mathrm{d}l,$$

$$\oint_l (x + y) \mathrm{d}l = \int_{AB} (x + y) \mathrm{d}l + \int_{\overset{\frown}{BCA}} (x + y) \mathrm{d}l,$$

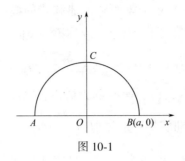

图 10-1

由于直线段 AB 的参数式方程为：$x = t$，$y = 0$（t 为参数，$-a \leqslant x \leqslant a$），因此由曲线积分化为定积分的计算公式有

$$\int_{AB}(x + y)\,\mathrm{d}l = \int_{-a}^{a} t\,\mathrm{d}t = 0,$$

$$\int_{BCA}(x + y)\,\mathrm{d}l = \int_{0}^{\pi} a(\cos t + \sin t)\sqrt{(-a\sin t)^2 + (a\cos t)^2}\,\mathrm{d}t$$

$$= a^2\int_{0}^{\pi}(\sin t + \cos t)\,\mathrm{d}t$$

$$= a^2\left[\sin t - \cos t\right]\Big|_{0}^{\pi}$$

$$= 2a^2.$$

因此可得

$$\int_{l}(x + y)\,\mathrm{d}l = 2a^2.$$

习题 10.1

计算下列各题中 xoy 坐标面上的曲线积分：

1. $\int_{l}(x^2 + y^2)\,\mathrm{d}l$，其中 l 为圆周 $x = a\cos t$，$y = a\sin t(a > 0)$，（π 为常数）；

2. $\int_{l}(x^2 + y^2)\,\mathrm{d}l$，其中 l 为圆周 $x^2 + y^2 = ax$（a 为大于零的常数）；

3. $\int_{l}\mathrm{e}^{\sqrt{x^2+y^2}}\,\mathrm{d}l$，其中 l 为圆周 $x^2 + y^2 = a^2$（a 为常数），直线 $y = x$ 及 x 轴在第一象限中所围成的图形的边界.

第二节　对坐标的曲线积分

一、对坐标的曲线积分的概念

引例　变力沿曲线所做的功.

设一质点在力 $F(x, y) = P(x, y)\boldsymbol{i} + Q(x, y)\boldsymbol{j}$ 的作用下，在 xoy 坐标平面上沿曲线 l 从点 A 移动到点 B，试求变力 $F(x, y)$ 所做的功（图 10-2）.

我们知道，如果 F 为常力，质点作直线运动，且它移动的位移向量为 l，则力 F 所做的

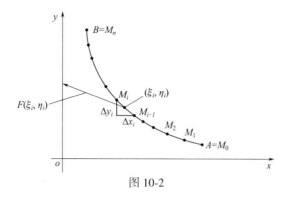

图 10-2

功为 $W = F \cdot l$. 现在因为 $F(x, y)$ 是变力，且质点沿曲线 l 移动，所以不能直接用以上公式计算所求的功，但是我们可以用如下方法解决这个问题.

将有向曲线 l 任意分为 n 个有向小弧段，即用点 $A = M_0(x_0, y_0)$，$M_1(x_1, y_1)$，$\cdots$，$M_n(x_n, y_n) = B$，把有向曲线 l 分成 n 个有向小弧段，第 i 段有向曲线弧段为 $\overparen{M_{i-1}M_i} = (\Delta x_i l) + (\Delta y_i)j$.

其中 $\Delta x_i = x_i - x_{i-1}$，$\Delta y_i = y_i - y_{i-1}$ 就是有向弧段 $\overparen{M_{i-1}M_i}$ 分别在 x 轴和 y 轴上的投影.

如果函数 $P(x, y)$、$Q(x, y)$ 在 l 上连续，则在每个小弧段上，它们的变化就不会太大，因此我们可以用有向弧段 $\overparen{M_{i-1}M_i}$ 上任意一点 (ξ_i, η_i) 处受到的力

$$F(\xi_i, \eta_i) = P(\xi_i, \eta_i)i + Q(\xi_i, \eta_i)\Delta y_i.$$

作为变力 $F(x, y)$ 在有向曲线弧 $\overparen{M_0M_n}$ 上各点受到的力，这样，变力 $F(x, y)$ 在有向小弧段 $\overparen{M_{i-1}M_i}$ 上所做的功 ΔW 就近似地等于常力 $F(\xi_i, \eta_i)$ 沿有向弧段 $\overrightarrow{M_{i-1}M_i}$ 所做的功（图 10-2），即

$$\begin{aligned}\Delta W &\approx F(\xi_i, \eta_i) \cdot \overrightarrow{M_{i-1}M_i}\\&= P(\xi_i, \eta_i)\Delta x_i + Q(\xi_i, \eta_i)\Delta y_i.\end{aligned}$$

于是变力 $F(x, y)$ 在有向曲线弧 $\overparen{M_0M_n}$ 上所做功的近似值为

$$W = \sum_{i=1}^{n} \Delta W_i \approx \sum_{i=1}^{n} [P(\xi_i, \eta_i)\Delta x_i + Q(\xi_i, \eta_i)\Delta y_i].$$

令 α 表示 n 个小弧段的最大弧长，当 $\lambda \to 0$ 时，上式的右端极限如果存在，则这个极限就是 W 的精确值，即

$$W = \lim_{\lambda \to 0} \sum_{i=1}^{n} [P(\xi_i, \eta_i)\Delta x_i + Q(\xi_l, \eta_l)].$$

上述和式的极限，也就是如下两个和式的极限 $\lim\limits_{\lambda \to 0} \sum\limits_{i=1}^{n} P(\xi_i, \eta_i)\Delta x_i$ 与 $\lim\limits_{\lambda \to 0} \sum\limits_{i=1}^{n} Q(\xi_i, \eta_i)\Delta y_i$ 的和. 由于这种和式的极限在研究其他问题时也会遇到，因此，产生了另一种类型的曲线积分——对坐标的曲线积分（或称第二类曲线积分）.

定义 设 l 为 xoy 坐标平面上由点 A 到点 B 的有向光滑曲线，且函数 $P(x, y)$［或 $Q(x, y)$］在 l 上有定义，由点 A 到点 B 把 l 任意分成 n 个有向小弧段，记分点为

$$A = M_0(x_0, y_0), M_1(x_1, y_1), \cdots, M_i(x_i, y_i), \cdots, M_n(x_n, y_n) = B.$$

记 Δx_i、Δy_i 分别为有向小弧段 $\widehat{M_{i-1}M_i}$ 在 x 轴、y 轴上的投影，即 $\Delta x_i = x_i - x_{i-1}$，$\Delta y_i = y_i - y_{i-1}$，在每个有向小弧段上任取一点 (ξ_i, η_i)，作和式

$$\sum_{i=1}^{n} P(\xi_i, \eta_i)\Delta x_i [\text{或} \sum_{i=1}^{n} Q(\xi_i, \eta_i)\Delta y_i].$$

记 λ 为 n 个小弧段的最大弧长，如果极限

$$\lim_{\lambda \to 0} \sum_{i=1}^{n} P(\xi_i, \eta_i)\Delta x_i [\text{或} \lim_{\lambda \to 0} \sum_{i=1}^{n} Q(\xi_i, \eta_i)\Delta y_i]$$

存在，则称此极限值为函数 $P(x, y)$［或 $Q(x, y)$］在有向曲线 l 上**对坐标 x（对坐标 y）的曲线积分**，记作

$$\int_l P(x, y)\mathrm{d}x = \lim_{\lambda \to 0} \sum_{i=1}^{n} P(\xi_i, \eta_i)\Delta x_i$$

$$(\int_l Q(x, y)\mathrm{d}y = \lim_{\lambda \to 0} \sum_{i=1}^{n} Q(\xi_i, \eta_i)\Delta y_i).$$

对坐标的曲线积分称为第二类曲线积分，在应用上常把上述两个曲线积分结合在一起，即

$$\int_l P(x, y)\mathrm{d}x + Q(x, y)\mathrm{d}y$$

称之为组合曲线积分.

根据定义，引例中质点沿有向曲线 l 移动时，变力 F 所做的功，即为

$$W = \int_l P(x, y)\mathrm{d}x + Q(x, y)\mathrm{d}y.$$

如果记 $\mathrm{d}l = \mathrm{d}x\boldsymbol{i} + \mathrm{d}y\boldsymbol{j}$，则 W 可简洁地表示向量形式

$$W = \int_l F \cdot \mathrm{d}l.$$

应当指出，对坐标的曲线积分要注意有向曲线的方向，这是因为和式中每一个加项都是函数在某一点的函数值与有向小弧段在坐标轴上投影的积，而这个投影是正或是负与弧段的方向密切相关，设 l 是有向曲线弧，记 l^- 是与 l 方向相反的有向曲线弧，则对坐标的曲线积分有如下的性质

$$\int_l P(x, y)\mathrm{d}x = -\int_{l^-} P(x, y)\mathrm{d}x,$$

$$\int_l Q(x, y)\mathrm{d}y = -\int_{l^-} Q(x, y)\mathrm{d}y,$$

或

$$\int_l P(x, y)\mathrm{d}x + Q(x, y)\mathrm{d}y = -\int_{l^-} P(x, y)\mathrm{d}x + Q(x, y)\mathrm{d}y.$$

对坐标的曲线积分与有与重积分相类似的性质，例如，对积分路径 l 也具有可加性，即若 $l = l_1 + l_2$，则

$$\int_l P(x, y)\,dx = \int_{l_1} P(x, y)\,dx + \int_{l_2} P(x, y)\,dx$$

$$\left[\text{或} \int_l Q(x, y)\,dy = \int_{l_1} Q(x, y)\,dy + \int_{l_2} Q(x, y)\,dy \right].$$

其他性质这里不再一一复述.

二、对坐标的曲线积分的计算法

设有向曲线 l 的参数式方程为

$$x = x(t), \quad y = y(t)$$

又设 $t = a$ 对应于 l 的起点，$t = \beta$ 对应于 l 的终点（这里 α 不一定小于 β），当 t 由 α 变到 β 时，点 $M(x, y)$ 描出有向曲线 l. 如果 $x(t)$，$y(t)$ 在以 α、β 为端点的闭区间上具有一阶连续的导数，函数 $P(x, y)$、$Q(x, y)$ 在 l 上连续，则

$$\int_l P(x, y)\,dx = \int_\alpha^\beta P(x(t), y(t))x'(t)\,dt,$$

$$\int_l Q(x, y)\,dy = \int_\alpha^\beta Q(x(t), y(t))y'(t)\,dt.$$

证明从略.

上述公式表明，对坐标的曲线积分可以化为定积分来计算，其要点是：

（1）因为 $P(x, y)$、$Q(x, y)$ 定义在曲线 l 上，所以 x，y 应分别换为 $x(t)$，$y(t)$；

（2）dx、dy 是有向小曲线弧段在坐标轴上的投影，$dx = x'(t)\,dt$、$dy = y'(t)\,dt$；

（3）起点 A 对应的参数 $t = \alpha$ 是对 t 积分的下限，终点 B 对应的参数 $t = \beta$ 是对 t 积分的上限.

如果有向曲线 l 的方程为直角坐标方程 $y = y(x)$，则可以将 x 看作参数，按上述要点，同样有

$$\int_l P(x, y)\,dx + Q(x, y)\,dy = \int_a^b \{P[x, y(x)] + Q[x, y(x)]y'(x)\}\,dx.$$

这里 a 是曲线 l 的起点的横坐标，b 是曲线 l 的终点的横坐标，a 不一定小于 b.

类似地，如果 l 的方程为直角坐标方程 $x = x(y)$，则有

$$\int_l P(x, y)\,dx + Q(x, y)\,dy = \int_c^d \{P[x(y), y]x'(y) + Q[x(y), y]\}\,dy.$$

其中 c 是曲线 l 的起点的纵坐标，d 是曲线 l 的终点的纵坐标，c 不一定小于 d.

例1　试计算曲线积分 $\int_l (x + y)\,dx$，其中 l 为沿着抛物线 $y = x^2$ 从点 $O(0, 0)$ 到点 $A(2, 4)$，再沿直线由点 $A(2, 4)$ 到点 $B(2, 0)$，如图 10-3 所示.

解　由于曲线积分对路径具有可加性，因此

$$\int_l (x + y)\,dx = \int_{l_1} (x + y)\,dx + \int_{l_2} (x + y)\,dx$$

$$= \int_0^2 (x + x^3) \, dx$$

$$= \frac{14}{3}.$$

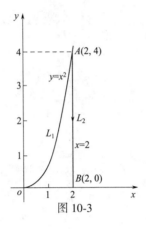

图 10-3

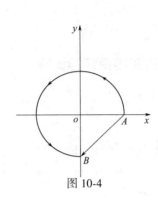

图 10-4

例 2 试计算曲线积分 $\int_l x\mathrm{d}y - y\mathrm{d}x$，其中积分路径为

（1）在椭圆 $\dfrac{x^2}{a^2} + \dfrac{y^2}{b^2}$ 上，从点 $A(a, 0)$ 经第一、第二、第三象限到点 $B(0, -b)$（图 10-4）；

（2）在直线 $y = \dfrac{b}{a}x - b$ 上，从点 $A(a, 0)$ 到点 $B(0, -b)$（图 10-4）.

解　（1）因为所给椭圆的参数方程为

$$\begin{cases} x = a\cos t, \\ y = b\sin t, \end{cases}$$

且起点 $A(a, 0)$ 对应的参数 $t = 0$，终点 $B(0, -b)$ 对应的参数 $t = \dfrac{3}{2}\pi$，当 t 由 0 增大

到 $\dfrac{3}{2}\pi$ 时曲线上的对应点描出弧 $\overset{\frown}{AB}$，所以有

$$\int_{\overset{\frown}{AB}} x\mathrm{d}y - y\mathrm{d}x = \int_0^{\frac{3}{2}\pi} \left[ab\cos t\cos t - ba\sin t(-\sin t) \right] \mathrm{d}t$$

$$= \int_0^{\frac{3}{2}\pi} ab\mathrm{d}t = \frac{3}{2}\pi ab.$$

（2）因为所给线段 AB 所在的直线方程为 $y = \dfrac{b}{a}x - b$，且起点 $A(a, 0)$ 对应于 $x = a$，终

点 $B(0, -b)$ 对应于 $x = 0$，$\mathrm{d}y = \dfrac{b}{a}\mathrm{d}x$，所以

$$\int_{\overset{\frown}{AB}} x\mathrm{d}y - y\mathrm{d}x = \int_a^0 \left(x\frac{b}{a} - \frac{b}{a}x + b \right) \mathrm{d}x = -ab.$$

三、两类曲线积分间的联系

对坐标的曲线积分也可转化为对弧长的曲线积分，以平面曲线 l 为例，设 l 的正向是从 A 到 B 上任一点 (x, y) 处的切线向量 t 的指向与 l 正向相应，图 10-5.

记 $(\widehat{t, x})$，$(\widehat{t, y})$ 分别表示切线向量与 x 轴、y 轴正向的夹角，于是由示意图 10-5 可知

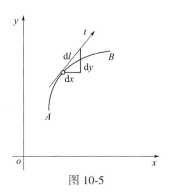

图 10-5

$$\mathrm{d}x = \mathrm{d}l\cos(\widehat{t, x})\ ,$$

$$\mathrm{d}y = \mathrm{d}\sin(\widehat{t, x}) + Q\cos(\widehat{t, y})\mathrm{d}l\ .$$

则

$$\int_L P\mathrm{d}x + Q\mathrm{d}y = \int_L \left[\, P\cos(\widehat{t, x}) + Q\cos(\widehat{t, y}) \,\right]\mathrm{d}t\ .$$

这样，就把对坐标的曲线积分化为对弧长的曲线积分了.

习题 10. 2

1. 计算 $\displaystyle\int_l y\mathrm{d}x + x\mathrm{d}y$，其中 l 是由点 $(a, 0)$ 沿上半圆周：$x^2 + y^2 = a^2$ 到点 $(-a, 0)$.

2. 计算 $\displaystyle\int_l (x^2 - y^2)\mathrm{d}x + (x^2 + y^2)\mathrm{d}y$，其中 l 为下列三种情形：

(1) 抛物线 $y = x^2$ 从点 $(0, 0)$ 到点 $(2, 4)$ 的一段弧；

(2) 抛物线 $y^2 = 8x$ 从点 $(0, 0)$ 到点 $(2, 4)$ 的一段弧；

(3) 直线 $y = 2x$ 从点 $(0, 0)$ 到点 $(2, 4)$ 的一段.

3. 计算 $\displaystyle\int_l x\mathrm{d}y + y\mathrm{d}x$，其中 l 为下列三种情形：

(1) 从点 $(0, 0)$ 到点 $(1, 2)$ 的直线段；

(2) 抛物线 $y = 2x^2$ 上从点 $(0, 0)$ 到点 $(1, 2)$ 的一段弧；

(3) 从点 $(0, 0)$ 到点 $(1, 0)$，再从点 $(1, 0)$ 到点 $(1, 2)$ 的折线.

4. 在椭圆 $x = a\cos t$，$y = b\sin t$ 上每一点 M 有作用力 F，大小等于从点 M 到椭圆中心的距离，而方向朝着椭圆的中心.

(1) 试计算质点 P 沿椭圆位于第一象限中的弧从点 $(a, 0)$ 到点 $(0, b)$ 时，力 F 所做的功；

(2) 求点 P 按 (1) 的方向走遍全部椭圆时，力 F 所做的功.

第三节　格林公式、平面上曲线积分与路径无关的条件

一、格林(Green)公式

我们首先规定平面有界闭区域 D 的边界**曲线 l 的正向**，当观察者沿 l 的某个方向行走时，区域 D 总在它的左边（图 10-6），则该方向即为 l 的正向.

定理 1（格林定理）　设 D 是以分段光滑曲线 l 为边界的平面有界闭区域，函数 $P(x, y)$ 及 $Q(x, y)$ 在 D 上具有一阶连续的偏导数，则

$$\iint\limits_{D}\left(\frac{\partial Q}{\partial x} - \frac{\partial P}{\partial y}\right)\mathrm{d}\sigma = \oint_{l} P\mathrm{d}x + Q\mathrm{d}y. \tag{10.1}$$

其中曲线积分是按 l 的正向计算的，式（10.1）称为**格林公式**.

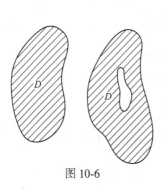

图 10-6

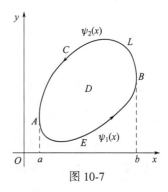

图 10-7

证明　假定通过区域 D 内部且平行于坐标轴的直线与 D 的边界曲线的交点不超过两个，例如区域 D 为 10-7 所示，于是根据二重积分的计算法，有

$$\iint\limits_{D}\frac{\partial P}{\partial y}\mathrm{d}\sigma = \int_{a}^{b}\left[\int_{\varphi_{1}(x)}^{\varphi_{2}(x)}\frac{\partial P}{\partial y}\mathrm{d}y\right]\mathrm{d}x$$

$$= \int_{a}^{b}\{P[x, \varphi_{2}(x)] - P[x, \varphi_{1}(x)]\}\mathrm{d}x.$$

另一方面，由曲线积分计算法，有

$$\oint_{L} P\mathrm{d}x = \int_{\widehat{AEB}} P(x, y)\mathrm{d}x + \int_{\widehat{BCAP}} P(x, y)\mathrm{d}x$$

$$= \int_{a}^{b} P[x, \varphi_{1}(x)]\mathrm{d}x + \int_{b}^{a}[x, \varphi_{2}(x)]\mathrm{d}x$$

$$= \int_{a}^{b}\{P[x, \varphi_{1}(x)] - P[x, \varphi_{2}(x)]\}\mathrm{d}x.$$

所以

$$-\iint\limits_{D}\frac{\partial P}{\partial y}\mathrm{d}\sigma = \int_{l} P\mathrm{d}x.$$

同理可证 $$\iint\limits_{D} \frac{\partial Q}{\partial x} \mathrm{d}\sigma = \int_{l} Q \mathrm{d}y .$$

$$\iint\limits_{D} \left(\frac{\partial Q}{\partial x} - \frac{\partial P}{\partial y} \right) \mathrm{d}\sigma = \int_{l} P \mathrm{d}x + Q \mathrm{d}y .$$

所以，$A = \dfrac{1}{2} \oint_{l} x \mathrm{d}y - y \mathrm{d}x.$

作为格林公式的一个简单应用，可以用曲线积分来计算平面图形的面积.

取 $P(x, y) = y$，$Q(x, y) = x$，由格林公式得

$$2\iint\limits_{D} \mathrm{d}x \mathrm{d}y = \int_{l} - y \mathrm{d}x + x \mathrm{d}y ，\text{而} \iint\limits_{D} \mathrm{d}x \mathrm{d}y = A .$$

例 1 求椭圆 $x = a\cos t$，$y = b\sin t$ 所围成的面积 A.

解 $A = \dfrac{1}{2} \oint_{l} x \mathrm{d}y - y \mathrm{d}x$

$\qquad = \dfrac{1}{2} \oint_{0}^{2\pi} a\cos t \mathrm{d}(b\sin t) - b\sin t \mathrm{d}(a\cos t)$

$\qquad = \dfrac{1}{2} \oint_{0}^{2\pi} ab(\cos^2 t + \sin^2 t) \mathrm{d}t$

$\qquad = \pi ab.$

例 2 计算 $\oint_{l} xy^2 \mathrm{d}y - x^2 y \mathrm{d}x$，其中 l 为正向圆周 $x^2 + y^2 = R^2$.

解 因为 $P(x, y) = - x^2 y$，$Q(x, y) = xy^2$，

$$\frac{\partial P}{\partial y} = - x^2，\frac{\partial Q}{\partial x} = y^2.$$

所以，由格林公式有

$$\oint_{l} xy^2 \mathrm{d}y - x^2 y \mathrm{d}x = \iint\limits_{D} (x^2 + y^2) \mathrm{d}\sigma$$

$$= \int_{0}^{2\pi} \mathrm{d}\theta \int_{0}^{R} r^3 \mathrm{d}r$$

$$= \frac{\pi}{2} R^4.$$

例 3 计算曲线积分

$$\int_{\overset{\frown}{AnO}} (\mathrm{e}^x \sin y - my) \mathrm{d}x + (\mathrm{e}^x \cos y - m) \mathrm{d}y ，$$

其中有向曲线弧 AnO 为由点 $A(a, 0)$ 到点 $O(0, 0)$.

解 则 $\overset{\frown}{AnO} + OA = l$ 是一条正向的封闭曲线，我们设由它围成的区域为 D（图 10-8）.

因为 $\qquad P(x, y) = \mathrm{e}^x \sin y - my$，$Q(x, y) = \mathrm{e}^x \cos y - m$，

所以 $\qquad \dfrac{\partial Q}{\partial x} - \dfrac{\partial P}{\partial y} = \mathrm{e}^x \cos y - \mathrm{e}^x \cos y + m = m .$

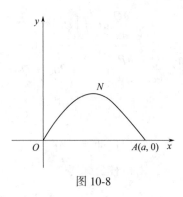

图 10-8

则由格林公式得

$$\oint_L (e^x \sin y - my) dx + (e^x \cos y - m) dy$$

$$= \iint_D (e^x \sin y - my) dx + (e^x \cos y - m) dy - \int_{OA} (e^x \sin y - my) dx + (e^x \cos y - m) dy$$

$$= \frac{m\pi}{8} a^2 - \int_0^a 0 dx + 0 = \frac{m\pi}{8} a^2.$$

二、平面上曲线积分与路径无关的条件

在许多物理问题中，常遇到保守力场，即场力对物体做的功与物体移动的路径无关，而仅与物体的起始位置与终了位置有关，这个问题反映在数学上就是曲线积分的值与路径 l 的形状无关，而仅与 l 的起点 A 与终点 B 的位置有关.

$$\int_l F dl = \int_l P dx + Q dy.$$

设 D 是一个开区域，如果对 D 内任意指定的两点 A 与 B ，以及 D 内从点 A 到点 B 的任意两条不相同的分段光滑曲线 l_1、l_2 （图 10-9），等式

$$\int_{l_1} P dx + Q dy = \int_{l_2} P dx + Q dy$$

恒成立，则称**曲线积分** $\int_l P dx + Q dy$ **在 D 内与路径无关**，这时，我们可将曲线积分记为 $\int_{AB} P dx + Q dy$.

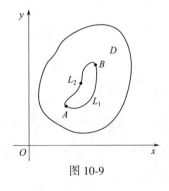

图 10-9

图 10-10

那么，在什么条件下曲线积分与路径无关呢？为此，我们先介绍单连通域的概念．

如果区域 D 内的任意一条简单闭曲线所围成的区域完全属于 D，则 D 称为**单连通域**，直观地说，单连通域就是没有空洞的区域．图 10-10 中的区域是单连通域，图 10-11 中的两个区域都不是单连通域，图 10-11（b）的区域，仅在区域中挖去一个点，它也不是单连通域．

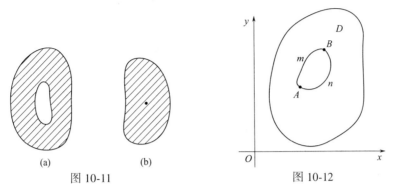

图 10-11　　　　　　　　　图 10-12

定理 2　在区域 D 中，曲线积分 $\displaystyle\int_l P\mathrm{d}x + Q\mathrm{d}y$ 与路径无关的充要条件是：对 D 内任意一条闭曲线 C，有

$$\oint_C P\mathrm{d}x + Q\mathrm{d}y = 0$$

证明　先证必要性．

设 $AnBmA$ 是 D 内任意一条闭曲线（图 10-12），因为曲线积分 $\displaystyle\int_l P\mathrm{d}x + Q\mathrm{d}y$ 在 D 内与路径无关，所以

$$\int_{AnB} P\mathrm{d}x + Q\mathrm{d}y = \int_{AmB} P\mathrm{d}x + Q\mathrm{d}y.$$

因此

$$\oint_{AnBmA} P\mathrm{d}x + Q\mathrm{d}y = \int_{AnB} P\mathrm{d}x + Q\mathrm{d}y + \int_{BmA} P\mathrm{d}x + Q\mathrm{d}y$$
$$= \int_{AnB} P\mathrm{d}x + Q\mathrm{d}y - \int_{AmB} P\mathrm{d}x + Q\mathrm{d}y$$
$$= 0.$$

再证充分性．

设 A、B 是 D 内的任意两点，AnB 与 AmB 是 D 内的任意两条路径（图 10-12），因为对 D 内任意一条闭曲线 C，恒有 $\displaystyle\int_C P\mathrm{d}x + Q\mathrm{d}y = 0$，所以由题设有

$$\int_{AnBmA} P\mathrm{d}x + Q\mathrm{d}y = 0.$$

因此

$$\int_{AnB} P\mathrm{d}x + Q\mathrm{d}y = \int_{AmB} P\mathrm{d}x + Q\mathrm{d}y.$$

这就说明了曲线积分 $\displaystyle\int_C P\mathrm{d}x + Q\mathrm{d}y$ 与路径夫关．

定理 3 设函数 $P(x, y)$、$Q(x, y)$ 在单连通域 D 内有一阶连续的偏导数，则曲线积分 $\int_C P\mathrm{d}x + Q\mathrm{d}y$ 与路径无关的充要条件是

$$\frac{\partial Q}{\partial x} = \frac{\partial P}{\partial y}(x, y) \in D.$$

证明 先证充分性

因为 $\frac{\partial Q}{\partial x} = \frac{\partial P}{\partial y}(x, y) \in D$，所以对 D 内任意一条正封闭曲线 l_1 及其围成的区域 D_1，因为 D 是单连域，所以 $D_1 \in D$，由格林公式有

$$\int_{l_1} P\mathrm{d}x + Q\mathrm{d}y = \iint_{D_1} \left(\frac{\partial Q}{\partial x} - \frac{\partial P}{\partial y}\right)\mathrm{d}\sigma = 0.$$

于是由定理 1 知，曲线积分 $\int_l P\mathrm{d}x + Q\mathrm{d}y$ 在 D 内与路径无关.

必要性证明从略.

如果知道某曲线积分与路径无关，则在遇到该曲线积分沿某一条路径不易积分时，我们就可以改换一条容易积分的路径计算曲线积分.

例 4 计算 $I = \int_l (x^2 y + 3x\mathrm{e}^x)\mathrm{d}x + (\frac{1}{3}x^3 - y\sin y)\mathrm{d}y$，其中 l 是摆线 $x = t - \sin t$，$y = 1 - \cos t$ 从点 $A(2\pi, 0)$ 到点 $O(0, 0)$ 的一段弧.

解 显然，用这段路径来计算很复杂且困难，能否换一条路径呢？为此计算 $\frac{\partial P}{\partial y}$，$\frac{\partial Q}{\partial x}$，其中 $P(x, y) = x^2 y + 3x\mathrm{e}^x$，$Q(x, y) = \frac{1}{3}x^3 - y\sin y$ 得

$$\frac{\partial P}{\partial y} = x^2 = \frac{\partial Q}{\partial x}.$$

再选一条路径 l_1，由 $A(2\pi, 0)$ 沿 x 轴到原点 $O(0, 0)$，见图 10-13，现在验证一下，(1) 由 l 与 l_1 所围的平面区域是否为单连通域；(2) $P(x, y)$ 与 $Q(x, y)$ 偏导数是否连续，通过验证可知 $P(x, y)$ 与 $Q(x, y)$ 偏导数是连续的，由 l 与 l_1 所围的平面区域是单连通域，这样可以换为在 l_1 上求曲线积分，即

$$\int_l (x^2 y + 3x\mathrm{e}^x)\mathrm{d}x + (\frac{1}{3}x^3 - y\sin y)\mathrm{d}y = \int_{l_1} (x^2 y + 3x\mathrm{e}^x)\mathrm{d}x + (\frac{1}{3}x^3 - y\sin y)\mathrm{d}y.$$

因为 l_1 上求曲线积分，即

$$\int_{l_1} (x^2 y + 3x\mathrm{e}^x)\mathrm{d}x + (\frac{1}{3}x^3 - y\sin y)\mathrm{d}y$$

$$= \int_0^{2\pi} 3x\mathrm{e}^x\mathrm{d}x$$

$$= 3\mathrm{e}^{2\pi}(1 - 2\pi) - 3.$$

即

$$\int_l (x^2 y + 3xe^x)\mathrm{d}x + (\frac{1}{3}x^3 - y\sin y)\mathrm{d}y = 3\mathrm{e}^{2\pi}(1 - 2\pi) - 3.$$

例 5　计算 $\int_l \dfrac{x\mathrm{d}y - y\mathrm{d}x}{x^2 + y^2}$，其中 l 由点 $A(-\pi,\ -\pi)$ 经曲线 $y = \pi\cos x$ 到点 $B(\pi,\ -\pi)$，见图 10-14.

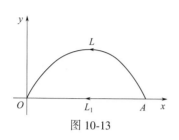
图 10-13

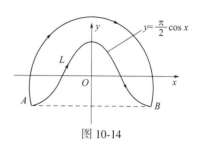
图 10-14

解　显然，如果不换路径，计算非常困难，为了换路径，先要计算 $P(x,\ y)$，$Q(x,\ y)$ 的偏导数

$$P(x,\ y) = \frac{-y}{x^2 + y^2},\ \ Q(x,\ y) = \frac{x}{x^2 + y^2}.$$

则

$$\frac{\partial P}{\partial y} = \frac{y^2 - x^2}{(x^2 + y^2)^2} = \frac{\partial Q}{\partial x}.$$

再考虑换一条路径，如果换为由 A 经直线到 B 为 l_1，则 l 与 l_1 所围的平面域内函数 $P(x,\ y)$ 与 $Q(x,\ y)$ 在原点处的偏导数不存在，这就是说它们所围的域不是单连通域，所以不满足将 l 换为 l_1 的条件，作一个以原点为圆心，以 $\sqrt{2\pi}$ 为半径的圆周，由 A 经大半圆到 B 为 l_1，则此时，l 与 l_1 所围的平面域内函数 $P(x,\ y)$，$Q(x,\ y)$ 的偏导数就连续了，即 l 与 l_1 所围的平面域为单连通域，这就可以将 l 换为 l_1，l_1 的参数方程为

$$l_1: \begin{cases} x = \sqrt{2}\,\pi\cos t, \\ y = \sqrt{2}\,\pi\sin t. \end{cases}$$

代入，得

$$\int_l \frac{x\mathrm{d}y - y\mathrm{d}x}{x^2 + y^2} = \int_{l_1} \frac{x\mathrm{d}y - y\mathrm{d}x}{x^2 + y^2} = \int_{\frac{5\pi}{4}}^{-\frac{\pi}{4}} \mathrm{d}t = -\frac{3}{2}\pi.$$

从例 4、例 5 中我们可以归纳一下**换积分路径的步骤**：

（1）计算 $\dfrac{\partial P}{\partial y}$，$\dfrac{\partial Q}{\partial x}$ 是否相等，如果 $\dfrac{\partial P}{\partial y} = \dfrac{\partial Q}{\partial x}$，则可进行下一步，否则就是积分与路径有关.

（2）选一条与原路径起点、终点相同的路径 l_1，与原路径 l 所围平面域上函数 $P(x,\ y)$ 与 $Q(x,\ y)$ 偏导数连续即所围的区域为单连通域，则可将原积分路径 l 换新积分路径 l_1.

习题 10.3

1. 利用格林公式计算下列各题

(1) $\oint_l (x + y)^2 dx + (x^2 + y^2) dy$，其中 l 为区域 $0 \leqslant x \leqslant 1$，$x^2 \leqslant y \leqslant x$ 的正向边界曲线.

(2) $\oint_l (\frac{y^2}{3} + 3y + x) dx + (e^y + xy^2 + 2x) dy$，其中 l 为正向椭圆周：$\frac{x^2}{a^2} + \frac{y^2}{b^2} = 1$.

(3) $\oint_l e^x (1 - \cos y) dx + e^x (y - \sin y) dy$，其中 l 为区域 $0 \leqslant x \leqslant \pi$，$0 \leqslant y \leqslant \sin x$ 的正向边界曲线.

2. 利用曲线积分计算星形线 $x = a \cos^3 t$，$y = a \sin^3 t (a > 0$ 常数) 所围成的图形的面积.

3. 利用曲线积分计算摆线 $x = a(t - \sin t)$，$y = (a - \cos t)$ ($a > 0$ 的常数) 一拱的面积.

4. 证明 $\int_l (x^4 + 4xy^3) dx + (6x^2 y^2 - 5y^3) dy$ 与积分路径无关，并求 $\int_{(-2, -1)}^{(3, 0)} (x^4 + 4xy^3) dx + (6x^2 y^2 - 5y^4) dy$ 的值.

5. 证明 $\int_l \left(1 - \frac{y^2}{x^2} \cos \frac{y}{x}\right) dx + \left(\sin \frac{y}{x} + \frac{y}{x} \cos \frac{y}{x}\right) dy$ 与积分路径无关，其中 l 不与 y 轴相交，并求起点为 $(1, \pi)$，终点为 $(2, \pi)$，不与 y 轴相交的路径的曲线积分的值.

6. 设在半平面 $x > 0$ 中，有力 $F = -\frac{k}{r^3} (x \mathbf{i} + y \mathbf{j})$ 构成的力场，其中 k 为常数 $F = \sqrt{x^2 + y^2}$，证明在此力场中场力所做的功与所取路径无关，而只与起点和终点的坐标有关.

7. 设在半平面 $y > 0$ 中，有方向指向原点、大小等于作用点到坐标原点距离的平方的力所构成的力场，求质点从位置 r_A 移到 r_B 时，场力所做的功，其中 r_A、r_B 分别是质点与坐标原点的距离.

本章小结

一、基本概念
对弧长的曲线积分　对坐标的曲线积分　曲线积分与积分路径无关

二、基本定理
格林定理　曲线积分与路径无关的定理

三、基本方法
对弧长的曲线积分：当积分路径用参数方程表示时的计算方法　对弧长的曲线积分：当积分路径用直角坐标方程表示时的计算方法　对坐标的曲线积分：当积分路径用参数方程表示时的计算方法　对坐标的曲线积分：当积分路径用直角坐标方程表示时的计算方法　对坐标的曲线积分：用格林公式的计算方法　对坐标的曲线积分：当与路径无关时采用变换积分路径的计算方法

四、疑点解析
1. 如何化曲线积分为定积分来计算曲线积分

首先都是把积分路径的方程代入被积函数，注意对弧长的曲线积分的弧微分 $ds = \sqrt{[x'(t)]^2 + [y'(t)]^2} dt$，对坐标的曲线积分的 $dx = x'(t) dt$，$dy = y'(t) dt$；由于对弧长的曲线积分的弧微分 $ds > 0$，所以对弧长的曲线积分化为定积分时应满足 $dt > 0$，所以定积分的下限必须小于上限. 对坐标的曲线积分的积分路径具有方向性，是从积分路径的起点指向终点，所以对坐标的曲线积分化为定积分时积分变量的下限是积分路径的起点对应的参数值，上限是积分路径的终点对应的参数值，所以下限不一定下于上限.

2. 如何计算对坐标的曲线积分

对坐标的曲线积分的计算步骤如下：

（1）能否把所给路径用参数方程代入化为定积分来计算，若能，计算出结果，问题解决；若不能，进行下一步；

（2）对坐标的曲线积分的积分路径封闭曲线，一般用格林公式化为二重积分；若不是，进行下一步；

（3）判断对坐标的曲线积分是否满足与路径无关的条件，若满足，选取简单路径，再化为定积分来计算，若不满足，则进行下一步：

（4）通过把对坐标的曲线积分的积分路径非封闭曲线补上部分简单路径，变成封闭路径下的对坐标的曲线积分，用格林公式化为二重积分计算封闭路径下的对坐标的曲线积，则原积分路径下的对坐标的曲线积分等于封闭路径下的对坐标的曲线积减去补上的简单路径下的对坐标的曲线积分.

3. 计算平面图形的面积的方法

计算平面图形的面积的方法有三种，分别如下：

（1）通过用定积分计算平面图形的面积；

（2）用二重积分 $S = \iint\limits_{D} \mathrm{d}x\mathrm{d}y$ 计算平面图形 D 的面积；

（3）用公式 $S = \dfrac{1}{2}\oint_{l} x\mathrm{d}y - y\mathrm{d}x$ 计算，其中 l 是平面图形的边界曲线.

复习题十

1. 填空题

（1）$\displaystyle\int_{l} (x^2 + y^2)\,\mathrm{d}s = $ _____ . 其中 l: $\begin{cases} x = \cos t + t\sin t \\ y = \sin t - t\cos t \end{cases}$, $\quad 0 \leqslant t \leqslant 2\pi$.

（2）$\displaystyle\int_{l} xy\mathrm{d}x + (y - x)\mathrm{d}y = $ _____ . 其中 l 为从 $(0, 0)$ 到 $(1, 2)$ 的直线段.

（3）若 $f(x, y)$ 具有连续的二阶偏导数，l 为 $x^2 + y^2 = 1$ 圆周正向，则 $\displaystyle\oint_{l} [3y + f_x{'}(x, y)]\mathrm{d}x + f_y{'}(x, y)\mathrm{d}y = $ _____ .

（4）设 l 为上半圆 $y = \sqrt{Rx - x^2}$ $(R > 0)$ 上从点 $A(R, 0)$ 到点 $O(0, 0)$ 的一段弧，则曲线积分（式中 k 为常数）$\displaystyle\int_{l} (\mathrm{e}^x \sin y - ky)\mathrm{d}x + (\mathrm{e}^x \cos y - k)\mathrm{d}y = $ _____ .

（5）$\displaystyle\oint_{l} x\mathrm{d}y - y\mathrm{d}x = $ _____ . 其中 l 为 $x^2 + y^2 = 1$ 的正向圆周.

2. 选择题

（1）设 l 为 $y = x^2$ 上从点 $O(0, 0)$ 到点 $A(1, 1)$ 的一段弧，则 $\displaystyle\int_{l} \sqrt{y}\,\mathrm{d}s = $ （　　）.

A. $\displaystyle\int_{0}^{1} \sqrt{1 + 4x^2}\,\mathrm{d}x$ 　　　　　　B. $\displaystyle\int_{0}^{1} x\sqrt{1 + 4x^2}\,\mathrm{d}x$

C. $\int_0^1 \sqrt{y} \cdot \sqrt{1+y}\,\mathrm{d}y$　　　　D. $\int_0^1 \sqrt{y} \cdot \sqrt{1+\dfrac{1}{y}}\,\mathrm{d}y$

(2) 设 l 为从点 $A(1,1)$ 到 $O(0,0)$ 的直线段，则 $\int_l (x^2-y^2)\,\mathrm{d}x + xy\,\mathrm{d}y =$　　　（　　）.

A. $\dfrac{1}{3}$　　　　　　　　　B. 3

C. $-\dfrac{1}{3}$　　　　　　　　D. 0

(3) 下列曲线积分与积分路径无关的是　　　　　　　　　　　　（　　）.

A. $\int_l x\mathrm{d}y - y\mathrm{d}x$　　　　　B. $\int_l y\mathrm{d}x$

C. $\int_l x\mathrm{d}y$　　　　　　　　　D. $\int_l x\mathrm{d}y + y\mathrm{d}x$

(4) 设 l 为直线 $y = x-1$，$x=1$，$y=1$ 所围成区域的边界的正向，则 $\int_l x^2\mathrm{d}x + xe^{y^2}\mathrm{d}y =$　　（　　）.

A. $\dfrac{1}{2}$　　　　　　　　　B. $\dfrac{1}{2}(e-1)$

C. $\dfrac{e}{2}$　　　　　　　　　D. e

(5) 曲线积分 $\int_l (2xy^3 - y^2\cos x)\mathrm{d}x + (1 - 2y\sin x + 3x^2 y^2)\mathrm{d}y$，其中 l 为在抛物线 $2x = \pi y^2$ 上由点 $(0,0)$ 到点 $(\dfrac{\pi}{2}, 1)$ 上的一段弧的积分值为　　　　　　　　　（　　）.

A. 0　　　　　　　　　　B. $\dfrac{\pi^2}{4}$

C. $\dfrac{\pi}{4}$　　　　　　　　　D. $1 + \dfrac{\pi}{4}$

3. 计算下列曲线积分

(1) $\oint_l x\mathrm{d}s$，其中 l 为由直线 $y = x$ 及抛物线 $y = x^2$ 所围成的区域的整个边界.

(2) $\oint_l (x^2 + y^2)^n\mathrm{d}s$，其中 l 为圆周 $x = a\cos t$，$y = a\sin t(0 \leqslant t \leqslant 2\pi)$.

(3) $\int_l (x^2 - 2xy)\mathrm{d}x + (y^2 - 2xy)\mathrm{d}y$，其中 l 是抛物线 $y = x^2$ 上从点 $(-1,1)$ 到点 $(1,1)$ 的一段弧.

(4) 求曲线积分 $\int_l (e^x \sin y - 2y)\mathrm{d}x + (e^x \cos y - 2)\mathrm{d}y$，

其中 l 是上半圆周 $(x-a)^2 + y^2 = a^2 (y \geqslant 0)$ 沿逆时针方向.

(5) $\oint_l (2x - y + 4)\mathrm{d}x + (5y + 3x - 6)\mathrm{d}y$，其中 l 为三顶点分别为 $(0,0)$、$(3,0)$ 和 $(3,2)$ 的三角形正向边界.

(6) $\int_l (x^2 - y)\mathrm{d}x - (x + \sin^2 y)\mathrm{d}y$，其中 l 是在圆周 $y = \sqrt{2x - x^2}$ 上由点 $(0,0)$ 到点 $(2,0)$ 的一段弧.

4. 已知 $f(0) = 0$，试确定具有连续导数的函数 $f(x)$，使得曲线积分 $\int_l [e^x + f(x)]y\mathrm{d}x - f(x)\mathrm{d}y$ 与路径无关.

第十一章 无穷级数

【**教学目标**】通过本章的学习应达到理解无穷级数敛散性的定义与性质；掌握数项级数敛散性的判别法；会确定幂级数的收敛域及和函数；掌握函数的幂级数的展开式的求法.

本章讲述数项级数收敛性的判定，幂级数收敛区间的求法，函数展开式的方法及近似值的计算.

第一节 数项级数的概念及其基本性质

一、数项级数的概念

定义 1 设给定一个数列

$$u_1, u_2, \cdots, u_n, \cdots$$

则用加号连接所得的式子

$$u_1 + u_2 + \cdots + u_n + \cdots \tag{11.1}$$

称为**常数项无穷级数**，简称**数项级数**，记为 $\sum\limits_{n=1}^{\infty} u_n$，即

$$\sum_{n=1}^{\infty} u_n = u_1 + u_2 + \cdots + u_n + \cdots,$$

其中 u_n 称为级数的第 n 项，也称一般项或通项.

例如 $\sum\limits_{n=1}^{\infty} \dfrac{1}{3^n} = \dfrac{1}{3} + \dfrac{1}{3^2} + \dfrac{1}{3^3} + \cdots + \dfrac{1}{3^n} + \cdots$

$\sum\limits_{n=1}^{\infty} (-1)^{n-1} = 1 + (-1) + 1 + (-1) \cdots + (-1)^{n-1} + \cdots$

$\sum\limits_{n=1}^{\infty} (-1)^{n-1} \dfrac{1}{n} = 1 - \dfrac{1}{2} + \dfrac{1}{3} - \dfrac{1}{4} + \cdots + (-1)^{n-1} \dfrac{1}{n} + \cdots$ 都是数项级数.

简单地说，数项级数就是无穷多个数相加的和式，我们知道有限多个数相加，其和是确定的，但无穷多个数相加与有限多个数相加有本质的不同，无穷多个数相加是否也有和数呢？为此下面我们从有限项的和出发再经过极限过程来讨论无限项的情形.

级数（1）的前 n 项的和

$$S_n = u_1 + u_2 + u_3 + \cdots + u_n$$

称为级数（1）的前 n 项部分和。当 n 依次取 1，2，3…时，则得到级数（1）的部分和数列 $\{S_n\}$：

$$S_1 = u_1$$
$$S_2 = u_1 + u_2$$
$$\vdots$$
$$S_n = u_1 + u_2 + u_3 + \cdots + u_n$$
$$\vdots$$

定义 2　如果 $n \to \infty$ 时，级数 $\sum\limits_{n=1}^{\infty} u_n$ 的部分和数列 $\{S_n\}$ 有极限 S，即 $\lim\limits_{n\to\infty} S_n = S$，则称**级数 $\sum\limits_{n=1}^{\infty} u_n$ 收敛**，并称 S **为级数 $\sum\limits_{n=1}^{\infty} u_n$ 的和**. 即

$$S = u_1 + u_2 + \cdots + u_n + \cdots = \sum_{n=1}^{\infty} u_n .$$

如果 $n \to \infty$ 时，级数 $\sum\limits_{n=1}^{\infty} u_n$ 的部分和数列 $\{S_n\}$ 没有极限，则称**级数 $\sum\limits_{n=1}^{\infty} u_n$ 发散**，发散的级数，其和不存在.

当级数收敛时，其和 S 与前 n 项部分和 S_n 之差称为级数 $\sum\limits_{n=1}^{\infty} u_n$ 的**余项**，记为 r_n，即

$$r_n = S - S_n = u_{n+1} + u_{n+2} + \cdots,$$

用级数的部分和 S_n 作为级数的和 S 的近似值时，其误差是 $|r_n|$. 这是能借助级数作近似计算的依据.

例 1　讨论**等比级数**（又称几何级数）

$$\sum_{n=1}^{\infty} aq^n = a + aq + aq^2 + \cdots + aq^{n-1} + \cdots \ (a \neq 0 \text{ 且是与 } n \text{ 无关的常数}) \qquad (11.2)$$

的敛散性，其中 $a \neq 0$，q 叫做**等比级数**（2）的公比.

解　由于 $S_n = a + aq + aq^2 + \cdots + aq^{n-1}$,

所以，当 $q = 1$ 时，$S_n = na \to \infty$（$n \to \infty$ 时），级数发散；

当 $q = -1$ 时，$S_n = \begin{cases} 0, & n \text{ 为偶数}, \\ a, & n \text{ 为奇数}, \end{cases}$ 因 $a \neq 0$，数列 $\{S_n\}$ 的极限不存在，级数发散；

当 $|q| < 1$ 时，$\lim\limits_{n\to\infty} S_n = \lim\limits_{n\to\infty} \dfrac{a(1-q^n)}{1-q} = \dfrac{a}{1-q}$，级数（2）收敛，且以 $\dfrac{a}{1-q}$ 为和；

当 $|q| > 1$ 时，因为 $\lim\limits_{n\to\infty} q^n = \infty$，所以 $\lim\limits_{n\to\infty} S_n = \lim\limits_{n\to\infty} \dfrac{a(1-q^n)}{1-q} = \infty$，级数（2）发散.

综合上面的讨论，等比级数 $\sum\limits_{n=1}^{\infty} aq^n$（$a \neq 0$ 且是与 n 无关的常数）当 $|q| < 1$ 时收敛，

其和为 $\dfrac{a}{1-q}$；当 $|q| \geqslant 1$ 时发散.

例 2　判断级数 $\displaystyle\sum_{n=1}^{\infty} \dfrac{1}{n(n+1)}$ 的敛散性.

解　由于 $\dfrac{1}{n(n+1)} = \dfrac{1}{n} - \dfrac{1}{n+1}$，因此部分和

$$S_n = \frac{1}{1 \times 2} + \frac{1}{2 \times 3} + \frac{1}{3 \times 4} + \cdots + \frac{1}{n(n+1)}$$

$$= \left(1 - \frac{1}{2}\right) + \left(\frac{1}{2} - \frac{1}{3}\right) + \left(\frac{1}{3} - \frac{1}{4}\right) + \left(\frac{1}{4} - \frac{1}{5}\right) + \cdots + \left(\frac{1}{n} - \frac{1}{n+1}\right)$$

$$= 1 - \frac{1}{n+1}.$$

而　$\displaystyle\lim_{n \to \infty} S_n = \lim_{n \to \infty}\left(1 - \frac{1}{n+1}\right) = 1,$

所以级数 $\displaystyle\sum_{n=1}^{\infty} \dfrac{1}{n(n+1)}$ 收敛，其和为 1.

例 3　判断级数 $\displaystyle\sum_{n=1}^{\infty} \ln\left(1 + \dfrac{1}{n}\right)$ 的敛散性.

解　由于 $\ln\left(1 + \dfrac{1}{n}\right) = \ln\dfrac{n+1}{n} = \ln(n+1) - \ln n$，因此部分和

$$S_n = \ln\frac{2}{1} + \ln\frac{3}{2} + \ln\frac{4}{3} + \cdots + \ln\frac{n+1}{n}$$

$$= (\ln 2 - \ln 1) + (\ln 3 - \ln 2) + (\ln 4 - \ln 3) + \cdots + [\ln(n+1) - \ln n]$$

$$= \ln(n+1).$$

而　$\displaystyle\lim_{n \to \infty} S_n = \lim_{n \to \infty}\ln(n+1) = +\infty,$

所以，级数 $\displaystyle\sum_{n=1}^{\infty} \ln\left(1 + \dfrac{1}{n}\right)$ 发散.

二、数项级数的基本性质

性质 1　一个级数的各项同乘以一个不为零的常数得到的新级数，其敛散性与原级数的敛散性相同.

即 $\displaystyle\sum_{n=1}^{\infty} u_n$ 与 $\displaystyle\sum_{n=1}^{\infty} k u_n$（$k$ 为不为零的常数）具有相同的敛散性. 特别是当 $\displaystyle\sum_{n=1}^{\infty} u_n = S$ 时，$\displaystyle\sum_{n=1}^{\infty} k u_n = kS$.

性质 2　两个收敛的级数逐项相加（或相减）所得的级数仍收敛，且其和为原两个收敛级数的和（或差）.

即若 $\displaystyle\sum_{n=1}^{\infty} u_n$ 收敛于 S，$\displaystyle\sum_{n=1}^{\infty} v_n$ 收敛于 σ，则 $\displaystyle\sum_{n=1}^{\infty} (u_n \pm v_n) = S \pm \sigma$.

性质 3 一个级数增加或减少有限项，得到的新级数与原级数有相同的敛散性.

即级数 $\sum\limits_{n=1}^{\infty} u_n$ 与 $\sum\limits_{n=k}^{\infty} u_n$ 有相同的敛散性（$k \in \mathbf{N}$），但对于收敛的级数 $\sum\limits_{n=1}^{\infty} u_n$ 与 $\sum\limits_{n=k}^{\infty} u_n$，一般情况下它们的和不相同.

根据级数收敛、发散的定义及极限的运算法则很容易证明以上性质，这里从略.

例 4 判断级数 $\sum\limits_{n=1}^{\infty} (\dfrac{2}{3^n} - \dfrac{5}{2^n})$ 的敛散性.

解 由等比级数的敛散性知，$\sum\limits_{n=1}^{\infty} \dfrac{1}{3^n}$ 与 $\sum\limits_{n=1}^{\infty} \dfrac{1}{2^n}$ 收敛，根据性质 1 知 $\sum\limits_{n=1}^{\infty} \dfrac{2}{3^n}$ 与 $\sum\limits_{n=1}^{\infty} \dfrac{5}{2^n}$ 也收敛，则根据性质 2 知，级数 $\sum\limits_{n=1}^{\infty} (\dfrac{2}{3^n} - \dfrac{5}{2^n})$ 收敛.

必须指出，由性质 2 可得：一个收敛级数与一个发散级数逐项相加（减）得到的新级数一定是发散级数. 而两个发散级数逐项相加（或减）得到的新级数，可能收敛也可能发散. 如等比级数 $\sum\limits_{n=1}^{\infty} (-1)^{n-1}$ 与 $\sum\limits_{n=1}^{\infty} (-1)^n$ 都是发散的级数，这两个发散级数逐项相加得到的新级数是收敛的；而这两个发散的级数逐项相减得到的新级数 $\sum\limits_{n=1}^{\infty} (-1)^{n-1} 2$ 是发散的.

性质 4 （级数收敛的必要条件）若级数 $\sum\limits_{n=1}^{\infty} u_n$ 收敛，则当 $n \to \infty$ 时，它的通项 u_n 一定趋于零. 即

$$\lim_{n \to \infty} u_n = 0 .$$

证明 因为级数 $\sum\limits_{n=1}^{\infty} u_n$ 收敛，所以 $\lim\limits_{n \to \infty} S_n = \lim\limits_{n \to \infty} S_{n-1} = S$，而 $u_n = S_n - S_{n-1}$，所以

$$\lim_{n \to \infty} u_n = \lim_{n \to \infty} (S_n - S_{n-1}) = S - S = 0 .$$

由此可知，若 $\lim\limits_{n \to \infty} u_n \neq 0$，则级数 $\sum\limits_{n=1}^{\infty} u_n$ 发散. 这是判定级数发散的一种常用的方法.

应当指出，级数的通项趋于 0 并不是级数收敛的充分条件，有些级数虽然通项趋于 0，但级数是发散的. 如例 3 中级数 $\sum\limits_{n=1}^{\infty} \ln \dfrac{n+1}{n}$，当 $n \to \infty$ 时，它的通项 $u_n = \ln(1 + \dfrac{1}{n}) \to 0$，但级数是发散的.

例 5 判断下列级数的敛散性：

(1) $\sum\limits_{n=1}^{\infty} \dfrac{2n}{3n+1}$；   (2) $\sum\limits_{n=1}^{\infty} \sin \dfrac{n\pi}{2}$.

解 (1) 因为 $\lim\limits_{n \to \infty} u_n = \lim\limits_{n \to \infty} \dfrac{2n}{3n+1} = \dfrac{2}{3} \neq 0$，所以根据性质 4 知，级数 $\sum\limits_{n=1}^{\infty} \dfrac{2n}{3n+1}$ 发散.

(2) 因为 $\lim\limits_{n \to \infty} u_n = \lim\limits_{n \to \infty} \sin \dfrac{n\pi}{2}$ 不存在，所以根据性质 4 知，级数 $\sum\limits_{n=1}^{\infty} \sin \dfrac{n\pi}{2}$ 发散.

习题 11.1

1. 写出下列级数的前五项

(1) $\sum_{n=1}^{\infty} \frac{1 \times 3 \times 5 \times \cdots \times (2n-1)}{2 \times 4 \times 6 \times \cdots \times (2n)}$;

(2) $\sum_{n=2}^{\infty} \frac{1+n}{1+n^2}$.

2. 写出下列级数的通项

(1) $\frac{2}{1} - \frac{3}{2} + \frac{4}{3} - \frac{5}{4} + \frac{6}{5} - \cdots$;

(2) $\frac{1}{1 \times 4} + \frac{a}{4 \times 7} + \frac{a^2}{7 \times 10} + \frac{a^3}{10 \times 13} + \frac{a^4}{13 \times 16} + \cdots$.

3. 判断下列级数的敛散性

(1) $\sum_{n=1}^{\infty} (\sqrt{n+1} - \sqrt{n})$;

(2) $\sum_{n=1}^{\infty} \frac{1}{n(n+3)}$

(3) $\sum_{n=1}^{\infty} \frac{5}{a^n} (a > 0)$;

(4) $\sum_{n=1}^{\infty} \frac{3 + (-1)^n}{2^n}$;

(5) $\sum_{n=1}^{\infty} (-1)^n 2$;

(6) $\sum_{n=1}^{\infty} \frac{(-1)^{n-1} n}{2n+1}$;

(7) $\sum_{n=1}^{\infty} \left(\frac{n+1}{n} \right)^n$.

4. 判断下列命题的对错:

(1) 若 $\sum_{n=1}^{\infty} u_n$ 发散, 则 $\lim_{n \to \infty} u_n \neq 0$;

(2) 若 $\sum_{n=1}^{\infty} u_n$ 收敛, 则级数 $\sum_{n=1}^{\infty} u_{n+100}$ 也收敛;

(3) 若 $\sum_{n=1}^{\infty} u_n$ 收敛, 则级数 $\sum_{n=1}^{\infty} \frac{1}{u_n} (u_n \neq 0)$ 也收敛;

(4) 若 $\sum_{n=1}^{\infty} u_n$ 和 $\sum_{n=1}^{\infty} v_n$ 皆发散, 则 $\sum_{n=1}^{\infty} (u_n + v_n)$ 也发散.

第二节 数项级数的审敛法

判断级数是否收敛, 可以根据定义看部分和数列是否有极限, 这种方法不仅能判断级数是否收敛同时也能求出收敛级数的和. 但是部分和的极限一般很难求, 况且我们有时只需了解级数的敛散性, 并不一定需要求出级数的和. 因此, 需要找出一些较简单的判断级数敛散性的方法. 下面先讨论各项都是非负的数项级数的审敛法, 在此基础上, 再讨论一般的数项级数的审敛法.

一、正项级数及其审敛法

定义1 如果级数 $\sum_{n=1}^{\infty} u_n$ 中的每一项都是非负的, 即 $u_n \geq 0 (n \in \mathbf{N})$, 则称级数 $\sum_{n=1}^{\infty} u_n$ 为

正项级数.

正项级数是一类特殊的级数，显然正项级数 $\sum\limits_{n=1}^{\infty} u_n$ 的部分和数列 $\{S_n\}$ 是单调增加的，于是有两种可能情形：

(1) $\{S_n\}$ 无界，即 $\lim\limits_{n\to\infty} S_n = +\infty$ ，此时级数 $\sum\limits_{n=1}^{\infty} u_n$ 发散.

(2) $\{S_n\}$ 有界，因为单调有界数列必有极限，即 $\lim\limits_{n\to\infty} S_n$ 存在，所以级数 $\sum\limits_{n=1}^{\infty} u_n$ 收敛.

反之如果级数 $\sum\limits_{n=1}^{\infty} u_n$ 收敛，即 $\lim\limits_{n\to\infty} S_n$ 存在，则 $\{S_n\}$ 有界.

因此得到正项级数收敛的充要条件.

定理 1 正项级数 $\sum\limits_{n=1}^{\infty} u_n$ 收敛的充要条件是它的部分和数列 $\{S_n\}$ 有界.

需要指出的是部分和数列 $\{S_n\}$ 有界仅仅是一般项级数收敛的必要而不充分条件. 例如级数 $\sum\limits_{n=1}^{\infty} (-1)^{n-1}$ 的部分和数列有界，但该级数是发散的.

虽然定理 1 给出了正项级数收敛的充要条件，但是直接应用定理 1 来判定正项级数是否收敛，仍需要求出级数的部分和数列，并需要判断部分和数列是否是有界的，这往往也不太方便. 但是根据定理 1，我们可以得到如下常用且简便的正项级数的审敛法.

1. 比较审敛法

定理 2 （第一比较审敛法）设有两个正项级数 $\sum\limits_{n=1}^{\infty} u_n$ 和 $\sum\limits_{n=1}^{\infty} v_n$. 如果 $u_n \leqslant v_n$（$n=1$，2，3，…）成立，那么：

(1) 若级数 $\sum\limits_{n=1}^{\infty} v_n$ 收敛，则级数 $\sum\limits_{n=1}^{\infty} u_n$ 也收敛；

(2) 若级数 $\sum\limits_{n=1}^{\infty} u_n$ 发散，则级数 $\sum\limits_{n=1}^{\infty} v_n$ 也发散.

这个定理叫做比较审敛法。由定理 1 容易证得定理 2，这里不具体证明了. 定理 2 的要点是要把判断的级数与已知敛散性的级数利用通项加以比较.

例 1 判断调和级数 $\sum\limits_{n=1}^{\infty} \dfrac{1}{n}$ 的敛散性.

解 调和级数 $\sum\limits_{n=1}^{\infty} \dfrac{1}{n}$ 是正项级数. 由第一节例 3 知道级数 $\sum\limits_{n=1}^{\infty} \ln(1+\dfrac{1}{n})$ 是发散的且它也是正项级数. 我们前面已经证明了下面的不等式成立

$$\ln(1+x) < x \quad (x>0),$$

所以 $$\ln(1+\dfrac{1}{n}) < \dfrac{1}{n} \quad (n\in\mathbf{N}),$$

由比较审敛法（2）知，调和级数 $\sum\limits_{n=1}^{\infty} \dfrac{1}{n}$ 发散.

例 2　试证 p- 级数

$$\sum_{n=1}^{\infty} \frac{1}{n^p} = 1 + \frac{1}{2^p} + \frac{1}{3^p} + \frac{1}{4^p} + \cdots + \frac{1}{n^p} + \cdots,$$

当 $p \leqslant 1$ 时发散，当 $p > 1$ 时收敛.

证明　当 $p \leqslant 1$ 时，$\dfrac{1}{n} \leqslant \dfrac{1}{n^p}$　$(n \in \mathbf{N})$，

而调和级数 $\displaystyle\sum_{n=1}^{\infty} \frac{1}{n}$ 发散，由比较审敛法（2）知，p- 级数发散.

当 $p > 1$ 时，顺次把给定的 p- 级数的一项、二项、四项、八项、… 括在一起，得到

$$1 + \left(\frac{1}{2^p} + \frac{1}{3^p}\right) + \left(\frac{1}{4^p} + \frac{1}{5^p} + \frac{1}{6^p} + \frac{1}{7^p}\right) + \left(\frac{1}{8^p} + \frac{1}{9^p} + \cdots + \frac{1}{15^p}\right) + \cdots \qquad ①$$

它的各项均不大于级数

$$1 + \left(\frac{1}{2^p} + \frac{1}{2^p}\right) + \left(\frac{1}{4^p} + \frac{1}{4^p} + \frac{1}{4^p} + \frac{1}{4^p}\right) + \left(\frac{1}{8^p} + \frac{1}{8^p} + \cdots + \frac{1}{8^p}\right) + \cdots \qquad ②$$

相应的各项，级数②即为等比级数

$$1 + \frac{1}{2^{p-1}} + \left(\frac{1}{2^{p-1}}\right)^2 + \left(\frac{1}{2^{p-1}}\right)^3 + \cdots,$$

其公比 $q = \dfrac{1}{2^{p-1}} < 1$，故收敛. 于是当 $p > 1$ 时级数①收敛，又正项级数任意添加括号后得到的新级数敛散性不变，所以当 $p > 1$ 时 p- 级数收敛.

综上所述可知：p- 级数当 $p \leqslant 1$ 时发散，当 $p > 1$ 时收敛.

在利用比较审敛法判断一个正项级数是否收敛时，首先要选定另一个已知其敛散性的正项级数与之比较. 我们经常用 p- 级数 $\displaystyle\sum_{n=1}^{\infty} \frac{1}{n^p}$、等比级数 $\displaystyle\sum_{n=1}^{\infty} aq^n$ 作为这样的级数.

例 3　用比较审敛法判断下列正项级数的敛散性：

（1）$\displaystyle\sum_{n=1}^{\infty} \frac{1}{\sqrt{n(n+1)}}$；　　（2）$\displaystyle\sum_{n=1}^{\infty} \frac{1}{2^n - n}$.

解　（1）因为 $u_n = \dfrac{1}{\sqrt{n(n+1)}} > \dfrac{1}{\sqrt{(n+1)(n+1)}} = \dfrac{1}{n+1}$　$(n \in \mathbf{N})$，又级数

$\displaystyle\sum_{n=1}^{\infty} \frac{1}{n+1}$ 是 $p=1$ 的 p- 级数，是发散的，所以，由比较审敛法知，级数 $\displaystyle\sum_{n=1}^{\infty} \frac{1}{\sqrt{n(n+1)}}$ 发散.

（2）因为 $u_n = \dfrac{1}{2^n - n} < \dfrac{1}{2^n}$　$(n \in \mathbf{N})$，因等比级数 $\displaystyle\sum_{n=1}^{\infty} \frac{1}{2^n}$ 是收敛的，由比较审敛法知，

级数 $\displaystyle\sum_{n=1}^{\infty} \frac{1}{2^n - n}$ 收敛.

定理 3（第二比较审敛法）　设有正项级数 $\displaystyle\sum_{n=1}^{\infty} u_n$ 和 $\displaystyle\sum_{n=1}^{\infty} v_n$. 如果 $\lim\limits_{n \to \infty} \dfrac{u_n}{v_n} = l$，$(0 < l < +$

∞ , $v_n \neq 0$ ），那么这两个级数的敛散性相同.

证明从略.

例 4 判断下列级数的敛散性：

（1）$\displaystyle\sum_{n=1}^{\infty} \frac{n+1}{n^3+n+3}$ ；　　　　（2）$\displaystyle\sum_{n=1}^{\infty} \sin\frac{1}{n}$.

解 （1）因为 $u_n = \dfrac{n+1}{n^3+n+3}$, 取 $v_n = \dfrac{1}{n^2}$, 于是 $\displaystyle\lim_{n\to\infty}\frac{u_n}{v_n} = \lim_{n\to\infty}\frac{n^3+n^2}{n^3+n+3} = 1$, 又级数

$\displaystyle\sum_{n=1}^{\infty}\frac{1}{n^2}$ 是 $p=2>1$ 的 p-级数, 是收敛的, 所以, 由比较审敛法知级数 $\displaystyle\sum_{n=1}^{\infty}\frac{n+1}{n^3+n+3}$ 收敛.

（2）因为 $u_n = \sin\dfrac{1}{n}$, 取 $v_n = \dfrac{1}{n}$, 于是 $\displaystyle\lim_{n\to\infty}\frac{u_n}{v_n} = \lim_{n\to\infty}\left[\sin\frac{1}{n}\Big/\frac{1}{n}\right] = 1$, 又级数 $\displaystyle\sum_{n=1}^{\infty}\frac{1}{n}$ 是调

和级数, 是发散的, 所以, 由比较审敛法知级数 $\displaystyle\sum_{n=1}^{\infty}\sin\frac{1}{n}$ 发散.

上面介绍的比较审敛法, 它的基本思想是通常把 p-级数或已知敛散性的级数作为比较对象, 通过比较对应项的大小, 来判断给定级数的敛散性, 但有时不易找到作比较的 p-级数或已知敛散性的级数. 下面介绍的比值审敛法就是从正项级数本身出发判断级数的敛散性, 不再需要找出已知敛散性的级数, 这对于判断某些正项级数的敛散性有很大方便.

2. 比值审敛法

定理 4 （**比值审敛法**）设有正项级数 $\displaystyle\sum_{n=1}^{\infty} u_n$, 如果极限

$$\lim_{n\to\infty}\frac{u_{n+1}}{u_n} = l$$

存在, 那么

（1）当 $l<1$ 时, 级数 $\displaystyle\sum_{n=1}^{\infty} u_n$ 收敛；

（2）当 $l>1$ 时, 级数 $\displaystyle\sum_{n=1}^{\infty} u_n$ 发散；

（3）当 $l=1$ 时, 级数 $\displaystyle\sum_{n=1}^{\infty} u_n$ 可能收敛, 也可能发散.

例 5 判断下列级数的收敛性：

（1）$\displaystyle\sum_{n=1}^{\infty}\frac{n}{2^n}$ ；　　　　（2）$\displaystyle\sum_{n=1}^{\infty}\frac{n^n}{n!}$.

解 （1）因为 $u_n = \dfrac{n}{2^n}$, 于是

$\displaystyle\lim_{n\to\infty}\frac{u_{n+1}}{u_n} = \lim_{n\to\infty}\left[\frac{n+1}{2^{n+1}}\Big/\frac{n}{2^n}\right] = \lim_{n\to\infty}\frac{n+1}{2n} = \frac{1}{2} < 1$, 由比值审敛法知, 级数 $\displaystyle\sum_{n=1}^{\infty}\frac{n}{2^n}$ 收敛.

（2）因为 $u_n = \dfrac{n^n}{n!}$, 于是

$$\lim_{n\to\infty}\frac{u_{n+1}}{u_n} = \lim_{n\to\infty}\left[\frac{(n+1)^{n+1}}{(n+1)!}\Big/\frac{n^n}{n!}\right] = \lim_{n\to\infty}\left(1+\frac{1}{n}\right)^n = e > 1$$ ，由比值审敛法知，级数

$\sum\limits_{n=1}^{\infty}\dfrac{n^n}{n!}$ 发散.

一般地，当正项级数的通项中出现 a^n 或 $n!$ 等形式时，采用比值审敛法来判断其敛散性比较方便.

二、交错级数及其审敛法

我们除了讨论的正项级数的敛散性外，还需讨论具有这样特征的级数的敛散性，它的各项的符号是正负相间的.

定义 2 形如

$$u_1 - u_2 + u_3 - u_4 + \cdots + (-1)^{n-1}u_n + \cdots$$

即

$$\sum_{n=1}^{\infty}(-1)^{n-1}u_n$$

或

$$-u_1 + u_2 - u_3 + u_4 - \cdots + (-1)^n u_n + \cdots$$

即

$$\sum_{n=1}^{\infty}(-1)^n u_n$$

（其中 $u_n \geqslant 0$，$n \in \mathbf{N}$）的级数叫做**交错级数**.

由于级数 $\sum\limits_{n=1}^{\infty}(-1)^{n-1}u_n$ 与 $\sum\limits_{n=1}^{\infty}(-1)^n u_n$ 的敛散性相同，因此以下不妨只讨论 $\sum\limits_{n=1}^{\infty}(-1)^{n-1}u_n$ 的情形.

关于交错级数有下面的审敛法：

定理 5（莱布尼茨审敛法） 若交错级数 $\sum\limits_{n=1}^{\infty}(-1)^{n-1}u_n$ 满足

(1) $u_n \geqslant u_{n+1}$ （$n \in \mathbf{N}$）；

(2) $\lim\limits_{n\to\infty}u_n = 0$，

则交错级数 $\sum\limits_{n=1}^{\infty}(-1)^{n-1}u_n$ 收敛，且其和小于 u_1.

注意：使用莱布尼茨审敛法判断交错级数收敛时，定理中的两个条件必须同时满足，缺一不可，例如级数 $\sum\limits_{n=1}^{\infty}(-1)^{n-1}\dfrac{n+1}{n}$，它虽然满足 $u_n > u_{n+1}$，但 $\lim\limits_{n\to\infty}u_n = \lim\limits_{n\to\infty}\dfrac{n+1}{n} = 1 \neq 0$，该级数是发散的.

例 6 判断级数 $\sum\limits_{n=1}^{\infty}\dfrac{(-1)^{n-1}}{n}$ 的敛散性.

解 此级数为交错级数，因为

$$u_n = \frac{1}{n}, \qquad u_{n+1} = \frac{1}{n+1},$$

显然满足 $u_n > u_{n+1}$；且 $\lim\limits_{n \to \infty} u_n = \lim\limits_{n \to \infty} \frac{1}{n} = 0$，所以级数 $\sum\limits_{n=1}^{\infty} \frac{(-1)^{n-1}}{n}$ 收敛.

例 7 试利用交错级数

$$\frac{10}{11} = 1 - \frac{1}{10} + \frac{1}{10^2} - \frac{1}{10^3} + \cdots + (-1)^{n-1} \frac{1}{10^{n-1}} + \cdots$$

计算 $\frac{10}{11}$ 的近似值，使其误差不超过 0.000 1.

解 如果利用级数 $\sum\limits_{n=1}^{\infty} (-1)^{n-1} \frac{1}{10^{n-1}}$ 的前 n 项和作为 $\frac{10}{11}$ 的近似值，那么余项的绝对值 $|r_n|$ 就是误差. 又因为该级数是满足莱布尼茨审敛法的条件的交错级数，所以余项 r_n 也是交错级数，且有

$$|r_n| \leqslant u_{n+1}.$$

观察级数 $\sum\limits_{n=1}^{\infty} (-1)^{n-1} \frac{1}{10^{n-1}}$，因为其第五项

$$u_5 = \frac{1}{10^4} = 0.000 1.$$

所以，只要取前四项和来计算 $\frac{10}{11}$ 的值，即

$$\frac{10}{11} \approx 1 - \frac{1}{10} + \frac{1}{10^2} - \frac{1}{10^3} = 0.909,$$

就可以保证近似值的误差不超过 0.000 1.

下面再研究一般的任意项级数.

三、任意项级数的敛散性

定义 3 设有级数

$$\sum_{n=1}^{\infty} u_n = u_1 + u_2 + u_3 + u_4 + \cdots + u_n + \cdots$$

其中 $u_n (n \in \mathbf{N})$ 为任意实数，这样的级数称为**任意项级数**.

由于已经有了正项级数的审敛法，因此先考察任意项级数 $\sum\limits_{n=1}^{\infty} u_n$ 的各项绝对值所组成的正项级数

$$\sum_{n=1}^{\infty} |u_n| = |u_1| + |u_2| + |u_3| + |u_4| + \cdots + |u_n| + \cdots$$

的敛散性与任意项级数 $\sum\limits_{n=1}^{\infty} u_n$ 的敛散性之间的关系.

定理 6 如果级数 $\sum\limits_{n=1}^{\infty} |u_n|$ 收敛，则级数 $\sum\limits_{n=1}^{\infty} u_n$ 也收敛.

证明从略. 定理 5 可以用来判断一些任意项级数的收敛性. 例如任意项级数 $\sum\limits_{n=1}^{\infty}(-1)^{n-1}\dfrac{1}{n^2}$，可以根据级数 $\sum\limits_{n=1}^{\infty}|(-1)^{n-1}\dfrac{1}{n^2}|=\sum\limits_{n=1}^{\infty}\dfrac{1}{n^2}$ 收敛，得到级数 $\sum\limits_{n=1}^{\infty}(-1)^{n-1}\dfrac{1}{n^2}$ 亦收敛.

但应注意，级数 $\sum\limits_{n=1}^{\infty}u_n$ 收敛，那么级数 $\sum\limits_{n=1}^{\infty}|u_n|$ 可能收敛也可能发散. 例如级数 $\sum\limits_{n=1}^{\infty}(-1)^{n-1}\dfrac{1}{n}$ 是收敛的，而级数 $\sum\limits_{n=1}^{\infty}|(-1)^{n-1}\dfrac{1}{n}|=\sum\limits_{n=1}^{\infty}\dfrac{1}{n}$ 是发散的；级数 $\sum\limits_{n=1}^{\infty}(-1)^{n-1}\dfrac{1}{n^2}$ 是收敛的，级数 $\sum\limits_{n=1}^{\infty}|(-1)^{n-1}\dfrac{1}{n^2}|=\sum\limits_{n=1}^{\infty}\dfrac{1}{n^2}$ 也是收敛的.

定义 4　若有任意项级数 $\sum\limits_{n=1}^{\infty}u_n$ 各项的绝对值所构成的正项级数 $\sum\limits_{n=1}^{\infty}|u_n|$ 收敛，则称级数 $\sum\limits_{n=1}^{\infty}u_n$ **绝对收敛**；若 $\sum\limits_{n=1}^{\infty}|u_n|$ 发散，而 $\sum\limits_{n=1}^{\infty}u_n$ 收敛，则称 $\sum\limits_{n=1}^{\infty}u_n$ **条件收敛**.

由此可知，上述两例中，级数 $\sum\limits_{n=1}^{\infty}(-1)^{n-1}\dfrac{1}{n^2}$ 是绝对收敛，而级数 $\sum\limits_{n=1}^{\infty}(-1)^{n-1}\dfrac{1}{n}$ 是条件收敛.

例 8　讨论级数 $\sum\limits_{n=1}^{\infty}\dfrac{(-1)^{n-1}}{\sqrt{n}}$ 的敛散性，如果收敛，指出是绝对收敛还是条件收敛.

解　因 $u_n=\dfrac{(-1)^{n-1}}{\sqrt{n}}$，于是 $|u_n|=\dfrac{1}{\sqrt{n}}$，此时级数 $\sum\limits_{n=1}^{\infty}|u_n|=\sum\limits_{n=1}^{\infty}\dfrac{1}{\sqrt{n}}$ 是 $p=\dfrac{1}{2}<1$ 的 p- 级数，发散；

又原级数 $\sum\limits_{n=1}^{\infty}\dfrac{(-1)^{n-1}}{\sqrt{n}}$ 是一个交错级数，易知满足莱布尼茨审敛法的条件，所以级数收敛，且为条件收敛.

习题 11.2

1. 用比较审敛法判断下列级数的敛散性

(1) $\sum\limits_{n=1}^{\infty}\dfrac{1}{n\sqrt{n+1}}$;

(2) $\sum\limits_{n=1}^{\infty}\dfrac{1}{n^2+a^2}$（$a$ 为常数）;

(3) $\sum\limits_{n=1}^{\infty}\dfrac{1}{(n+1)(n+2)}$;

(4) $\sum\limits_{n=1}^{\infty}\dfrac{1}{\sqrt{n(n^2+1)}}$;

(5) $\sum\limits_{n=1}^{\infty}\dfrac{n+2}{n(n+1)}$;

(6) $\sum\limits_{n=1}^{\infty}\dfrac{n+1}{2n^4-1}$

(7) $\sum\limits_{n=1}^{\infty}\sin\dfrac{\pi}{4^n}$;

(8) $\sum\limits_{n=1}^{\infty}2^n\sin\dfrac{\pi}{3^n}$.

2. 用比值审敛法判断下列级数的敛散性

(1) $\sum\limits_{n=1}^{\infty}\dfrac{3^n}{n2^n}$;

(2) $\sum\limits_{n=1}^{\infty}\dfrac{5^n}{n!}$;

(3) $\sum_{n=1}^{\infty} \dfrac{n^2}{3^n}$ (4) $\sum_{n=1}^{\infty} \dfrac{1}{(2n-1)2^{2n-1}}$;

(5) $\sum_{n=1}^{\infty} \dfrac{2n-1}{2^n}$; (6) $\sum_{n=1}^{\infty} \dfrac{1}{n!}$

(7) $\sum_{n=1}^{\infty} \dfrac{n!}{n^n}$; (8) $\sum_{n=1}^{\infty} \dfrac{2n}{n!}$.

3. 判断下列级数是否收敛，如果收敛指出是绝对收敛还是条件收敛

(1) $\sum_{n=1}^{\infty} \dfrac{(-1)^n}{n2^n}$; (2) $\sum_{n=1}^{\infty} \dfrac{\sin n\alpha}{n^3}(\alpha \text{ 为常数})$;

(3) $\sum_{n=1}^{\infty} (-1)^n \left(\dfrac{2}{3}\right)^n$ (4) $\sum_{n=1}^{\infty} n\left(-\dfrac{1}{3}\right)^{n-1}$;

(5) $\sum_{n=1}^{\infty} \dfrac{(-1)^{n-1}}{\ln(n+1)}$; (6) $\sum_{n=1}^{\infty} (-1)^{n-1} \dfrac{n}{2n-1}$

(7) $\sum_{n=1}^{\infty} (-1)^n \dfrac{n}{5^n}$; (8) $\sum_{n=1}^{\infty} \dfrac{\cos n\alpha}{n^3}(\alpha \text{ 为常数})$.

第三节 幂 级 数

一、函数项级数的概念

在本章第一节，我们曾讨论过等比级数 $\sum_{n=1}^{\infty} aq^{n-1}$（$a \neq 0$ 且是与 n 无关的常数）的收敛性，即等比级数 $\sum_{n=1}^{\infty} aq^n$ 当 $|q| < 1$ 时收敛，其和为 $\dfrac{a}{1-q}$. 这里实际上是将 q 看成是在区间 $(-1, 1)$ 内取值的变量. 若令 $a = 1$，且用自变量 x 记公比 q，即可得到级数

$$1 + x + x^2 + \cdots + x^{n-1} + \cdots,$$

它的每一项都是以 x 为自变量的函数. 一般地，我们给出下列定义：

定义 1 设 $u_1(x)$，$u_2(x)$，$\cdots$，$u_n(x)$，$\cdots$ 是定义在数集 I 上的函数列，则表达式

$$u_1(x) + u_2(x) + \cdots + u_n(x) + \cdots = \sum_{n=1}^{\infty} u_n(x) \qquad \textcircled{1}$$

称为定义在数集 I 的**函数项级数**.

例如 $\qquad\qquad 1 + x + 2x^2 + \cdots + nx^{n-1} + \cdots;$

$$\sin x + \dfrac{1}{3}\sin 3x + \dfrac{1}{5}\sin 5x \cdots + \dfrac{1}{2n-1}\sin(2n-1)x + \cdots$$

都是定义在 $(-\infty, +\infty)$ 上的函数项级数.

如果令 $x = x_0 \in I$，代入函数项级数①中，则得到一个数项级数

$$u_1(x_0) + u_2(x_0) + \cdots + u_n(x_0) + \cdots = \sum_{n=1}^{\infty} u_n(x_0) \qquad \textcircled{2}$$

若级数②收敛，则 x_0 称为**函数项级数①的收敛点**；若级数②发散，则 x_0 称为函数项级

数①的**发散点**. 函数项级数①所有收敛点的集合称为函数项级数①的**收敛域**.

设函数项级数①的收敛域为 D, 则对任意的 $x_0 \in D$, 必有一个和 $S(x_0)$ 与之相对应, 即

$$S(x_0) = u_1(x_0) + u_2(x_0) + \cdots + u_n(x_0) + \cdots$$

因此得到一个定义在收敛域 D 的函数 $S(x)$, 称之为函数项级数①的**和函数**. 即

$$S(x) = u_1(x) + u_2(x) + \cdots + u_n(x) + \cdots = \sum_{n=1}^{\infty} u_n(x)$$

则 $(-1, 1)$ 就是函数项级数 $1 + x + x^2 + \cdots + x^{n-1} + \cdots$ 的收敛域, 且该级数的和函数为 $\dfrac{1}{1-x}$.

由函数项级数的和函数的定义可知, 对于函数项级数①的收敛域 D 中的任一个 x, 设① 的前 n 项的部分和为 $S_n(x)$, 则有

$$\lim_{n \to \infty} S_n(x) = S(x).$$

若以 $r_n(x)$ 记余项, 则有

$$r_n(x) = S(x) - S_n(x),$$

则在收敛域内同样有

$$\lim_{n \to \infty} r_n(x) = 0.$$

这一节介绍的幂级数就是一种有着广泛应用的函数项级数.

二、幂级数及其收敛性

定义 2　形如

$$a_0 + a_1(x - x_0) + a_2(x - x_0)^2 + \cdots + a_n(x - x_0)^n + \cdots \qquad ③$$

的函数项级数, 称为 $(x - x_0)$ 的**幂级数**, 简记为 $\sum\limits_{n=0}^{\infty} a_n(x - x_0)^n$, 其中 $a_0, a_1, a_2, \cdots,$ $a_n, \cdots$ 称为幂级数的系数.

特别的, 当 $x_0 = 0$ 时, ③式变为

$$a_0 + a_1 x + a_2 x^2 + \cdots + a_n x^n + \cdots \qquad ④$$

称为 x 的**幂级数**.

如果作变换 $t = x - x_0$, 则级数③变为级数④的形式, 因此下面主要讨论形式为④的幂级数.

一般地, 幂级数④的收敛性有如下三种情形:

(1) 仅在点 $x = 0$ 处收敛;

(2) 在 $(-\infty, +\infty)$ 内处处收敛;

(3) 存在一个正数 R, 当 $|x| < R$ 时收敛; 当 $|x| > R$ 时发散.

上述正数 R 称为幂级数④的**收敛半径**.

如果幂级数④仅在点 $x = 0$ 处收敛, 规定 $R = 0$; 如果在 $(-\infty, +\infty)$ 内处处收敛, 规

定 $R = \infty$ ，收敛区间为 $(-\infty, +\infty)$.

需要指出的是，当 $|x| = R$ 时，幂级数④可能收敛，也可能发散，须将 $x = \pm R$ 分别代入幂级数，按常数项级数的审敛法来判断其敛散性. 因此幂级数的收敛域可能是 $(-R, R)$ ，$[-R, R)$ ，$(-R, R]$ 或 $[-R, R]$.

求幂级数的收敛半径如下：

定理 对幂级数 $\sum\limits_{n=0}^{\infty} a_n x^n$ ，若其系数满足 $\lim\limits_{n \to \infty} \left| \dfrac{a_{n+1}}{a_n} \right| = \rho$ ，则所给幂级数的收敛半径 $R = \dfrac{1}{\rho}$ ，即 $R = \lim\limits_{n \to \infty} \left| \dfrac{a_n}{a_{n+1}} \right|$.

特别地，当 $\rho = 0$ 时，$R = +\infty$ ；$\rho = +\infty$ 时，$R = 0$.

证明从略.

必须指出，利用定理 1 求幂级数的收敛半径只适用于④中 $a_n \neq 0$ 的情形.

例 1 求幂级数 $\sum\limits_{n=1}^{\infty} (-1)^{n-1} \dfrac{x^n}{n}$ 的收敛半径及收敛域.

解 因为 $\lim\limits_{n \to \infty} \left| \dfrac{a_{n+1}}{a_n} \right| = \lim\limits_{n \to \infty} \dfrac{1}{(n+1)} \Big/ \dfrac{1}{n} = 1$ ，

所以收敛半径 $R = 1$ ，

当 $x = 1$ 时，所给级数为 $\sum\limits_{n=1}^{\infty} (-1)^{n-1} \dfrac{1}{n}$ 是收敛的交错级数；

当 $x = -1$ 时，所给级数为 $\sum\limits_{n=1}^{\infty} \left(-\dfrac{1}{n} \right)$ 是发散级数，所以，所给幂级数的收敛区间为 $(-1, 1]$.

例 2 求幂级数 $\sum\limits_{n=0}^{\infty} (-1)^n \dfrac{x^n}{n!}$ 的收敛区间.

解 因为 $\lim\limits_{n \to \infty} \left| \dfrac{a_{n+1}}{a_n} \right| = \lim\limits_{n \to \infty} \left| \dfrac{n!}{(n+1)!} \right| = 0$ ，

所以 $R = +\infty$ ，原级数的收敛区间为 $(-\infty, +\infty)$.

例 3 求幂级数 $\sum\limits_{n=1}^{\infty} 2^n x^{2n-1}$ 的收敛半径及收敛域.

解 所给幂级数偶次幂项的系数全部为零，因此不能用定理 1 来求它的收敛半径，这时可将 x 看作取定的实数用人意向级数的比值审敛法，看 x 取什么值时所给幂级数绝对收敛或发散，由此确定它的收敛半径. 由于

$$\lim_{n \to \infty} \left| \dfrac{u_{n+1}(x)}{u_n(x)} \right| = \lim_{n \to \infty} \left| \dfrac{2^{n+1} x^{2n+1}}{2^n x^{2n-1}} \right| = \lim_{n \to \infty} 2 |x|^2 ,$$

当 $2|x|^2 < 1$ ，即 $|x| < \dfrac{\sqrt{2}}{2}$ 时，所给级数绝对收敛；

当 $2|x|^2 > 1$ ，即 $|x| > \dfrac{\sqrt{2}}{2}$ 时，所给级数发散；

因此，收敛半径 $R = \dfrac{\sqrt{2}}{2}$，

当 $x = \dfrac{\sqrt{2}}{2}$ 时，所给级数为 $\sum\limits_{n=1}^{\infty} \sqrt{2}$ 是发散级数；

当 $x = -\dfrac{\sqrt{2}}{2}$ 时，所给级数为 $\sum\limits_{n=1}^{\infty} (-\sqrt{2})$ 是发散级数.

所以所给幂级数的收敛域为 $(-\dfrac{\sqrt{2}}{2}, \dfrac{\sqrt{2}}{2})$.

例 4 求幂级数的 $\sum\limits_{n=0}^{\infty} \dfrac{(x+3)^n}{\sqrt{n}}$ 的收敛域.

解 这是一个 $x+3$ 的幂级数. 只要令 $t = x+3$，该级数就可化为 $\sum\limits_{n=0}^{\infty} \dfrac{t^n}{\sqrt{n}}$，仍可用定理 1 求它的收敛半径. 由于

$$\lim_{n \to \infty} \left| \frac{a_{n+1}}{a_n} \right| = \lim_{n \to \infty} \frac{1}{\sqrt{n+1}} \Big/ \frac{1}{\sqrt{n}} = \lim_{n \to \infty} \sqrt{\frac{n}{n+1}} = 1,$$

因此 $R = 1$. 当 $|t| < 1$，即 $|x+3| < 1$，也就是 $-4 < x < -2$ 时，原级数收敛；

当 $t = -1$，即 $x = -4$ 时，所给级数为 $\sum\limits_{n=0}^{\infty} (-1)^n \dfrac{1}{\sqrt{n}}$，是收敛的交错级数；

当 $t = 1$，即 $x = -2$ 时，所给级数为 $\sum\limits_{n=0}^{\infty} \dfrac{1}{\sqrt{n}}$，是 $p = \dfrac{1}{2}$ 的发散 p- 级数.

所以原级数的收敛域为 $[-4, -2)$.

三、幂级数的运算

性质 1 设幂级数 $\sum\limits_{n=0}^{\infty} a_n x^n$ 和 $\sum\limits_{n=0}^{\infty} b_n x^n$ 的收敛半径分别为 R_1 和 R_2，和函数分别为 $S_1(x)$ 和 $S_2(x)$，取 $R = \min\{R_1, R_2\}$，则在 $(-R, R)$ 内，幂级数 $\sum\limits_{n=0}^{\infty} (a_n \pm b_n)x^n$ 收敛，且有

$$\sum_{n=0}^{\infty} (a_n \pm b_n)x^n = \sum_{n=0}^{\infty} a_n x^n \pm \sum_{n=0}^{\infty} b_n x^n = S_1(x) \pm S_2(x).$$

性质 2 设幂级数 $\sum\limits_{n=0}^{\infty} a_n x^n$ 的收敛半径为 R，和函数为 $S(x)$，则在 $(-R, R)$ 内

$$\sum_{n=0}^{\infty} c a_n x^n = c \sum_{n=0}^{\infty} a_n x^n = c S(x).$$

性质 3 设幂级数 $\sum\limits_{n=0}^{\infty} a_n x^n$ 的收敛半径为 R，和函数为 $S(x)$，则 $S(x)$ 在 $(-R, R)$ 内可导，且

$$S'(x) = \left(\sum_{n=0}^{\infty} a_n x^n \right)' = \sum_{n=0}^{\infty} n a_n x^{n-1},$$

即幂级数在收敛区间内可以逐项求导，且逐项求导后所得幂级数的收敛半径仍为 R，但在 $x = R$，$x = -R$ 处的敛散性可能改变.

性质 4 设幂级数 $\sum\limits_{n=0}^{\infty} a_n x^n$ 的收敛半径为 R，和函数为 $S(x)$，则 $S(x)$ 在 $(-R, R)$ 内可积，且

$$\int_0^x S(x) = \int_0^x \left(\sum_{n=0}^{\infty} a_n x^n \right) \mathrm{d}x = \sum_{n=0}^{\infty} \int_0^x a_n x^n \mathrm{d}x = \sum_{n=0}^{\infty} \frac{a_n}{n+1} x^{n+1},$$

即幂级数在收敛区间内可以逐项积分，且逐项积分后所得幂级数的收敛半径仍为 R，但在 $x = R$，$x = -R$ 处的敛散性可能改变.

由幂级数的性质可见，幂级数在它的收敛区间内，就像通常的多项式函数一样，可以相加、相减、逐项求导和积分.

以上结论证明从略.

例 5 求幂级数 $\sum\limits_{n=1}^{\infty} \dfrac{(-1)^{n-1}}{n} x^n$ 的和函数.

解 令所给级数的和函数为 $S(x)$，即 $S(x) = \sum\limits_{n=1}^{\infty} \dfrac{(-1)^{n-1}}{n} x^n$.

因为

$$S'(x) = \sum_{n=0}^{\infty} (-1)^n x^n = 1 - x + x^2 - x^3 + \cdots + (-1)^{n-1} x^{n-1} + \cdots$$

$$= \frac{1}{1+x}, \quad x \in (-1, 1).$$

两端积分，有 $\displaystyle\int_0^x S'(x) \mathrm{d}x = \int_0^x \frac{1}{1+t} \mathrm{d}t$，于是，$S(x) - S(0) = \ln(1+x)$，又 $S(0) = 0$，故

$$S(x) = \ln(1+x), \quad x \in (-1, 1)$$

即

$$\sum_{n=1}^{\infty} \frac{(-1)^{n-1}}{n} x^n = \ln(1+x), \quad x \in (-1, 1).$$

例 6 求幂级数 $\sum\limits_{n=1}^{\infty} n x^{n-1}$ 的和函数，并求级数 $\sum\limits_{n=1}^{\infty} \dfrac{n}{2^{n-1}}$ 的和.

解 令所给级数的和函数为 $S(x)$，即 $S(x) = \sum\limits_{n=1}^{\infty} n x^{n-1}$.

又 $\sum\limits_{n=1}^{\infty} x^n = x + x^2 + x^3 + \cdots + x^n + \cdots = \dfrac{x}{1-x}$，$x \in (-1, 1)$.

利用幂级数可逐项求导的运算性质有

$$\sum_{n=1}^{\infty} n x^{n-1} = \sum_{n=1}^{\infty} (x^n)' = \left(\sum_{n=1}^{\infty} x^n \right)' = \left(\frac{x}{1-x} \right)' = \frac{1}{(1-x)^2}, \quad x \in (-1, 1),$$

在级数 $\sum\limits_{n=1}^{\infty} n x^{n-1}$ 中，令 $x = \dfrac{1}{2}$，即得级数 $\sum\limits_{n=1}^{\infty} \dfrac{n}{2^{n-1}}$ 的和，因此

$$\sum_{n=1}^{\infty} \frac{n}{2^{n-1}} = \sum_{n=1}^{\infty} n \left(\frac{1}{2} \right)^{n-1} = \frac{1}{1-x^2} \Big|_{x=\frac{1}{2}} = \frac{4}{3}.$$

习题 11.3

1. 求下列幂级数的收敛半径和收敛域

(1) $\displaystyle\sum_{n=1}^{\infty} \frac{(-1)^n}{\sqrt{n}} x^n$;

(2) $\displaystyle\sum_{n=1}^{\infty} \frac{3^n}{n!} x^n$;

(3) $\displaystyle\sum_{n=1}^{\infty} \frac{n}{3^n} x^n$;

(4) $\displaystyle\sum_{n=1}^{\infty} \frac{2^n}{n^2+1} x^n$;

(5) $\displaystyle\sum_{n=1}^{\infty} \frac{x^n}{n(n+1)}$;

(6) $\displaystyle\sum_{n=1}^{\infty} \frac{x^n}{n2^n}$;

(7) $\displaystyle\sum_{n=0}^{\infty} \frac{(x+2)^n}{\sqrt{n+1}}$;

(8) $\displaystyle\sum_{n=1}^{\infty} \frac{(-1)^n}{4^n} x^{2n}$.

2. 求下列函数的和函数

(1) $\displaystyle\sum_{n=1}^{\infty} 2nx^{2n-1} (|x| < 1)$;

(2) $\displaystyle\sum_{n=1}^{\infty} (n+1)x^n (|x| < 1)$;

(3) $\displaystyle\sum_{n=1}^{\infty} (-1)^n \frac{x^n}{n} (|x| < 1)$;

(4) $\displaystyle\sum_{n=1}^{\infty} \frac{x^{2n-1}}{2n-1} (|x| < 1)$.

第四节 函数的幂级数展开

幂级数是以最简单的函数 $(a_n x^n)$ 为通项,具有收敛域结构简单,可逐项求导和逐项积分等重要性质的函数项级数. 如果能把一个函数 $f(x)$ 在某区间 (a, b) 内表示为某幂级数的和函数,那么,就可以利用幂级数研究该函数.

一、泰勒级数和麦克劳林级数

定义 1 当 $f(x)$ 是一个初等函数,且在 x_0 的某邻域内有任意阶导数,则 $f(x)$ 在 x_0 处可展开为幂级数,且有展开式

$$f(x) = f(x_0) + f'(x_0)(x - x_0) + \frac{f''(x_0)}{2!} (x - x_0)^2 + \cdots + \frac{f^{(n)}(x_0)}{n!} (x - x_0)^n + \cdots$$

$$= \sum_{n=0}^{\infty} \frac{f^{(n)}(x_0)}{n!} (x - x_0)^n$$

称为 $f(x)$ 在 x_0 处的**泰勒级数**.

定义 2 如果一个函数 $f(x)$ 在 $x = 0$ 的一个邻域内各阶导数均存在,则 $f(x)$ 在 $x = 0$ 处可展开为幂级数,

$$f(x) = f(0) + f'(0)x + \frac{f''(0)}{2!} x^2 + \cdots + \frac{f^{(n)}(0)}{n!} x^n + \cdots$$

称之为函数 $f(x)$ 的**麦克劳林级数**.

以上定义 1 给出了函数 $f(x)$ 在 $x = x_0$ 的展开式或者函数展开为 $x - x_0$ 的幂级数都是**泰勒级数展开式**；定义 2 给出了函数在 $x = 0$ 的展开式或者函数展开为 x 的幂级数都是**麦克劳林级数展开式**，统称为函数 $f(x)$ 的**幂级数展开式**.

在麦克劳林级数中 $S_{n+1}(x) = f(0) + f'(0)x + \dfrac{f''(0)}{2!}x^2 + \cdots + \dfrac{f^{(n)}(0)}{n!}x^n$.

由级数收敛的概念可知，要收敛于 $f(x)$，需使数列 $S_{n+1}(x)$ 收敛于 $f(x)$，也就是使 $R_n(x) = f(x) - S_{n+1}(x)$ 当 $n \to \infty$ 趋于零.

可以证明：

$$R_n(x) = \frac{f^{(n+1)}(\xi)}{(n+1)!}x^{n+1}, \quad 其中 \xi 是介于 0 到 x 之间的一个数.$$

称为**拉格朗日型余项**.

二、函数展开成幂级数的方法

把函数展开成幂级数有直接展开法和间接展开法.

1. 直接展开法

用直接展开法把函数 $f(x)$ 展开成 x 的幂级数，可按下列步骤进行.

（1）求出 $f(x)$ 的各阶导数及其在 $x = 0$ 处的各阶导数值以及 $f(0)$；

（2）写出 $f(x)$ 的麦克劳林级数

$$f(0) + f'(0)x + \frac{f''(0)}{2!}x^2 + \cdots + \frac{f^{(n)}(0)}{n!}x^n + \cdots$$

并求出收敛半径 R；

（3）考察收敛区间 $(-R, R)$ 上的余项 $R_n(x)$，当 $n \to \infty$ 的极限. 如果 $\lim\limits_{n \to \infty} R_n(x) = 0$，则 $f(x)$ 的麦克劳林级数就是函数 $f(x)$ 的麦克劳林级数展开式，即

$$f(x) = f(0) + f'(0)x + \frac{f''(0)}{2!}x^2 + \cdots + \frac{f^{(n)}(0)}{n!}x^n + \cdots \quad x \in (-R, R).$$

例 1　将函数 $f(x) = \mathrm{e}^x$ 展开成 x 的幂级数.

解　因为 $f^{(n)}(x) = \mathrm{e}^x$，$(n = 1, 2, 3\cdots)$，所以 $f^{(n)}(0) = 1$，$(n = 1, 2, 3\cdots)$；又 $f(0) = 1$，于是函数 e^x 的麦克劳林级数为

$$1 + x + \frac{x^2}{2!} + \cdots + \frac{x^n}{n!} + \cdots,$$

容易算出它的收敛半径为 $R = +\infty$.

对于任意的实数 x，余项的绝对值

$$|R_n(x)| = \left| \frac{f^{(n+1)}(\xi)}{(n+1)!}x^{n+1} \right| = \left| \frac{\mathrm{e}^\xi}{(n+1)!}x^{n+1} \right| \leqslant \mathrm{e}^{|x|} \frac{|x|^{n+1}}{(n+1)!} \text{（其中 ξ 是介于 0 到 x 之}$$

间的一个数）

由于 $\dfrac{|x|^{n+1}}{(n+1)!}$ 为级数 $\sum\limits_{n=0}^{\infty} \dfrac{|x|^n}{n!}$ 的一般项，而级数 $\sum\limits_{n=0}^{\infty} \dfrac{|x|^n}{n!}$ 是收敛的，由级数收敛的

必要条件知 $\lim\limits_{n\to\infty} \dfrac{|x|^{n+1}}{(n+1)!} = 0$，且 $\mathrm{e}^{|x|}$ 又是与 n 无关的一个有限数，所以当 $n\to\infty$ 时

$\mathrm{e}^{|x|}\dfrac{|x|^{n+1}}{(n+1)!}\to 0$，即 $\lim\limits_{n\to\infty} R_n(x) = 0.$

因此函数 e^x 的幂级数展开式为

$$\mathrm{e}^x = 1 + x + \frac{x^2}{2!} + \cdots + \frac{x^n}{n!} + \cdots \qquad x \in (-\infty, +\infty).$$

用直接展开法还可以推出以下函数的幂级数展开式：

$$\sin x = x - \frac{x^3}{3!} + \frac{x^5}{5!} - \cdots + (-1)^{n-1}\frac{x^{2n-1}}{(2n-1)!} + \cdots \qquad x \in (-\infty, +\infty).$$

$$(1+x)^\alpha = 1 + \alpha x + \frac{\alpha(\alpha-1)}{2!}x^2 + \cdots + \frac{\alpha(\alpha-1)\cdots(\alpha-n+1)}{n!}x^n + \cdots \qquad x \in (-1, 1).$$

当 $\alpha = -1$，$\alpha = \dfrac{1}{2}$，$\alpha = -\dfrac{1}{2}$ 时，有如下三个常用的二项展开式：

$$\frac{1}{1+x} = 1 - x + x^2 - x^3 + \cdots + (-1)^n x^n + \cdots \qquad x \in (-1, 1).$$

$$\sqrt{1+x} = 1 + \frac{1}{2}x - \frac{1}{2\times4}x^2 + \frac{1\times3}{2\times4\times6}x^3 - \frac{1\times3\times5}{2\times4\times6\times8}x^4 + \cdots \qquad x \in [-1, 1).$$

$$\frac{1}{\sqrt{1+x}} = 1 - \frac{1}{2}x + \frac{1}{2\times4}x^2 - \frac{1\times3}{2\times4\times6}x^3 + \frac{1\times3\times5}{2\times4\times6\times8}x^4 + \cdots \qquad x \in (-1, 1].$$

2. 间接展开法

一般来说，在直接展开法中求函数 $f(x)$ 的任意阶导数是比较麻烦的，通常采用间接展开法.

间接展开法是以一些已知的函数幂级数展开式为基础，利用幂级数的性质，以及变量变换等方法，求函数的幂级数展开式.

例 2 求函数 $f(x) = \cos x$ 展开成 x 的幂级数.

解 因为 $(\sin x)' = \cos x$，已知

$$\sin x = x - \frac{x^3}{3!} + \frac{x^5}{5!} - \cdots + (-1)^{n-1}\frac{x^{2n-1}}{(2n-1)!} + \cdots \qquad x \in (-\infty, +\infty).$$

故在上述的收敛区间内，利用幂级数可逐项求导的性质，得到函数 $\cos x$ 的幂级数展开式

$$\cos x = 1 - \frac{x^2}{2!} + \frac{x^4}{4!} - \cdots + (-1)^n\frac{x^{2n}}{(2n)!} + \cdots \qquad x \in (-\infty, +\infty).$$

例 3 求函数 $f(x) = \ln(1+x)$ 展开成 x 的幂级数.

解 因为 $\ln(1+x) = \displaystyle\int_0^x \frac{1}{1+t}\mathrm{d}t$，已知

$$\frac{1}{1+x} = 1 - x + x^2 - x^3 + \cdots + (-1)^n x^n + \cdots \qquad x \in (-1, 1).$$

故在上述的收敛区间内，利用幂级数可逐项求积的性质，得到函数 $\ln(1+x)$ 的幂级数展

开式

$$\ln(1+x) = \int_0^x \left[1 - t + t^2 - t^3 + \cdots + (-1)^n t^n + \cdots\right] dt$$

$$= x - \frac{x^2}{2} + \frac{x^3}{3} - \cdots + (-1)^{n-1}\frac{x^n}{n} + \cdots \quad x \in (-1, 1].$$

前面讨论了几个常用的函数的幂级数展开式，现归纳如下：

(1) $e^x = 1 + x + \frac{x^2}{2!} + \cdots + \frac{x^n}{n!} + \cdots \quad x \in (-\infty, +\infty)$;

(2) $\sin x = x - \frac{x^3}{3!} + \frac{x^5}{5!} - \cdots + (-1)^{n-1}\frac{x^{2n-1}}{(2n-1)!} + \cdots \quad x \in (-\infty, +\infty)$;

(3) $\cos x = 1 - \frac{x^2}{2!} + \frac{x^4}{4!} - \cdots + (-1)^n\frac{x^{2n}}{(2n)!} + \cdots \quad x \in (-\infty, +\infty)$;

(4) $\ln(1+x) = x - \frac{x^2}{2} + \frac{x^3}{3} - \cdots + (-1)^{n-1}\frac{x^n}{n} + \cdots \quad x \in (-1, 1]$;

(5) $\frac{1}{1-x} = 1 + x + x^2 + x^3 + \cdots + x^n + \cdots \quad x \in (-1, 1)$;

(6) $(1+x)^\alpha = 1 + \alpha x + \frac{\alpha(\alpha-1)}{2!}x^2 + \cdots + \frac{\alpha(\alpha-1)\cdots(\alpha-n+1)}{n!}x^n + \cdots \quad x \in (-1, 1)$.

利用这六个公式可帮助求某些较复杂的函数的幂级数展开式，因此读者必须熟记这六个公式.

例4 将下列函数展开成 x 的幂级数：

(1) $\arctan x$;　　　(2) $\ln\frac{1+x}{1-x}$.

解 (1) 因为 $\arctan x = \int_0^x \frac{1}{1+t^2} dt$，而函数 $\frac{1}{1+x^2}$ 的幂级数展开式可利用公式

$$\frac{1}{1-x} = 1 + x + x^2 + x^3 + \cdots + x^n + \cdots \quad x \in (-1, 1),$$

只要将公式中 x 换成 $-x^2$，即可得到函数 $\frac{1}{1+x^2}$ 的幂级数展开式

$$\frac{1}{1+x^2} = 1 - x^2 + x^4 - x^6 + \cdots + (-1)^n x^{2n} + \cdots \quad x \in (-1, 1),$$

将上式两端分别积分得到

$$\arctan x = x - \frac{x^3}{3} + \frac{x^5}{5} - \cdots + (-1)^n\frac{x^{2n+1}}{2n+1} + \cdots \quad x \in [-1, 1].$$

(2) 因为 $\ln(1+x) = x - \frac{x^2}{2} + \frac{x^3}{3} - \cdots + (-1)^{n-1}\frac{x^n}{n} + \cdots \quad x \in (-1, 1]$,

把其中 x 换成 $-x$，得

$$\ln(1 - x) = -x - \frac{x^2}{2} - \frac{x^3}{3} - \cdots - \frac{x^n}{n} - \cdots \quad x \in [-1, 1),$$

因此在他们收敛于的公共部分，两个级数逐项相减得到 $\ln \frac{1 + x}{1 - x}$ 的幂级数展开式，

即 $$\ln \frac{1 + x}{1 - x} = \ln(1 + x) - \ln(1 - x)$$

$$= 2\left(x + \frac{x^3}{3} + \frac{x^5}{5} + \cdots + \frac{x^{2n+1}}{2n + 1} + \cdots\right) \quad x \in (-1, 1).$$

例 5 将函数 $\frac{1}{5 - x}$ 展开成 $x - 2$ 的幂级数.

解 前面的五例都是把函数展开成 x 的幂级数，对展开成 $x - 2$ 的幂级数，可以进行变量代换，令 $x - 2 = t$，则 $x = t + 2$，

$$\frac{1}{5 - x} = \frac{1}{3 - t} = \frac{1}{3} \cdot \frac{1}{1 - \frac{t}{3}}$$

$$= \frac{1}{3}\left[1 + \frac{t}{3} + \left(\frac{t}{3}\right)^2 + \cdots + \left(\frac{t}{3}\right)^n + \cdots\right] \quad \left(-1 < \frac{t}{3} < 1\right).$$

用 $t = x - 2$ 回代，得

$$\frac{1}{5 - x} = \frac{1}{3}\left[1 + \frac{x - 2}{3} + \left(\frac{x - 2}{3}\right)^2 + \cdots + \left(\frac{x - 2}{3}\right)^n + \cdots\right]$$

$$= \frac{1}{3} + \frac{1}{3^2}(x - 2) + \frac{1}{3^3}(x - 2)^2 + \cdots + \frac{1}{3^{n+1}}(x - 2)^n + \cdots$$

由 $-1 < \frac{x - 2}{3} < 1$，得 $-3 < x - 2 < 3$，即 $-1 < x < 5$，则函数可展开成幂级数的收敛区间为 $(-1, 5)$.

习题 11.4

1. 将下列函数展开成 x 的幂级数

(1) $f(x) = e^{-2x}$；

(2) $f(x) = \sin \frac{x}{2}$；

(3) $f(x) = \ln(2 + x)$；

(4) $f(x) = \frac{e^x - e^{-x}}{2}$；

(5) $f(x) = \frac{1}{(1 - x)^2}$；

(6) $f(x) = \frac{x}{1 - x - 2x^2}$；

(7) $f(x) = \ln(2 - x - x^2)$；

(8) $f(x) = \sin^2 x$.

2. 将函数 $f(x) = \int_0^x \frac{\sin t}{t} dt$ 展开成 x 的幂级数.

3. 将函数 $f(x) = \frac{1}{x}$ 展开成 $(x - 3)$ 的幂级数.

4. 将函数 $f(x) = \ln x$ 展开成 $(x - 3)$ 的幂级数.

第五节 幂级数在近似计算上的应用

由于函数的幂级数展开式的收敛区间内，可以用多项式近似表示该函数，这样易于计算函数值的近似值，因而利用函数的幂级数展开式，按照预定的精度，计算函数的近似值，这是幂级数的主要应用之一.

在用幂级数作近似计算时，关键是误差的估计，取幂级数前 n 项和作近似计算时，估计误差的方法通常有：

(1) 误差是无穷级数的余项 r_n 的绝对值，即 $|r_n|$ 的每一项适当放大，成为一个收敛的等比级数，由等比级数的求和公式，求得误差的估计值.

(2) 利用函数的麦克劳林公式中的拉格朗日型余项 $|R_n(x)|$ 进行误差估计.

(3) 当幂级数是交错级数，且满足莱布尼茨审敛法的条件，则在收敛区间内误差 $|r_n|$ 小于第 $n+1$ 项的绝对值，即

$$|r_n| < u_{n+1}.$$

一、函数值的近似计算

例 1 计算 $\sin 9°$ 的近似值，精确到 10^{-5}.

解 令 $f(x) = \sin x$，则 $f\left(\dfrac{\pi}{20}\right) = \sin\dfrac{\pi}{20} = \sin 9°$，

由于　$\sin x = x - \dfrac{x^3}{3!} + \dfrac{x^5}{5!} - \cdots + (-1)^{n-1}\dfrac{x^{2n-1}}{(2n-1)!} + \cdots \quad x \in (-\infty, \infty)$，

所以　$\sin 9° = \sin\left(\dfrac{\pi}{20}\right) = \dfrac{\pi}{20} - \dfrac{1}{3!}\left(\dfrac{\pi}{20}\right)^3 + \dfrac{1}{5!}\left(\dfrac{\pi}{20}\right)^5 - \cdots + (-1)^{n-1}\dfrac{1}{n!}\left(\dfrac{\pi}{20}\right)^n + \cdots$

若取级数的前两项作为 $\sin 9°$ 的近似值，误差为 $|r_2| \leqslant \dfrac{1}{5!}\left(\dfrac{\pi}{20}\right)^5 < \dfrac{1}{120} \times 0.2^5 < 10^{-5}$，满足题目要求，因此

$$\sin 9° \approx \dfrac{\pi}{20} - \dfrac{1}{3!}\left(\dfrac{\pi}{20}\right)^3 \approx 2.156\,43.$$

例 2 计算 e 的近似值，精确到 10^{-4}.

解 令 $f(x) = e^x$，则 $f(1) = e$，

由于　$e^x = 1 + x + \dfrac{x^2}{2!} + \cdots + \dfrac{x^n}{n!} + \cdots \quad x \in (-\infty, +\infty)$，

所以　$e = 1 + 1 + \dfrac{1}{2!} + \cdots + \dfrac{1}{n!} + \cdots$，

误差为　$|r_n| = |R_{n+1}(1)| = \left|\dfrac{e^\xi}{(n+1)!}\right| < \dfrac{3}{(n+1)!} \quad (0 < \xi < 1)$

要是误差小于 10^{-4}，只要 $\dfrac{3}{(n+1)!} < 10^{-4}$，$n = 7$ 时 $\dfrac{3}{8!} = 7.45 \times 10^{-5} < 10^{-4}$，满足题目要求，因此

$$e = 1 + 1 + \frac{1}{2!} + \cdots + \frac{1}{7!} \approx 2.718\,3.$$

二、用幂级数表示函数

例 3　求 $f(x) = e^{-x^2}$ 的原函数.

解　由于 e^{-x^2} 的原函数不能用初等函数表示，所以求它的原函数不能用第四章讲的求原函数的方法求得.

因为　$e^{-x^2} = 1 - x^2 + \dfrac{x^4}{2!} + \cdots + (-1)^n \dfrac{x^{2n}}{n!} + \cdots = \displaystyle\sum_{n=0}^{\infty} (-1)^n \dfrac{x^{2n}}{n!}$　$x \in (-\infty, +\infty)$,

利用幂级数逐项积分的性质可得：

$$\int_0^x e^{-t^2}dt = \int_0^x \left(1 - t^2 + \frac{t^4}{2!} + \cdots + (-1)^{n-1} \frac{t^{2n}}{n!} + \cdots\right)dt = \int_0^x \left(\sum_{n=0}^{\infty} (-1)^n \frac{t^{2n}}{n!}\right)dt$$

$$= \int_0^x dt - \int_0^x t^2 dt + \int_0^x \frac{t^4}{2!}dt - \cdots + \int_0^x (-1)^n \frac{t^{2n}}{n!} + \cdots dt$$

$$= x - \frac{x^3}{3} + \frac{x^5}{5 \times 2!} - \cdots + (-1)^n \frac{x^{2n+1}}{(2n+1)(n!)} + \cdots$$

$$= \sum_{n=0}^{\infty} (-1)^n \frac{x^{2n+1}}{(2n+1)(n!)} \quad x \in (-\infty, +\infty),$$

利用幂级数还可以解在前面第七章中不能求解的一些微分方程，也可以进行对数学中非常重要和常用的公式——欧拉公式的证明，这里不一一介绍了.

习题 11.5

1. 计算 $\sin 18°$ 的近似值，精确到 10^{-5}.

2. 计算 $\dfrac{2}{\sqrt{\pi}} \displaystyle\int_0^1 e^{-x^2}dx$ 的近似值，精确到 10^{-4}（取 $\dfrac{1}{\sqrt{\pi}} \approx 0.564\,19$）.

本章小结

一、基本概念

无穷级数　无穷级数的部分和　无穷级数的收敛　　无穷级数的发散　正项级数　交错级数　任意项级数　绝对收敛　条件收敛　幂级数　幂级数的收敛半径　幂级数的收敛域　幂级数的和函数　函数的幂级数展开式

二、基本定理

级数收敛的必要条件定理　数项级数的性质定理　正项级数收敛的充要条件定理　任意项级数的绝对收

敛与级数收敛的关系定理 幂级数的性质定理 p-级数的敛散性

三、基本方法

根据定义判断数项级数的敛散性的方法 正项级数的比较审敛法 正项级数的比值审敛法 交错级数的莱布尼茨审敛法 幂级数收敛区间的求法 求幂级数的和函数的方法

四、基本公式

几何级数的和的公式 函数 $\dfrac{1}{1+x}$，$\dfrac{1}{1-x}$，$\ln(1+x)$，e^x，$\sin x$，$\cos x$ 的幂级数的展开式 幂级数收敛半径的计算公式

五、疑点解析

六、基本题型

1. 判断任意项级数的敛散性；

2. 判断正项级数的敛散性；

3. 判断交错级数的敛散性；

4. 判断级数的绝对收敛与条件收敛；

5. 求幂级数的收敛半径；

6. 求幂级数的收敛区间；

7. 求幂级数的和函数；

8. 求函数的幂级数展开式.

七、应注意的问题

1. 数项级数收敛和发散的判别步骤

（1）先考察是否有 $\lim\limits_{n\to\infty} u_n \neq 0$，如果有，那么级数 $\sum\limits_{n=1}^{\infty} u_n$ 必定发散.

（2）对正项级数用比值审敛法判别，如果 $\lim\limits_{n\to\infty} \dfrac{u_{n+1}}{u_n} = 1$，再用比较审敛法或定义判别. 特别地，如果所给级数是等比级数或 p-级数，那么可直接利用结论加以判别.

（3）如果 $\lim\limits_{n\to\infty} u_n = 0$，对交错级数采用莱布尼茨审敛法判别，

（4）对任意项级数可根据正项级数 $\sum\limits_{n=1}^{\infty} \left| u_n \right|$ 的敛散性，来判断原级数是条件收敛还是绝对收敛.

2. 幂级数的收敛域的求法

先求收敛半径 R，确定收敛区间 $(-R, R)$，再将 $x = \pm R$ 分别代入幂级数中成为数项级数，按数项级数的审敛法判断其敛散性，从而求出收敛域.

注意，在我们讨论的幂级数中，有的不能直接用定理来求收敛区间，需用变量代换的方法把所给的幂级数变换成新变量的幂级数，然后再利用定理求其收敛区间.

3. 掌握六个重要的初等函数的幂级数展开式

（1）$e^x = 1 + x + \dfrac{x^2}{2!} + \cdots + \dfrac{x^n}{n!} + \cdots \quad x \in (-\infty, \infty)$；

（2）$\sin x = x - \dfrac{x^3}{3!} + \dfrac{x^5}{5!} - \cdots + (-1)^{n-1} \dfrac{x^{2n-1}}{(2n-1)!} + \cdots \quad x \in (-\infty, \infty)$；

（3）$\cos x = 1 - \dfrac{x^2}{2!} + \dfrac{x^4}{4!} - \cdots + (-1)^n \dfrac{x^{2n}}{(2n)!} + \cdots \quad x \in (-\infty, \infty)$；

$(4)\ \ln(1+x) = x - \dfrac{x^2}{2} + \dfrac{x^3}{3} - \cdots + (-1)^{n-1}\dfrac{x^n}{n} + \cdots\ \ \ x \in (-1,\ 1]$;

$(5)\ \ \dfrac{1}{1-x} = 1 + x + x^2 + x^3 + \cdots + x^n + \cdots\ \ \ x \in (-1,\ 1)$;

$(6)\ \ (1+x)^\alpha = 1 + \alpha x + \dfrac{\alpha(\alpha-1)}{2!}x^2 + \cdots + \dfrac{\alpha(\alpha-1)\cdots(\alpha-n+1)}{n!}x^n + \cdots\ \ x \in (-1,\ 1)$.

掌握这几种展开式，便于我们用间接法求函数的幂级数展开式.

复习题十一

1. 选择题

(1) 如果 $\lim\limits_{n \to \infty} u_n = 0$，那么数项级数 $\sum\limits_{n=1}^{\infty} u_n$ ( ).

A. 一定收敛，且和为零　　　　　　　B. 一定收敛，且和不为零

C. 一定发散　　　　　　　　　　　　D. 可能收敛，也可能发散

(2) 如果数项级数 $\sum\limits_{n=1}^{\infty} u_n$ 收敛，则 ( ).

A. $\lim\limits_{n \to \infty} S_n = 0,\ \ (S_n = u_1 + u_2 + \cdots + u_n)$

B. $\lim\limits_{n \to \infty} u_n \neq 0$

C. $\lim\limits_{n \to \infty} S_n$ 存在, $(S_n = u_1 + u_2 + \cdots + u_n)$

D. $\lim\limits_{n \to \infty} \sum\limits_{k=1}^{n} u_k = 0$

(3) $\sum\limits_{n=1}^{\infty} \left(\dfrac{1}{n}\right)^2$ 是 ( ).

A. 等比级数　　　　　　　　　　　　B. p- 级数

C. 调和级数　　　　　　　　　　　　D. 等差级数

(4) 若正项级数 $\sum\limits_{n=1}^{\infty} a_n$ 和 $\sum\limits_{n=1}^{\infty} b_n$ 满足 $a_n \leqslant b_n\ (n = 1,\ 2,\ 3,\ \cdots)$，则下面结论正确的是 ( ).

A. 若 $\sum\limits_{n=1}^{\infty} a_n$ 收敛，则 $\sum\limits_{n=1}^{\infty} b_n$ 收敛　　　B. 若 $\sum\limits_{n=1}^{\infty} a_n$ 发散，则 $\sum\limits_{n=1}^{\infty} b_n$ 发散

C. 若 $\sum\limits_{n=1}^{\infty} b_n$ 收敛，则 $\sum\limits_{n=1}^{\infty} a_n$ 收敛　　　D. 若 $\sum\limits_{n=1}^{\infty} b_n$ 发散，则 $\sum\limits_{n=1}^{\infty} a_n$ 发散

(5) 已知 $\sum\limits_{n=1}^{\infty} u_n$ 是正项级数，下列命题成立的是 ( ).

A. 如果 $\lim\limits_{n \to \infty} \dfrac{u_{n+1}}{u_n} = \rho < 1$，那么级数 $\sum\limits_{n=1}^{\infty} u_n$ 收敛

B. 如果 $\lim\limits_{n \to \infty} \dfrac{u_n}{u_{n+1}} = \rho \leqslant 1$，那么级数 $\sum\limits_{n=1}^{\infty} u_n$ 收敛

C. 如果 $\lim\limits_{n \to \infty} \dfrac{u_{n+1}}{u_n} = \rho \leqslant 1$，那么级数 $\sum\limits_{n=1}^{\infty} u_n$ 收敛

D. 如果 $\lim\limits_{n \to \infty} \dfrac{u_n}{u_{n+1}} = \rho < 1$，那么级数 $\sum\limits_{n=1}^{\infty} u_n$ 收敛

(6) 下列级数中，收敛的有（　　　）.

A. $\sum\limits_{n=1}^{\infty} \dfrac{1}{n}$

B. $\sum\limits_{n=1}^{\infty} \dfrac{1}{n\sqrt{n}}$

C. $\sum\limits_{n=1}^{\infty} \dfrac{1}{\sqrt[3]{n^2}}$

D. $\sum\limits_{n=1}^{\infty} \dfrac{n+1}{n^{1+\alpha}}$（$\alpha$ 为小于 1 的正数）

(7) 下列级数中，绝对收敛的有（　　　）.

A. $\sum\limits_{n=1}^{\infty} (-1)^n \dfrac{n+1}{n}$

B. $\sum\limits_{n=1}^{\infty} \dfrac{(-1)^{n-1}}{n\sqrt{n}}$；

C. $\sum\limits_{n=1}^{\infty} (-1)^n \left(\dfrac{3}{2}\right)^n$

D. $\sum\limits_{n=1}^{\infty} \dfrac{1}{n^{\frac{1}{4}}}$

(8) 幂级数 $\sum\limits_{n=1}^{\infty} \dfrac{(x-3)^n}{\sqrt{n}}$ 的收敛域为（　　　）.

A. $[-1, 1)$　　　　B. $(2, 4)$　　　C. $[2, 4)$　　　　D. $(2, 4]$

(9) 幂级数 $\sum\limits_{n=1}^{\infty} \dfrac{n \cdot x^{2n}}{2^n}$ 的收敛区间为（　　　）.

A. $\left(-\dfrac{1}{2}, \dfrac{1}{2}\right)$

B. $(-2, 2)$

C. $\left(-\dfrac{1}{\sqrt{2}}, \dfrac{1}{\sqrt{2}}\right)$

D. $(-\sqrt{2}, \sqrt{2})$

(10) 幂级数 $\sum\limits_{n=0}^{\infty} (-1)^n \dfrac{x^n}{2^n}(|x| < 2)$ 的和函数是（　　　）.

A. $\dfrac{1}{1+2x}$

B. $\dfrac{1}{1-2x}$

C. $\dfrac{2}{2+x}$

D. $\dfrac{2}{2-x}$

2. 填空题

(1) 级数 $1 - \dfrac{1}{2} + \dfrac{1}{4} - \dfrac{1}{8} + \dfrac{1}{16} - \dfrac{1}{32} + \cdots$ 的通项 $u_n = $ _____；

(2) 已知级数 $\sum\limits_{n=1}^{\infty} u_n$ 的部分和 $S_n = \dfrac{n}{2n+1}$，则 $\sum\limits_{n=1}^{\infty} u_n = $ _____，$u_n = $ _____.

(3) 级数 $\sum\limits_{n=1}^{\infty} ar^n$（$a$, r 为常数），当 $|r| < 1$ 时，级数的敛散性为 _____；

(4) 级数 $\sum\limits_{n=1}^{\infty} \dfrac{1}{n^p}$（$p > 0$），当 p 满足_____时，级数收敛；

(5) 级数 $\sum\limits_{n=1}^{\infty} a_n$ 收敛，$\sum\limits_{n=1}^{\infty} b_n$ 发散，那么级数 $\sum\limits_{n=1}^{\infty} (a_n + b_n)$ 的敛散性为_____；

(6) 设幂级数 $\sum\limits_{n=0}^{\infty} a_n x^n$ 满足 $\lim\limits_{n\to\infty} \left| \dfrac{a_{n+1}}{a_n} \right| = \rho$，则当 $\rho = 0$ 时，幂级数的收敛半径 $R = $ _____；

(7) 设幂级数 $\sum\limits_{n=0}^{\infty} a_n x^n$ 的收敛半径为 R，和函数为 $S(x)$，则幂级数 $a_1 + 2a_2 x + 3a_3 x^2 + 4a_4 x^3 + \cdots$ 的收敛半径为 _____，和函数为 _____；

（8）函数 $\ln\left(1 + \dfrac{x^2}{2}\right)$ 的麦克劳林级数展开式为 _____ .

3. 判断下列级数的敛散性

（1）$\displaystyle\sum_{n=1}^{\infty} \frac{n^2}{2n^2 + 1}$ ；

（2）$\displaystyle\sum_{n=1}^{\infty} \frac{\sin n}{n^3}$ ；

（3）$\displaystyle\sum_{n=1}^{\infty} (-1)^{n-1}\ln\left(1 + \frac{1}{n}\right)$ ；

（4）$\displaystyle\sum_{n=1}^{\infty} \frac{2n - 1}{2^{\frac{n}{2}}}$.

4. 求下列幂级数的收敛域

（1）$\displaystyle\sum_{n=0}^{\infty} \frac{n}{3^n}x^n$ ；

（2）$\displaystyle\sum_{n=0}^{\infty} \frac{(-1)^n}{n}(x - 4)^n$.

5. 将下列函数展开成麦克劳林级数

（1）xe^{-2x} ；

（2）$\ln(2x + 4)$.

6. 求幂级数 $\displaystyle\sum_{n=0}^{\infty} (-1)^{n-1}nx^{n-1}$ 在收敛域 $(-1, 1)$ 内的和函数.

第十二章　微分方程

【教学目标】 通过学习，理解微分方程的基本概念，掌握可分离变量及一阶线性微分方程解的求法，掌握二阶常系数线性微分方程的通解的求法，对于可降阶的二阶微分方程会降阶，对于二阶常系数线性微分方程会设特解.

本章在不定积分的基础上，讲述一阶和二阶微分方程解的求法.

第一节　一阶微分方程

引例　一曲线通过点（1，2），且该曲线上任意点的切线斜率等于该点的横坐标的平方，求此曲线方程.

解　设所求曲线的方程为 $y = y(x)$ ，由导数的几何意义知

$$\frac{\mathrm{d}y}{\mathrm{d}x} = x^2 \quad 或 \quad \mathrm{d}y = x^2\mathrm{d}x \tag{①}$$

把①式两端求不定积分，得

$$y = \frac{1}{3}x^3 + C \tag{②}$$

其中 C 为任意常数. 上式为满足①式的所有函数，即曲线上任意点的切线斜率等于该点横坐标的平方的所有曲线. 本题要求的曲线过点（1，2），即

$$y\big|_{x=1} = 2 \tag{③}$$

将③代入②得 $C = \dfrac{5}{3}$ ，所以

$$y = \frac{1}{3}x^3 + \frac{5}{3} \tag{④}$$

即为所求的曲线.

由以上例子，引入微分方程的有关概念.

一、微分方程的概念

定义　含有未知函数的导数（或微分）的方程称为**微分方程**. 其一般形式为

$$F(x, y', y'', \cdots, y^{(n)}) = 0$$

微分方程中出现的未知函数的最高阶导数的阶数，叫做**微分方程的阶**.

如果把某个函数以及它的各阶导数代入微分方程，能使方程成为恒等式，这个函数称**微分方程的解**. 微分方程的解有通解与特解两种形式.

n 阶微分方程的解中含有 n 个独立的任意常数，叫 **n 阶微分方程的通解**.

凡是满足特定条件即**初始条件**，不含有任意常数的解，叫**微分方程的特解**.

如引例中，①式叫一阶微分方程；②式叫微分方程①的通解；③式是初始条件（初始条件的个数应与方程阶数相同）；④式叫微分方程①的通解.

例1　汽车以 10m/s 的速度行驶，到某处需要减速停车. 设汽车以加速度 $a=-5\text{m/s}^2$ 刹车. 求汽车位移随时间的变化规律.

解　要求在这段时间内，汽车所走过的距离，先设在时间 t 内，汽车的位移为 $S(t)$，速度为 $v(t)$.

根据导数的物理意义：$a=v'=S''$

根据题意，可得二阶微分方程

$$S''(t)=-5. \qquad ①$$

根据原函数的概念，可得

$$S'(t)=-5t+C_1 \qquad ②$$

所以，微分方程的通解

$$S(t)=-\frac{5}{2}t^2+C_1t+C_2. \qquad ③$$

又根据初始条件 $S|_{t=0}=0$，$v|_{t=0}=10$ 代入①，②得

$$S(t)=-\frac{5}{2}t^2+10t \qquad ④$$

上述例1中，①式是二阶微分方程，②式是一阶微分方程，③是微分方程①的通解，④是微分方程①满足初始条件的特解.

上述问题也可以归纳为初值问题：

$$\begin{cases} s''(t)=-5, \\ s(0)=0,\ v(0)=10. \end{cases}$$

以后我们讨论形如

$$y'=f(x,y) \quad 或 \quad M(x,y)\mathrm{d}x+N(x,y)\mathrm{d}y=0$$

的微分方程，其初始条件的一般形式是

$$y|_{x=x_0}=y_0 \quad 或 \quad y(x_0)=y_0$$

微分方程与其初始条件构成的问题，称为**初值问题**.

例如求微分方程 $y'=f(x,y)$ 满足初始条件 $y|_{x=x_0}=y_0$ 的解，即求初值问题

$$\begin{cases} y'=f(x,y), \\ y|_{x=x_0}=y_0. \end{cases}$$

求微分方程的解较复杂，下面介绍可分离变量的微分方程和一阶线性微分方程的解法.

二、可分离变量的微分方程

如果一阶微分方程能表示为

$$y'=f(x)g(y) \quad 或 \quad M_1(x)N_2(y)\mathrm{d}x+M_2(x)N_1(y)\mathrm{d}y=0$$

则称此方程为**可分离变量的一阶微分方程**.

将变量分离后，得

$$\frac{\mathrm{d}y}{g(y)} = f(x)\mathrm{d}x \quad \text{或} \quad \frac{M_1(x)}{M_2(x)}\mathrm{d}x = -\frac{N_1(y)}{N_2(y)}\mathrm{d}y$$

然后两边积分，得

$$\int \frac{\mathrm{d}y}{g(y)} = \int f(x)\mathrm{d}x \quad \text{或} \quad \int \frac{M_1(x)}{M_2(x)}\mathrm{d}x = -\int \frac{N_1(y)}{N_2(y)}\mathrm{d}y$$

即可得微分方程通解.

例 2　求 $y' = xy$ 的通解.

解　分离变量，得

$$\frac{\mathrm{d}y}{y} = x\mathrm{d}x$$

等式两边积分，得

$$\int \frac{\mathrm{d}y}{y} = \int x\mathrm{d}x$$

即

$$\ln|y| = \frac{1}{2}x^2 + C_1$$

$$|y| = \mathrm{e}^{\frac{1}{2}x^2 + C_1} = \mathrm{e}^{C_1} \cdot \mathrm{e}^{\frac{1}{2}x^2}$$

去掉绝对值符号，得

$$y = \pm\mathrm{e}^{C_1} \cdot \mathrm{e}^{\frac{1}{2}x^2}$$

令 $C = \pm\mathrm{e}^{C_1}$，得 $y = C\mathrm{e}^{\frac{1}{2}x^2}$.

即为所求的微分方程的通解.

为了以后计算方便，我们约定凡是 $\ln|y|$ 均可写成 $\ln y$，求解过程中的常数 C 是任意的.

例 3　求初值问题

$$\begin{cases} x\mathrm{d}y - 3y\mathrm{d}x = 0, \\ y|_{x=1} = 1. \end{cases}$$

解　分离变量，得

$$\frac{\mathrm{d}y}{y} = \frac{3\mathrm{d}x}{x}$$

等式两边积分，得

$$\ln y = 3\ln x + \ln C \, (\text{将积分常数写成} \ln C，\text{是简化计算})$$

于是　　　　　　　　　　$$\ln y = \ln Cx^3$$

所以，微分方程的通解是

$$y = Cx^3.$$

将 $x = 1$，$y = 1$ 代入，得 $C = 1$，所以初值问题的解是

$$y = x^3.$$

例 4　求初值问题

$$\begin{cases} y' = \dfrac{y}{x} + \tan\dfrac{y}{x}, \\ y\Big|_{x=1} = \dfrac{\pi}{6}. \end{cases}$$

解　此方程不能直接分离变量，但是方程中都含有 $\dfrac{y}{x}$，这样的方程称为**齐次方程**. 其通常解法是

令 $u = \dfrac{y}{x}$，则 $y = ux$，$y' = xu' + u$，代入得

$$xu' + u = u + \tan u$$

化简，分离变量，得（$u' = \dfrac{\mathrm{d}u}{\mathrm{d}x}$）

$$\cot u\,\mathrm{d}u = \frac{1}{x}\mathrm{d}x$$

两边积分，得

$$\ln\sin u = \ln x + \ln C$$

即

$$\sin u = Cx$$

换回原变量，得通解

$$\sin\frac{y}{x} = Cx.$$

将 $x = 1$，$y = \dfrac{\pi}{6}$ 代入，得 $C = \dfrac{1}{2}$，所以初值问题的解为

$$\sin\frac{y}{x} = \frac{1}{2}x.$$

三、一阶线性微分方程

未知函数及其导数都是一次的一阶微分方程，形如

$$\frac{\mathrm{d}y}{\mathrm{d}x} + P(x)y = Q(x) \tag{①}$$

称为**一阶线性微分方程模型**. 若 $Q(x) \equiv 0$，得

$$\frac{\mathrm{d}y}{\mathrm{d}x} + P(x)y = 0 \tag{②}$$

称为**一阶线性齐次方程模型**. 此时可将方程②分离变量，得

$$\frac{\mathrm{d}y}{y} = -P(x)\,\mathrm{d}x$$

$$\ln y = -\int P(x)\,\mathrm{d}x + C_1$$

得模型②的通解为

$$y = Ce^{-\int P(x)\mathrm{d}x} \tag{③}$$

其中 $C = \pm e^{C_1}$ 为任意常数.

下面我们来求方程①的通解.

用**常数变易法**，将与①对应的齐次方程②的通解③中的任意常数 C，换成待定的函数 $u(x)$，即设

$$y = u(x)e^{-\int P(x)\mathrm{d}x} \tag{④}$$

是①的解. 由于

$$y' = u'(x)\mathrm{e}^{-\int P(x)\mathrm{d}x} - u(x)p(x)\mathrm{e}^{-\int P(x)\mathrm{d}x} \tag{⑤}$$

将④和⑤代入①得

$$u'(x) = Q(x)\mathrm{e}^{\int P(x)\mathrm{d}x}$$

积分得

$$u(x) = \int Q(x)\mathrm{e}^{\int P(x)\mathrm{d}x}\mathrm{d}x + C$$

代入④得

$$y = \mathrm{e}^{-\int P(x)\mathrm{d}x}\left[\int Q(x)\mathrm{e}^{\int P(x)\mathrm{d}x}\mathrm{d}x + C\right] \tag{⑥}$$

这就是一阶线性微分方程的通解.

例 5 求 $xy' + y = \sin x$ 的通解.

解 把方程化为标准的一阶线性的微分方程模型，得

$$y' + \frac{y}{x} = \frac{\sin x}{x}$$

解法一：用常数变异法

先求对应的一阶线性齐次方程

$$xy' + y = 0$$

的通解. 分离变量，得

$$\frac{\mathrm{d}y}{y} = -\frac{\mathrm{d}x}{x}$$

解得通解为

$$y = \frac{C}{x}.$$

然后，把通解中的 C，看做变量 $C(x)$，则

$$y = \frac{C(x)}{x} \quad \text{且} \quad y' = \frac{C'(x)}{x} - \frac{C(x)}{x^2}.$$

代入原方程，得

$$\frac{C'(x)}{x} - \frac{C(x)}{x^2} + \frac{1}{x} \cdot \frac{C(x)}{x} = \frac{\sin x}{x}.$$

即

$$C'(x) = \sin x.$$

解之

$$C(x) = -\cos x + C.$$

所以，原方程的通解为

$$y = \frac{1}{x}(-\cos x + C).$$

解法二：用公式⑥，对应一阶线性微分方程模型的标准形式可得

$$P(x) = \frac{1}{x}, \quad Q(x) = \frac{\sin x}{x}.$$

计算

$$\mathrm{e}^{-\int P(x)\mathrm{d}x} = \mathrm{e}^{-\int \frac{1}{x}\mathrm{d}x} = \mathrm{e}^{-\ln x} = \frac{1}{x}.$$

代入公式⑥，得

$$y = \frac{1}{x}\Big[\int \frac{\sin x}{x}\mathrm{e}^{\int \frac{1}{x}\mathrm{d}x}\mathrm{d}x + C\Big]$$

$$= \frac{1}{x}\Big[\int \frac{\sin x}{x}\mathrm{e}^{\ln x}\mathrm{d}x + C\Big] = \frac{1}{x}\Big[\int \frac{\sin x}{x}\cdot x\mathrm{d}x + C\Big]$$

$$= \frac{1}{x}(-\cos x + C).$$

即为所求微分方程的通解.

例 6 求初值问题

$$\begin{cases} y'\cos x - y\sin x = 1, \\ y(0) = 0. \end{cases}$$

解 把方程化为标准的一阶线性微分方程模型，得

$$y' - y\tan x = \sec x.$$

由此，可得 $P(x) = -\tan x$，$Q(x) = \sec x$．

计算

$$\mathrm{e}^{-\int P(x)\mathrm{d}x} = \mathrm{e}^{\int \tan x\mathrm{d}x} = \mathrm{e}^{-\ln\cos x} = \frac{1}{\cos x}$$

运用公式⑥得

$$y = \frac{1}{\cos x}\Big[\int \sec x\cdot \mathrm{e}^{-\int \tan x\mathrm{d}x}\mathrm{d}x + C\Big]$$

$$= \frac{1}{\cos x}\Big[\int \sec x\cdot \mathrm{e}^{\ln\cos x}\mathrm{d}x + C\Big]$$

$$= \frac{1}{\cos x}\Big[\int \mathrm{d}x + C\Big] = \frac{1}{\cos x}(x + C).$$

即为所求微分方程的通解.

将 $x = 0$，$y = 0$ 代入通解，得 $C = 0$，所以初值问题的解为

$$y = \frac{x}{\cos x}$$

求一阶线性微分方程模型的通解时，用公式法更简便. 请读者记住公式⑥.

例 7 降落伞张开后下降问题. 设所受空气阻力与降落伞的下降速度成正比，且伞张开时的速度为 $0(t = 0)$，求降落伞下降速度 v 与时间 t 的函数关系.

解 设降落伞下降的速度 $v = v(t)$，则下落的加速度 $a = \dfrac{\mathrm{d}v}{\mathrm{d}t}$．

由题意，所受空气阻力 $f = -kv(k > 0$ 为常数，因为空气阻力方向与下落的速度方向相反，所以为负)，降落伞下落时，受到的外力的合力为

$$F = mg - kv$$

由牛顿第二定律 $F = ma$ 得微分方程模型

$$m\frac{\mathrm{d}v}{\mathrm{d}t} = mg - kv$$

即为一阶线性的微分方程，标准模型为

$$v' + \frac{k}{m}v = g .$$

又知其初始条件为 $v|_{t=0} = 0$，这就变为初值问题

$$\begin{cases} v' + \dfrac{k}{m}v = g , \\ v|_{t=0} = 0. \end{cases}$$

容易求得该初值问题的解为

$$v = \frac{mg}{k}(1 - e^{-\frac{k}{m}t}) .$$

由上式可以看出，当 t 充分大后，速度的极限值为 $\dfrac{mg}{k}$，也就是说跳伞开始时为加速运动，但以后逐渐近似为匀速运动.

例 8　设曲线上任意一点的切线斜率与该点的横坐标的平方成正比，与其纵坐标成反比，且曲线过点 (1，1)，求此曲线的方程.

解　设曲线的方程为 $y = f(x)$，由题意得微分方程模型

$$y' = \frac{kx^2}{y} \quad \text{（其中，} k \text{ 为比例系数，且大于 0）.}$$

即

$$y\mathrm{d}y = kx^2\mathrm{d}x .$$

两边积分，得

$$\frac{1}{2}y^2 = \frac{a}{3}x^3 + C .$$

由初始条件 $y(1) = 1$，得 $C = \dfrac{1}{2} - \dfrac{a}{3}$.

所以，所求曲线的方程为

$$y^2 = \frac{2}{3}ax^3 + 1 - \frac{2}{3}a .$$

习题 12. 1

1. 求下列微分方程的通解

(1) $\dfrac{\mathrm{d}y}{\mathrm{d}x} = 2xy^2$；

(2) $\dfrac{\mathrm{d}y}{\mathrm{d}x} = e^{2x-y}$；

(3) $y(1 - x^2)\mathrm{d}y + x(1 + y^2)\mathrm{d}x = 0$；

(4) $\sec^2 x \cdot \cot y\mathrm{d}x - \csc^2 y \cdot \tan x\mathrm{d}y = 0$.

2. 求下列微分方程的通解

(1) $\dfrac{\mathrm{d}y}{\mathrm{d}x} + 3y = e^{-2x}$；

(2) $xy' - y = x^3 + x^2$；

(3) $(x^2 - 1)y' + 2xy = \cos x$；

(4) $y' + y\cos x = e^{-\sin x}$；

(5) $(x\ln x)y' - y = 3x^3\ln^2 x$；

(6) $(y^2 - xy)y' + 2y = 0$.

3. 求微分方程 $y' + \dfrac{y}{x} = \dfrac{\sin x}{x}$ 满足初值条件 $y|_{x=\pi} = 1$ 的特解

4. 设 $y = y_1(x)$ 与 $y = y_2(x)$ 是一阶线性非齐次微分方程 $y' + P(x)y = Q(x)$ 的两个特解，证明：$y = y_1(x) - y_2(x)$ 是线性齐次微分方程 $y' + P(x)y = 0$ 的解.

5. 设 $y = y_1(x)$ 与 $y = y_2(x)$ 分别是线性非齐次方程 $y' + P(x)y = Q_1(x)$ 与 $y' + P(x)y = Q_2(x)$ 的两个

特解，证明：$y = y_1(x) + y_2(x)$ 是线性非齐次方程 $y' + P(x)y = Q_1(x) + Q_2(x)$ 的解.

6. 某工厂根据经验得知，用于设备的运行和维修成本 Q 对设备的大修间隔时间 t 的变化率为 $Q'(t) = \dfrac{2}{t}Q - \dfrac{3}{t^2}$，求满足初值条件 $Q(1) = 10$ 的成本函数 $Q(t)$.

7. 设一质量为 m 的质点作直线运动，从速度等于零的时刻起，有一个与运动方向一致、大小与时间成正比（比例系数为 $k_1 > 0$）的力作用于它. 此外，它还受到一个与速度成正比（比例系数为 $k_2 > 0$）的阻力的作用，求此质点的运动速度 v 与时间 t 的函数关系.

8. 已知某公司的纯利润 L 对广告费 x 的变化率 $\dfrac{\mathrm{d}L}{\mathrm{d}x}$ 与常数 A 和纯利润 L 之差成正比（比例系数为 $k > 0$）. 当 $x = 0$ 时，$L = L_0$. 试求纯利润 L 与广告费 x 之间的函数关系.

第二节　可降阶的二阶微分方程

在前面，我们已经介绍了几种一阶方程类型的解法，本节讨论几种特殊形式的二阶微分方程，它们有的可通过积分求得，有的经过适当的变量替换可以降为一阶微分方程，然后求解一阶微分方程，再将变量代回，从而求得二阶微分方程的解.

一、$y''=f(x)$ 型的微分方程

这是一种特殊类型的二阶微分方程，这种类型的微分方程求解方法也较容易，只需二次积分，就能得它的解

积分一次得　$y' = \int f(x)\,\mathrm{d}x + C_1$.

再积分一次得　$y = \int \left(\int f(x)\,\mathrm{d}x + C_1 \right)\mathrm{d}x + C_2$.

上式含有两个相互独立的任意常数 C_1、C_2，所以这就是方程的通解.

例1　求方程 $y'' = -\dfrac{1}{\sin^2 x}$ 满足 $y\big|_{x=\frac{\pi}{4}} = -\dfrac{\ln 2}{2}$，$y'\big|_{x=\frac{\pi}{4}} = 1$ 的特解.

解　积分一次得

$$y' = -\tan x + C_1$$

以条件 $y'\big|_{x=\frac{\pi}{4}} = 1$ 代入得 $C_1 = 0$，即有

$$y' = -\tan x$$

再积分一次得

$$y = \ln|\sin x| + C_2$$

以条件 $y\big|_{x=\frac{\pi}{4}} = -\dfrac{\ln 2}{2}$ 代入，得

$$-\frac{\ln 2}{2} = \ln\frac{\sqrt{2}}{2} + C_2 ,$$

即 $C_2 = 0$.

于是，所求特解是　$y = \ln|\sin x|$.

> **注意**：本例确定通解中任意常数的方法是"边解边定"法；当然也可采用先求通解，
> 后定任意常数的"最后定数"法. 这两种方法相比较还是"边解边定"法较好，
> 尤其在求高阶可降阶微分方程的特解时，一般均采用"边解边定"法.
> 　这种类型的方程的解法，可推广到 n 阶微分方程 $y^{(n)} = f(x)$ ，只要积分 n 次，就
> 能求得它的通解.

例 2 解微分方程 $y''' = \ln x + 2$.

解 积分一次得 $\quad y'' = x\ln x + x + C_1$

积分二次得 $\quad y' = \dfrac{1}{2}x^2\ln x + \dfrac{x^2}{4} + C_1 x + C_2$

积分三次得 $\quad y = \dfrac{1}{6}x^3\ln x + \dfrac{x^3}{36} + \dfrac{C_1}{2}x^2 + C_2 x + C_3$.

二、$y'' = f(x, y')$ 型的微分方程

这种方程的特点是不明显含有未知函数 y ，解决的方法是：我们把 y' 作为未知函数，
而使变换，令

$$y' = p ,$$

于是有 $y'' = p'$ ，这样可将原方程降为如下形式的一阶方程

$$p' = f(x, \ p) ,$$

这里 p 作为未知函数，如能求出其通解

$$p = \varphi(x, \ C_1) ,$$

然后根据关系式 $y' = p$ 即可求得原方程的通解

$$y = \int \varphi(x, \ C_1)\,\mathrm{d}x + C_2 .$$

例 3 求微分方程 $(1 + x^2)y'' - 2xy' = 0$ 的通解

解 这是一个不明显含有未知函数 y 的方程

作变换令 $y' = p$ ，则 $y'' = p'$ ，于是原方程降阶为

$$(1 + x^2)p' - 2xp = 0 .$$

分离变量，得

$$\frac{\mathrm{d}p}{p} = \frac{2x}{1 + x^2}\mathrm{d}x .$$

积分，得

$$\ln |p| = \ln(1 + x^2) + \ln C_1$$

即

$$p = C_1(1 + x^2) .$$

从而

$$y' = C_1(1 + x^2) .$$

再积分一次得原方程的通解

$$y = C_1\left(x + \frac{x^3}{3}\right) + C_2 .$$

例 4 解微分方程 $y'' = \dfrac{1}{x}y' + x$ 的通解.

解　作变换　令 $y' = p$ ，则 $y'' = p'$ ，于是原方程降阶为

$$p' - \frac{1}{x}p = x，$$　这是一个一阶线性非齐次微分方程，其通解为

$$p = \mathrm{e}^{-\int -\frac{1}{x}\mathrm{d}x}\Big[\int x\mathrm{e}^{\int -\frac{1}{x}\mathrm{d}x}\mathrm{d}x + C_1\Big]$$

$$= x\Big[\int \mathrm{d}x + C_1\Big] = x(x + C_1) = x^2 + C_1 x，$$

即

$$y' = x^2 + C_1 x.$$

再次积分得到原方程的通解

$$y = x^3 + \frac{C_1}{2}x^2 + C_2 = \frac{x^3}{3} + C_1 x^2 + C_2.$$

三、$y'' = f(y, y')$ 型的微分方程

这种方程的特点是，不明显含自变量 x ，解决的方法是，可把 y 暂时作为这种类型方程的自变量，作变换，令

$$y' = p，$$

于是

$$y'' = \frac{\mathrm{d}p}{\mathrm{d}x} = \frac{\mathrm{d}p}{\mathrm{d}y} \cdot \frac{\mathrm{d}y}{\mathrm{d}x} = pp'_y.$$

这样可将原方程降一阶而成为关于 p 与 y 的一阶微分方程，将 y'' ，y' 代入原方程得

$$pp'_y = f(y, p).$$

若其通解为

$$p = \varphi(y, C_1)，$$

换回原来的变量，便有

$$y' = \frac{\mathrm{d}y}{\mathrm{d}x} = p = \varphi(y, C_1).$$

这是可分离变量的一阶微分方程，对其积分得通解

$$\int \frac{1}{\varphi(y, C_1)}\mathrm{d}y = x + C.$$

例 5　解微分方程 $(y')^2 - yy'' = 0$.

解　这方程不明显含有 x ，令 $y' = p$ ，于是 $y'' = p\dfrac{\mathrm{d}p}{\mathrm{d}y}$ ，代入方程得

$$p^2 - ypp'_y = 0.$$

即

$$p(p - yp'_y) = 0.$$

可化为

$$\frac{\mathrm{d}p}{p} = \frac{\mathrm{d}y}{y}.$$

积分得

$$\ln|p| = \ln|y| + \ln|C_1|.$$

即 $p = C_1 y$ ，即有

$$\frac{\mathrm{d}y}{\mathrm{d}x} = C_1 y.$$

即

$$\frac{1}{y}\mathrm{d}y = C_1 \mathrm{d}x.$$

两边积分得

$$\ln|y| = C_1 x + \ln|C_2|.$$

故
$$y = C_2 e^{C_1 x}.$$

在上式中令 $C_1 = 0$，得 $y = $ 常数，因此当 $p = 0$ 时，$y = $ 常数的解已包含在
$$y = C_2 e^{C_1 x},$$

所以，$y = C_2 e^{C_1 x}$ 为所求方程的通解.

例 6 求方程 $(1 + y)^2 yy'' = (3y^2 - 1)(y')^2$.

解 这方程不明显含有 x，令 $y' = p$，于是 $y'' = pp'_y$，代入方程得
$$(1 + y)^2 ypp'_y = (3y^2 - 1)p^2.$$

分量变量，得
$$\frac{\mathrm{d}p}{p} = \frac{3y^2 - 1}{y(1 + y^2)}\mathrm{d}y.$$

积分，得
$$\ln p = 2\ln(1 + y^2) - \ln y + \ln C_1,$$
$$\frac{\mathrm{d}y}{\mathrm{d}x} = p = \frac{C_1(1 + y^2)^2}{y}.$$

这是一个可分离变量的微分方程，分离变量得
$$\frac{y\mathrm{d}y}{(1 + y^2)^2} = C_1\mathrm{d}x.$$

积分得原方程的通解为
$$\frac{-1}{2(1 + y^2)} = C_1 x + C_2.$$

习题 12.2

1. 求下列微分方程的通解

(1) $(1 - x^2)y'' - xy' = 2$；

(2) $y'' = \dfrac{1}{1 + x^2}$；

(3) $y'' = y' + x$；

(4) $y'' = 1 + (y')^2$；

(5) $2yy'' + (y')^2 = 0$；

(6) $y'' = 1 + (y')^2$.

2. 求下列微分方程满足初始条件的特解

(1) $y'' = (y')^{\frac{1}{2}}$ 满足 $y|_{x=0} = 0$，$y'|_{x=0} = 1$；

(2) $(1 - x^2)y'' - xy' = 3$ 满足 $y|_{x=0} = 0$，$y'|_{x=0} = 0$；

(3) $y'' + (y')^2 = 1$ 满足 $y|_{x=0} = 0$，$y'|_{x=0} = 0$.

3. 求 $y'' = x$ 的经过点 $P(0, 1)$ 且在此点与直线 $y = \dfrac{x}{2} + 1$ 相切的曲线方程.

第三节 二阶常系数的线性微分方程

一、二阶线性微分方程解的结构

二阶线性方程的一般形式为
$$y'' + P(x)y' + Q(x)y = f(x)$$

其中 y''，y'，y 都是一次的，称为**二阶线性微分方程**，简称二阶线性方程.

其中 $f(x)$ 为**自由项**，当 $f(x) \neq 0$ 时，称为**二阶线性非齐次线性微分方程**. $f(x) = 0$ 时，称为**二阶线性齐次微分方程**，简称二阶线性齐次方程，方程中 $P(x)$，$Q(x)$，$f(x)$ 都是自变量的已知连续函数.

1. 二阶线性齐次方程解的结构

二阶线性齐次方程的形式为：

$$y'' + P(x)y' + Q(x)y = 0 .$$

定理 1　如果函数 $y_1(x)$，$y_2(x)$ 均是方程 $y'' + P(x)y' + Q(x)y = 0$ 的解，那么 $y = C_1y_1(x) + C_2y_2(x)$ 也是该方程的解，其中 C_1，C_2 为任意常数（证明略）.

线性齐次方程的这一性质，又称为**解的叠和性**.

以上，我们所求得的解 $y = C_1y_1(x) + C_2y_2(x)$ 是不是方程的 $y'' + P(x)y' + Q(x)y = 0$ 通解呢？

一般来说，这是不一定的，那么什么情况下它才是方程的通解呢？为此我们引出了两个概念：线性相关与线性独立.

定义　设 $f_1(x)$，$f_2(x)$ 是定义在区间 I 的两个函数，如果 $\dfrac{f(x_1)}{f(x_2)} = C$（常数），那么称此两函数在区间 I **线性相关**，若 $\dfrac{f(x_1)}{f(x_2)} \neq C$（常数），那么称此两函数**线性独立**或**线性无关**.

为此我们有了关于线性齐次方程特解的定理.

例如函数 $y_1 = 2\mathrm{e}^{2x}$，$y_2 = 5\mathrm{e}^{3x}$，因为 $\dfrac{y_1}{y_2} = \dfrac{2\mathrm{e}^{2x}}{5\mathrm{e}^{3x}} = \dfrac{2}{5}\mathrm{e}^{-x}$，不恒为常数，所以 y_1，y_2 在 R 内线性无关.

又如 $y_1 = 2\sin x$ 与 $y_2 = 3\sin x$，因为 $\dfrac{y_1}{y_2} = \dfrac{2}{3}$ 是一常数，所以 y_1，y_2 在 R 内线性相关.

定理 2　如果 $y_1(x)$，$y_2(x)$ 是二阶线线性齐次方程 $y'' + P(x)y' + Q(x)y = 0$ 的任意两个线性独立的特解，那么 $y = C_1y_1(x) + C_2y_2(x)$ 就是该方程的通解，其中 C_1，C_2 为任意常数（证明略）.

2. 线性非齐次方程解的结构

二阶线性非齐次方程的形式为

$$y'' + P(x)y' + Q(x)y = f(x)$$

对于一阶线性非齐次方程我们知道，线性非齐次方程的通解等于它的一个特解与对应的齐次方程通解之和. 那么这个结论对高阶线性非齐次方程适合吗？

答案是肯定的，为此我们有下面的定理.

定理 3　设 y^* 是二阶线性非齐次方程 $y'' + P(x)y' + Q(x)y = f(x)$ 的任意特解，Y 是与该方程对应的齐次线性方程的通解，那么 $y = Y + y^*$ 就是该方程的通解（证明略）.

为了以后解题方便，又给出了如下定理.

定理 4　设线性非齐次方程 $y'' + P(x)y' + Q(x)y = f_1(x) + f_2(x)$，如果 $y_1^*(x)$，$y_2^*(x)$ 分别是方程

$$y'' + P(x)y' + Q(x)y = f_1(x) \text{ 与 } y'' + P(x)y' + Q(x)y = f_2(x)$$

的特解，那么 $y_1^*(x) + y_2^*(x)$ 就是原方程的特解（证明略）.

二、二阶常系数齐次线性方程的解法

前面已经知道了线性齐次方程和非齐次方程通解结构，现在来研究常系数的二阶线性齐次方程的特解和通解.

二阶线性齐次方程的一般形式为：

$$y'' + py' + qy = 0 ，其中 p, q 为实常数.$$

根据以上定理 2，只要求出方程的两个线性无关的特解 y_1，y_2，即可得方程的通解 $y = C_1 y_1 + C_2 y_2 (C_1, C_2$ 是任意常数).

由于指数函数求导后仍为指数函数，利用这个性质，可令方程的解为

$$y = e^{rx}.$$

则 $y' = re^{rx}$，$y'' = r^2 e^{rx}$，代入上面的方程得：

$$e^{rx}(r^2 + pr + q) = 0.$$

因为 $e^{rx} \neq 0$，所以

$$r^2 + pr + q = 0.$$

这个一元二次方程就称为方程 $y'' + py' + qy = 0$ 的**特征方程**.

根据一元二次方程根的判定，分三种不同的情况来讨论：

1. 特征方程有两个不等的实根的情形

设此两实根为 r_1，r_2，且 $r_1 \neq r_2$. 于是 $e^{r_1 x}$，$e^{r_2 x}$ 是齐次方程的两个特解，由于它们之比不等于常数，所以它们线性独立，因此，方程的通解为：

$$y = C_1 e^{r_1 x} + C_2 e^{r_2 x},$$

其中 C_1，C_2 为任意常数.

2. 特征方程有两个相等的实根情形

设此时特征方程的重根设 为：$r_1 = r_2 = r$，于是只能得到的一个特解：$y_1 = e^{rx}$.

可根据常数变易法再求其另一个特解为：$y_2 = xe^{rx}$. 于是方程的通解为：

$$y = C_1 e^{rx} + C_2 xe^{rx} = e^{rx}(C_1 + C_2 x),$$

其中 C_1，C_2 为任意常数.

3. 特征方程有共轭复根的情形

设此特征方程方程无实根，但有一对共轭复根为 $r_1 = \alpha + \beta i$，$r_2 = \alpha - \beta i$，那么可以看出，这两个根线性无关，不过这种复数形式的解使用不方便，为了得到实数形式的解，利用欧拉公式：$e^{ix} = \cos x + i\sin x$，为此可以得到方程的通解：

$$y = e^{\alpha x}(C_1 \cos \beta x + C_2 \sin \beta x).$$

由上面可知，求二阶常系数线性齐次方程 $y'' + py' + qy = 0$ 通解的步骤为：

（1）写出其特征方程：$r^2 + pr + q = 0$；

（2）求出特征方程的两个根：r_1，r_2；

（3）根据两个根 r_1，r_2 是不同实根、相同实根、共轭复根，分别利用上面的公式写出原方程的通解.

特征方程 $r^2 + pr + q = 0$ 的根 r_1，r_2	方程 $y'' + py' + qy = 0$ 的通解
两个不相等的实根 $r_1 \neq r_2$	$y = C_1 e^{r_1 x} + C_2 e^{r_2 x}$
两个相等的实根 $r_1 = r_2 = r$	$y = (C_1 + C_2 x) e^{rx}$
一对共轭复根 $r_{1,2} = \alpha \pm \beta i$	$y = e^{\alpha x}(C_1 \cos \beta x + C_2 \sin \beta x)$

例 1 求微分方程 $y'' - 2y' - 3y = 0$ 的通解.

解 此方程的特征方程为：

$$r^2 - 2r - 3 = 0$$

它有两个不相同的实根 $r_1 = -1$，$r_2 = 3$，因此所求的通解为：

$$y = C_1 e^{-x} + C_2 e^{3x}.$$

例 2 求微分方程 $y'' - 4y' + 4y = 0$ 的满足初始条件 $y(0) = 1$，$y'(0) = 4$ 的特解.

解 此方程的特征方程为：

$$r^2 - 4r + 4 = 0$$

它有两个相同的实根 $r = 4$，因此所求的通解为：

$$y = e^{4x}(C_1 + C_2 x).$$

将 $y(0) = 1$，$y'(0) = 4$ 代入上两式，得 $C_1 = 1$，$C_2 = 2$，所以所求特解为

$$y = e^{4x}(1 + 2x).$$

例 3 求微分方程 $2y'' + 2y' + 3y = 0$ 的特解.

解 此方程的特征方程为：

$$2r^2 + 2r + 3 = 0$$

它有两个共轭的复根 $r_{1,2} = \dfrac{-2 \pm \sqrt{4 - 24}}{4} = -\dfrac{1}{2} \pm \dfrac{1}{2}\sqrt{5}\,i$，即 $\alpha = -\dfrac{1}{2}$，$\beta = \dfrac{1}{2}\sqrt{5}$.

因此所求的通解为：

$$y = e^{\frac{1}{2}x}\left(C_1 \cos \frac{1}{2}\sqrt{5}\,x + C_2 \sin \frac{1}{2}\sqrt{5}\,x\right).$$

例 4 求微分方程 $y'' + 4y = 0$ 的解.

解 此方程的特征方程为：

$$r^2 + 4 = 0$$

它有两个共轭的虚根 $r_{1,2} = \pm 2i$，即 $\alpha = 0$，$\beta = 2$.

因此所求的通解为：

$$y = C_1 \cos 2x + C_2 \sin 2x.$$

三、二阶常系数非齐次线性方程的解法

常系数二阶线性非齐次方程的一般形式为：

$$y'' + py' + qy = f(x)$$

下面我们根据自由项 $f(x)$ 具有下列特殊情形时，来给出求其特解的公式：

(1) 设 $f(x) = P_n(x) e^{\lambda x}$，$P_n(x)$ 为 n 次多项式，其中 λ 为一常数.

① 当 λ 不是特征方程的根时，可设 $y^* = Q_n e^{\lambda x}$，其中 $Q_n(x) = a_0 + a_1 x + \cdots + a_n x^n$.

② 当 λ 是特征方程的单根时，可设 $y^* = Q_n x e^{\lambda x}$，$Q_n$ 同上多项式.

③ 当 λ 是特征方程的重根时，可设 $y^* = Q_n x^2 e^{\lambda x}$，$Q_n$ 同上多项式.

例 5 求微分方程方程 $y'' + 4y' + 3y = x - 2$ 的一个特解，并求通解.

解 对应的特征方程为 $r^2 + 4r + 3 = 0$，解之特征根为 $r_1 = -1$，$r_2 = -3$. 其自由项中不出现 $e^{\lambda x}$，可以把它看作是 $(x - 2)e^{\lambda x}$，$\lambda = 0$.

因为 λ 不是特征方程的根，所以设特解为 $y^* = (a_0 x + a_1)e^{0 \cdot x}$

代入原方程，得

$$4a_0 + 3a_0 + 3a_1 = x - 2 .$$

于是

$$a_0 = \frac{1}{3}, \ a_1 = -\frac{10}{9} .$$

故，所求的特解为

$$y^* = \frac{1}{3}x - \frac{10}{9} .$$

所以，原方程的通解为

$$y = C_1 e^{-x} + C_2 e^{-3x} + \frac{1}{3}x - \frac{10}{9} .$$

例 6 求方程 $y'' - 2y' = (x - 1)e^x$ 的通解.

解 先求对应齐次方程 $y'' - 2y' + y = 0$ 的通解.

特征方程为 $r^2 - 2r + 1 = 0$，$r_1 = r_2 = 1$

齐次方程的通解为 $Y = (C_1 + C_2 x)e^x$.

再求所给方程的特解，因为

$$\lambda = 1, \ Pn(x) = x - 1$$

由于 $\lambda = 1$ 是特征方程的二重根，所以设

$$y^* = x^2(ax + b)e^x$$

把它代入所给方程，并约去 e^x 得

$$6ax + 2b = x - 1$$

比较系数，得

$$a = \frac{1}{6}, \ b = -\frac{1}{2} .$$

于是，方程的一个特解是 $y^* = x^2(\frac{x}{6} - \frac{1}{2})e^x$.

所以，原方程的通解为

$$y = Y + y^* = (C_1 + C_2 x - \frac{1}{2}x^2 + \frac{1}{6}x^3)e^x .$$

（2）设自由项为 $f(x) = P_n(x)e^{\alpha x}\cos\omega x$，$f(x) = P_n(x)e^{\alpha x}\sin\omega x$，或 $f(x) = P_n(x)e^{\alpha x}(A\cos\omega x + B\sin\omega x)$ 三种形式时，其中 α，ω 为**常数**.

① 如果 $\alpha \pm \beta i$ 是特征根时，设特解

$$y^* = Q_n x e^{\alpha x}(C_1\cos\omega x + C_2\sin\omega x) .$$

② 如果 $\alpha \pm \beta i$ 不是特征根时，设特解

$$y^* = Q_n e^{\alpha x}(C_1\cos\omega x + C_2\sin\omega x) .$$

例 7 求微分方程 $y'' + 3y = \sin 2x$ 的一个特解.

解 可以看出 $\pm 2i$ 不是特征根，所以可设特解

$$y^* = A\sin 2x$$

代入原方程得

$$(-4A + 3A)\sin 2x = \sin 2x .$$

由此得
$$A = -1 .$$

从而原方程的特解是

$$y^* = -\sin 2x .$$

例 8　求方程 $y'' - 2y' - 3y = e^x + \sin x$ 的通解.

解　先求对应的齐次方程的通解 Y. 对应的齐次方程的特征方程为

$$r^2 - 2r - 3 = 0 ,$$
$$r_1 = -1 , \quad r_2 = 3 ,$$
$$Y = C_1 e^{-x} + C_2 e^{3x} .$$

再求非齐次方程的一个特解 y^*.

由于 $f(x) = 5\cos 2x + e^{-x}$，根据定理 4，分别求出方程对应的右端项为 $f_1(x) = e^x$，$f_2(x) = \sin x$ 的特解 y_1^*. y_2^*，则 $y^* = y_1^* + y_2^*$ 是原方程的一个特解.

由于 $\lambda = 1$，$\pm \omega i = \pm i$ 均不是特征方程的根，故特解为

$$y^* = y_1{}^* + y_2{}^* = a e^x + (b\cos x + c\sin x) .$$

代入原方程，得

$$-4a e^x - (4b + 2c)\cos x + (2b - 4c)\sin x = e^x \sin x .$$

比较系数，得

$$-4a = 1 , \quad 4b + 2c = 0 , \quad 2b - 4c = 1 .$$

解之得

$$a = -\frac{1}{4} , \quad b = \frac{1}{10} , \quad c = -\frac{1}{5} .$$

于是所给方程的一个特解为

$$y^* = -\frac{1}{4}e^x + \frac{1}{10}\cos x - \frac{1}{5}\sin x .$$

所以所求方程的通解为

$$y = Y + y^* = C_1 e^{-x} + C_2 e^{3x} - \frac{1}{4}e^x + \frac{1}{10}\cos x - \frac{1}{5}\sin x .$$

习题 12.3

1. 下列函数组哪些是线性相关的?

(1) e^{2x}, e^{3x} ;

(2) $\sin 2x$, $\sin x \cos x$;

(3) $\ln x$, $x \ln^2 x$;

(4) $\arcsin x$, $\dfrac{\pi}{2} - \arccos x$;

(5) $e^x \sin 2x$, $e^{2x}\sin x$;

(6) $\arctan x$, $3\arctan x$.

2. 验证函数 $y_1 = \sin 3x$，$y_2 = 2\sin 3x$ 是方程 $y'' + 9y = 0$ 的两个特解，能否说 $y = C_1 y_1 + C_2 y_2$ 是该方程的通解，又 $y_3 = \cos 3x$ 满足该方程，则 $y = C_1 y_1 + C_3 y_3$ 是该方程的通解吗? 为什么?

3. 验证 $y_1 = e^x$，$y_2 = x e^x$ 都是方程 $y'' - 2y' + y = 0$ 的解，并写出该方程的通解.

4. 已知函数 $y_1 = e^x$，$y_2 = e^{-x}$ 是方程 $y'' + py' + qy = 0 (p, q$ 为常数) 的两个特解，(1) 求常数 p, q ; (2) 写出该方程的通解，并求满足初始条件 $y|_{x=0} = 1$，$y'|_{x=0} = 2$ 的特解.

5. 求下列微分方程的通解

(1) $y'' + 5y' + 4y = 0$;　　　　　　(2) $y'' - 3y' = 0$;

(3) $y'' - 10y' + 25y = 0$;　　　　　(4) $y'' + 4y' + 13y = 0$;

(5) $3y'' - 2y' - 8y = 0$;　　　　　　(6) $y'' + 2y' - y = 0$;

(7) $4y'' + 12y' + 9y = 0$;　　　　　(8) $y'' + 2y' + 5y = 0$.

6. 求下列微分方程满足初始条件的特解

(1) $y'' - 4y' + 3y = 0$, $y|_{x=0} = 6$,, $y'|_{x=0} = 10$;

(2) $4y'' + 4y' + y = 0$, $y|_{x=0} = 2$,, $y'|_{x=0} = 0$;

(3) $y'' + 4y' = 0$, $y|_{x=0} = 2$,, $y'|_{x=0} = 6$.

7. 写出下列微分方程的特解形式

(1) $y'' + 5y' + 4y = 3x^2 + 1$;

(2) $y'' + 3y' = (3x^2 + 1)e^{-3x}$;

(3) $3y'' - 8y = x^3$;

(4) $4y'' + 12y' + 9y = e^{-\frac{3}{2}x}$;

(5) $y'' + 4y' + 13y = e^{-2x}\sin 2x$;

(6) $y'' + 2y' + 5y = e^{-x}\sin 2x$.

8. 求下列微分方程的通解

(1) $2y'' + y' - y = 4e^x$;

(2) $2y'' + 5y' = 5x^2 - 2x - 1$;

(3) $y'' + 3y' + 2y = 3xe^{-x}$;

(4) $y'' - 6y' + 9y = (x + 1)e^{2x}$;

(5) $y'' + 4y = x\cos x$;

(6) $y'' - 2y' + 5y = e^x\sin x$;

(7) $y'' - 2y' + 5y = e^x\sin 2x$;

(8) $y'' + y = e^x + \cos x$.

本章小结

一、基本概念

微分方程　微分方程的通解和特解　初始条件　一阶线性微分方程　可分离变量的微分方程　二阶常系数的线性微分方程

二、基本公式

一阶线性非齐次微分方程的通解公式　二阶线性微分方程解的结构　二阶常系数齐次微分方程通解公式

三、疑点解析

1. 微分方程通解中，所含有的任意常数应该和微分方程的阶数相同.

2. 在解可分离变量的微分方程时，对数后面的真数，不加绝对值.

3. 在解可降阶的微分方程 $F(y, y', y'') = 0$ 时，令 $y' = p$，$y'' = pp'$,.

四、基本题型

1. 判断微分方程的阶数.

2. 求可分离变量的微分方程的解.

3. 求一阶线性的微分方程的解.

4. 求可降阶的微分方程的解.

5. 求二阶常系数的线性齐次微分方程的通解.

6. 设二阶常系数的线性非齐次方程的特解.

复习题十二

1. 判断题（请在正确说法后面画√，错误说法后面画×）.

(1) 微分方程 $x(y''')^2 + 2y' + 3y^4 = 0$ 的阶数为 3. （　　）

(2) 函数 $y = Ce^{-2x}$ 是微分方程 $y'' + y' - 2y = 0$ 的通解. （　　）

(3) 方程 $xdx + ydy = 0$ 是齐次方程. （　　）

(4) 对齐次方程 $\dfrac{dy}{dx} = \varphi\left(\dfrac{y}{x}\right)$，解题时可用变换 $u = \dfrac{y}{x}$ 化为可分离变量的微分方程求解. （　　）

(5) 若 $y = Y$ 是某微分方程的解，则 $y = Y$ 不是该微分方程的通解，就一定是该微分方程的特解. （　　）

2. 单项选择题

(1) 下列函数为微分方程 $y'' - y = 0$ 的解的是（　　）.

A. $y = \sin x$　　　　　　　　　　　　B. $y = \sin x + \cos x$

C. $y = e^x + e^{-x}$　　　　　　　　　　D. $y = e^{2x}$

(2) 已知函数 $y = y(x)$ 满足方程 $xydx = \sqrt{2 - x^2}dy$，且当 $x = 1$ 时，$y = 1$，则当 $x = -1$ 时，$y = $（　　）.

A. 1　　　　　　　　B. e　　　　　　　　C. -1　　　　　　　　D. e^{-1}

(3) 下列方程为一阶线性微分方程的是（　　）

A. $yy' = x^2 + 1$　　　　　　　　　　　B. $y' - x\cos y = 1$

C. $ydx = (x + y^2)dy$　　　　　　　　D. $xdx = (x + y)dy$

(4) 下列方程是齐次微分方程的是（　　）

A. $(x + 1)e^y dx = (y + x)e^x dy$　　　B. $y' = \dfrac{1}{x + y}$

C. $x^2(dx + dy) = y^2(dx - dy)$　　　D. $(x^2 + 2y)dx = xy(dx + dy)$

(5) 已知 $y = e^x + \displaystyle\int_0^x y(t)dt$，则函数 $y(x)$ 的表达式为（　　）.

A. $y = xe^x + C$　　　　　　　　　　　B. $y = xe^x$

C. $y = xe^x + Ce^x$　　　　　　　　　D. $y = (x + 1)e^x$

(6) 下列函数组在其定义区间内线性无关的有（　　）.

A. e^x，e^{2+x}　　　　B. x，$2x$　　　　C. $\sin 2x$，$\sin x\cos x$　　　　D. e^{-x}，e^x

(7) 已知某二阶常系数齐次线性微分方程的两个特征根分别为 $r_1 = 1$，$r_2 = 2$，则该方程为（　　）.

A. $y'' - y' + y = 0$　　　　　　　　　B. $y'' - 3y' + 2 = 0$

C. $y'' - 3y' - 2y = 0$　　　　　　　　D. $y'' - 3y' + 2y = 0$

(8) 方程 $y' = \dfrac{1}{2x + y}$ 是（　　）.

A. 可分离变量的微分方程　　　　　　　B. 齐次方程

C. 一阶线性非微分方程　　　　　　　　D. 一阶线性齐次微分方程

(9) 方程 $y'' - 4y' + 4y = 0$ 的两个线性无关的解为（　　）.

A. e^{2x}，xe^{2x}　　　B. e^{2x}，ce^{2x}　　　C. e^{2x}，$e^{2x} + 1$　　　D. $3e^{2x}$，$-e^{2x}$

(10) 设 y_1 和 y_2 是微分方程 $y'' + py' + qy = f(x)$ 的两个特解，则以下结论正确的是（　　）.

A. $y_1 + y_2$ 仍是该方程的解；　　　　B. $y_1 - y_2$ 仍是该方程的解；

C. $y_1 + y_2$ 是方程 $y'' + py' + qy = 0$ 的解；　　D. $y_1 - y_2$ 是方程 $y'' + py' + qy = 0$ 的解.

3. 填空题

(1) 微分方程 $y'' + 2y' = x^3$ 的一特解可设为＿＿＿＿＿＿＿＿＿.

(2) 微分方程 $y'' - 2y' - 3y = -17e^{3x}\cos x$ 的一特解可设为_____.

(3) 微分方程 $y'' + y' = 4x + 3e^{-x}$ 的一特解可设为_____.

(4) 已知 $y_1 = e^{x^2}$ 及 $y_2 = xe^{x^2}$ 都是方程 $y'' - 4xy' + (4x^2 - 2)y = 0$ 的解，则该方程的通解为_____.

(5) 方程 $y''' = e^{-x}$ 的通解是_____.

(6) 方程 $y'' + 4y' = x + e^{-4x}$ 的特解，可设为 $y^* = $_____.

(7) 设 $y = e^x(C_1\sin x + C_2\cos x)$（$C_1$，$C_2$ 为任意常数）为某二阶常系数线性齐次微分方程的通解，则该方程为_____.

4. 求下列一阶微分方程的通解或给定初始条件下的特解：

(1) $(y - 1)dx - xydy = 0$；

(2) $ydx + \sqrt{1 + x^2}dy = 0$；

(3) $(x - y\cos\dfrac{y}{x})dx + x\cos\dfrac{y}{x}dy = 0$；

(4) $xy' + y = xyy'$；

(5) $x^2y' + xy = y^2$，$y(1) = 1$；

(6) $2xy^3y' + x^4 - y^4 = 0$；

(7) $y + 1 = \displaystyle\int_x^{\frac{1}{2}} \dfrac{y}{y^3 - x}dx$；

(8) $(y - x + 1)dx - (y - x + 5)dy = 0$；

(9) $\cos^2 x\dfrac{dy}{dx} + y = \tan x$；

(10) $(x - \sin y)dy + \tan ydx = 0$，$y(0) = \dfrac{\pi}{2}$.

5. (1) $y''' = xe^x$；

(2) $y'' = y' + x$；

(3) $y'' = e^{2y}$，$y(0) = y'(0) = 0$；

(4) $x^2y'' + xy' = 1$，$y(1) = 0$，$y'(1) = 1$；

(5) $(1 + y)y'' + y'^2 = 0$；

(6) $2yy'' = y'^2 + y^2$，$y(0) = 1$，$y'(0) = -1$；

(7) $xy'' + 3y' = 1$；

(8) $y'' - 12y' + 35y = 0$；

(9) $9y'' - 30y' + 25y = 0$；

(10) $3y'' - 4y' + 2y = 0$；

(11) $y'' - 2y' - 3y = e^{-x}$.

6. (1) $f(x)$ 为可微函数，$f(x) = \cos 2x + \displaystyle\int_0^x f(u)\sin udu$，求 $f(x)$ 以及 $f(0)$.

(2) 已知 $y_1 = xe^x + e^{2x}$，$y_2 = xe^x + e^{-x}$，$y_3 = xe^x + e^{2x} - e^{-x}$ 是某二阶线性常系数非齐次微分方程的三个解，求此微分方程.

(3) 设 $f(x) = \sin x - \displaystyle\int_0^x (x - u)f(u)du$，其中 $f(x)$ 为连续函数，求 $f(x)$.

7. 设 $y = f(x)$ 是第一象限内连接点 $A(1, 0)$，$B(1, 0)$ 的一段连续曲线，$M(x, y)$ 为该曲线上任意一点，点 C 为 M 在 x 轴上的投影，O 为坐标原点. 若梯形 $OCMA$ 的面积与曲边三角形 BCM 的面积之和为 $\dfrac{x^3}{6} + \dfrac{1}{3}$，求 $f(x)$ 的表达式.

习题参考答案

第一章

习题1.1

1. 略.

2. $\subseteq$，$\supseteq$，$\notin$，$\in$，$=$，$\in$.

3. $\{x \mid 0 \leqslant x < 2\}$；$\{x \mid -2 \leqslant x \leqslant 4\}$.

4. $\left\{(x, y) \mid x = 2, y = \dfrac{1}{2}\right\}$.

5. $x > -1$，$\left(-\dfrac{1}{2}, \dfrac{1}{2}\right)$.

6. （1）$(-\infty, 1]$，1，$\sqrt{1+x}$，$\sqrt{-x}$；（2）$(0, 1) \cup (1, +8)$，1，$\dfrac{1}{\ln 2}$，$\dfrac{1}{2\ln t}$；

（3）R，0，$\arctan\pi$；（4）$[-1, 3]$，$-\dfrac{\pi}{6}$，0.

7. （1）是，理由略；（2）不是，理由略；（3）不是，理由略；（4）是，理由略；
（5）是，理由略；（6）不是，理由略.

8. （1）图像略，-1，1；（2）图像略，1，2，2；（3）图像略，-1，1.

9. （1）$y = \sqrt[3]{x}$，$x \in \mathrm{R}$；（2）$y = \dfrac{1+x}{1-x}$，$x \neq 1$；（3）$y = \dfrac{1}{2}\ln x$，$x > 0$；

（4）$y = 1 + \mathrm{e}^x$，$x \in \mathrm{R}$.

10. （1）偶；（2）偶；（3）奇；（4）奇；（5）偶；（6）非奇非偶.

11. （1）是，$\dfrac{2\pi}{3}$；（2）是，π；（3）不是；（4）不是.

12. $y = \begin{cases} 0, & x \in [0, 20], \\ 0.5(x - 20) & x \in (20, 50], \\ 30 \times 0.5 + 0.5(1 + 50\%)(x - 50), & x > 50. \end{cases}$

13. $y = \begin{cases} 0.22, & 0 < x \leqslant 3, \\ 0.11([x - 3] + 2), & 3 < x \leqslant 6 \end{cases}$ 其中 $[x - 3]$ 表示取整函数，图像略.

14. 略.

15. $f(x) = x^2 + 1$；$f\left(\dfrac{1}{x}\right) = \dfrac{1}{x^2} + 1$；$f[f(x)] = x^4 + 2x^2 + 2$.

16. 令 $u = 1 + x$，$f(x) = \dfrac{2-x}{x-1}$，$f(\dfrac{1}{2}) = -3$.

17. $(-\dfrac{3}{2}, 1)$.

18. $[-1, 1]$.

19. $S = (8 - 2x)x$，x 表示矩形的宽.

20. 略.

21. 收益 37. 32 元，合算.

22. $Q = -0.05p + 400$.

23. $R = 24Q - 0.4Q^2$.

习题 1. 2

1. (1) B；(2) D.

2. (1) 收敛；(2) 收敛；(3) 收敛；(4) 发散.

3. (1) 图形略，3，3；(2) 图形略，$\sqrt{2}$，0；(3) 图形略，0，0.5；
(4) 图形略，0，∞.

4. (1) 无穷大；(2) 无穷大；(3) 无穷小；(4) 不存在；(5) 无穷大；(6) 无穷小.

5. 提示：证明左右极限不相等.

6. 极限存在，等于 5.

习题 1. 3

1. (1) 1；(2) $\dfrac{2}{3}$；(3) -1；(4) $\dfrac{1}{4}$；(5) $\dfrac{1}{3}$；(6) 1；(7) 1；(8) 0. 5；(9) e^2；

(10) $e^{-\frac{1}{2}}$；(11) e；(12) e^{-1}；(13) e^2；(14) e^{-2}.

2. (1) 3；(2) $\dfrac{2}{5}$；(3) -1；(4) 2；(5) 4；(6) 1；(7) $\dfrac{1}{4}$；(8) 5；(9) $\dfrac{1}{2}$；

(10) 1；(11) 1；(12) $\dfrac{3^5}{2^9}$；(13) $\dfrac{3}{2}$；(14) 2；(15) 1；(16) -1；(17) $-\dfrac{1}{2}$；

(18) $\dfrac{2}{3}$.

习题 1. 4

1. (1) 高；(2) 同；(3) 2；(4) 0；(5) 0；(6) $\dfrac{1}{2}$.

2. (1) 3；(2) $\dfrac{1}{2}$；(3) 2；(4) 2；(5) 1；(6) 1. 5；(7) 2；(8) 1；(9) $\dfrac{1}{3}$；(10) 1.

习题 1. 5

1. (1) C；(2) C；(3) D.

2. (1) 2，4；(2) $\Delta y = f(1 + \Delta x) - f(1)$.

3. 极限存在；不连续，极限值不等于函数值，则为可去间断点.

4. 略.

5. e^2.

6. （1）$x = 1$ 是可去间断点，$x = 2$ 是无穷间断点；

（2）$x = 0$ 是可去间断点，$x = k\pi + \dfrac{\pi}{2}$，$k \in Z$ 是无穷间断点；

（3）$x = 0$ 是可去间断点；

（4）$x = 0$ 是跳跃间断点.

7. 满足，有最大值 8，最小值 -1.

8. 略.

9. 略.

复习题一

1. （1）D；（2）D；（3）C；（4）B；（5）D；（6）A；（7）B；（8）B；（9）D；
（10）C；（11）B；（12）D；（13）C.

2. （1）$(-1, +\infty)$；（2）7；（3）$x^2 - 1$；（4）0；（5）$(-8, 0]$；（6）$(0, 0)$；

（7）$y = \arctan u$，$u = \sin v$，$v = \sqrt{w}$，$w = 1 + x^2$；（8）图像法，表格法，解析法；

（9）1.02^{40}；（10）30，70；（11）0；（12）1；（13）$\dfrac{1}{2}$；（14）$\dfrac{3}{4^5}$；（15）$-\dfrac{5}{2}$；

（16）2.

3. 略.

4. $f(x) = x^2 - x$.

5 $(\sqrt{R^2 - h^2} + R)h$.

6. 略.

7. （1）$e^{\frac{3}{2}}$；（2）$\dfrac{1}{3}$；（3）$\dfrac{9}{4}$；（4）0；（5）$\dfrac{5}{4}$；（6）0；（7）$\dfrac{1}{2}$；（8）0；（9）0；（10）0；

（11）$-\dfrac{1}{2}$；（12）0；（13）1；（14）$\dfrac{3}{4}$.

8. 提示：利用零点定理.

9. $x = 0$，是跳跃间断点.

第二章

习题 2.1

1. （1）D；（2）B.

2. 略.

3. $y - \dfrac{1}{2} = \dfrac{\sqrt{3}}{2}(x - \dfrac{\pi}{6})$；$y - \dfrac{1}{2} = -\dfrac{2}{\sqrt{3}}(x - \dfrac{\pi}{6})$.

4. $(0, 0)$.

5. $y - 1 = \dfrac{1}{e}(x - e)$；$y - 1 = -e(x - e)$.

6. $(1) \times$；$(2) \surd$；$(3) \surd$；$(4) \times$；$(5) \times$.

习题 2.2

1. $(1)\ 2x + 2^x \ln 2 + \dfrac{1}{2\sqrt{x}}$；$(2)\ x^2 - x + 1$；$(3)\ \dfrac{1}{2\sqrt{x}} - \dfrac{2}{x\sqrt{x}}$；$(4)\ x + \dfrac{4}{x^3}$；

$(5)\ -2\sin x - 3\cos x$；$(6)\ 5\sec^2 x + \dfrac{3}{1 + x^2}$；$(7)\ \dfrac{1}{x}\left(\dfrac{1}{\ln 2} - \dfrac{1}{\ln 5}\right)$；$(8)\ 2x - 5$；

$(9)\ 2x\ln x + x$；$(10)\ (\cos x + \sin x)e^x$；$(11)\ 1 + 2x \arctan x$；

$(12)\ 3x^2 \arcsin x + \dfrac{x^3}{\sqrt{1 - x^2}}$；$(13)\ -\dfrac{2}{(1 + x)^2}$；$(14)\ \dfrac{1 - x^2}{(1 + x^2)^2}$；

$(15)\ -\dfrac{\sin x}{(1 - \cos x)^2}$；$(16)\ -\dfrac{2}{x(1 + \ln x)^2}$.

2. $(1)\ 60(1 + 2x)^{29}$；$(2)\ -\dfrac{x}{(1 + x^2)\sqrt{1 + x^2}}$；$(3)\ 2x \cdot 2^{x^2}\ln 2$；$(4)\ \dfrac{1}{2\sqrt{x}}e^{\sqrt{x}}$；

$(5)\ -\dfrac{10^x}{1 + 10^x}$；$(6)\ \dfrac{1}{1 + x}$；$(7)\ -\dfrac{\sin x}{x}$；$(8)\ \sec^2\left(x - \dfrac{\pi}{8}\right)$；$(9)\ \dfrac{2x}{\sqrt{1 - x^4}}$；

$(10)\ -\dfrac{2}{1 + 4x^2}$；$(11)\ \dfrac{x}{a^2 + x^2}$；$(12)\ \sin 2x + 2x\sin x^2$；$(13)\ (x^2 + x - 4)e^{-x}$；

$(14)\ 2x\sin\dfrac{1}{x} - \cos\dfrac{1}{x}$；$(15)\ (3\cos 3x - 2\sin 3x)e^{-2x}$；$(16)\ \dfrac{1}{\sqrt{x^2 - a^2}}$；

$(17)\ e^x f'(e^x)$；$(18)\ e^{f(x^2)} \cdot f'(x^2) \cdot 2x$.

3. $(1)\ \dfrac{1}{4}$；$(2)\ 27(1 - \ln 3)$；$(3)\ 1 + \dfrac{2}{\ln 2}$；$(4)\ 2(e^2 - e^{-2})$；$(5)\ \pi^3$；$(6)\ -1$；

$(7)\ -\dfrac{1}{\sqrt{2}}\tan\sqrt{2}$；$(8)\ -\dfrac{8}{5}$.

4. $(1)\ 12x - 18$；$(2)\ -4\sin 2x$；$(3)\ \dfrac{1}{x}$；$(4)\ \dfrac{2 - 6x^2}{(1 + x^2)^3}$.

5. $-6; 4!\ ; 0$.

6. $(-1)^n \dfrac{2n!}{(1 + x)^{n+1}}$.

7. $(n + 1)!\ (1 + x)$.

习题 2.3

1. $(1)\ \dfrac{2x - y}{x - 2y}$；$(2)\ \dfrac{2x}{2y^2 - 3}$；$(3)\ \dfrac{3x^2 - y}{x + e^y}$；$(4)\ \dfrac{1 - ye^{xy}}{xe^{xy} - 1}$；$(5)\ \dfrac{y(e^y - 2x)}{1 - xe^y}$；

$(6)\ \dfrac{y(1 - \sin x)}{1 - x}$；$(7)\ \dfrac{y^2 - e^x}{\sin y - 2xy}$；$(8)\ \dfrac{y}{x^2 + y^2 + x}$.

2. （1）$(\sin x)^x(\ln\sin x + x\cot x)$ ；（2）$x^{\frac{1}{x}-2}(1 - \ln x)$ ；（3）$2x^{\ln x - 1}\ln x$ ；

（4）$(\ln x)^x(\ln\ln x + \dfrac{1}{\ln x})$ ；

（5）$(\sin x)^{\cos x}(\cos x\cot x - \sin x\ln\sin x) + (\tan x)^{\cot x}(\cot^2 x\sec^2 x - \csc^2 x\ln\tan x)$ ；

（6）$\dfrac{x\ln x - y}{y\ln x - x}$ ；（7）$x^2\sqrt{\dfrac{1 - x}{1 + x}}\left(\dfrac{2}{x} - \dfrac{1}{2(1 - x)} - \dfrac{1}{2(1 + x)}\right)$ ；

（8）$\dfrac{(2x + 3)\sqrt[4]{x - 6}}{\sqrt[3]{x + 1}}\left(\dfrac{2}{2x + 3} + \dfrac{1}{4(x - 6)} - \dfrac{1}{3(x + 1)}\right)$ ．

3. （1）$\dfrac{2 - 2t}{3t^2 - 3}$ ；（2）$\dfrac{\sin t}{1 - \cos t}$ ．

4. $k = 3$ ；$y - 3 = 3(x - 1)$ ．

习题 2.4

1. 略．

2. （1）$\left(\dfrac{1}{\sqrt[3]{x}} + \dfrac{1}{x^2}\right)\mathrm{d}x$ ；（2）$\mathrm{e}^{-x^2}(1 - 2x^2)\mathrm{d}x$ ；（3）$\dfrac{2\cos x}{(1 + \sin x)^2}\mathrm{d}x$ ；（4）$\dfrac{2\ln x}{x - 1}\mathrm{d}x$ ；

（5）$-\dfrac{x}{|x|\sqrt{1 - x^2}}\mathrm{d}x$ ；（6）$4x\tan x \sec^2 x\mathrm{d}x$ ；（7）$-\ln 3\tan x3^{\ln\cos x}\mathrm{d}x$ ；

（8）$\dfrac{f'(x)}{2\sqrt{x}}\mathrm{d}x$ ；（9）$\dfrac{1 - y\mathrm{e}^{xy}}{x\mathrm{e}^{xy} - 1}\mathrm{d}x$ ；（10）$2t\mathrm{d}x$ ．

3. $\ln x + C$ ；$\dfrac{2}{3}x^{\frac{3}{2}} + C$ ；$-\dfrac{1}{3}\mathrm{e}^{-3x} + C$ ；$\ln(1 + x) + C$ ；$-\dfrac{1}{x} + C$ ；$\arctan x + C$ ．

4. 略．

5. 720π ．

6. 1800π ．

7. $\dfrac{\sqrt{5g}}{5\pi}$ ．

8. 5.

9. 证明略．

复习题二

1. （1）1 ；（2）2 ；（3）-1 ；（4）6 ；（5）$\dfrac{2x}{1 + x^4}$ ；（6）$(\ln a)^n a^x$ ；（7）0.02 ；（8）0 ；

（9）$2xf'(x^2)$ ；（10）$y - x - \dfrac{p}{2} = 0$ ；（11）$-\cos x$ ；（12）1 ；（13）$\dfrac{2\ln x + 5}{x}$ ；

（14）$-99!$ ；$100!$ ；（15）$4\pi R \cdot \Delta R$ ；（16）6

2. （1）C ；（2）B ；（3）C ；（4）B ；（5）D ；（6）B ；（7）C ；（8）C ；（9）C ；
（10）C ；（11）C ．

3. (1) $\dfrac{\pi^2}{36} + 2$; (2) $\dfrac{1}{2}\ln 2dx$; (3) 0; (4) $e^{\sqrt{x}}$; $\dfrac{e^{\sqrt{x}}}{2\sqrt{x}}$; (5) $(1 + \ln x)\left[2x^{2x} - \left(\dfrac{1}{x}\right)^x\right]$;

(6) $\dfrac{2}{\cos x\sqrt{\sin x}}$; (7) $\dfrac{1 + e^y}{2y - xe^y}$; (8) 0.

4. (1) 可导,导数为1; (2) 可导,导数为0.

5. (3, 1).

6. $y = x - 1$.

7. $\dfrac{\sqrt{10}}{10}$.

8. $(-2)^n e^{-2x}$.

第三章

习题 3.1

1. 满足; 0.

2. 不满足,在 $x = 0$ 处不可导.

3. C.

4. D.

5. (1) $\dfrac{1}{\ln 2} - 1$; (2) $\dfrac{\pi}{4}$.

6. 略.

7. 略.

8. 略.

9. (1) $\dfrac{3}{5}$; (2) $\dfrac{m}{n}a^{m-n}$; (3) 1; (4) 1; (5) 1; (6) ∞; (7) 1; (8) $\dfrac{1}{2}$.

习题 3.2

1. (1) 在 $(-\infty, +\infty)$ 上单调增加; (2) 在 $(-\infty, +\infty)$ 单调减少.

2. (1) 在 $(-\infty, -1)$, $(1, +\infty)$ 上单调减少,在 $(-1, 1)$ 上单调增加;

(2) 在 $(-\infty, 0)$ 上单调增加,在 $(0, +\infty)$ 上单调减少;

(3) 在 $\left(-\infty, -\dfrac{2}{3}\right) \cup (0, +\infty)$ 上单调增加,在 $\left(-\dfrac{2}{3}, 0\right)$ 上单调减少;

(4) 在 $(0, e)$ 上单调增加,在 $(e, +\infty)$ 上单调减少.

3. 略.

4. 略.

5. 略.

6. (1) 极大值 $f\left(\dfrac{1}{2}\right) = \dfrac{9}{4}$; (2) 极大值 $f(1) = \dfrac{\pi}{2} - \dfrac{1}{2}\ln 2$; (3) 极小值 $f(0) = 0$;

（4）极大值 $f\left(-\dfrac{1}{2}\ln2\right)=2\sqrt{2}$ ；（5）极大值 $f\left(\dfrac{3}{4}\right)=\dfrac{5}{4}$ ；（6）极小值 $f\left(\dfrac{1}{\sqrt[3]{2}}\right)=\dfrac{3}{\sqrt[3]{4}}$.

7. $a=-\dfrac{2}{3}$ ， $b=-\dfrac{1}{6}$.

习题 3.3

1. （1）最大值 8，最小值 0；（2）最大值 $\dfrac{\pi}{4}$ ，最小值 0；（3）最大值 $\dfrac{28}{3}$ ，最小值 0；

（4）最小值 $\mathrm{e}^{-\frac{1}{e}}$.

2. 证明略（提示：求最小值）.

3. $\dfrac{\sqrt{3}}{4}R^2$.

4. $\sqrt{2}M$.

5. $\dfrac{a}{2}$.

6. $\sqrt{\dfrac{2A}{3\pi}}$ ， $\dfrac{A}{\pi}$.

7. 500.

8. $p=5$ ， $Q=50$.

9. $Q=10$ ， $\pi=900$.

10. 略.

习题 3.4

1. （1）错；（2）对.

2. （1）$(-\infty,2)$ 内是凸的，$(2,+\infty)$ 内是凹的，$(2,-15)$ 为拐点.

（2）$(-\infty,1)$ 内是凸的，$(1,+\infty)$ 内是凹的，无拐点.

（3）$(-\infty,2)$ 内是凸的，$(2,+\infty)$ 内是凹的，$(2,2\mathrm{e}^{-2})$ 为拐点.

（4）$(-\infty,b)$ 内是凸的，$(b,+\infty)$ 内是凹的，(b,a) 为拐点.

（5）$(-\infty,-1)$ ，$(1,+\infty)$ 内是凸的，无拐点.

（6）曲线是凸的.

3. $a=1$ ， $b=-3$.

4. $a=3$ ， $b=-9$ ， $c=8$.

5. $a=-\dfrac{1}{2}$ ， $b=\dfrac{3}{2}$ ， $c=d=0$.

6. （1）水平渐近线 $y=0$ ；（2）水平渐近线 $y=1$ ；垂直渐近线 $x=1$.

7. 略.

复习题三

1. （1）$\dfrac{1}{\ln2}$ ；（2）$\dfrac{3}{2}$ ；（3）0；（4）$(2,2\mathrm{e}^{-2})$ ；（5）-4 ；（6）$(0,+\infty)$ ，$(-\infty,0)$ ；

(7) $a = -\dfrac{2}{3}$, $b = -\dfrac{1}{6}$; (8) $y = 0$, $x = 0$; (9) 4, $4 + \dfrac{60}{q}$; (10) 401 元.

2. (1) C; (2) A; (3) B; (4) D; (5) A; (6) A; (7) A; (8) D; (9) B; (10) C.

3. (1) 在 $(-\infty, 0)$, $(0, 1)$ 内单调递减, 在 $(1, +\infty)$ 内单调递增, 极小值为 $(1, e)$;

(2) 在 $\left(0, \dfrac{1}{2}\right)$ 内单调递减, 在 $\left(\dfrac{1}{2}, +\infty\right)$ 内单调递增, 极小值为 $\left(\dfrac{1}{2}, \dfrac{1}{2} + \ln 2\right)$.

4. (1) 在 $\left(-\infty, \dfrac{4}{3}\right)$ 内是凸的, 在 $\left(\dfrac{4}{3}, +\infty\right)$ 内是凹的, 拐点是 $\left(\dfrac{4}{3}, \dfrac{16}{27}\right)$;

(2) 在 $(-\infty, -1)$, $(1, +\infty)$ 内是凹的, 在 $(-1, 1)$ 内是凸的, 拐点是 $\left(-1, \dfrac{1}{\sqrt{2\pi}} e^{-\frac{1}{2}}\right)$, $\left(1, \dfrac{1}{\sqrt{2\pi}} e^{-\frac{1}{2}}\right)$.

5. (1) $-\dfrac{1}{2}$; (2) $\dfrac{1}{3}$.

6. 到甲城的距离为 $\dfrac{100}{\sqrt{6}}$ km.

7. 正方形、圆形的周长各为 $\dfrac{4}{4 + \pi} a$, $\dfrac{\pi}{4 + \pi} a$.

8. $r = \sqrt[3]{\dfrac{V}{2\pi}}$, $h = 2r$.

9. $r = h = \sqrt[3]{\dfrac{3V}{5\pi}}$.

10. (1) 200; (2) 1000; (3) 130.

11. 证明略.

12. 证明略 (利用单调性证明).

13. 证明略 (利用最值证明).

14. 略.

15. 证明略 (利用罗尔定理进行证明).

第四章

习题 4.1

1. 略.

2. (1) $f(x) = -\dfrac{1}{x^2}$; (2) $\displaystyle\int f(x)\,\mathrm{d}x = \dfrac{1}{x} + C$.

3. $2x\mathrm{e}^{x^2}$.

4. (1) $x + C$; (2) $\dfrac{1}{2} x^2 + C$; (3) $\dfrac{1}{3} x^3 + C$; (4) $\dfrac{1}{4} x^4 + C$; (5) $\dfrac{2}{3} x^{\frac{3}{2}} + C$;

$(6)\ \dfrac{2}{5}x^{\frac{5}{2}} + C$;　$(7)\ -\dfrac{1}{x} + C$;　$(8)\ \ln|x| + C$.

5.　$(1)\ \sin x + C$;　$(2)\ \sin x$;　$(3)\ \sin x + C$;　$(4)\ \sin x\mathrm{d}x$;　.

6.　$(1)\ \dfrac{1}{2}x^2 - 2x + \dfrac{2}{x} + \ln|x| + C$;　$(2)\ \dfrac{2}{5}x^{\frac{5}{2}} + x + C$;　$(3)\ -\dfrac{1}{x} + \arctan x + C$;

$(4)\ x - \mathrm{arc}\,\tan x + C$;　$(5)\ \dfrac{a^x \mathrm{e}^x}{1 + \ln a} + a$;　$(6)\ \cos x + \sin x + C$;

$(7)\ \dfrac{10^x}{\ln 10} + \dfrac{x^{11}}{11} + C$;　$(8)\ \mathrm{e}^x + x + C$.

7.　$y = 2\sqrt{x} - 1$.

8.　$y = x(x^2 + x - 2)$.

习题 4.2

1.　略.

2.　$(1)\ \dfrac{F(2x + 5)}{2} + C$;　$(2)\ \dfrac{F(x^2)}{2} + C$;　$(3)\ F(\ln x) + C$;　$(4)\ -F(\mathrm{e}^{-x}) + C$.

3.　$(1)\ -12(3 - 2x)^6 + C$;　$(2)\ -\dfrac{2}{9}(1 - 3x)^{\frac{3}{2}} + C$;　$(3)\ 2(x + 2)^{\frac{1}{2}} + C$;

$(4)\ \dfrac{1}{2}\ln|1 + 2x| + C$;　$(5)\ -\dfrac{1}{\omega}\cos(\omega t + \varphi) + C$;　$(6)\ \dfrac{1}{2}\cot(\dfrac{\pi}{4} - 2x) + C$;

$(7)\ -2\mathrm{e}^{-\frac{x}{2}} + C$;　$(8)\ \dfrac{10^{2x}}{2\ln 10} + C$;　$(9)\ x - \ln|1 + x| + C$;　$(10)\ \dfrac{1}{2}\ln|1 + x^2| + C$;

$(11)\ \dfrac{(1 + x^2)^{\frac{3}{2}}}{3} + C$;　$(12)\ \dfrac{\mathrm{e}^{x^2}}{2} + C$;　$(13)\ \dfrac{\sqrt{2}}{2}\arctan\sqrt{2}x + C$;　$(14)\ \dfrac{1}{4}\arctan\dfrac{x^2}{2} + C$;

$(15)\ \cos\dfrac{1}{x} + C$;　$(16)\ \arctan\mathrm{e}^x + C$;　$(17)\ 2\ln(1 + \mathrm{e}^x) - x + C$;　$(18)\ \arctan\mathrm{e}^x + C$;

$(19)\ \dfrac{2}{3}(\ln x)^{\frac{3}{2}} + C$;　$(20)\ \dfrac{1}{3}\ln(2 + 3\ln x) + C$;　$(21)\ 2\arctan\sqrt{x} + C$;

$(22)\ \sqrt{2}\arctan\sqrt{2x} + C$;　$(23)\ \arcsin\dfrac{x}{2} + C$;　$(24)\ \dfrac{1}{4}\arcsin\sqrt{2}x^2 + C$;

$(25)\ \ln(x^2 - 3x + 8) + C$;　$(26)\ -\dfrac{\sqrt{2}}{2}\arctan(\dfrac{\sqrt{2}}{2}\cos x) + C$;　$(27)\ -\dfrac{1}{4}\cos^4\theta + C$;

$(28)\ \ln|1 + \tan x| + C$;　$(29)\ \dfrac{2}{3}(\arctan x)^{\frac{3}{2}} + C$;　$(30)\ \dfrac{1}{2}(\arcsin x)^2 + C$;

$(31)\ \sin x - \dfrac{1}{3}\sin^3 x + C$;　$(32)\ \dfrac{1}{4}(\dfrac{3}{2}x - \sin 2x + \dfrac{1}{8}\sin 4x) + C$;

$(33)\ \dfrac{1}{4}\sin 2x - \dfrac{1}{16}\sin 8x + C$;　$(34)\ -\dfrac{1}{8}\cos 4x + \dfrac{1}{4}\cos 2x + C$;

$(35)\ \dfrac{\sqrt{2}}{2}\arcsin\dfrac{x + 1}{\sqrt{2}} + C$;　$(36)\ \dfrac{\sqrt{2}}{2}\arcsin\dfrac{x - 1}{\sqrt{2}} + C$.

4. (1) $\ln\sqrt{x} + \sqrt{x} + C$; (2) $\dfrac{3}{2}\sqrt[3]{(2+x)^2} - \sqrt[3]{2+x} + \ln\left|1 + \sqrt[3]{2+x}\right| + C$;

(3) $2\sqrt{x} - 3\sqrt[3]{x} + \sqrt[6]{x} - \ln(1 + \sqrt[6]{x}) + C$; (4) $\ln\sqrt{1+x} + \sqrt{1+x} + C$.

5. (1) $2\arcsin\dfrac{x}{2} - \dfrac{x\sqrt{1+x^2}}{2} + C$; (2) $\dfrac{1}{3}\ln\left|\dfrac{3 - \sqrt{9-x^2}}{x}\right| + C$;

(3) $\sqrt{x^2 - a^2} - a \cdot \arctan\dfrac{\sqrt{x^2-a^2}}{a} + C$; (4) $\dfrac{1}{3}\ln\left|3x + \sqrt{4+9x^2}\right| + C$;

(5) $-\dfrac{\sqrt{x^2+1}}{x} + C$; (6) $\dfrac{x}{x^2+1} - \arctan x + C$;

(7) $\sqrt{x^2-2} - \sqrt{2}\arccos\dfrac{\sqrt{2}}{|x|} + C$; (8) $\dfrac{1}{2}\arcsin\left(\dfrac{2x}{3}\right) + \dfrac{1}{2}\sqrt{9-4x^2} + C$;

(9) $2\ln\dfrac{\sqrt{1+e^x} - 1}{\sqrt{1+e^x} + 1} + C$; (10) $\arcsin\dfrac{\sqrt{5}}{2} + C$.

习题 4.3

1. (1) $-x\cos x + \sin x + C$;

(2) $-xe^{-x} - e^{-x} + C$;

(3) $x\arccos x - \sqrt{1-x^2} + C$;

(4) $\dfrac{1}{4}[x\sqrt{1+x^2} + (2x^2 - 1)\arcsin x] + C$;

(5) $\ln x[\ln(\ln x) - 1] + C$;

(6) $x(\ln x)^2 - 2x(\ln x - 1) + C$;

(7) $-e^{-x}(x^2 + 2x + 2) + C$;

(8) $x\ln(x + \sqrt{1+x^2}) - \sqrt{1+x^2} + C$;

(9) $2\sqrt{1+e^x}(x-2) - 4\ln\left|\dfrac{\sqrt{e^x+1} + 1}{\sqrt{e^x+1} - 1}\right| + C$;

(10) $2x\sqrt{e^x - 1} - 4\sqrt{e^x - 1} + 4\arctan\sqrt{e^x - 1} + C$;

(11) $e^{\arcsin x}(\arcsin x - 1) + C$;

(12) $-\left(\dfrac{1}{x} + \arctan x\right)\arctan x + \ln x - \dfrac{1}{2}\ln(1+x^2) + \arctan^2 x + C$;

(13) $-\dfrac{e^x\sin x + e^x\cos x}{2} + C$;

(14) $\dfrac{1}{2}(x^2 e^{x^2} - e^{x^2}) + C$;

(15) $x\tan x - \ln|\sec x| - \dfrac{1}{2}x^2 + C$;

(16) $xf'(x) - f(x) + C$.

2. 略.

复习题四

1. (1) D; (2) C; (3) D; (4) D; (5) C; (6) B; (7) A; (8) C; (9) C; (10) C.

2. (1) $f(2x)$; (2) $\arctan f(x)$; (3) $\arcsin x + \pi$; (4) $-2x e^{x^2}$; (5) $-\dfrac{1}{2}(1-x^2)^2 + C$.

3. (1) $\dfrac{x^3}{3} + 2x - \dfrac{1}{x} + C$; (2) $\dfrac{x^2}{2} - x + \ln|x+1| + C$; (3) $2\ln|5+2x| + C$;

(4) $\dfrac{1}{4}\ln|1+2x^2| + C$; (5) $\dfrac{1}{3}(2-x^2)^{\frac{3}{2}} + C$; (6) $\dfrac{2}{3}(1+3x)^{\frac{1}{2}} + C$;

(7) $\dfrac{1}{2}\ln(9+x^2) - \dfrac{1}{3}\arctan\dfrac{x}{3} + C$; (8) $\dfrac{\sqrt{3}}{3}\arcsin\dfrac{\sqrt{6}x}{2} + C$; (9) $\dfrac{1}{4}\ln\left|\dfrac{2+x}{2-x}\right| + C$;

(10) $\dfrac{1}{2}\ln|x-1| - \dfrac{1}{2}\ln|x+3| + C$; (11) $\ln(\ln|x|) + C$; (12) $-\ln|e^{-x}+1| + C$;

(13) $\ln|\tan x| + C$; (14) $\arcsin x + \sqrt{1-x^2} + C$; (15) $\tan x - \sec x + C$;

(16) $-\dfrac{\sqrt{a^2+x^2}}{x} + \ln\left|x+\sqrt{a^2+x^2}\right| + C$; (17) $\tan|\ln x| + C$;

(18) $\dfrac{1}{6}e^x\sin 2x - \dfrac{1}{3}e^x\cos 2x + C$; (19) $\dfrac{1}{2}x + \sqrt{x}\sin 2\sqrt{x} + \dfrac{1}{2}\cos 2\sqrt{x} + C$;

(20) $e^x\ln x + C$; (21) $\ln|x-\cos x| + C$;

(22) $\dfrac{x^3}{3}\ln(x+1) - \dfrac{x^3}{9} + \dfrac{x^2}{6} - \dfrac{x}{3} + \ln|x+1| + C$.

4. $y = x^3 - 3x + 2$.

第五章

习题 5.1

1. 以直代曲，以不变代变，无限细分，取极限.

2. 当 $\Delta x_i \to 0$ 时，无论 ξ_i 在 $[x_{i-1}, x_i]$ 中的何处位置，$f(\xi_i)$ 都近似相等. ξ_i 是取定以后不再变动的常量.

3. $2 + \dfrac{1}{n} + \dfrac{1}{6}(1+\dfrac{1}{n})(2+\dfrac{1}{n})$.

4. (1) $b-a$; (2) 0; (3) $\dfrac{1}{2}(b^2-a^2)$; (4) $\dfrac{3}{2}$; (5) $\dfrac{1}{2}$; (6) $\dfrac{\pi}{4}a^2$; (7) 0; (8) 1.

5. (a) $\displaystyle\int_1^2 x^2 dx$; (b) $\displaystyle\int_{-1}^2 x^2 dx$; (c) $\displaystyle\int_1^2 [(x-1)-(x^2-1)]dx$.

6. 略.

7. (1) $\displaystyle\int_1^3 x^2 dx$; (2) 0; (3) $\displaystyle\int_1^3 f(x)dx$; (4) 0.

8. (1) <; (2) <; (3) <; (4) <; (5) <; (6) <; (7) >; (8) >.

9. (1) $6 \leqslant \int_1^4 (x^2 + 1)\mathrm{d}x \leqslant 51$; (2) $\pi \leqslant \int_{\frac{\pi}{4}}^{\frac{5\pi}{4}} (1 + \sin^2 x)\mathrm{d}x \leqslant 2\pi$.

10. (1) $\mathrm{e} - 1$; (2) $1 - \mathrm{e}$; (3) $\dfrac{4}{3}$; (4) $1 - \dfrac{1}{\mathrm{e}}$.

11. $\dfrac{2\pi}{3\sqrt{3}}$.

习题 5.2

1. (1) $\mathrm{e}^x \sin x$; (2) $\dfrac{\sin x}{x}$; (3) 0; (4) 0; (5) $-\sqrt{1 + x^2}$;

(6) $2x\mathrm{e}^{-x^2}\cos x^2 - 2\mathrm{e}^{-2x}\cos 2x$; (7) $-\sqrt{1 + x^3} + \sqrt{1 + x^6}$; (8) $3x^8 \mathrm{e}^{-x^3} - 2x^5 \mathrm{e}^{-x^2}$.

2. $\Phi'(x) = 2\int_0^x (2t + 1)\mathrm{d}t + (2x + 1)^2$, $\Phi''(x) = 6(2x + 1)$.

3. (1) 2; (2) $-\dfrac{1}{\pi}$; (3) e; (4) $\dfrac{1}{3}$; (5) 1; (6) 1.

4. (1) 20; (2) $a\left(a^2 - \dfrac{a}{2} + 1\right)$; (3) $\dfrac{21}{8}$; (4) $\dfrac{29}{6}$; (5) $\dfrac{14}{3}$; (6) $\dfrac{\pi}{6}$; (7) $\dfrac{495}{\ln 10}$;

(8) 3; (9) $\dfrac{8}{3}$; (10) $\dfrac{2}{3}a^4$; (11) $1 - \dfrac{\sqrt{3}}{3} + \dfrac{\pi}{12}$; (12) $1 - \dfrac{\sqrt{3}}{3} + \dfrac{\pi}{12}$; (13) π;

(14) $1 - \dfrac{\pi}{4}$; (15) $2 - \dfrac{\pi}{4}$; (16) $2\sqrt{2}$.

5. (1) 1; (2) $\dfrac{17}{4}$; (3) 4; (4) $1 - \dfrac{\sqrt{3}}{3} - \dfrac{\pi}{12}$; (5) $-4\sqrt{2}$; (6) $\dfrac{1}{4}$.

6. $\dfrac{11}{6}$.

7. 证明略.

习题 5.3

1. (1) $\sqrt{2} - 1$; (2) $\dfrac{1}{6}$; (3) 1; (4) $\sqrt{3}$; (5) 0; (6) $\dfrac{31}{5}$; (7) $2(\sqrt{3} - 1)$;

(8) $\dfrac{4}{5}$; (9) $\dfrac{4}{3}$; (10) $\dfrac{3\pi}{16}$; (11) $\dfrac{16}{35}$.

2. (1) $2(2 - \ln 3)$; (2) $7 + 2\ln 2$; (3) $\dfrac{1}{6}$; (4) $2(2 - \arctan 2)$; (5) $\dfrac{5}{3}$; (6) $\dfrac{\pi}{3}$;

(7) $\dfrac{\pi}{4}a^2$; (8) $\dfrac{\pi}{2}$; (9) $1 - \dfrac{\pi}{4}$; (10) $\dfrac{\pi}{16}$; (11) $2 - \dfrac{\pi}{12}$; (12) $4 - \pi$.

3. (1) π; (2) $1 - \dfrac{2}{\mathrm{e}}$; (3) $\dfrac{\mathrm{e}^2 + 1}{4}$; (4) $\dfrac{\pi}{4} - \dfrac{1}{2}\ln 2$; (5) -2; (6) $\dfrac{\pi - 2}{4}$; (7) $\pi - 2$;

(8) $\dfrac{1}{9}(1+2e^3)$; (9) $\pi-2$; (10) $\dfrac{3}{16}+\dfrac{1}{16}e^{\frac{4}{3}}$; (11) $\dfrac{1}{5}(e^\pi-2)$;

(12) $\dfrac{1}{2}[e(\sin1-\cos1)+1]$.

4. (1) 0; (2) 0; (3) 0; (4) $\dfrac{\pi}{2}$; (5) πa (6) 2.

5. 2.

6. 略.

习题 5.4

1. (1) 1; (2) 发散; (3) -1 ; (4) $\dfrac{1}{3}$; (5) 发散; (6) 1; (7) $-\dfrac{1}{2}$; (8) π ;

(9) 当 $k>0$ 时收敛于 $\dfrac{1}{k}$ ，当 $k\leqslant0$ 时发散.

2. (1) 1; (2) 2; (3) 发散; (4) $\dfrac{8}{3}$; (5) $\dfrac{\pi}{2}$;

(6) 当 $k>1$ 时收敛于 $\dfrac{1}{k-1}\cdot\dfrac{1}{(\ln2)^{k-1}}$ ，当 $k\leqslant1$ 时发散;

(7) 当 $k<1$ 时收敛于 $\dfrac{1}{1-k}\cdot(b-a)^{1-k}$ ，当 $k\geqslant1$ 时发散.

复习题五

1. (1) $4x\cos^2 2x$; (2) $-\sqrt{1+x^2}$; (3) $\dfrac{1}{x^2}\cos^2\dfrac{1}{x}+\dfrac{1}{2\sqrt{x}}\cos^2\sqrt{x}$; (4) $\dfrac{1}{4}$;

(5) $>$; (6) 0; (7) $3(1-\dfrac{\pi}{4})$; (8) $\dfrac{5}{6}$; (9) $\dfrac{1}{4}\pi$; (10) 1; (11) 0.

2. (1) C; (2) A; (3) C; (4) C; (5) B; (6) A; (7) C; (8) B; (9) D; (10) C;
(11) D.

3. (1) $\dfrac{4}{3}$; (2) 1; (3) 1; (4) 1; (5) $+\infty$; (6) $2-\dfrac{\pi}{4}$; (7) $2\sqrt{3}-2$; (8) $\dfrac{\pi}{16}$;

(9) $4-\pi$; (10) 发散; (11) $\dfrac{5}{3}$; (12) $2\sqrt{2}$; (13) $\dfrac{\pi}{2}$; (14) π .

第六章

习题 6.1

1. 微元法就是运用"无限细分"和"无限累积"两个步骤解决实际问题的一种方法，具体说来，即是对在区间 $[a，b]$ 上分布不均匀的量 F ，先将其无限细分，得其微元 $dF=f(x)dx$ 然后将微元 dF 在 $[a，b]$ 上无限求和（累积），即得所求量 $F=\displaystyle\int_a^b dF=\int_a^b f(x)dx$ ，求微元时，一般是对 $[a , b]$ 的子区间 $[x , x + dx]$ 对应的部分量，采用以"不变代变"，"均匀代替不均匀"，"直代曲"的思路.

2. 一般分为：（1）作图，选定积分变量并给出积分区间；（2）微分，确定被积函数，并写出面积微元；（3）积分，计算定积分求得面积三个步骤.

3. $\theta = \int_{t_1}^{t_2} \omega(t) \, dt$.

习题 6.2

1. $dS = |f(x)| \, dx$.

2. $\theta = \int_1^3 x^3 \, dx$.

3. $dS = \dfrac{1}{2} r^2(\theta) \, d\theta$.

4. （1） $\dfrac{3}{2} - \ln 2$ ；（2） $\pi^2 \left(\dfrac{1}{3} + \dfrac{\pi}{2} \right)$ ；（3） $e + \dfrac{1}{e} - 2$ ；（4） $\dfrac{9}{2}$ ；（5） $\dfrac{2}{3}$ ；（6） $2(\sqrt{2} - 1)$.

5. （1） $\dfrac{1}{3}$ ；（2） $\dfrac{\pi}{6}$.

6. $\dfrac{\pi}{3} r^2 h$.

7. $\dfrac{28}{15} \pi$.

8. $3\pi a^2$, $6\pi^3 a^3$.

9. （1） 16π ；（2） $\dfrac{27\pi}{2}$ ；（3） $\dfrac{5\pi}{4} - 2$ ；（4） $\dfrac{\pi a^2}{4}$.

10. $2\left(\dfrac{4}{3} \pi - \sqrt{3} \right)$.

11. （1） $y = \dfrac{1}{2} \ln 2 + \dfrac{3}{4}$ ；（2） $-\ln(\sqrt{2} - 1)$ ；（3） $y = \dfrac{2}{3} (2\sqrt{2} - 1)$ ；（4） $8a$.

12. 125π ；

13. $\dfrac{\pi}{2} R^2 h$.

习题 6.3

1. $\int_a^b F(x) \, dx$ ； $F(x) \, dx$ ；功的微元.

2. $Q = \int_0^t i(t) \, dt$.

3. $\int_0^p \rho(x) \, dx$.

4. 以液体深度 h 作为积分变量，利用同一深度处压强相等这一物理学知识，考虑深度层 $[h , h + dh]$ 所对应的一层薄板所受压力的近似值，即得压力微元 dF ，将 dF 在曲边梯形薄板所处深度区间 $[a , b]$ 上积分，即得薄板所受侧压力.

5. $m = \int_0^l \rho(x)\,\mathrm{d}x$.

6. $\dfrac{2kmM}{\pi R^2}$，方向为 y 轴的正向.

7. $\dfrac{1}{2}\rho_{水}g\pi R^2 H^2 = 5\,000\pi R^2 H^2(\mathrm{J})$.

8. $5\,000a^2(a+2)(\mathrm{N})$.

9. $kq\left(\dfrac{1}{a} - \dfrac{1}{b}\right)$.

10. $F(\sqrt{a^2+h^2} - \sqrt{b^2+h^2})$.

11. 9N

12. $\bar{P} = \dfrac{I_m^2 R}{2}$.

习题 6.4

1. $C(x) = 2x + \dfrac{1}{2}x^2 + 5$.

2. $Q = \int_1^3 (200 + 14t - 0.3t^2)\,\mathrm{d}t$.

3. 每批生产 250 单位产品时利润最大，最大利润为 425 元.

4. $Q = 5t$ 时利润最大，最大利润为 15 万元.

复习题六

1. (1) $\dfrac{3}{2} - \ln 2$；(2) πa^2.

2. (1) D；(2) B；(3) D；(4) D.

3. (1) $\dfrac{9}{2}$；(2) $\dfrac{16}{3}$；(3) $\dfrac{37}{12}$；(4) $\dfrac{3}{2} - \ln 2$. (5) $57\dfrac{1}{6}$；(6) πa^2；(7) $160\pi^2$；

(8) $\pi\left(\dfrac{3}{2}\pi + 4\right)$；(9) $\dfrac{112\pi}{3}$；(10) 0.25J；(11) $-\dfrac{27}{7}kc^{\frac{2}{3}}a^{\frac{7}{3}}$；(12) 12.25×10^6J.

第七章

习题 7.1

1. (1) -8；(2) 36.

2. (1) $(1, -3, -2)$, $(-1, 3, -2)$, $(-1, -3, 2)$, $(2, -1, 3)$, $(-2, 1, -3)$, $(-2, -1, -3)$；

(2) $(-1, -3, -2)$, $(-2, -1, 3)$；

(3) $(1, 3, -2)$, $(-1, 3, 2)$, $(1, -3, 2)$, $(2, 1, 3)$, $(-2, 1, -3)$, $(2, -1, -3)$.

3. （1）$\sqrt{29}$；（2）$2\sqrt{5}$，5，$\sqrt{13}$；（3）4，3，2.

4. 略.

5. $\overrightarrow{CA}=-a-b$；$\overrightarrow{DB}=a-b$；$\overrightarrow{OA}=-\frac{1}{2}a-\frac{1}{2}b$；$\overrightarrow{OB}=\frac{1}{2}a-\frac{1}{2}b$；$\overrightarrow{OC}=\frac{1}{2}a+\frac{1}{2}b$；$\overrightarrow{OD}=-\frac{1}{2}a+$

$\frac{1}{2}b$.

6. 略.

7. （1）$(14,\ 0,\ -18)$；（2）$(2k+t,\ 3k+2t,\ t-2k)$.

8. $|a|=\sqrt{17}$；$|b|=\sqrt{6}$；$a°=\{\frac{3}{\sqrt{17}},\ -\frac{2}{\sqrt{17}},\ \frac{2}{\sqrt{17}}\}$；$b=\{\frac{1}{\sqrt{6}},\ -\frac{2}{\sqrt{6}},\ -\frac{1}{\sqrt{6}}\}$.

9. $\overrightarrow{AB}=\{3,\ -5,\ 2\}$；$\overrightarrow{BC}=\{-2,\ 2,\ 2\}$；$\overrightarrow{CA}=\{-1,\ 3,\ -4\}$.

10. $\cos\alpha=\frac{\sqrt{5}-1}{2}$；$\cos\beta=\frac{\sqrt{5}-1}{2}$；$\cos\gamma=2-\sqrt{5}$.

<h2 style="text-align:center">习题 7.2</h2>

1. （1）9；（2）$3\sqrt{3}$；（3）$46-3\sqrt{3}$.

2. （1）9；（2）5；（3）-33.

3. 略.

4. $-\frac{\sqrt{3}}{9}$.

5. 略.

6. 19（J）；$\frac{19}{\sqrt{406}}$.

7. $\{\frac{5\sqrt{2}}{2},\ -\frac{5\sqrt{2}}{4},\ \frac{5\sqrt{6}}{4}\}$ 或 $\{-\frac{5\sqrt{2}}{2},\ \frac{5\sqrt{2}}{4},\ -\frac{5\sqrt{6}}{4}\}$.

8. $3i-3k$.

9. $\pm\frac{\sqrt{3}}{3}(i-j-k)$.

10. $\pm\frac{\sqrt{5}}{5}(2j-k)$.

11. $\frac{\sqrt{2}}{2}$.

<h2 style="text-align:center">习题 7.3</h2>

1. $2x-y+2z+2=0$.

2. $2x-y+3z-11=0$.

3. $4x-y+z-7=0$.

4. $\frac{x}{a}+\frac{y}{b}+\frac{z}{c}=1$.

5. （1）yoz 坐标面；（2）平行于 xoz 面的平面；（3）平行于 z 轴的平面；
（4）通过 z 轴的平面；（5）通过原点的平面；（6）平面在坐标轴上的截距均为2.

6. （1）$y + 1 = 0$；（2）$y + 3z = 0$.

7. $2x + 2y - z - 1 = 0$.

8. $x + y + z = 0$.

9. 120°.

10. （1）平行；（2）垂直.

11. $2x - 11y - 5z + 22 = 0$.

习题 7.4

1. （1）$\begin{cases} x = 3 + 3t, \\ y = -1 + 2t, \\ z = 2 + t, \end{cases}$ $\begin{cases} y - 2z + 5 = 0, \\ 2x - 3y - 9 = 0; \end{cases}$ （2）$\begin{cases} x = \dfrac{2}{3} + 3t, \\ y = 2 - t, \\ z = \dfrac{1}{3}t, \end{cases}$ $\begin{cases} 3x + y - 4 = 0, \\ y + 3z - 2 = 0; \end{cases}$

（3）$\begin{cases} x = -2 + 2t, \\ y = 1, \\ z = 3 + 3t, \end{cases}$ $\begin{cases} y - 1 = 0, \\ 3x - 2z + 12 = 0; \end{cases}$ （4）$\begin{cases} x = 2 + t, \\ y = -1, \\ z = 3, \end{cases}$ $\begin{cases} y + 1 = 0, \\ z - 3 = 0; \end{cases}$

2. （1）$\dfrac{x-3}{1} = \dfrac{y+1}{7} = \dfrac{z}{8}$, $\begin{cases} x = 3 + t, \\ y = -1 + 7t, \\ z = 8t; \end{cases}$ （2）$\dfrac{x - \frac{5}{2}}{1} = \dfrac{y-3}{2} = \dfrac{z}{4}$; $\begin{cases} x = \dfrac{5}{2} + t, \\ y = 3 + 2t, \\ z = 4t; \end{cases}$

（3）$\dfrac{x-1}{1} = \dfrac{y}{3} = \dfrac{z-2}{0}$, $\begin{cases} x = 1 + t, \\ y = 3t, \\ z = 2; \end{cases}$ （4）$\dfrac{x-7}{3} = \dfrac{y+3}{-2} = \dfrac{z}{1}$, $\begin{cases} x = 7 + 3t, \\ y = -3 - 2t, \\ z = t. \end{cases}$

3. $\dfrac{x-2}{3} = \dfrac{y-3}{2} = \dfrac{z+1}{2}$.

4. $\dfrac{x-1}{3} = \dfrac{y-3}{2} = \dfrac{z-2}{-1}$.

5. $\dfrac{x-1}{3} = \dfrac{y+2}{-1} = \dfrac{z-5}{3}$.

6. （1）垂直；（2）平行.

7. （1）垂直；（2）平行；（3）垂直.

8. $x - y + 2z - 3 = 0$.

9. $x - y + z = 0$.

10. $8x - 9y - 22z - 59 = 0$.

习题 7.5

1. $(b^2 - a^2)x^2 + b^2 y^2 + b^2 z^2 - b^2(b^2 - a^2) = 0$ 是旋转椭圆面.

2. $(x + 2)^2 + (y + 3)^2 + (z - 1)^2 = 13$.

3. $x^2 + (y + 1)^2 + z^2 = 5$.

4. (1) $(-1, 2, 3)$, R=3; (2) $(-\frac{1}{2}, 0, \frac{1}{2})$, $R = 1$.

5. $\frac{x^2}{2} + \frac{y^2}{5} + \frac{z^2}{5} = 1$, $\frac{x^2}{2} + \frac{y^2}{2} + \frac{z^2}{5} = 1$.

6. $y^2 + z^2 = x$, $y = \sqrt[4]{x^2 + z^2}$.

7. $\frac{x^2}{a^2} + \frac{y^2}{c^2} + \frac{z^2}{c^2} = 1$, $\frac{x^2}{a^2} + \frac{y^2}{a^2} + \frac{z^2}{c^2} = 1$.

8. (1) 平行于 z 轴的椭圆柱面；(2) 椭圆抛物面；(3) 旋转抛物面；(4) 椭圆锥面；
(5) 旋转椭球面.

9. 表示以 k 为半径的上半球面与母线平行于 z 轴的圆柱面的交线.

10. $\begin{cases} x^2 + (z - 2)^2 = 4, \\ \quad\ x^2 = 4y. \end{cases}$

复习题七

1. (1) $2i - 11j + 10k$；(2) $\cos\alpha = \frac{3}{\sqrt{41}}$，$\cos\beta = \frac{4}{\sqrt{41}}$，$\cos\gamma = -\frac{4}{\sqrt{41}}$；(3) -1；

(4) -32；(5) $-i + 3j + 5k$；(6) $-12i - 4j - 6k$；(7) $3x + y - 2z - 7 = 0$；(8) $\frac{\pi}{3}$；

(9) $(-3, 6, -5)$；(10) $\frac{2\pi}{3}$.

2. (1) C；(2) B；(3) A；(4) B；(5) B；(6) A；(7) C；(8) C.

3. (1) $\{-2, 0, 2\}$；(2) 6；(3) $2a \times c$；(4) ac.

4. (1) $l_1 /\!/ l_2$；(2) $l_1 \perp l_2$.

5. (1) $l /\!/ \pi$；(2) l 在 π 上；(3) $l \perp \pi$.

6. 略.

7. $\frac{x - 2}{-5} = \frac{y + 1}{7} = \frac{z}{1}$；$\begin{cases} x = 2 - 5t, \\ y = -1 + 7t, \\ z = t. \end{cases}$

8. $\begin{cases} (x - \frac{3}{2})^2 + (y - \frac{5}{2})^2 = \frac{17}{2}, \\ z = 0. \end{cases}$

9. $\begin{cases} z^2 + 8y = 64, \\ x = 0 (0 \leqslant y \leqslant 8). \end{cases}$

10. (1) $\begin{cases} x = 0, \\ z = 4y^2, \end{cases}$ z 轴；(2) $\begin{cases} x = 0, \\ \frac{y^2}{4} + \frac{z^2}{16} = 1, \end{cases}$ y 轴；(3) $\begin{cases} x = 0, \\ z = \sqrt{15}y, \end{cases}$ z 轴；

(4) $\begin{cases} x = 0, \\ x^2 - \frac{y^2}{9} = 1, \end{cases}$ x 轴.

11. $\begin{cases} x^2 + y^2 = 2, \\ z = 0. \end{cases}$

12. $\dfrac{\sqrt{14}}{2}$.

13. $\dfrac{x+1}{48} = \dfrac{y}{37} = \dfrac{z-4}{4}$.

14. $z = 0,\ x^2 + y^2 = x + y$; $x = 0,\ 2y^2 + 2yz + z^2 - 4y - 3z + 2 = 0$;
$y = 0,\ 2x^2 + 2xz + z^2 - 4x - 3z + 2 = 0$.

15. $z = 0,\ (x-1)^2 + y^2 \leqslant 1$; $x = 0,\ \left(\dfrac{z^2}{2} - 1\right)^2 + y^2 \leqslant 1,\ z \geqslant 0$; $y = 0,\ x \leqslant z \leqslant \sqrt{2x}$.

第八章

习题 8.1

1. （1） $-\dfrac{12}{13}$ ；（2） $\dfrac{4xy}{4x^2 + y^2}$ ；（3） $\dfrac{2x(x^2 - y^2 - yh)}{(x^2 + y^2)[x^2 + (y+h)^2]}$ ；（4） $\dfrac{2xy}{x^2 + y^2}$.

2. $x^2 - y^2 - \left(\dfrac{x}{y}\right)^{2y}$.

3. （1） $x \geqslant 0$ ；（2） $\dfrac{x^2}{a^2} + \dfrac{y^2}{b^2} \leqslant 1$ ；（3） $|x| \leqslant |y|$ 且 $y \neq 0$ ；（4） $x \leqslant x^2 + y^2 < 2x$. 图形略

4. $x > y$ 且 $x > 0$ 或 $x < y$ 且 $x < 0$, 不是.

5. $f(x) = x^2 + x,\ z = (x + y)^2 + 2x$.

6. 答案略.

7. （1） 3；（2） $-\dfrac{1}{4}$ ；（3） 1；（4） $\dfrac{\pi}{4}$.

习题 8.2

1. （1） $\dfrac{\partial z}{\partial x} = 2\ln y \cdot y^{2x}$, $\dfrac{\partial z}{\partial y} = 2x \cdot y^{2x-1}$ ；（2） $\dfrac{\partial z}{\partial x} = 1 + \ln(xy)$, $\dfrac{\partial z}{\partial y} = \dfrac{x}{y}$ ；

（3） $\dfrac{\partial z}{\partial x} = 3x^2 + 6x - 9$, $\dfrac{\partial z}{\partial y} = -3y^2 + 6y$ ；（4） $\dfrac{\partial z}{\partial x} = \dfrac{3}{3x - 2y}$, $\dfrac{\partial z}{\partial y} = \dfrac{-2}{3x - 2y}$ ；

（5） $\dfrac{\partial z}{\partial x} = \dfrac{y^2}{(x^2 + y^2)\sqrt{x^2 + y^2}}$, $\dfrac{\partial z}{\partial y} = \dfrac{-xy}{(x^2 + y^2)\sqrt{x^2 + y^2}}$ ；

（6） $\dfrac{\partial z}{\partial x} = \cos y \cos x (\sin x)^{\cos y - 1}$, $\dfrac{\partial z}{\partial y} = -\sin y (\sin x)^{\cos y} \ln \sin x$ ；

（7） $\dfrac{\partial z}{\partial x} = \dfrac{2x^2 - y}{x(2x^2 + y)}$, $\dfrac{\partial z}{\partial y} = \dfrac{1}{2x^2 + y}$ ；

（8） $\dfrac{\partial u}{\partial x} = \sec^2(1 + x + y^2 + z^3)$, $\dfrac{\partial u}{\partial y} = 2y \sec^2(1 + x + y^2 + z^3)$,

$$\frac{\partial u}{\partial z} = 3z^2 \sec^2(1 + x + y^2 + z^3) \; ;$$

(9) $\dfrac{\partial z}{\partial x} = \dfrac{-y}{x^2 + y^2}, \dfrac{\partial z}{\partial y} = \dfrac{x}{x^2 + y^2}$; (10) $\dfrac{\partial u}{\partial x} = \dfrac{x}{u}, \dfrac{\partial u}{\partial y} = \dfrac{y}{u}, \dfrac{\partial u}{\partial z} = \dfrac{z}{u}$.

2. (1) $\dfrac{1}{5}, \dfrac{1}{5}$; (2) $1, \dfrac{\pi}{6}$.

3. (1) $\dfrac{\partial^2 z}{\partial x^2} = e^x(\cos y + x\sin y + 2\sin y)$, $\dfrac{\partial^2 z}{\partial x \partial y} = e^x(-\sin y + x\cos y + \cos y)$,

$\dfrac{\partial^2 z}{\partial y^2} = -e^x(\cos y + x\sin y)$;

(2) $\dfrac{\partial^2 z}{\partial x^2} = \dfrac{-e^{x+y}}{(e^x + e^y)^2}$, $\dfrac{\partial^2 z}{\partial x \partial y} = \dfrac{e^{x+y}}{(e^x + e^y)^2}$, $\dfrac{\partial^2 z}{\partial y^2} = \dfrac{e^{x+y}}{(e^x + e^y)^2}$;

(3) $\dfrac{\partial^2 z}{\partial x^2} = \dfrac{-2x}{(1 + x^2)^2}$, $\dfrac{\partial^2 z}{\partial x \partial y} = 0$, $\dfrac{\partial^2 z}{\partial y^2} = \dfrac{-2y}{(1 + y^2)^2}$;

(4) $\dfrac{\partial^2 z}{\partial x^2} = 2a^2\cos 2(ax + by)$, $\dfrac{\partial^2 z}{\partial x \partial y} = 2ab\cos 2(ax + by)$, $\dfrac{\partial^2 z}{\partial y^2} = 2b^2\cos 2(ax + by)$;

(5) $\dfrac{\partial^2 z}{\partial x^2} = 6xy^2 + y^2 e^{xy}$, $\dfrac{\partial^2 z}{\partial x \partial y} = 6x^2 y - 1 + (1 + xy)e^{xy}$, $\dfrac{\partial^2 z}{\partial y^2} = 2x^3 + x^2 e^{xy}$;

(6) $\dfrac{\partial^2 z}{\partial x^2} = \dfrac{-x}{(x^2 + y^2)^{\frac{3}{2}}}$, $\dfrac{\partial^2 z}{\partial x \partial y} = \dfrac{-y}{(x^2 + y^2)^{\frac{3}{2}}}$, $\dfrac{\partial^2 z}{\partial y^2} = \dfrac{\sqrt{x^2 + y^2}(x^2 - y^2) + x^3}{\sqrt{x^2 + y^2}(x\sqrt{x^2 + y^2} + x^2 + y^2)}$.

4. (1) 2, 3, 2; (2) 2, 2, 0.

5. 略.

6. 略.

习题 8.3

1. $dz = 14.8$, $\Delta z = 15.07$.

2. $dz = 0.027766$, $\Delta z = 0.028252$.

3. (1) $e^x[\sin(x + y) + \cos(x + y)]dx + e^x\cos(x + y)dy$;

(2) $\dfrac{2}{x^2 + y^2}(xdx + ydy)$; (3) $\dfrac{y}{\sqrt{1 - x^2 y^2}}dx + \dfrac{x}{\sqrt{1 - x^2 y^2}}dy$; (4) $\dfrac{-ydx + xdy}{x^2 + y^2}$;

(5) $y^2(1 + xy)^{y-1}dx + (1 + xy)^y[\ln(1 + xy) + \dfrac{xy}{1 + xy}]dy$;

(6) $x^{yz-1}(yzdx + xz\ln xdy + xy\ln xdz)$.

4. (1) 2.95; (2) 0.502.

5. $-30\pi\text{cm}^3$, 即减少了 $30\pi\text{cm}^3$.

6. 0.028mm.

习题 8.4

1. (1) $\dfrac{\partial z}{\partial x} = e^{xy}y\cos(2x - y) - 2e^{xy}\sin(2x - y)$, $\dfrac{\partial z}{\partial y} = e^{xy}x\cos(2x - y) + e^{xy}\sin(2x - y)$;

(2) $\dfrac{\partial z}{\partial x} = \dfrac{2u}{u^2+v}(ue^{x+y^2}+x)$, $\dfrac{\partial z}{\partial y} = \dfrac{1}{u^2+v}(4uye^{x+y^2}+1)$ ，其中 $u = e^{x+y^2}$ ，$v = x^2+y$;

(3) $\dfrac{\partial z}{\partial x} = \dfrac{2x}{1+(1+x^2-y^2)^2}$, $\dfrac{\partial z}{\partial y} = \dfrac{-2y}{1+(1+x^2-y^2)^2}$;

(4) $\dfrac{\partial z}{\partial x} = \dfrac{2(x-2y)(x+3y)}{(2x+y)^2}$, $\dfrac{\partial z}{\partial y} = \dfrac{-(x-2y)(9x+2y)}{(2x+y)^2}$;

(5) $\dfrac{\partial z}{\partial x} = u^{(v-1)^2}(v+2u\ln u)$, $\dfrac{\partial z}{\partial y} = u^{(v-1)^2}(2v+u\ln u)$ ，其中 $u = x+2y$ ，$v = 2x+y$;

(6) $\dfrac{\partial z}{\partial x} = x^{xy+y-1}(1+y\ln x)$, $\dfrac{\partial z}{\partial y} = x^{xy+y}\ln^2 x$;

(7) $\dfrac{\partial u}{\partial x} = \dfrac{\partial u}{\partial t} = 4e^{x+y+z}$.

2. (1) $\dfrac{\partial u}{\partial x} = \dfrac{1+y\cos(xy)}{\sqrt{1-[x+y+\sin(xy)]^2}}$, $\dfrac{\partial u}{\partial y} = \dfrac{1+x\cos(xy)}{\sqrt{1-[x+y+\sin(xy)]^2}}$;

(2) $\dfrac{\partial u}{\partial x} = 2y(x+y)^{x-y-1}[x-y+(x+y)\ln(x+y)]$,

$\dfrac{\partial u}{\partial y} = 2(x+y)^{x-y-1}[y(x-y)-y(x+y)\ln(x+y)+x+y]$.

3. (1) $\dfrac{\partial u}{\partial x} = (3x^2+y+yz)f'$, $\dfrac{\partial u}{\partial y} = (x+xz)f'$, $\dfrac{\partial u}{\partial z} = xyf'$;

(2) $\dfrac{\partial z}{\partial x} = 2xf'_1 + ye^{xy}f'_2$, $\dfrac{\partial z}{\partial y} = -2yf'_1 + xe^{xy}f'_2$;

(3) $\dfrac{\partial z}{\partial x} = 2xf'_1 + (y\sec^2 xy)f'_2$, $\dfrac{\partial z}{\partial y} = -2yf'_1 + (x\sec^2 xy)f'_2$;

(4) $\dfrac{\partial u}{\partial x} = \dfrac{1}{y}f'_1$, $\dfrac{\partial u}{\partial y} = -\dfrac{x}{y^2}f'_1 + \dfrac{1}{z}f'_2$, $\dfrac{\partial u}{\partial z} = -\dfrac{y}{z^2}f'_2$;

(5) $\dfrac{\partial z}{\partial x} = yf(x+y,\ x-y) + xy(f'_1 + f'_2)$, $\dfrac{\partial z}{\partial y} = xf(x+y,\ x-y) + xy(f'_1 - f'_2)$;

(6) $\dfrac{\partial z}{\partial x} = 2xyf(x^2-y^2,\ xy) + 2x^3yf'_1 + x^2y^2f'_2$, $\dfrac{\partial z}{\partial y} = x^2f(x^2-y^2,\ xy) - 2x^2y^2f'_1 + x^3yf'_2$.

4. (1) $\dfrac{dz}{dx} = (\sin 2x)^{\sqrt{x^2-1}}\left(2\sqrt{x^2-1}\cot 2x + \dfrac{x\ln(\sin 2x)}{\sqrt{x^2-1}}\right)$; (2) $\dfrac{dz}{dx} = \dfrac{y+x\sec^2 x}{1+x^2y^2}$;

(3) $\dfrac{dz}{dx} = \dfrac{12t^2-3}{\sqrt{1-(3t-4t^3)^2}}$; (4) $\dfrac{dz}{dx} = 2e^t\sin t$.

5. (1) $\dfrac{dy}{dx} = \dfrac{1-x}{y-1}$; (2) $\dfrac{dy}{dx} = \dfrac{x+y}{x-y}$; (3) $\dfrac{dy}{dx} = \dfrac{y^2-e^x}{\cos y-2xy}$;

(4) $\dfrac{dy}{dx} = \dfrac{2xy-2(x^2+y^2)\arctan\dfrac{y}{x}}{x^2-y^2}$.

6. (1) $\dfrac{\partial z}{\partial x} = \dfrac{yz}{e^z-xy}$, $\dfrac{\partial z}{\partial y} = \dfrac{xz}{e^z-xy}$; (2) $\dfrac{\partial z}{\partial x} = \dfrac{\cos^2 z}{y}$, $\dfrac{\partial z}{\partial y} = -\dfrac{\sin z\cos z}{y}$;

(3) $\dfrac{\partial z}{\partial x} = -\dfrac{x}{3z}$，$\dfrac{\partial z}{\partial y} = -\dfrac{2y}{3z}$；　(4) $\dfrac{\partial z}{\partial x} = -\dfrac{z}{x}$，$\dfrac{\partial z}{\partial y} = \dfrac{z(2xyz-1)}{y(2xz-2xyz+1)}$；

(5) $\dfrac{\partial z}{\partial x} = \dfrac{z}{x+z}$，$\dfrac{\partial z}{\partial y} = \dfrac{z^2}{y(x+z)}$；　(6) $\dfrac{\partial z}{\partial x} = \dfrac{-yz}{xy+z^2}$，$\dfrac{\partial z}{\partial y} = \dfrac{-xz}{xy+z^2}$；

(7) $\dfrac{\partial z}{\partial x} = -1$，$\dfrac{\partial z}{\partial y} = -1$；　(8) $\dfrac{\partial z}{\partial x} = \dfrac{1}{3}$，$\dfrac{\partial z}{\partial y} = \dfrac{2}{3}$；

(9) $\dfrac{\partial z}{\partial x} = \dfrac{F'_1}{aF'_1 + bF'_2}$，$\dfrac{\partial z}{\partial y} = \dfrac{F'_2}{aF'_1 + bF'_2}$；　(10) $\dfrac{\partial z}{\partial x} = \dfrac{zF'_1}{xF'_1 + yF'_2}$，$\dfrac{\partial z}{\partial y} = \dfrac{zF'_2}{xF'_1 + yF'_2}$．

7. 略.

8. 略.

9. 略.

10. (1) $\dfrac{\partial^2 z}{\partial x^2} = \dfrac{4-4z+z^2+x^2}{(2-z)^3}$，$\dfrac{\partial^2 z}{\partial x\partial y} = \dfrac{xy}{(2-z)^3}$，$\dfrac{\partial^2 z}{\partial y^2} = \dfrac{4-4z+z^2+y^2}{(2-z)^3}$；

(2) $\dfrac{\partial^2 z}{\partial x^2} = \dfrac{-16xz}{(3z^2-2x)^3}$，$\dfrac{\partial^2 z}{\partial x\partial y} = \dfrac{2(3z^2+2x)}{(3z^2-2x)^3}$；$\dfrac{\partial^2 z}{\partial y^2} = \dfrac{-6z}{(3z^2-2x)^3}$；

(3) $\dfrac{\partial^2 z}{\partial x^2} = f''_{11} + f''_{12} + f''_{21} + f''_{22}$，$\dfrac{\partial^2 z}{\partial x\partial y} = f''_{11} - f''_{12} + f''_{21} - f''_{22}$，

$\dfrac{\partial^2 z}{\partial y^2} = f''_{11} - f''_{12} - f''_{21} + f''_{22}$；

(4) $\dfrac{\partial^2 z}{\partial x^2} = 2f' + 4x^2 f''$，$\dfrac{\partial^2 z}{\partial x\partial y} = 4xyf''$，$\dfrac{\partial^2 z}{\partial y^2} = 2f' + 4y^2 f''$．

习题 8.5

1. (1) $\dfrac{x-6}{2} = \dfrac{y-9}{6} = \dfrac{z-18}{18}$，$x+3y+9z-195=0$；

(2) $\dfrac{x-\sqrt{2}}{-1} = \dfrac{y-\sqrt{2}}{1} = \dfrac{z-\dfrac{\sqrt{2}\pi}{4}}{1}$，$4x-4y-4z+\sqrt{2}\pi=0$；

(3) $\dfrac{x-\dfrac{1}{2}}{\dfrac{1}{4}} = \dfrac{y-2}{-1} = \dfrac{z-1}{2}$，$2x-8y+16z-1=0$．

2. $(-1,\ 1,\ -1)$ 与 $\left(-\dfrac{1}{3},\ \dfrac{1}{9},\ -\dfrac{1}{27}\right)$．

3. (1) $x+y+\sqrt{2}z-2=0$，$\dfrac{x-\dfrac{1}{2}}{1} = \dfrac{y-\dfrac{1}{2}}{1} = \dfrac{z-\dfrac{\sqrt{2}}{2}}{\sqrt{2}}$；

(2) $x+2y-4=0$，$\dfrac{x-2}{1} = \dfrac{y-1}{2} = \dfrac{z}{0}$；

(3) $9x+y-z-29=0$，$\dfrac{x-3}{9} = \dfrac{y-1}{1} = \dfrac{z-1}{-1}$；

$(4)\ x - y - 2z + \dfrac{\pi}{4} = 0,\ \dfrac{x-1}{1} = \dfrac{y-1}{-1} = \dfrac{z - \dfrac{\pi}{4}}{-2}.$

4. $\dfrac{x-1}{16} = \dfrac{y-1}{9} = \dfrac{z-1}{-1}$，$16x + 9y - z - 24 = 0.$

5. 略.

6. 略.

7. （1）极大值 $f(0, 0) = 1$；（2）极大值 $f(0, 0) = 0$，极小值 $f(2, 2) = -8$；

（3）有极大值 $f\left(\dfrac{a}{3}, \dfrac{a}{3}\right) = \dfrac{a^3}{27}$；（4）极大值 $f(1, -1) = -2$，极小值 $f(1, -1) = 6$.

8. $\left(\dfrac{1}{3}, \dfrac{1}{3}\right)$.

9. $\dfrac{x}{3} + \dfrac{y}{3} + \dfrac{z}{3} = 1$，$V = \dfrac{9}{2}$.

10. $r = \dfrac{10}{3}$，$h = \dfrac{5}{3}$.

11. $r = \dfrac{\sqrt{6}}{3}$，$h = \dfrac{2\sqrt{6}}{3}$

12. $\dfrac{\pi l}{\pi + 4 + 3\sqrt{3}}$，$\dfrac{4l}{\pi + 4 + 3\sqrt{3}}$，$\dfrac{3\sqrt{3}\,l}{\pi + 4 + 3\sqrt{3}}$.

复习题八

1. （1）$|x| < 1$；（2）$x^2 + y^2 \leqslant 2$；（3）除 $y = x$ 和 $y = -x$ 外的平面区域；

（4）$x^2 \geqslant y \geqslant 0$，$x \geqslant 0$.

2. （1）① 31 ；② $3t^2 x^2 - 2t^2 xy + t^3 y^3$；

③ $\dfrac{12}{x^2} - \dfrac{4}{xy} + \dfrac{1}{y^3}$ ；④ $3xy - 2(x - y)\sqrt{xy} + (x - y)^3$ ；

⑤ $6x - 2y + 3\Delta x$.

（2）$\dfrac{(x - y)(x + y)^2 + 2(x - y)^2}{8}$.（3）$\dfrac{x^2(1 + y)}{1 - y}$.

3. （1）0；（2）e ；（3）$\dfrac{1}{2}$ ；（4）0；（5）e^{-1} ；（6）$\dfrac{\pi}{2}$.

4. （1）$\dfrac{\partial z}{\partial x} = y + \dfrac{1}{y}$，$\dfrac{\partial z}{\partial y} = x - \dfrac{x}{y^2}$；

（2）$\dfrac{\partial z}{\partial x} = \dfrac{1}{\sqrt{y^2 - x^2}}$，$\dfrac{\partial z}{\partial y} = \dfrac{-x}{y\sqrt{y^2 - x^2}}$；

（3）$\dfrac{\partial z}{\partial x} = y\cos(xy)\tan\dfrac{y}{x} - \dfrac{y}{x^2}\sin(xy)\sec^2\dfrac{y}{x}$，

$\dfrac{\partial z}{\partial y} = x\cos(xy)\tan\dfrac{y}{x} + \dfrac{1}{x}\sin(xy)\sec^2\dfrac{y}{x}$；

(4) $\dfrac{\partial z}{\partial x} = e^{x+y}\sin y(\cos x - \sin x)$, $\dfrac{\partial z}{\partial y} = e^{x+y}\cos x(\cos y + \sin y)$;

(5) $\dfrac{\partial z}{\partial x} = \dfrac{-2y}{(x-y)^2}$, $\dfrac{\partial z}{\partial y} = \dfrac{2x}{(x-y)^2}$;

(6) $\dfrac{\partial z}{\partial x} = \dfrac{1}{1+x^2}$, $\dfrac{\partial z}{\partial y} = \dfrac{1}{1+y^2}$;

(7) $\dfrac{\partial u}{\partial x} = \dfrac{2x}{x^2+y^2+z^2}$, $\dfrac{\partial u}{\partial y} = \dfrac{2y}{x^2+y^2+z^2}$, $\dfrac{\partial u}{\partial z} = \dfrac{2z}{x^2+y^2+z^2}$;

(8) $\dfrac{\partial u}{\partial x} = \dfrac{y}{z}x^{\frac{y}{z}-1}$, $\dfrac{\partial u}{\partial y} = -\dfrac{1}{z}x^{\frac{y}{z}}\ln x$, $\dfrac{\partial u}{\partial z} = -\dfrac{y}{z^2}x^{\frac{y}{z}}\ln x$.

5. (1) $-\sqrt{2}$, -1; (2) $1, 1+\dfrac{\pi}{4}$; (3) $-1, 2$; (4) $2, 2$.

6. 略.

7. (1) $\dfrac{\partial^2 z}{\partial x^2} = \dfrac{xy^3}{(1-x^2y^2)^{\frac{3}{2}}}$, $\dfrac{\partial^2 z}{\partial x\partial y} = \dfrac{1}{(1-x^2y^2)^{\frac{3}{2}}}$, $\dfrac{\partial^2 z}{\partial y^2} = \dfrac{x^3y}{(1-x^2y^2)^{\frac{3}{2}}}$;

(2) $\dfrac{\partial^2 z}{\partial x^2} = \dfrac{e^{x+y}}{(e^x+e^y)^2}$, $\dfrac{\partial^2 z}{\partial x\partial y} = \dfrac{-e^{x+y}}{(e^x+e^y)^2}$, $\dfrac{\partial^2 z}{\partial y^2} = \dfrac{e^{x+y}}{(e^x+e^y)^2}$;

(3) $\dfrac{\partial^2 z}{\partial x^2} = e^x\cos y$, $\dfrac{\partial^2 z}{\partial x\partial y} = -e^x\sin y$, $\dfrac{\partial^2 z}{\partial y^2} = e^x\cos y$;

(4) $\dfrac{\partial^2 z}{\partial x^2} = 2(\arctan\dfrac{y}{x} - \dfrac{xy}{x^2+y^2})$, $\dfrac{\partial^2 z}{\partial x\partial y} = \dfrac{x^2-y^2}{x^2+y^2}$, $\dfrac{\partial^2 z}{\partial y^2} = -2(\arctan\dfrac{y}{x} - \dfrac{xy}{x^2+y^2})$.

8. 略.

9. (1) $\dfrac{\partial^3 u}{\partial x^2\partial y} = yz^2(2+xyz)e^{xyz}$, $\dfrac{\partial^3 u}{\partial x\partial y\partial z} = (1+3xyz+x^2y^2z^2)e^{xyz}$;

(2) $2, 0, 0, 0$.

10. $\Delta z = \dfrac{5}{38}$, $dz = \dfrac{1}{8}$.

11. (1) $\dfrac{\partial z}{\partial x} = \dfrac{e^{uv}}{x^2+y^2}(xv-yu)$, $\dfrac{\partial z}{\partial y} = \dfrac{e^{uv}}{x^2+y^2}(xu+yv)$;

(2) $\dfrac{\partial z}{\partial x} = (2uv-v^2)\cos y + (u^2-2uv)\sin y$,

$\dfrac{\partial z}{\partial y} = -x(2uv-v^2)\sin y + x(u^2-2uv)\cos y$;

(3) $\dfrac{\partial z}{\partial x} = \dfrac{2}{u^2+v}(ue^{x+y^2}+x)$, $\dfrac{\partial z}{\partial y} = \dfrac{1}{u^2+v}(4uye^{x+y^2}+1)$;

(4) $\dfrac{\partial z}{\partial x} = (\dfrac{1}{y}+y)f'$, $\dfrac{\partial z}{\partial y} = (-\dfrac{1}{y^2}+x)f'$;

(5) $\dfrac{\partial z}{\partial x} = f'_1 + y^2f'_2 + y^2z^3f'_3$, $\dfrac{\partial z}{\partial y} = 2xyf'_2 + 2xyz^3f'_3$;

(6) $\dfrac{\partial z}{\partial x} = yf(\dfrac{x}{y}) + xf'(\dfrac{x}{y})$, $\dfrac{\partial z}{\partial y} = xf(\dfrac{x}{y}) - \dfrac{x^2}{y}f'(\dfrac{x}{y})$;

(7) $\dfrac{\partial u}{\partial y} = 2zt\tan(yz)\sec^2(yz) + 2y$, $\dfrac{\partial u}{\partial z} = 2yt\tan(yz)\sec^2(yz) + 2z$;

(8) $\dfrac{\partial u}{\partial x} = \dfrac{\partial f}{\partial x} + \dfrac{\partial f}{\partial z} \times \dfrac{\partial \varphi}{\partial x}$, $\dfrac{\partial u}{\partial y} = \dfrac{\partial f}{\partial y} + \dfrac{\partial f}{\partial z} \times \dfrac{\partial \varphi}{\partial y}$;

(9) $\dfrac{\mathrm{d}z}{\mathrm{d}x} = f'_1 \dfrac{\mathrm{d}\varphi}{\mathrm{d}x} + f'_2 \dfrac{\mathrm{d}\psi}{\mathrm{d}x} + \dfrac{\partial f}{\partial x}$;

(10) $\dfrac{\partial z}{\partial x} = f'_1 \dfrac{\partial \varphi}{\partial x} + f'_2 \dfrac{\partial \psi}{\partial x}$, $\dfrac{\partial u}{\partial y} = f'_1 \dfrac{\partial \varphi}{\partial y} + f'_2 \dfrac{\partial \psi}{\partial y} + \dfrac{\partial f}{\partial y}$.

12. (1) $\dfrac{\mathrm{d}z}{\mathrm{d}x} = \dfrac{\mathrm{e}^x + x\mathrm{e}^x}{1 + x^2\mathrm{e}^{2x}}$; (2) $\dfrac{\mathrm{d}u}{\mathrm{d}x} = \dfrac{a}{a^2 + 1}\mathrm{e}^{ax}\left[(a + 1)\sin x + (1 - a)\cos x\right]$;

(3) $\dfrac{\mathrm{d}z}{\mathrm{d}x} = \mathrm{e}^x(\cos x - \sin x) + \cos x$; (4) $\dfrac{\mathrm{d}z}{\mathrm{d}x} = (\sin x)^{\cos x}(1 + x\cot x\cos x - x\sin x\ln\sin x)$.

13. (1) $\dfrac{\partial z}{\partial x} = \dfrac{y}{1 + \mathrm{e}^z}$, $\dfrac{\partial z}{\partial y} = \dfrac{x}{1 + \mathrm{e}^z}$; (2) $\dfrac{\partial z}{\partial x} = \dfrac{1}{2ay}(1 + \cos 2az)$, $\dfrac{\partial z}{\partial y} = -\dfrac{1}{2ay}\sin 2az$;

(3) $\dfrac{\partial z}{\partial x} = \dfrac{-yz}{xy + z^2}$, $\dfrac{\partial z}{\partial y} = \dfrac{-xz}{xy + z^2}$; (4) $\dfrac{\partial z}{\partial x} = \dfrac{-f'_1}{xf'_1 + f'_2 - 1}$, $\dfrac{\partial z}{\partial y} = \dfrac{f'_2}{xf'_1 + f'_2 - 1}$.

14. 略.

15. (1) $\dfrac{\partial^2 z}{\partial x^2} = \dfrac{2xy(x^2 - 3y^2)}{(x^2 + y^2)^3}$, $\dfrac{\partial^2 z}{\partial x\partial y} = \dfrac{6x^2y^2 - y^4 - x^4}{(x^2 + y^2)^3}$;

(2) $\dfrac{\partial^2 z}{\partial x^2} = 2f'_1 + 4x^2f''_{11} + 4xyf''_{12} + y^2f''_{22}$.

16. (1) $\begin{cases} \dfrac{x}{a} + \dfrac{z}{c} = 1, \\[2mm] y = \dfrac{b}{2}, \end{cases}$ $\quad 2ax - 2cz = a^2 - c^2$;

(2) $\dfrac{x}{2} = y - 1 = \dfrac{z - 2}{2}$, $2x + y + 2z - 5 = 0$;

(3) $\dfrac{x}{1} = \dfrac{y}{0} = \dfrac{z - 1}{3}$, $x + 3(z - 1) = 0$;

(4) $x - x_0 = \dfrac{y_0}{m}(y - y_0) = -2z_0(z - z_0)$, $x - x_0 + \dfrac{y_0}{m}(y - y_0) - \dfrac{1}{2z_0}(z - z_0) = 0$.

17. (1) $2x + 4y + z - 7 = 0$, $\dfrac{x - 1}{2} = \dfrac{y - 1}{4} = \dfrac{z - 1}{1}$;

(2) $\dfrac{1}{2}x + y - z - \dfrac{3}{2} + 2\ln 2 = 0$, $2(x - 1) = y - 1 = -(z - 2\ln 2)$;

(3) $3x + 2y - 3z = 16$, $\dfrac{x + 1}{-3} = \dfrac{y + 2}{-2} = \dfrac{z - 3}{3}$;

(4) $x + z - 2 = 0$, $\dfrac{x - 1}{1} = \dfrac{y}{0} = \dfrac{z - 1}{1}$.

18. (1) 极小值 $f(1, 0) = -6$, 极大值 $f(-2, 1) = 22$;

(2) 极小值 $f(5, 2) = 30$;

(3) 极小值 $f(-2, 0) = 1$，极大值 $f(\frac{16}{7}, 0) = -\frac{8}{7}$；

(4) 极小值 $f(\frac{1}{2}, -1) = -\frac{e}{2}$.

19. (1) 长、宽、高各为 $\frac{2a}{\sqrt{3}}$，$V = \frac{8a^3}{3\sqrt{3}}$；

(2) 长宽分别为 8m，高为 4m；

(3) $x = 3\,600$ 元，$y = 115\,600$ 元；

(4) $x = 6$ 千元，$y = 10.5$ 千元.

第九章

习题 9.1

1. $P = \iint\limits_{D} p(x + y)\,\mathrm{d}\sigma \cdot 2$.

2. $Q = \iint\limits_{D} u(x, y)\,\mathrm{d}\sigma$.

3. (1) $V = \iint\limits_{D} 4(1 - \frac{x}{2} - \frac{y}{3})\,\mathrm{d}\sigma$，$D$: $-0 \leqslant x \leqslant 2$，$0 \leqslant y \leqslant 3(1 - \frac{x}{2})$；

(2) $V = \iint\limits_{D} (2x^2 + y^2)\,\mathrm{d}\sigma$，$D$: $-2 \leqslant x \leqslant 2$，$x^2 \leqslant y \leqslant 4$；

(3) $V = \iint\limits_{D} \sqrt{4 - x^2 - y^2}\,\mathrm{d}\sigma$，$D$: $-1 \leqslant x \leqslant 1$，$-\sqrt{1 - x^2} \leqslant y \leqslant \sqrt{1 - x^2}$.

4. (1) π；(2) $\frac{2}{3}\pi R^3$.

5. (1) 0；(2) $\iint\limits_{D_1} f(x, y)\,\mathrm{d}\sigma = \frac{1}{2}\iint\limits_{D} f(x, y)\,\mathrm{d}\sigma$.

习题 9.2

1. (1) $I = \int_1^2 \mathrm{d}x \int_0^{\frac{\pi}{2}} f(x, y)\,\mathrm{d}y = \int_0^{\frac{\pi}{2}} \mathrm{d}x \int_1^2 f(x, y)\,\mathrm{d}x$；

(2) $I = \int_0^4 \mathrm{d}x \int_1^{2\sqrt{x}} f(x, y)\,\mathrm{d}y = \int_0^4 \mathrm{d}y \int_{\frac{y^2}{4}}^{y} f(x, y)\,\mathrm{d}x$；

(3) $I = \int_{-1}^1 \mathrm{d}x \int_{1 - \sqrt{1 - x^2}}^{1 + \sqrt{1 - x^2}} f(x, y)\,\mathrm{d}y = \int_0^2 \mathrm{d}y \int_{-\sqrt{2y - y^2}}^{\sqrt{2y - y^2}} f(x, y)\,\mathrm{d}x$；

(4) $I = \int_0^1 \mathrm{d}x \int_{\pi}^{2x} f(x, y)\,\mathrm{d}y + \int_1^{\sqrt{2}} \mathrm{d}x \int_x^{\frac{2}{x}} f(x, y)\,\mathrm{d}y$

$= \int_0^{\sqrt{2}} \mathrm{d}y \int_{\frac{y}{2}}^{y} f(x, y)\,\mathrm{d}x + \int_{\sqrt{2}}^2 \mathrm{d}y \int_{\frac{y}{2}}^{\frac{2}{y}} f(x, y)\,\mathrm{d}x$.

2. $(1) \int_0^a dy \int_{-\sqrt{a^2-y^2}}^{+\sqrt{a^2-y^2}} f(x, y) dx$;

$(2) \int_0^{\frac{1}{2}} dy \int_0^y f(x, y) dx + \int_{\frac{1}{2}}^1 dy \int_0^{1-y} f(x, y) dx$;

$(3) \int_{-2}^0 dx \int_{2x+4}^{4-x^2} f(x, y) dy$; $(4) \int_0^2 dx \int_{\frac{x}{2}}^{3-x} f(x, y) dy$.

3. $(1)(e-1)^2$; $(2) \dfrac{9}{4}$; $(3) \dfrac{2}{3}$; $(4)1$.

4. $(1) I = \int_{-\frac{\pi}{2}}^{\frac{\pi}{2}} d\theta \int_0^{2\cos\theta} f(r\cos\theta, r\sin\theta) r dr$; $(2) I = \int_{\frac{\pi}{4}}^{\frac{3\pi}{4}} d\theta \int_0^R f(r\cos\theta, r\sin\theta) r dr$;

$(3) I = \int_{-\frac{\pi}{2}}^{\frac{\pi}{2}} d\theta \int_{2\cos\theta}^2 f(r\cos\theta, r\sin\theta) r dr + \int_{\frac{\pi}{2}}^{\frac{3\pi}{2}} d\theta \int_0^2 f(r\cos\theta, r\sin\theta) r dr$.

5. $(1) \dfrac{\pi}{4} \left[(1+R^2)\ln(1+R^2) - R^2 \right]$; $(2)2\pi(\sin 1 - \cos 1)$; $(3) \dfrac{1}{3}R^3 \left(\pi - \dfrac{4}{3} \right)$;

$(4) \dfrac{3}{64}\pi^2$; $(5)2 - \dfrac{\pi}{2}$.

习题 9.3

1. $(1)9\dfrac{1}{6}$; $(2)96\pi$; $(3)6\pi$; $(4)4\sqrt{3}\pi(\sqrt{2}-1)$.

2. $V = \dfrac{4}{3}\pi \left[a^3 - (a^2 - b^2)^{\frac{3}{2}} \right]$.

3. $\left(\dfrac{1}{2}, \dfrac{2}{5} \right)$.

4. $\dfrac{1}{2}M(R^2 + r^2)$.

5. $\dfrac{ab^3}{12}$.

6. $\dfrac{368}{105}u_0$.

复习题九

1. $(1) \sqrt[3]{\dfrac{3}{2}}$; $(2) \int_0^1 dy \int_0^{1-y} f(x, y) dx$; $(3) \int_0^{\frac{\pi}{2}} d\theta \int_0^{2\sin\theta} f(r\cos\theta, r\sin\theta) r dr$;

$(4) 12$; $(5) 0$; $(6) \int_0^1 dy \int_{\sqrt{y}}^{1+\sqrt{1-y^2}} f(x, y) dx$.

2. (1) A; (2) B; (3) C; (4) A; (5) A.

3. $(1)2$; $(2) -\dfrac{\pi}{6}$; $(3) \dfrac{9}{64}\pi^3$; $(4) \dfrac{1}{2}(e-1)$; $(5) \dfrac{11}{4}$.

4. $\dfrac{16}{9}$.

5. $\dfrac{2}{3}\pi\sigma R^2$.

第十章

习题 10.1

1. $2\pi a^{2n+1}$.

2. $2a^2$.

3. $\dfrac{\pi}{4}ae^a + 2(e^a - 1)$.

习题 10.2

1. 0.

2. $(1)25\dfrac{3}{5}$; $(2)11\dfrac{1}{5}$; $(3)18\dfrac{2}{3}$.

3. $(1)2$; $(2)2$; $(3)2$.

4. $(1)\dfrac{a^2 - b^2}{2}$; $(2)0$.

习题 10.3

1. $(1)\dfrac{2}{15}$; $(2)-\pi b$; $(3)-\dfrac{1}{5}(e^\pi - 1)$.

2. $\dfrac{3\pi a^2}{8}$.

3. $3\pi a^2$.

4. 62.

5. $\pi + 1$.

6. 略.

7. $\dfrac{1}{3}(r_A{}^3 - r_B{}^3)$.

复习题十

1. $(1)\ 2\pi^2 - 4\pi^4$; $(2)-\dfrac{1}{3}$; $(3)-3\pi$; $(4)-\dfrac{\pi R^2}{8}$; $(5)\ 2\pi$.

2. (1) B; (2) C; (3) D; (4) B; (5) B.

3. $(1)\ \dfrac{1}{12}(5\sqrt{5} + 6\sqrt{2} - 1)$; $(2)\ 2\pi a^{2n+1}$; $(3)-\dfrac{14}{15}$; $(4)\ \pi a^2$; $(5)\ 12$; $(6)\ \dfrac{8}{3}$.

4. $f(x) = -xe^x$.

第十一章

习题 11.1

1. （1）$\dfrac{1}{2}$，$\dfrac{3}{8}$，$\dfrac{15}{48}$，$\dfrac{105}{384}$，$\dfrac{945}{3840}$；（2）$\dfrac{3}{5}$，$\dfrac{4}{10}$，$\dfrac{5}{17}$，$\dfrac{6}{26}$，$\dfrac{7}{37}$.

2. （1）$(-1)^{n-1}\dfrac{n+1}{n}(n\in\mathbf{N})$；（2）$\dfrac{a^{n-1}}{(3n-2)(3n+1)}$.

3. （1）发散；（2）收敛；（3）$a>1$时收敛；$0<a\leqslant1$时发散；（4）收敛；（5）发散；
（6）发散；（7）发散.

4. （1）错误；（2）正确；（3）错误；（4）错误.

习题 11.2

1. （1）收敛；（2）收敛；（3）收敛；（4）收敛；（5）发散；（6）收敛；（7）收敛；
（8）收敛.

2. （1）发散；（2）收敛；（3）收敛；（4）收敛；（5）收敛；（6）收敛；（7）收敛；
（8）收敛.

3. （1）绝对收敛；（2）绝对收敛；（3）绝对收敛；（4）绝对收敛；（5）条件收敛；
（6）发散；（7）绝对收敛；（8）绝对收敛.

习题 11.3

1. （1）收敛半径 $R=1$，收敛域 $(-1,1]$；（2）收敛半径 $R=0$，收敛域 $x=0$；
（3）收敛半径 $R=3$，收敛域 $(-3,3)$；（4）收敛半径 $R=\dfrac{1}{2}$，收敛域 $\left[-\dfrac{1}{2},\dfrac{1}{2}\right]$；
（5）收敛半径 $R=1$，收敛域 $[-1,1]$；（6）收敛半径 $R=2$，收敛域 $[-2,2)$；
（7）收敛半径 $R=1$，收敛域 $[-3,-1)$；（8）收敛半径 $R=2$，收敛域 $(-2,2)$.

2. （1）$\dfrac{2x}{(1-x^2)^2}$ $(|x|<1)$；（2）$\dfrac{2x-x^2}{(1-x)^2}$ $(|x|<1)$；
（3）$-\ln(1+x)$ $(|x|<1)$；（4）$\dfrac{1}{2}\ln\dfrac{1+x}{1-x}(|x|<1)$.

习题 11.4

1. （1）$e^{-2x}=1-2x+2x^2-\dfrac{4}{3}x^3+\cdots+(-1)^n\dfrac{2^n}{n!}x^n+\cdots$　　　$x\in(-\infty,\infty)$；
（2）$\sin\dfrac{x}{2}=\dfrac{x}{2}-\dfrac{x^3}{3!\times2^3}+\dfrac{x^5}{5!\times2^5}-\cdots+(-1)^n\dfrac{x^{2n+1}}{(2n+1)!\times2^{n+1}}+\cdots x\in(-\infty,\infty)$；
（3）$\ln(2+x)=\ln2+\dfrac{x}{2}-\dfrac{x^2}{2\times2^2}+\dfrac{x^3}{3\times2^2}-\dfrac{x^4}{4\times2^2}+\cdots+(-1)^n\dfrac{x^n}{(n+1)\times2^{n+1}}+\cdots x\in$
$(-2,2)$；
（4）$\dfrac{e^x-e^{-x}}{2}=x+\dfrac{x^3}{3!}+\dfrac{x^5}{5!}+\cdots+\dfrac{x^{2n-1}}{(2n-1)!}+\cdots$　　　$x\in(-\infty,\infty)$；

(5) $\dfrac{1}{(1-x)^2} = 1 + 2x + 3x^2 + 4x^3 + \cdots + nx^{n-1} + \cdots$ $\qquad x \in (-1, 1);$

(6) $\dfrac{x}{1-x-2x^2} = \dfrac{1}{3}[x + 3x^2 + 9x^3 + 2^n + (-1)^{n+1}x^n + \cdots]$ $\qquad x \in \left(-\dfrac{1}{2}, \dfrac{1}{2}\right);$

(7) $\ln(2-x-x^2) = \ln2 + \displaystyle\sum_{n=0}^{\infty} \dfrac{(-1)^n - 2^{n+1}}{2^{n+1}(n+1)}x^{n+1}$ $\qquad x \in [-1, 1);$

(8) $\sin^2 x = \displaystyle\sum_{n=1}^{\infty} \dfrac{(-1)^{n-1}2^{2n}}{2(2n)!}x^{2n}$ $\qquad x \in (-\infty, \infty).$

2. $f(x) = \displaystyle\sum_{n=0}^{\infty} \dfrac{(-1)^n}{(2n+1)(2n+1)!}x^{2n+1}$ $\qquad x \in (-\infty, \infty);$

3. $\dfrac{1}{x} = \dfrac{1}{3}\displaystyle\sum_{n=0}^{\infty} \dfrac{(-1)^n}{3^n}(x-3)^n$ $\qquad x \in (0, 6);$

4. $\ln x = \ln3 + \dfrac{x-3}{3} - \dfrac{(x-3)^2}{2\times3^2} + \dfrac{(x-3)^3}{2\times3^3} + \cdots + (-1)^{n-1}\dfrac{(x-3)^n}{2\times3^n} + \cdots x \in (0, 6).$

习题 11.5

1. $0.31415;$

2. $0.8427.$

复习题十一

1. (1) D. (2) C. (3) B. (4) D. (5) A. (6) B. (7) B. (8) C. (9) D. (10) C.

2. (1) $\dfrac{(-1)^{n-1}}{2^{n-1}};$ (2) $\dfrac{1}{2};$ $\dfrac{1}{4n^2-1};$ (3) 收敛；(4) $>1;$ (5) 发散；

(6) $+\infty$；(7) R，$S'(x)$；(8) $\dfrac{x^2}{2} - \dfrac{1}{2}\left(\dfrac{x^2}{2}\right)^2 + \dfrac{1}{3}\left(\dfrac{x^2}{2}\right)^3 - \cdots + (-1)^{n-1}\dfrac{1}{n}\left(\dfrac{x^2}{2}\right)^n + \cdots.$

3. (1) 发散；(2) 收敛；(3) 条件收敛；(4) 收敛.

4. (1) $(-3, 3)$；(2) $(3, 5]$.

5. (1) $xe^{-2x} = x - 2x^2 + 2x^3 - \dfrac{2^3}{3!}x^4 + \cdots + (-1)^n\dfrac{2^n}{n!}x^{n+1} + \cdots, \ x \in (-\infty, \infty);$

(2) $\ln(2x+4) = \ln4 + \dfrac{x}{2} - \dfrac{x^2}{2\times2^2} + \dfrac{x^3}{3\times2^3} - \dfrac{x^4}{4\times2^4} + \cdots + (-1)^n\dfrac{x^n}{(n+1)\times2^{n+1}} + \cdots x \in (-2, 2).$

6. $\dfrac{1}{(1+x)^2}.$

第十二章

习题 12.1

1. (1) $y = -\dfrac{1}{x^2+C};$ (2) $y = \ln\left(\dfrac{1}{2}e^{2x}+C\right);$ (3) $1+y^2 = C(1-x^2);$

（4）$\tan x \cdot \cot y = C$.

2.（1）$y = e^{-3x}(e^x + C)$ ；（2）$y = Cx + x^2(\dfrac{x}{2} + 1)(x \neq 0)$ ；（3）$y = \dfrac{\sin x + C}{x^2 - 1}(x \neq \pm 1)$ ；

（4）$y = e^{-\sin x}(x + C)$ ；（5）$y = \ln x \cdot (x^3 + C)$ ；（6）$x = Ce^{\frac{1}{2}y} + 2 + y$.

3. $y = \dfrac{1}{x}(\pi - 1 - \cos x)$.

4. 证明略.

5. 证明略.

6. $Q(t) = 9t^2 + \dfrac{1}{t}$.

7. $v(t) = \dfrac{k_1}{k_2}t - \dfrac{mk_1}{k_2^2}(1 - e^{-\frac{k_2}{m}t})$.

8. $L = (L_0 - A)e^{-kx} + A$.

习题 12.2

1.（1）$y = (\arcsin x)^2 + C_1\arcsin x + C_2$ ；（2）$y = x\arctan x - \dfrac{1}{2}\ln(1 + x^2) + C_1 x + C_2$ ；

（3）$y = -\dfrac{x^2}{2} - x + C_1 e^x + C_2$ ；（4）$y = -\ln\cos(x + C_1) + C_2$ ；

（5）$y = (C_1 x + C_2)^{\frac{2}{3}}$ ；（6）$y = -\ln|\cos(x + C_1)| + C_2$.

2.（1）$y = \dfrac{1}{12}(x + 2)^2 - \dfrac{2}{3}$ ；（2）$y = \dfrac{3}{2}(\arcsin x)^2$ ；（3）$y = \ln\dfrac{e^x + e^{-x}}{2}$.

3. $y = 1 + \dfrac{x}{2} + \dfrac{x^3}{6}$.

习题 12.3

1.（1）线性无关；（2）线性相关；（3）线性无关；（4）线性相关；（5）线性无关；
（6）线性相关.

2. $y = C_1 y_1 + C_2 y_2$ 不是该方程的通解，$y = C_1 y_1 + C_3 y_3$ 是方程的通解.

3. $y = (C_1 y + C_2 x)e^x$.

4.（1）$p = 0$, $q = 1$；（2）通解：$y = C_1 e^x + C_2 e^{-x}$ ，特解：$y = \dfrac{3}{2}e^x - \dfrac{1}{2}C_2 e^{-x}$.

5.（1）$y = C_1 e^{-x} + C_2 e^{-4x}$ ；（2）$y = C_1 + C_2 e^{3x}$ ；（3）$y = (C_1 + C_2 x)e^{5x}$ ；

（4）$y = e^{-2x}(C_1\cos 3x + C_2\sin 3x)$ ；（5）$y = C_1 e^{-\frac{4}{3}x} + C_2 e^{2x}$ ；

（6）$y = C_1 e^{-x} + C_2 e^{-4x}$ ；（7）$y = (C_1 + C_2 x)e^{-\frac{3}{2}x}$ ；

（8）$y = e^{-2x}(C_1\cos 2x + C_2\sin 2x)$.

6.（1）$y = 4e^x + 2e^{3x}$ ；（2）$y = (x + 2)e^{-\frac{x}{2}}$ ；（3）$y = 2\cos 2x + 3\sin 2x$.

7.（1）$y^* = Ax^2 + Bx + C$ ；（2）$y^* = x(Ax^2 + Bx + C)$ ；

(3) $y^* = Ax^3 + Bx^2 + Cx + D$; (4) $y^* = Ax^2 e^{-\frac{3}{2}x}$;

(5) $y^* = e^{-2x}(A\cos 2x + B\sin 2x)$; (6) $y^* = xe^{-x}(A\cos 2x + B\sin 2x)$.

8. (1) $y = C_1 e^{-x} + C_2 e^{\frac{x}{2}} + 2e^x$; (2) $y = C_1 + C_2 e^{-\frac{5}{2}x} + \frac{1}{3}x^3 - \frac{3}{5}x^2 + \frac{7}{25}x$;

(3) $y = C_1 e^{-x} + C_2 e^{-2x} + (\frac{3}{2}x^2 - 3x)e^{-x}$; (4) $y = (C_1 + C_2 x)e^{3x} + (x + 3)e^{2x}$;

(5) $y = C_1 \cos 2x + C_2 \sin 2x + \frac{2}{9}\sin x + \frac{x}{3}\cos x$;

(6) $y = e^x(C_1 \cos 2x + C_2 \sin 2x) + \frac{1}{3}e^x \sin x$;

(7) $y = e^x(C_1 \cos 2x + C_2 \sin 2x) - \frac{x}{4}e^x \cos 2x$; (8) $y = C_1 \cos x + C_2 \sin x - \frac{1}{2}x\sin x$.

复习题十二

1. (1) $\surd$; (2) $\times$; (3) $\surd$; (4) $\surd$; (5) $\times$.

2. (1) C ; (2) A ; (3) C; (4) C; (5) B; (6) D; (7) D; (8) A; (9) A; (10) D.

3. (1) $x(ax^3 + bx^2 + cx + d)$; (2) $e^{3x}(c_1 \cos x + c_2 \sin x)$; (3) $x(ax + b) + cxe^{-x}$;

(4) $y = c_1 e^{x^2} + c_2 xe^{x^2}$; (5) $y = \frac{1}{2}c_1 x^2 + c_2 x - e^{-x} + c_3$;

(6) $y^* = x(ax + b) + cxe^{-4x}$. (7) $y'' - 2y' + 2y = 0$.

4. (1) $(y - 1)e^y = Cx$; (2) $y(x + \sqrt{1 + x^2}) = C$; (3) $\sin\frac{y}{x} = -\ln x + C$;

(4) $y = \ln(Cxy)$; (5) $y = \frac{2x}{1 + x^2}$; (6) $x^4 + y^4 = Cx^2$;

(7) $y = -(2x)^{\frac{1}{3}}$, $y(\frac{1}{2}) = -1$; (8) $(y - x)^2 + 10y - 2x = C$, 令 $u = y - x$;

(9) $y = \tan x - 1 + Ce^{-\tan x}$; (10) $x = \frac{1}{2}(\sin y - \frac{1}{\sin y})$.

5. (1) $y = xe^x - 3e^x + C_1 x^2 + C_2 x + C_3$; (2) $y = C_1 e^x - \frac{1}{2}x^2 - x + C_2$;

(3) $e^y = \sec x$; (4) $y = (\frac{1}{2}x + 1)^4$; (5) $(y + 1)^2 = C_1 x + C_2$; (6) $y = e^{-x}$;

(7) $y = C_1 + \frac{C_2}{x^2}$; (8) $y = C_1 e^{5x} + C_2 e^{7x}$; (9) $y = e^{\frac{5}{3}x}(C_1 + C_2 x)$;

(10) $y = e^{\frac{2}{3}x}(C_1 \cos\frac{\sqrt{2}}{3}x + C_2 \sin\frac{\sqrt{2}}{3}x)$; (11) $y = C_1 e^{3x} + C_2 e^{-x} - \frac{1}{4}xe^{-x}$.

6. (1) $f(x) = e^{-\cos x} + 4(\cos x - 1)$, $f(0) = 1$;

(2) $y'' - y' - 2y = e^x - 2xe^x$; (3) $f(x) = \frac{1}{2}\sin x + \frac{x}{2}\cos x$.

7. $f(x) = (x - 1)^2$.

参 考 文 献

［1］盛祥耀，高等数学. 北京：高等教育出版社，2000.
［2］同济大学数学系. 高等数学. 北京：高等教育出版社，2007.